科学技術計算のための
Python入門

開発基礎、必須ライブラリ、高速化

中久喜 健司［著］
Nakakuki Kenji

技術評論社

本書について

本書は、プログラミング言語Pythonの初学者向け入門書です。特に、科学技術計算の用途でPythonを使う方々のために基本事項を平易にまとめています。

Pythonは、多くの場面で活躍している言語です。各種工学システムのモデリング&シミュレーション、気象データ解析、人工知能開発、Webアプリケーションの構築や、自然言語処理まで多岐にわたります。

2016年3月に、Google DeepMind社が開発した人工知能「AlphaGo」が、囲碁のトップ棋士であるLee Sedol氏との勝負で、4勝1敗という好成績を収めたことは記憶に新しいのではないでしょうか。AlphaGoには、DeepMind社が開発した「TensorFlow」と呼ばれるPythonライブラリが使われています(`https://research.googleblog.com/2016/01/alphago-mastering-ancient-game-of-go.html`)。また、自動車運転などの分野で利用され成果を上げつつある、Preferred Networks社の「Chainer」もPythonの人工知能開発用ライブラリです。そして、近年、IoT(*Internet of Things*)が盛んに研究開発される中で、ビッグデータ解析の重要性が高まっています。そんな中、データ分析の初学者にとっても比較的わかりやすい言語であるPythonの人気が高まっています。

プログラミング言語は、新しいものほど過去の教訓を取り入れて、スマートな設計となっています。しかし、素晴らしい設計の言語であるからと言って、直ちに普及するわけではありません。言語としての歴史を重ね、言語本体の周辺にさまざまなライブラリやツール群が整備され、充実したエコシステムを形成してはじめて、便利になって普及につながります。

Pythonは、この点で優れた言語と言えます。言語仕様が簡潔で理解しやすく、エコシステムも充実しています。しかも、ほとんどのライブラリは無償で利用でき、Python本体が開発を中断する心配もほとんどありません。たとえばPythonでは、本書でも解説するNumPyを使うことで、高速な数値計算処理が可能になります。SciPyを使うことで、多くの科学技術計算向けの関数群を利用できます。複雑な構造のデータの解析も、pandasを使えば容易に実現できます。Matplotlibのような、データの可視化ツールが充実している点も見逃せません。

そのようなPythonは、今、科学技術計算の分野においても、定番のMATLABなどの言語と肩を並べる、場合によってはそれを超えるような存在となりつつあります。

また、工学の分野では、とりわけシミュレーションプログラムの「ラピッドプロトタイピング」(*rapid prototyping*)が求められます。動的型付けを行うスクリプト言語のPythonは、ラピッドプロトタイピングと相性が良く、その点でも科学技術計算を行う方に好まれる言語です。

本書では、以上のようなPythonの魅力を、特に科学技術計算に利用する利点を、できるだけ多くの方に伝えることを念頭に置いて解説を行っています。Pythonの言語仕様のみならず、主要なライブラリの利用方法と、処理の高速化に必要な基礎知識とテクニックを合わせて解説することで、高い実用性を備えた解説書とすることを目指しました。合わせて、Pythonをはじめて学ぶ方々を想定し、図や表を用いてわかりやすく解説することに留意しました。

本書が、Pythonの利点を多くの方が知る機会につながり、本書を手に取った方々のさらなる技術力向上に少しでも寄与できたなら、筆者としてこれ以上の喜びはありません。

2016年8月　**中久喜 健司**

謝辞

本書を執筆するにあたり、東京大学の田浦健次朗先生と、中部大学の海老沼拓史先生には、多くのご助言をいただきました。心より感謝申し上げます。

Pythonという素晴らしい言語を生み出したGuido van Rossum氏と関連コミュニティの方々や、関連ライブラリの整備に関わった多くの開発者の方々の熱意と献身に、心から敬意と感謝の念を表します。

また、週末や休日を本書の執筆に費やしてばかりの筆者を応援してくれた妻の康子と、本書執筆中に生まれてきてくれた娘の彩織に、心からの「ありがとう」を言わせてください。

本書の構成

本書では、Pythonという言語の仕様や基本事項に加えて、研究や開発において、どのようにPythonを用いていくかに着目しながら解説を進めます。おもに理工系の学生やエンジニアの方々が、Pythonのエコシステムを活用しながら、研究や開発に効率的に取り組むための助けとなるように全体を構成しました。各章は、以下のような内容となっています。

第1章「科学技術計算とPython」では、Pythonという言語の特徴とプログラミング言語としての位置付けを、その利用状況に関する動向と共に解説します。なぜ今、Pythonの利用をお勧めするのか、そのワケを示します。

第2章「ゼロからのシミュレータ開発」では、ゼロからシミュレーションプログラムを構築し、そのプログラムを改善していく一連の作業を見ていきます。この工程を見ることで、効率的なプログラム構築に必要となる手順の全体像を学ぶことができます。

第3章「IPythonとSpyder」では、Pythonのインタラクティブシェルのスタンダードと言えるIPythonと、統合開発環境のSpyderについて説明します。これらの機能を使いこなすことで、みなさんの生産性は飛躍的に向上するでしょう。

第4章「Pythonの基礎」では、Pythonをはじめて学ぶ方のために、言語の基本ルールを説明します。さらに、**第5章「クラスとオブジェクトの基礎」**で、Pythonのオブジェクト指向について解説し、**第6章「入力と出力」**では、データの入出力方法について、全体像が掴(つか)めるように概説します。これらの3つの章を学ぶことで、Pythonによるプログラミングをスタートさせることができるようになるでしょう。

第7章から第10章では、科学技術計算に必須のライブラリである**「NumPy」「SciPy」「Matplotlib」「pandas」**について、その機能の概要を説明します。これらの最重要ライブラリを使いこなすことができれば、実現できる処理の幅がぐっと広がります。

第11章「プログラムの高速化」と**第12章「プログラム高速化の応用例」**では、プログラム高速化のための指針を示し、具体的なツールの利用例を紹介します。これらは、科学技術計算におけるPython上級プログラマへのステップアップにつながるでしょう。

本書の想定読者について

本書の想定読者は、これから科学技術計算やエンジニアリングにPythonを使い始めてみようと考えている方々で、たとえば以下のような方々です。

- **Pythonがどのような言語で何ができるのかを学びたい方**
- **Pythonで科学技術計算を行ってみたい方**
- **Pythonによるハイパフォーマンスプログラミングの基礎知識を学びたい方**
- **Pythonの文法に加えて、実際的なプログラム構築法を学びたい方**

本書では、言語の基本文法の解説を行うだけでなく、効率的に科学技術計算ができるスキルを身に付けていけるように構成しています。単に言語仕様を学ぶだけでなく、効率的なプログラム構築ができるようになりたいと考えている方々に最適です。

動作確認に使用したOSとPythonのバージョン等について

本書のプログラムの動作検証はWindows 8上で行い、ベンチマーク実施時の動作検証環境はp.23に示したとおりです。

本書の解説内容について、基本的にWindows／Linux／OS XのいずれのOSでも同様に動作確認することができます。設定に関する事項や、パスの書き方など、OS依存の部分もありますが、プログラムの書き方はほぼ変わりません。変わる部分は、その都度説明します。

Pythonのバージョンは、3.5以上を前提とします。これから、Pythonを本格的に利用していく方は、バージョン2系の利用が必要となる理由はほとんどないと考えられます。新たな言語仕様の追加は、基本的にバージョン3系に対して行われますので、最新版のPythonを使ってください。ただし、多くのパッケージの依存関係を自力で解決するのには手間がかかるため、最新版のPythonに対応するディストリビューションパッケージの利用を推奨します。ディストリビューションパッケージの中ではAnacondaを推奨します。

なお、Pythonの実装にはいくつかの種類が存在しますが、Pythonの参照実装（C言語による実装）であるCPythonを利用します。みなさんがPythonを使う際、意図的に他のものを選ばない限り、CPythonを使うことになるでしょう。

本書のサポートページについて

本書のサポートページは、以下より辿（たど）ることができます。

http://gihyo.jp/book/2016/978-4-7741-8388-6/

本書の関連サポート情報に加えて、本書の動作確認に役立つ開発環境の整備について、以下のような内容を掲載しています。

- ディストリビューションパッケージのインストール
- C/C++コンパイラの設定（特にWindows環境）
- 主要なサードパーティライブラリ（NumPy、SciPy、Matplotlib、pandas、IPython等）のインストールと設定

また、本書中で用いたサンプルプログラムについても上記を参照してください。

科学技術計算のためのPython入門
開発基礎、必須ライブラリ、高速化

本書について……iii
謝辞……iv
本書の構成……v
本書の想定読者について……v
動作確認に使用したOSとPythonのバージョン等について……vi
本書のサポートページについて……vi

第1章 科学技術計算とPython……1

1.1 データで見るPythonの今 2
Pythonの台頭……2
教育用言語としてのPython……5
日本におけるPythonの利用は?……6

1.2 Pythonの基礎知識 7
Pythonの開発経緯……7
Pythonの特徴……8
Column Pythonの誕生……8
❶可読性とメンテナンス性……9
❷インタープリタ言語……9
❸スクリプト言語……9
❹グルー言語……10
❺バッテリー内蔵……10
❻充実したエコシステム……10
パッケージ管理システム……12
Python 2系とPython 3系……13
Column Pythonのライセンス……13

1.3 科学技術計算とPythonの関わり 15
Pythonが科学技術計算で使われる理由……15
Pythonの普及度……15
利用のしやすさ……16
なぜPythonを使うのか……16
SciPy Stack……18
民間企業とコミュニティ……20
Pythonの活用事例……21
Pythonの実行速度は本当に遅いのか……22
今回のベンチマークの詳細……23
Column スタックメモリとヒープメモリ……26

1.4 まとめ 28

第2章 ゼロからのシミュレータ開発 29

2.1 シミュレータを設計する 30
ロケットシミュレータ「PyRockSim」 30
機能構成 31
プログラム構築の手順 31

2.2 機能分割とファイル分割 32
機能分割 32
機能実装上の留意点 33
ファイル分割とimport 34

2.3 コーディング 34
処理の流れ 34
ライブラリのimport 35
ロケット諸元の設定 35
状態量の設定と積分計算 36
メイン実行コード 39
計算結果の確認 42

2.4 静的コード解析 44
静的コード解析の目的 44
静的コード解析用ツール 44

2.5 単体テスト 46
ソフトウェアのテスト 46
単体テスト用のツール 47
doctest 47
unittest 50
nose 52

2.6 デバッグ 53
pdb 53
pdbが不要なデバッグ 54
pdbが必要なデバッグ 56

2.7 プログラムの最適化 59
まずはプロファイリング 59
先人の成果を活用する 61
さらなる高速化へ 63

2.8 まとめ 64

第3章 IPythonとSpyder 65

3.1 IPython 66
IPythonとは 66
IPythonを使うには 67
Column Jupyter 68

Jupyter Notebook上での利用 69
IPythonの基本 入力と出力の関係から 71
オブジェクトの中身を確認する 71
関数の内容表示 72
関数の詳細な内容表示 73
オブジェクト名を検索する 73
マジックコマンド ラインマジック、セルマジック 74
OSとの連携 76
履歴の利用 history 77
履歴の検索 78
タブ補完 78
スクリプトファイルの実行 79
IPythonによるデバッグ デバッガpdb 79
事後解析デバッギング 80
スクリプト指定でデバッガ起動 82
指定の箇所でデバッガ起動 83
プロファイリング 84
実行時間計測 84
プロファイリングの準備 85
実行時間のプロファイリング 86
メモリ使用量のプロファイリング 89
メモリプロファイリング対象のソースコード内指定 90

3.2 Spyder 92
Spyderとは 92
Spyderの主要な機能 92
プログラムエディタ 94
プログラムの実行 96
Docstringやヘルプの表示 Object inspector 96
ワークスペース内の変数を表示 Variable explorer 97
データファイルの入出力 98
UMD Spyderの隠れた重要な機能 99

3.3 まとめ 100

第4章 Pythonの基礎 101

4.1 記述スタイル 102
スクリプトの記述ルール 102
エンコーディング 102
インデント 103
コメント 104
PEP 104
スクリプトの構成 105

4.2 オブジェクトと型 108
オブジェクト 108
識別子 110
Column 予約済みの識別子 110
データ型(組み込みのデータ型) 重要な型の一覧から 111

Column イミュータブルとは何か？ Pythonの実装はどのようにメモリを用いるか.... 112
数値の型 ... 113
文字列型 ... 113
リスト ... 114
タプル ... 114
バイトおよびバイト配列 ... 114
辞書型 ... 115
集合型 ... 115
リテラル ... 116
文字列リテラル ... 116
文字列のエスケープシーケンス ... 117
数値リテラル ... 118
コンテナ型のリテラル ... 119
4.3 シーケンス型の操作 119
インデキシング ... 120
スライシング ... 120
データ(値)の更新 ... 121
リスト内包表記 ... 123
4.4 集合型と辞書型の操作 124
集合型の操作 ... 124
辞書型の操作 ... 126
4.5 変数とデータ 126
変数の新規作成 Pythonの場合 ... 127
C言語の場合 ... 128
変数の再定義 Pythonの場合 ... 129
C言語の場合 ... 130
参照の割り当て 基本的な参照割り当ての例から ... 131
参照割り当て後の再定義 ... 133
2変数への同一リストの割り当て ... 133
4.6 浅いコピーと深いコピー 135
浅いコピー ... 135
複合オブジェクトでない場合 ... 135
複合オブジェクトの場合 ... 137
深いコピー ... 138
4.7 演算子と式評価 139
ブール値判定とブール演算 ... 139
比較演算子 ... 140
数値の型の演算 ... 140
整数のビット演算 ... 142
4.8 フロー制御 142
if文 ... 143
for文 ... 145
Column スペース(空白文字)の使い方 ... 146
while文 ... 147
try文 ... 147
with文 ... 149

4.9 関数の定義 150
関数定義の基本 151
オプションパラメータ 152
可変長引数とキーワード引数 153
lambda式 154
ジェネレータ関数 155
デコレータ 156
手続き型言語 158

4.10 モジュールとパッケージ 159
ライブラリ、モジュール、パッケージ 159
importの基本 160
パッケージのimport 163
ファイル検索の順番 163

4.11 名前空間とスコープ 164
名前空間 164
スコープ 165
関数におけるスコープと名前空間 166
名前空間と変数操作 166
global文とスコープ拡張 167
nonlocalとスコープ拡張 168
クロージャ 168

4.12 まとめ 169

第5章 クラスとオブジェクトの基礎 171

5.1 クラス定義 172
本章における解説項目について 172
クラス定義の基本形 172
クラス属性とインスタンス属性 174
コンストラクタとデストラクタ 175

5.2 継承 176
基底クラスと派生クラス 177
継承後の属性の再定義と新規追加 177

5.3 スタティックメソッドとクラスメソッド 178
スタティックメソッド 179
クラスメソッド 180

5.4 隠ぺいの方法 180
情報隠ぺいとカプセル化 181
プライベートメンバの指定 181

5.5 クラスと名前空間 182
名前空間とスコープの生成 182
クラス属性とインスタンス属性 183

5.6 まとめ 186

第6章 入力と出力 187

6.1 コンソール入出力 188
コンソール入力 188
コンソール出力 189

6.2 ファイル入出力の基本 189
open関数 189
open関数のモード 190
ファイルの読み込みとクローズ 190
ファイルへのデータ書き出し 191

6.3 データファイルの入出力 192
入出力によく使われるデータ形式 192
CSVファイルの入出力 193
標準モジュールcsv 194
NumPyのCSV読み込み用関数 195
Excelファイルの入出力 196
XLS形式の入出力 197
OOXML形式の入出力 197
pickleファイルの入出力 199
単一変数のpickle化 199
複数変数のpickle化 200
その他のバイナリファイルの入出力 202
NumPyのnpy/npz形式 202
HDF5形式 202
MAT-file形式 203
Column HDF5 204

6.4 pandasのデータ入出力機能 205
pandasのデータ入出力関数 205
データ形式と入出力速度 207
テキストデータの入出力 208
読み込み処理の詳細 212

6.5 Web入力 214
urllibパッケージを用いたHTMLデータの読み出し 214
Python 2系とPython 3系のurllib関連情報 214

6.6 まとめ 215
Column 入力設定の試行錯誤 216

第7章 NumPy 217

7.1 NumPyとは 218
NumPyの機能全貌 218
NumPyの各種関数群 219
NumPyはなぜ速い? 220

Column 線形代数の数値演算ライブラリ 221

7.2 NumPyのデータ型 222
細分化されたデータ型 222
NumPyの組み込みデータ型 222
NumPyのスカラー 222

7.3 多次元配列オブジェクトndarray 224
配列と行列 224
ndarrayの生成 226
データ型の指定 228
ndarrayの属性 229
ndarrayのメソッド 231
ndarrayによる行列計算 232
ndarrayのインデキシング 233
基本インデキシングによる参照 233
応用インデキシングによる参照 235
ビューとコピー 237
データとメモリの関係 239

7.4 ユニバーサル関数 240
ユニバーサル関数「ufunc」の機能 240
Python関数のufunc化 241

7.5 ブロードキャスティング 242
ブロードキャスティングの仕組み 242
ブロードキャスティングの具体例 243
次元に関する注意事項 243

7.6 まとめ 246

第8章 SciPy 247

8.1 SciPyとは 248
SciPyの概要 248
NumPyとの関係 248
最適化で一歩先を行くSciPy 250
SciPyとNumPyの差を調べる 250

8.2 実践SciPy 251
統計分布関数 251
離散フーリエ解析 254
Column Pythonの統計処理 254
ボード線図 256
データの内挿 257
デジタル信号フィルタの設計 260
行列の分解 261

8.3 まとめ 264

第9章 Matplotlib 265

9.1 Matplotlibとは 266
Matplotlibの概要 266
Matplotlibのモジュール 266
Matplotlibのツールキット 267
pylabとpyplotとNumPyの関係 268

9.2 Matplotlibの設定 269
2つの設定方法 269
設定の確認と、設定コマンドによる変更 269
設定ファイルへの記述 271
スタイルシート 272
グラフに日本語を使う 274

9.3 実践Matplotlib 277
基本の描画 277
サブプロット 279
等高線図 283
3次元プロット 285
Column カラーマップについて 285

9.4 その他の作図ツール 287
Matplotlib以外のおもな作図ツール 287

9.5 まとめ 288

第10章 pandas 289

10.1 pandasとは 290
pandasの概要 290
PyData 290
pandasで何ができる? 290

10.2 pandasのデータ型 291
基本のデータ型 292
シリーズ 293
データフレーム 295
パネル 298

10.3 データの処理 300
pandasのAPI 300
NumPyとの連携機能 ユニバーサル関数、データ型の変換 302
部分データを取り出す 303
基本的な演算規則 306
比較演算 309
基礎的な統計関数 310
関数の適用 312

NaNの処理 315
プロット機能 318
ビューとコピー 321
10.4 まとめ 322

第11章 プログラムの高速化 323

11.1 プログラムの高速化の基本 324
高速化への4つのアプローチ 324
11.2 ボトルネックの解消 325
ボトルネックの解消 325
コーディング方法による高速化 326
先入観を持たずに試してみる 326
極力Pythonの組み込み関数や標準ライブラリを使う 326
ループ計算(for、while)を極力避ける 327
メモリ利用の効率化 328
メモリのマネジメント 328
ndarrayに関する省メモリ化 329
プロファイラの有効活用 332
IPythonを使わない関数プロファイリング 332
プロファイリング結果のグラフィカル表示 335
IPythonを使わないラインプロファイリング 335
11.3 処理の並列化 337
CPUの性能向上 337
GIL 338
Column Intel Xeon Phi 338
SIMD 339
IntelのSIMD拡張命令 339
PythonにおけるSIMD活用 340
Column Intel MKL 340
スレッドとマルチスレッド化 341
マルチスレッドのプログラム 341
並行だが並列じゃない 342
マルチスレッド化による処理速度向上について 343
マルチプロセス利用 343
Column 注目を集めるGPU 344
マルチプロセス利用の利点 345
ProcessPoolExecutor 345
Column Blazeエコシステム 347
11.4 まとめ 348

第12章 プログラム高速化の応用例

第12章 プログラム高速化の応用例 349

12.1 高速ライブラリ(他言語)の活用 350
他言語ライブラリのパッケージ 350
Cython Cythonは拡張言語 350
Cythonの機能 351
Cythonの使い方 351
Cythonコード作成からコンパイルまで 352
Cythonコードの実行時コンパイル 354
Cythonによる並列プログラミング例 NumPyプログラムのCythonコード化から 354
setupスクリプトの作成例 355
高速化の効果検証 356
自作のC/C++ライブラリの活用 357
自作C/C++ライブラリのコンパイル 358
ライブラリのimport方法 359

12.2 JITコンパイラ利用 360
Numba 360
Column Julia 361
基本的な使い方 362
どのようなプログラムに使えるか 363
Numbaのデコレータ 364
Numbaの利用例(@jitclass) 365
Numbaの利用例(ufunc作成) 366
Numbaの利用例(マルチスレッド化) 366
Numexpr 368

12.3 まとめ 370

Appendix 371

Appendix A 参考文献&学習リソース 372
Appendix B 組み込み関数と標準ライブラリ 375
Appendix C NumPyの関数リファレンス 380

索引 392

第 1 章

科学技術計算とPython

これまで科学技術計算の分野では、C/C++やFortran、Java、MATLABなどが多く用いられてきました。しかし、今、これらの代替言語として**Python**の利用が広がりつつあります。本章では、科学技術計算分野においてPythonが台頭してきた実態をデータに基づき検証します。また、Pythonの開発の歴史や言語としての特徴についても学びます。特に初学者の方々が迷うことが多い、バージョンの選択についても取り上げます。そして最後に、科学技術計算分野でPythonの利用が進む理由について、C言語とのベンチマーク結果の比較等も踏まえ、さまざまな角度から考えていきます。

1.1 データで見るPythonの今

Pythonは、さまざまな分野で非常に人気の高い言語です。実際、誰にどのような用途で使われているのでしょうか。どの程度、普及しているのでしょうか。本節では、Pythonのこれまでの人気度を検証した上で、科学技術計算における利用が加速度的に進んできている現況について紹介します。最後に、日本における普及状況と今後の見通しについても考察します。

Pythonの台頭

Pythonは、どれくらいのユーザに使われているかについて、はじめにPythonの人気度から見ていきましょう。

プログラミング言語の人気度を示す指標の1つに、**TIOBE Index**[注1]と呼ばれるものがあります。これはTIOBEという民間企業が作成している指標で、多くの主要な検索サービス等(2016年8月時点でGoogle、Bing、Yahoo!、Wikipedia、Amazon、YouTube、Baiduなどを含む25のサービス)を使って、

```
+"<language> programming"
```

と検索して得られた結果から計算されたRatings[注2]が使われています。この結果を示したものが**表1.1**です。この結果によれば、JavaとC言語は、絶大な人気があることがわかります。Pythonは5位ですが、2007年と2010年にはその年のRatingsの上昇が最も大きかった言語に与えられる「Programming Language of the Year」に選ばれています。

しかし、Pythonが科学技術計算にどの程度使われているのかは、TIOBE Indexだけではわかりません。そこで、IEEE(*Institute of Electrical and Electronics Engineers*)によるプログラミング言語の人気度指標を見てみましょう。雑誌『IEEE Spectrum』(IEEE)でまとめている「Top Programming Languages」と呼ばれるプログラミング言語の人気度指標は**表1.2**のとおりです。この指標は、Google Search、Google Trend、Twitter、GitHub、Stack Overflow、Reddit、IEEE Xplore Digital Library(以下、IEEE Xplore)などの10の情報源から得た言語の利用度指標にIEEE Spectrum独自のレートを掛けて計算されます。表1.2の「全体指標」がその順位で

注1　「TIOBE」は、「ティオビ」(または「トゥビィ」)などと呼ばれます。

注2　指標値。Rating計算の定義については、以下を参照。・「TIOBE Programming Community Index Definition」URL http://www.tiobe.com/tiobe_index?page=programminglanguages_definition

す。この結果では、Pythonは3位となっています。しかし、この結果も前出のTIOBE Indexと同じく、科学技術計算に使われている言語の人気度を表しているものではありません。

このTop Programming Languagesでは、順位算出時の重み付けを変更することが可能ですので、IEEE Xploreの指標だけで順位を算出してみましょう。IEEE Xploreには科学技術分野の360万以上の論文や記事が登録されています。これらの論文のなかで言及があった言語をカウントして人気度指標とすれば、科学技術計算の分野で人気のある言語がわかります[注3]。特に2016年の論文のみを使って算出した人気度指標が、表1.2の「IEEE Xploreのみ」の欄に示した順位です。1位から3位までの順位は、全体指標の順位と変わりなく、Pythonは3位につけています。4位以降は、実行速度の面で有利なC++、スクリプト言語のMATLAB(マトラブ)、データの統計処理に強みを持つR言語、強力なデータ可視化機能を持つProcessingなどの言語が上位に入っています。このデータから、Pythonが科学技術計算の分野

注3　さらに、Webアプリケーションや、モバイル/組み込み機器用途のプログラムは除いています。

表1.1 TIOBE Index(2016年8月)

順位	言語	Ratings[%]
1	Java	19.01
2	C言語	11.30
3	C++	5.80
4	C#	4.91
5	Python	4.40
6	PHP	3.17
7	JavaScript	2.71
8	Visual Basic .NET	2.52
9	Perl	2.51
10	アセンブラ(*Assembly*)言語	2.36
11	Delphi/Object Pascal	2.28
12	Ruby	2.28
13	Visual Basic	2.05
14	Swift	1.98
15	Objective-C	1.88
16	Groovy	1.64
17	R言語	1.61
18	MATLAB	1.54
19	PL/SQL	1.38
20	Go	1.27

でも、トップランクに定着していることがわかります。

Pythonが科学技術計算分野で台頭し利用が進んでいることを示すデータは、他にもあります。Pythonを科学技術計算分野で使う場合に必ずと言ってもいいほど使うことになるパッケージにNumPy（ナンパイ）やSciPy（サイパイ）があります。これらのパッケージがダウンロードされた回数を示したものが**図1.1**です。この図のデータはPyPI（パイピーアイ）（後述）と呼ばれるPythonの公式パッケージリポジトリから取得したものです[注4]。Linux[注5]やOS XではOSパッケージに元々これらのパッケージは含まれていますし、Windowsユーザ向けのPythonディストリビューションにも含まれているこ

注4　直近の正しいデータが取得できない状態のため（2016年8月時点）、2014年までのデータとなっています。

注5　Ubuntu、Debian GNU/Linux、Red Hat Enterprise Linux、CentOSなどほとんどのLinuxディストリビューションでPythonは利用可能です。

表1.2 IEEE Spectrumの2016年プログラミング言語ランキング

順位	全体指標	IEEE Xplore のみ
1	C言語	C言語
2	Java	Java
3	Python	Python
4	C++	MATLAB
5	R言語	C#
6	C#	R言語
7	PHP	CUDA
8	JavaScript	C++
9	Ruby	Processing
10	Go	LabView

図1.1 NumPy/SciPyのダウンロード数

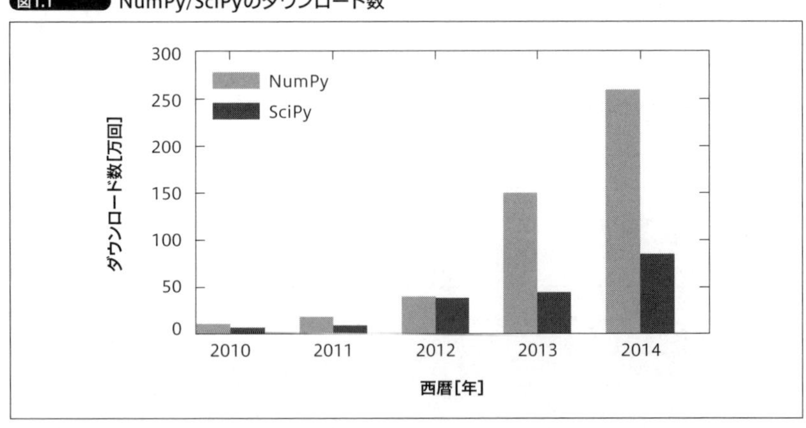

とから、あくまでも目安の数値と考えてください。注目したいのは、そのダウンロード数の変化です。2012年以降、一気にダウンロード数が増加しています。このことは、NumPyに依存するパッケージが増えたことにも起因しますが、Pythonを科学技術計算に用いる人が加速度的に増えていると考えて良いでしょう。

教育用言語としてのPython

前項の説明を読んだ方の中には、「最も人気がある言語というわけではないのか」と思われた方もいるかもしれません。しかし、Pythonには、もう一つ大事な側面があります。それは、はじめてプログラミングを学ぶ方にも非常にわかりやすい言語であるということです。先にも説明したように言語仕様定義を必要最小限度に留めていることから比較的シンプルな言語となっており、可読性にも優れています(後述)。そのため、プログラミングやComputer Scienceをはじめて学ぶ人にとってPythonはうってうけの言語なのです。

米国のトップランク39大学のComputer Scienceのコースで、Pythonが教育用言語として最も多く利用されているというデータがあります。**図1.2**を見てください。Philip Guo[注6]の調査によると、トップ10のComputer Science学部のうち8つでComputer Scienceの入門講座にPythonを採用しており、トップ39学部に対象を広げても27学部でPythonを使っているというのです。一般的には人気が

注6 URL http://www.pgbovine.net/

図1.2 米国トップランク39大学のComputer Science講座でPythonが採用された頻度

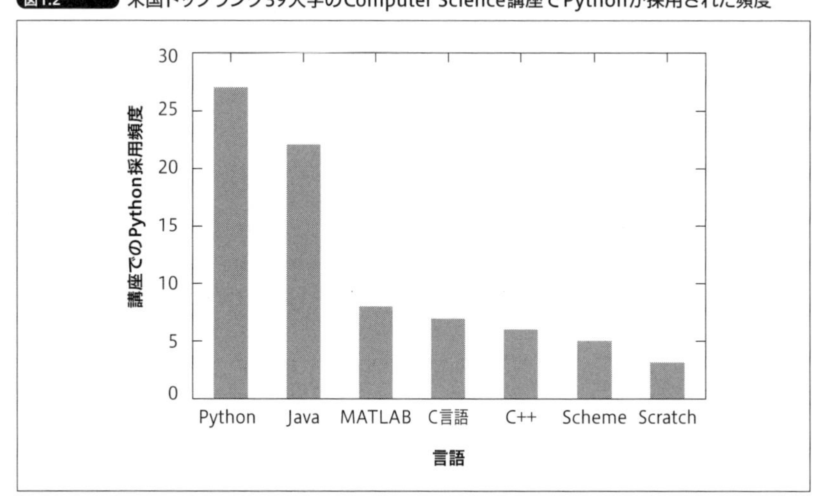

高いJavaやC言語よりも、Pythonの方が多く採用されているのは、初学者にも優しい言語だからと考えることができます。

日本におけるPythonの利用は？

日本では、Pythonの利用は進んでいるかについては、諸外国ではWebアプリケーションの分野でも科学技術計算の分野でも非常にポピュラーなPythonですが、日本では、まだ一歩遅れて後を追っているという感じでしょう。

なぜ、欧米に対して一歩遅れをとっているのか。これにはさまざまな要因があると思いますが、おもな要因としては以下が考えられるでしょう。

❶MATLABなどの他の言語からPythonに変える理由が特にない

❷日本語の書籍およびWeb情報がまだ充実していない

❸Rubyの存在

❹実行速度が遅い

❶は、MATLABなどの他の言語の存在によるものです。MATLABは理工系の分野において絶大な人気を誇ります。さまざまな工学系の研究や設計作業に利用され、多くの分野でデファクトスタンダードとしての地位を確立してきました。ただし、MATLABは有償であり、多数のツールボックスを揃えると高額なライセンス料が必要です。一方、PythonにもMATLABに負けず劣らずと言えるほどパッケージが整備されてきており、そのほとんどは無償で利用できます。

❷は、日本語の解説ドキュメント等が不足しているという問題です。CPython（シーパイソン）（PythonのC言語実装、後述）やライブラリ群の開発はオープンソース[注7]プロジェクトですが、日本語を扱える開発者の参加は比較的まだ少ないようです。そのため、日本語のドキュメントの整備は英語版よりも遅れてしまいがちです。

❸は、Rubyの存在です。まつもとゆきひろ氏が開発した日本発のオープンソースのスクリプト言語で、Pythonと位置付けが似ている部分があります。日本語の情報も比較的充実していることもあり、分野にもよりますがPythonよりもRubyを選択されるケースが少なくないようです。

最後に、❹のPythonは実行速度が遅いという問題があります。しかし、これは本当でしょうか。一般的に言って、PythonはC言語よりも実行速度が遅くなるのは事実です。しかし、それはPython本体の機能しか使わなかった場合の話です。本書でも解説するNumPyやNumbaなどのサードパーティライブラリの機能を使

注7　ソースコードの公開のほか、自由に再配布できる、特定の製品に依存しないなどの、いくつかの要件を満たすものを「オープンソース」と呼びます。

えば、場合によってはC言語と同程度以上まで実行速度を速くすることが可能です。このことは1.3節で後述します。

1.2 Pythonの基礎知識

本節ではPythonがどのような言語なのか、その歴史と特徴を学びます。可読性とメンテナンス性に優れ、強力な標準ライブラリを備えた言語で、エコシステムも充実していることを紹介します。また、入門者が迷うことになるPythonのバージョン選択についても取り上げます。

Pythonの開発経緯

Pythonはさまざまな分野で利用されている汎用のプログラミング言語です。動的プログラミング言語（*dynamic programming language*）の一種で、事前のコンパイルが不要で実行時に機械語に変換する処理系を持つ言語です。PythonはGuido van RossumがCWI（*Centrum Wiskunde & Informatica*）勤務時の1989年に開発を開始し、1991年に初期バージョンが公開されました。

現在、Pythonの実装は**表1.3**のように複数存在し、どれも無償で営利目的にも利用できます。参照実装（*reference implementation*）の**CPython**はバージョンアップが頻繁に行われており、非営利団体PSF（*Python Software Foundation*）の管理のもと、配布されています[注8]。Windows、Linux、OS Xをはじめとして多くのOS上で動

注8 バグフィックスを含めた開発が継続的に行われることが将来にわたってほぼ確約されているのはCPythonのみです。その意味では、CPythonが一番安心して使えるPython実装であると言えるでしょう。

表1.3 Pythonの実装一覧

実装名	説明
CPython	C言語によるPythonの参照実装。一般的に最も広く使われている。PSF License（ライセンスについては後述）
PyPy	RPython（*Restricted Python*）と呼ばれるPythonのサブセット言語により実装されたPythonインタープリタ。JIT（*Just-in-Time*）コンパイラを使いCPythonより高速に動作する。MIT License
Jython	Javaを使ったPython実装。あらゆるJavaのクラスをシームレスにインポート可能。PSF License（version 2）
IronPython	.NET frameworkのAPIを直接呼び出せるPython実装。2016年8月現在、Python 2.7の実装となっている。Apache License 2.0

作し、32 bit CPU（x86）だけでなく64 bit CPU（x64/x86-64）にもすでに対応しています。64 bit OS/CPUでメモリ（*memory*、主記憶装置）を大量に消費する科学技術計算（1.3節を参照）を行いたい場合にも適していると言えるでしょう。

そのような理由もあり、Pythonのディストリビューションパッケージ[注9]に採用されるのはもっぱらCPythonです。とは言え、CPython以外の実装もそれぞれ長所がありますので、Javaや.NET frameworkと連携したプログラムを作成したいといった場合には、CPython以外の実装も利用を検討してみると良いでしょう。

Pythonの特徴

本項では、Pythonの特徴について、以下のキーワードに沿って説明していきます。

❶可読性とメンテナンス性
❷インタープリタ言語
❸スクリプト言語
❹グルー言語
❺バッテリー内蔵
❻充実したエコシステム

注9　Python本体とサードパーティライブラリを集めて、すぐにさまざまな用途に使えるようにパッケージにまとめたもの。AnacondaやWinPythonなどがあります（後述）。

Column

Pythonの誕生

Guido van Rossumは、CWI勤務時に「ABC」というCWIで開発された命令型汎用プログラミング言語を使った仕事をしていましたが、ABCの言語仕様に対して抱いていた数々の不満を解消できる言語を自分で開発できないかと思い立ち、クリスマス休暇を利用して開発を始めます。これがPythonの始まりです。

Guidoはこの初期のPythonを、分散OSのAmoeba（アミーバ）のシステム管理に活用し成功を収めます。その後Pythonは、USENET（ユーズネット）（ネット上の複数のサーバを使っておもにテキストデータを配布するシステム）へと投稿され多くの支持を得て、コミュニティを形成しながら開発が進められていきました。

Pythonという名前は、「Monty Python's Flying Circus」（モンティ・パイソンの空飛ぶサーカス）という番組に由来します。Monty Pythonは英国のコメディグループで、同番組は英国のBBCで1970年代に放送されていました。Guidoは短くて、ユニークで、ちょっとミステリアスな名前にしたいと考え、ちょうどその時に同番組の台本集を読んでいたこともあり、この番組名から「Python」という名前を選択したようです。お陰でPythonの解説本はヘビ（パイソン）の絵が描かれた表紙が多くなりました。

❶可読性とメンテナンス性

Pythonの記述のルールは比較的単純[注10]で、インデント（*indent*、字下げ）によってコードブロックの範囲が判断される仕組みであることから、可読性に優れる特徴があります。そのため、Pythonは学びやすく、読みやすく、結果としてメンテナンス性に優れます。

また、「コードは書くよりも読まれることの方が多い」という考えのもと、記述スタイルに一貫性を持たせて可読性を上げることがPythonでは重要視されています。そのため「PEP 8」（4.1節を参照）と呼ばれるガイドラインが定められており、基本的にはこのガイドラインに従うことが推奨されています[注11]。ただし、プロジェクト毎にPEP 8とは異なるコーディング規約を設ける場合もあります。

❷インタープリタ言語

Pythonはインタープリタ言語です。プログラムを逐次解釈して実行する仕組みになっており、ソースコードのコンパイル作業を必要としません。インタープリタ言語では、実行するコードを入力しながらプログラムを逐次実行できます。

❸スクリプト言語

スクリプト言語の定義はかなり曖昧ですが、動的型付け言語であること、インタープリタ言語であること、ローレベル（*low level*）の記述が不要で小規模のプログラム向き、といった特徴を備えた言語を指します。ただし、Pythonは大規模プログラムにも適用可能であり、そのことはGoogleやDropboxが大規模なシステムの構築にPythonを活用してきた実績[注12]からもわかります。

また、スクリプト言語には処理を簡潔に書けるという特徴があります。このことをごく簡単な例で見てみましょう。JavaとC言語で`"Hello World"`と出力するプログラムを書くと、それぞれ**リスト1.1**および**リスト1.2**のようになります。一方、Python 3系（Python 2系との差異は後述、後出の表1.4も合わせて参照）では、**リスト1.3**のとおり、たった1行です。Pythonでは処理を実現するためのコード記述量が比較的少なくなる傾向があり、このことは覚えなくてはならない記述のルールが少ないことを意味します。このため入門者にも扱いやすく、プログラミングの教育用言語としても広く使われる理由となっています。

注10 記述のルールが単純にできるのは、動的型付け言語であることなどが関係します。

注11 本書内のサンプルコードや実行例でも、PEP 8に従うことを基本としています。必ずしも統一されていないように見える部分もあると思いますが、たとえば以下はすべて良い例となります。
`i = i + 1`、`submitted += 1`、`x = x*2 - 1`、`hypot2 = x*x + y*y`、`c = (a+b) * (a-b)`

注12 Googleでの利用例については、たとえば下記❶、DropboxでのPythonの利用例については下記❷が参考になります。❶ http://quintagroup.com/cms/python/google ❷ https://www.youtube.com/watch?v=as3ISHCknz0

リスト1.1 Javaによる「Hello World」出力プログラム

```
public class HelloWorld {
    public static void main(String[] args) {
        System.out.println("Hello World");
    }
}
```

リスト1.2 C言語による「Hello World」出力プログラム

```
#include <stdio.h>
int main()
{
    printf("Hello World");
    return 0;
}
```

リスト1.3 Pythonによる「Hello World」出力プログラム

```
print("Hello World")
```

❹グルー言語

Pythonは、よく**グルー言語**（*glue language*）であると言われます。日本語で言えば「糊（のり）言語」です。これは、他の言語のプログラムを容易に結合させることができる言語であることを意味します。C言語やC++、Fortranで作られた過去のプログラムを容易にPythonのプログラムに統合できるのです（後述、12.1節）。このことがPythonを科学技術計算の分野で成功させる大きな要因となりました。

❺バッテリー内蔵

Pythonは広範囲な処理を行える強力な標準ライブラリを備えており、「Battery Included」（バッテリー内蔵）などと表現されます。Pythonをインストールした瞬間から、標準ライブラリを使って多様なプログラムを構築できます。標準ライブラリについては、Appendix Bでも簡単に紹介していますので参照してください。

❻充実したエコシステム

標準ライブラリの他にも、膨大な数のサードパーティライブラリが存在します。科学技術計算の分野のパッケージとしてはNumPy、SciPy、Matplotlib（マットプロットリブ）、pandas（パンダス）が有名です。これらのパッケージがあることで、エンジニアリングなどの分野で絶大な人気を誇るMATLABと肩を並べる存在となりつつあります。

これらのサードパーティライブラリや開発環境などを含めたPythonによるプログラム開発環境全体を指して「エコシステム」（*ecosystem*）と呼びます。Pythonのエコシステムは、ほぼすべて無償のソフトウェアであるとは思えないほど充実しています。**図1.3**[注13]にPythonによる科学技術計算に重点を置いたエコシステムのイメージを示します。この図に示されるとおり、Python本体の次に基礎となるサードパーティライブラリはNumPyです。このパッケージがあるお陰で、行列計算や和積演算などのいわゆる数値計算を高速に行うことができます。

そして、そのNumPyを利用する多くの科学技術計算用パッケージがPythonのエコシステムの中核を成しています。その中でも、SciPyはほぼ必要不可欠で、高速フーリエ変換(*Fast Fourier Transform*、FFT)や最適化、数値積分、信号処理などさまざまな科学技術計算関連の機能を提供するパッケージです。また、pandasもデータ分析を効率的に行うための有用なツールであり、さまざまなデータの解析に欠かせないツールの1つです。その他にも、画像処理のためのPillowやscikit-image、機械学習のためのscikit-learn、数式処理のためのSymPy、統計処理機能を提供するStatsmodelsなどがあります。グラフ作成やデータの可視化のツール(Matplotlib、MayaVi、Bokeh、VisPyなど)も充実しています。

さらに、ここまでに挙げたさまざまなツールをインタラクティブ環境で使いこなす上で重要なツールがIPythonです。OSやファイルシステムとも連携できる高機能なユーザインタラクティブシェルを提供するIPythonシェルの他、並列計算エンジンの機能や、Jupyter Notebook(IPython Notebook)と呼ばれるWebベースの実行可能な文書フォーマットを提供します。

注13 以下を参考に、筆者作成。URL http://indranilsinharoy.com/2013/01/06/

図1.3 Pythonのエコシステム

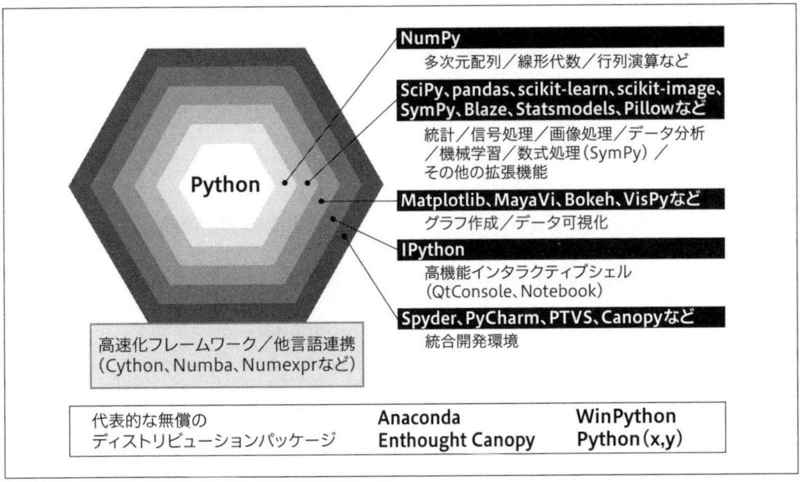

そして、最も重要な点は、これらのツールを使いこなす環境が簡単に構築できるようになったことです。図1.3の中でも示したディストリビューションパッケージとして、AnacondaやWinPythonなどの簡単にインストールできてすぐに使えるものが出てきています。特にAnacondaの場合、Windows、Linux、OS Xのいずれにも対応しており、パッケージの依存関係もcondaというパッケージ管理用のコマンドがうまく処理してくれます。

このようにPythonのエコシステムは非常に充実しており、その多くは無償で配布されています。

パッケージ管理システム

Pythonのパッケージのほとんどは、PyPI(*Python Package Index*)[注14]と呼ばれるパッケージリポジトリで管理されています。主要なパッケージはほぼすべてPyPIに登録されています。

図1.4に、PyPIで検索しているWebブラウザのスナップショットを示します。PyPIでは右上の検索窓にパッケージ名を入力すれば簡単に検索ができます。検索結果を辿れば、開発しているサイトのWebや、インストール用のパッケージに辿り着くことができます。

注14　URL https://pypi.python.org/pypi

図1.4　PyPIで検索している様子(後述のastropyを検索した結果)

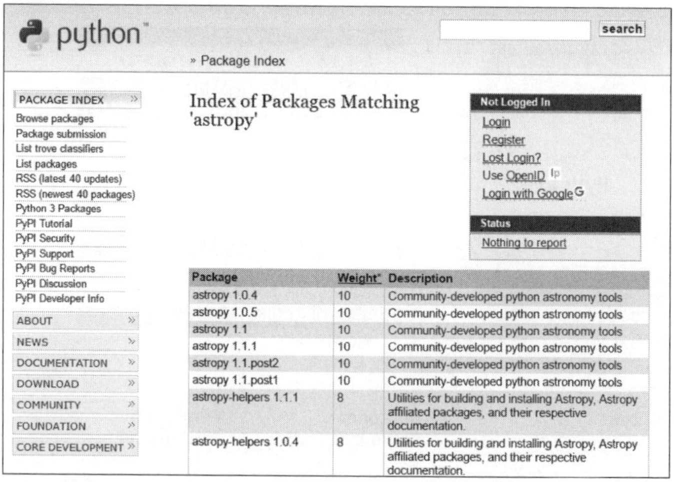

python　search
» Package Index

PACKAGE INDEX
Browse packages
Package submission
List trove classifiers
List packages
RSS (latest 40 updates)
RSS (newest 40 packages)
Python 3 Packages
PyPI Tutorial
PyPI Security
PyPI Support
PyPI Bug Reports
PyPI Discussion
PyPI Developer Info
ABOUT
NEWS
DOCUMENTATION
DOWNLOAD
COMMUNITY
FOUNDATION
CORE DEVELOPMENT

Index of Packages Matching 'astropy'

Not Logged In
Login
Register
Lost Login?
Use OpenID
Login with Google

Status
Nothing to report

Package	Weight*	Description
astropy 1.0.4	10	Community-developed python astronomy tools
astropy 1.0.5	10	Community-developed python astronomy tools
astropy 1.1	10	Community-developed python astronomy tools
astropy 1.1.1	10	Community-developed python astronomy tools
astropy 1.1.post2	10	Community-developed python astronomy tools
astropy 1.1.post1	10	Community-developed python astronomy tools
astropy-helpers 1.1.1	8	Utilities for building and installing Astropy, Astropy affiliated packages, and their respective documentation.
astropy-helpers 1.0.4	8	Utilities for building and installing Astropy, Astropy affiliated packages, and their respective documentation.

PyPIに登録されているパッケージは、pipというコマンドでインストール可能です。pipを使えば、PyPIからパッケージを自動的にダウンロードして、依存関係なども解決しながらインストールしてくれます。

Python 2系とPython 3系

Pythonに関する大きな問題は、バージョン2系(2.x)と3系(3.x)の実装があることです。Python 3系は2008年にはじめてリリースされました。その際、言語の仕様に大きな変更が施されました。そしてこの時、Python 3系にはPython 2系に対する後方互換性を崩す機能追加や仕様変更が行われたのです注15。つまり、Python 2系で書かれたプログラムはPython 3系ではそのままでは動作しなくなってしまいました。この決断は議論を呼びましたが、Python開発者のGuidoはPython 2系の欠点を修正し、言語仕様の一貫性を高めて、より入門者が理解しやすいようにする決断をしました注16。

注15 詳しくはGuido van RossumによるPython 3系の新機能に関する以下を参照してください。
URL http://docs.python.jp/3/whatsnew/3.0.html

注16 Guidoは自身をBDFL(*Benevolent Dictator For Life*、優しい終身の独裁者)と称して、Pythonの開発を現在でも主導しています。

Column

Pythonのライセンス

Pythonは現在、非営利団体PSFの管理のもと、その参照実装であるCPythonがPSFL(*Python Software Foundation License*)で公開されています。CPythonと本書で紹介する主要なサードパーティライブラリのライセンスを**表C1.1**に示します。各ライセンスについてここでは詳しく説明しませんが、大事な点は、これらはいずれも無償で利用でき、コピーレフトライセンス(*Copyleft License*、著作物の使用、改変、再配布などを制限しないが、2次著作物も同様に制限してはならないとするライセンス)ではないということです。よってプログラムを改変して、独自のソフトウェアに組み込んでも、その独自のソフトウェアのソースコードは公開する必要がありません。このような自由度の高さは、Pythonの普及を促進する要素の1つになっています。

表C1.1 Pythonのライセンス

ソフトウェア	ライセンス
Python本体(CPython)	PSFL
NumPy、SciPy、pandas、IPython	BSD License
Matplotlib	matplotlib license(BSDスタイル/PSFLベース)
Spyder	MIT License

表1.4に、Python 2系とPython 3系の主要な違いについて例示しました。ここに示したのはごく一部ですが、記述のルールが細部にわたって変更されています。ただし、科学技術計算に用いるNumPyやSciPyの記述方法はPython 2系でもPython 3系でもほぼ変わりません。

結局、科学技術計算にPythonをこれから使いたい場合、Python 2系とPython 3系のどちらを使えば良いのかについて、本書では、これまで述べた理由の他に、以下の事情によりPython 3系の利用を推奨しています。

- Python 3系に未対応のライブラリも存在するが、科学技術計算で使う主要なパッケージ(NumPy、SciPy、Matplotlib、pandasなど)はPython 3系に対応済み
- 今後の標準ライブラリの改善や、言語の仕様追加は、基本的にPython 3系にのみ適用される
- Python 2系(バージョン2.7.x)のサポートは2020年で終了予定

OSにPython 2.7がプリインストールされているなどの理由で、Python 2系を使う方もいるかもしれませんが、特殊な事情がある場合を除き、積極的にPython 2系を選択する理由はないと考えます。なお、特定のパッケージのPython 3対応は、「Can I Use Python 3？」[注17]やPyPIで確認できます。

注17　URL https://caniusepython3.com/

表1.4 Python 2系とPython 3系の違いの例

Python 2系	Python 3系
print x, y	print(x, y)
x = 7 / 2 # x==3	x = 7 // 2 # x==3
x = 7 / 2.0 # x==3.5	x = 7 / 2 # x==3.5
str=u'文字'	str='文字'
if x <> y:	if x != y:
str = raw_input(msg)	str = input(msg)
x = input(msg)	x = eval(input(msg))
for line in file.xreadlines():	for line in file:
apply(func, args, kwargs)	func(*args, **kwargs)
if m.has_key(n):	if n in m:
x = itertools.imap(func, seq)	x = map(func, seq)
x = itertools.izip(seq1, seq2)	x = zip(seq1, seq2)
fn.func_doc	fn.__doc__
raise "SomeError"	raise Exception("SomeError")
L = [x for x in 3, 6]	L = [x for x in (3, 6)]

1.3 科学技術計算とPythonの関わり

Pythonは科学技術計算の分野では、どのように使われているのでしょうか。そして、Pythonは実行速度が遅いというのは本当なのでしょうか。他言語との比較結果を見ながら、科学技術分野におけるPythonの現状と将来の展望を見ていきましょう。

Pythonが科学技術計算で使われる理由

はじめに、科学技術計算とは何かを見ていきます。科学技術計算が行われる分野の例を挙げてみましょう。

- 工学設計(ロケット、電気製品など)
- 理論物理学(理論検証、実証実験結果解析など)
- 自然科学(樹木園構成計算の数理最適化など)
- 生命工学(遺伝子配列解析など)
- 医学(画像解析など)

これらの分野では、対象とする製品や自然現象を数式を使ってモデル化し、解析的手法や、数値計算によりそれらの挙動を予測します。また、データの中から、隠れた法則や特性を検出することもあります。このような処理を、**科学技術計算**と呼んでいます。科学技術計算では、CPU性能が全体の処理速度を決める場合が多いことから、以下のような特性が求められます。

- 64 bit OSに対応していて、メモリを大量に使える(大量のデータを速く扱える)
- CPUバウンドな処理に強い(高速演算ライブラリの存在)
- プログラミングが容易で、メンテナンス性も良い
- 結果を解釈するためのツール(可視化、データ分析)が豊富にある

もちろん、分野によって個別の事情もありますが、上記の要素が満たされるツールであれば科学技術計算に用いるのに適していると言えるでしょう。Pythonはこれらの要素をすべて満たしていて、多くの人々の支持を得つつあります。

Pythonの普及度

利用するツールを選択する際に重要な要素となるのが、どれだけ多くのユーザに使われているか、という点です。

利用者数が少ないツールは、次第に廃(すた)れてなくなってしまう危険がありますし、そのツールを使うノウハウを得にくいという問題があります。Pythonの場合、利用実績はC/C++やFortran、MATLABなどにはまだ劣りますが、欧米を中心に科学技術計算に使うユーザの数が近年急激に増えてきていることは1.1節でも言及したとおりです。本書でも紹介するNumPy、SciPy、Matplotlib、pandasなどの開発が進み、普及期に入ったということも追い風です。

利用のしやすさ

Pythonの普及を考える上で、簡単に利用できるかという点も重要です。Pythonは、近年、非常に簡単に利用できる言語となりました。プラットフォームを選びませんし、64 bit OSにも対応しています。科学技術計算用のパッケージが充実しており、NumPyなどのライブラリは、あらかじめ高速に動作する数値演算ライブラリにリンクされたパッケージとして配布されています。そして、それらをまとめてインストールしてくれるディストリビューションパッケージが充実しています。

かつては、パッケージの依存関係の解決に頭を悩ませながらインストール作業を行っていた時代もありましたが、今ではそのような煩わしい環境構築作業からほとんど解放されるようになりました。

なぜPythonを使うのか

ここまで、科学技術計算分野におけるPythonの状況について、その背景を説明してきました。容易に開発環境を整備できるようになった点や、無償で自由に使える点などを説明してきましたが、それだけで科学技術計算にPythonが使われるというわけではありません。では、結局Pythonが科学技術計算に使われる理由は何かと言うと、その答えは**目的を達するまでの時間が短い**からでしょう。それには複数の要因があります。

- 可読性が良く、メンテナンス性に優れる(自分の古いプログラムや他人のプログラムをすぐに理解できる)
- 機能するプログラムをすぐに書ける
- NumPyやCython(サイソン)(12.1節を参照)の利用で実行速度を速くすることが可能

上記の3つの点について、プログラムを作成する流れを追いながら考えてみましょう。

はじめに、**図1.5**にプログラミングにおけるごく簡単な流れを示します。顧客に納入するソフトウェアを製造する場合は、これとは異なる本格的な開発手法を採用しますが、個人あるいは数人で何かの設計あるいは解析用にプログラムを構築する場合には、概略はこのような流れです。この図に示したように、まずはシステム設計を行います。「目的は？」「計算手法は？」「期待される結果は？」という問いに答えられるようにします。

次に、プログラミングし、その動作をテストします。通常は、簡単な単体テストと、答えが予想できるポイントで全体の動作を確認する程度になるでしょう。この過程で、最も重要なポイントの1つが先に挙げた「可読性が良くメンテナンス性に優れる」という点です。自分が書いたプログラムも時間が経つと、何をしたかったのかわからなくなることはよくあります。他人のコードならなおさらです。しかし、可読性に優れるプログラムならコードの内容をすぐに理解できるため、開発がスムーズに進みます。プログラムコードを読んでいる時間は大抵、書いている時間よりも長いものです。そのため、可読性が良いことはプログラミング言語にとって非常に重要な要素になります。

続いて、プログラムの構成要素の例（**図1.6**）を前提に、Pythonを使うことの有用性を考えてみましょう。まず、図1.6では何らかの❶ユーザインタフェースと、❷処理を制御する部分と、❸数値処理フレームワークと、❹メインの処理と、❺結果を保存する部分と、❻結果を可視化する機能を有する構成であるとしています。これらの構成要素すべてを短時間で開発できれば「すぐに機能するプログラムを書ける」言語と言えます。

Pythonの場合、❶のユーザインタフェースの構築においては、TkinterやQtなどのGUI（*Graphical User Interface*）フレームワーク**注18**を容易に使えるようになっています。❷の処理の制御は、どの言語でもさして書きやすさは変わらないでしょう。次に、❸の数値処理フレームワークとしてはNumPyがあるため、簡単に高速な数値処理プログラムが記述できます。❹のメインの処理についても、さまざまなパッケージ（ライブラリ）が準備されており、たとえば、天文学の分野ではastropy**注19**を使うことでその専門分野でよく行われる処理を簡単に実装できます。❺の処理結果の保存も、第6章「入力と出力」で紹介するように、極めて簡単にさまざまなデータ形式で保存できます。❻の分析結果の可視化でも、Matplotlibをはじめとする強力なデータ可視化ツールが用意されています。

このように、プログラムの処理要素を考えてみても、それぞれの要素をPythonでは簡単に実装できるようになっており、目的を素早く達成できるのです。

注18 TkinterはTk GUIツールキットに対するインタフェースで、Python標準ライブラリに採用されています。Qtも GUIツールキットとしての機能を提供しますが、それだけに留まらない「アプリケーションフレームワーク」としての機能を持ちます。Qtを商用利用する場合には、ライセンスに注意が必要です。

注19 URL http://www.astropy.org/

図1.5　プログラミングの基本的な流れ

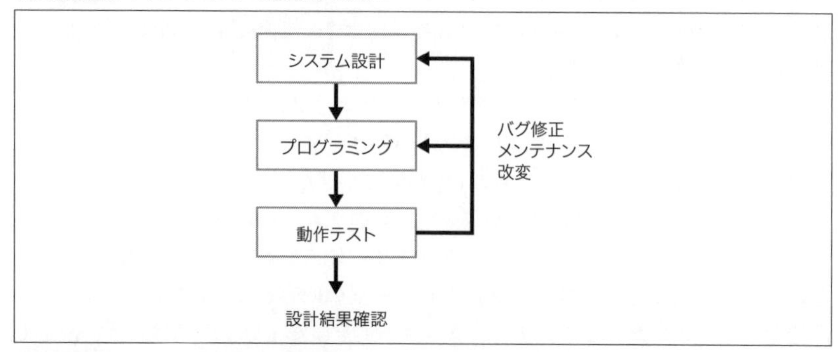

図1.6　プログラムの構成要素の例

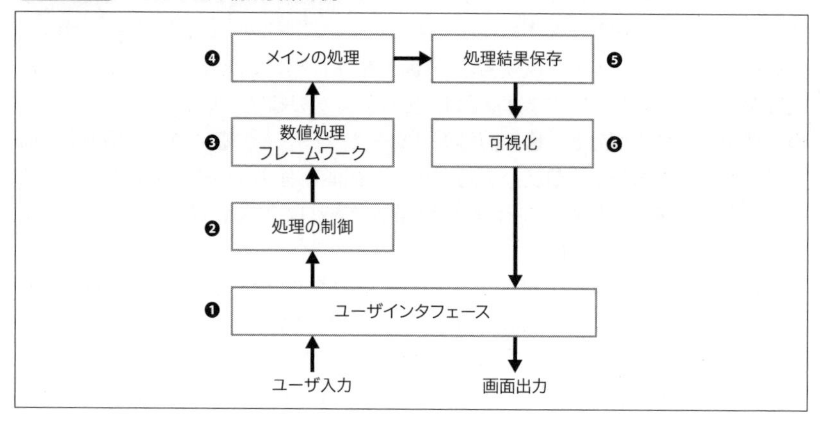

SciPy Stack

科学技術計算におもに使われるのは、いわゆる「SciPy Stack」と呼ばれるツール群です注20。単に「SciPy」と呼ぶと、「ライブラリパッケージのSciPy」を指す場合と、「SciPy Stack」を指す場合がありますが、本書では以後「ライブラリパッケージのSciPy」を意味するものとします。特に、区別する必要がある場合は、「SciPy Library」および「SciPy Stack」と呼びます。

さて、SciPy Stackの中心的なパッケージ群を**図1.7**に示します。図1.7で「Matplotlib」が「NumPy」の上に書かれているのは、MatplotlibがNumPyに依存している(すなわち、NumPyがインストールされていないと動作しない)ことを示します。同様にpandasはSciPy Libraryに依存しますが、SymPyはNumPyに依存し

注20　SciPyについて詳しくは以下を参照してください。 URL http://www.scipy.org/about.html

ていません。IPythonは、科学技術計算を効率的に行う上で欠かせないユーザインタフェース（シェル）で、SciPy Stackの他のパッケージへの依存関係はありません。

SciPy Stackのパッケージは、すべて無償のオープンソースソフトウェアです。各パッケージを簡単に説明すると**表1.5**のとおりです。

表1.5に示したパッケージ群の他に、Chaco、MayaVi、Cython、SciKits[注21]、h5py（後述）、PyTables（階層型データの操作用ライブラリ）なども、SciPy Stackの一部として位置付けられます。SciPy Stackは、科学技術計算に必要な多くの機能を提供しており、Pythonの科学技術計算分野での利用の前提となっています。

注21 以下に全パッケージのインデックスがありますので、詳しく知りたい方は参照してください。 URL http://scikits.appspot.com/scikits

図1.7 SciPy Stackの概要（中心的なパッケージ群）

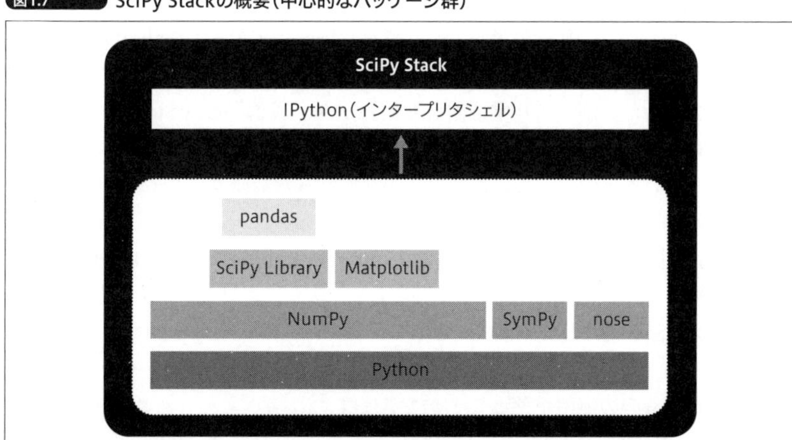

表1.5 SciPy Stackのパッケージ

パッケージ名	説明
Python	Python本体（通常は前述の「CPython」を指す）
NumPy	配列や行列の基本タイプとそれらの演算を定義した数値計算のための基本パッケージ
SciPy Library	数値計算アルゴリズムや特定分野向けのツールボックスなどを集めたもの。信号処理、最適化計算、統計処理などのツールを含む。通常、これを単に「SciPy」と呼ぶ
Matplotlib	印刷物に使用できる高品質の2次元プロットおよび、基本的な3次元プロット機能を持つ作図パッケージ
pandas	データ分析に威力を発揮するデータ構造およびデータ操作関数を提供するパッケージ
SymPy	数式処理システム（*Computer Algebra System*、CAS）を提供するパッケージ
IPython	豊富な対話型インタフェースを持つインタープリタシェル
nose	Pythonプログラムのテストフレームワーク

民間企業とコミュニティ

Pythonが、科学技術計算でもっと使われるようになるであろう理由はもう一つあります。それは関連する民間企業の存在と、そのコミュニティとの関係です。一般に、オープンソースプロジェクトは開発リソース(おもにマンパワー)が限られますし、開発の中心メンバーが何らかの都合で参加しなくなった場合、一気にそのプロジェクトが衰退する場合があります。これに対し、PythonではGuidoが開発に携わっている限り、Python本体の実装に関しては問題なく進められていくでしょうし、その後もPSFを中心に開発が継続されていくことでしょう。また、多くの標準ライブラリやパッケージ類についても、特に科学技術計算関係のパッケージについては民間企業が本格的にサポートしており、オープンソースソフトウェアとして公開する体制が整っていますので、今後の開発の進展については楽観的な見通しを立てて良いでしょう。そのような民間企業として代表的なのがEnthought社とContinuum Analytics社です。

Enthought社は、2001年に米国で設立された民間企業です。Pythonによる科学技術計算に特化したツールやコンサルテーションおよびトレーニングの提供を行っています。また、前述の科学技術計算用パッケージ群「SciPy Stack」の整備と発展に主導的な役割を果たしてきた企業です。社員が仕事としてNumPyなどの開発に携わっていますので、この会社自体がなくならない限り今後もSciPy Stackの開発は活発に進められていくものと予想されます。

Enthought社は、米国において「SciPy Conference」と呼ばれる会議を創設し、科学技術計算におけるPythonの利用を促進するとともに、コミュニティとの情報共有に重要な役割を果たしています。さらに、Enthought Canopyと呼ばれるディストリビューションパッケージを配布しており、そのExpress版は一部の機能が制限されているものの無償で使うことができます。

一方、Continuum Analytics社は、特にデータ処理の分野でPythonの発展をサポートしている米国の企業です。ビジネスモデルはEnthought社と同様で、高機能ツールやコンサルテーションおよびトレーニングの提供によって利益を得ています。Continuum Analytics社から無償提供されているディストリビューションパッケージはAnacondaと呼ばれ、大規模データ処理、予測分析(*predictive analysis*)および科学技術計算向けに特化した機能を提供する400以上(Anaconda 4.1.1時点)のパッケージを含んでいます。また、これらは企業が営利目的に用いても問題はありません[注22]。この企業もNumPy、pandas、Blaze、Bokeh、NumbaそしてIPython(いずれも後述)などのオープンソースパッケージの開発に大きく貢献しており、

注22 詳しくはContinuum Analytics社の以下のサイトを参照してください。URL https://www.continuum.io/

Pythonの科学技術分野での利用を促進させる一つの要因となっています。なお、Continuum Analytics社も米国で「PyData」と呼ばれるカンファレンスの開催の支援しており、Pythonでデータ分析を行う人々のコミュニティに貢献しています。

Python関連のカンファレンスとしては、上記のSciPy ConferenceとPyDataの他にも、「PyCon」と呼ばれるカンファレンスがあります。PyConは科学技術計算やデータ分析の分野のみならず、Python全般の話題を取り上げる会議です。PyConはコミュニティの有志によって運営されており、日本でも「PyCon JP」と呼ばれる同様のカンファレンスが開催されています。

このように、Pythonという言語の活用というテーマで多くのカンファレンスが開催されており、民間企業もコミュニティをしっかりサポートする形で技術革新が進んでいることから、Pythonの科学技術計算分野における利用にさらに進んでいくと予想することができるのです。

Pythonの活用事例

Pythonの科学技術計算分野での活用事例を見ておきましょう。

たとえば、NASA（米国航空宇宙局）などでもSunPy注23などのプロジェクトで使われています。米国ではこの他に、NASAのメインシャトルのサポートコントラクタであったUnited Space Alliance（USA）におけるPython利用の成功例が紹介注24されています。その他の活用事例としては、Pythonのグルー言語としての特徴を生かしてプログラム全体の一部をPythonで構築する例が多いようです。

日本では、高エネルギー加速器研究機構において高エネルギー加速器制御システムに使われていることが公にされていますが、基本的にはEPICS（*Experimental Physics and Industrial Control System*）でプログラムが構築されPythonは制御アプリケーションやGUIの構築に使われました注25。

また、筆者が普段の仕事で関わる分野では、GNU Radioと呼ばれるPythonを使ったフリーソフトウェア（*Free Software*）があります。GNU Radioはソフトウェア無線注26専用のソフトウェアツールキットで、無線のベースバンド処理をソフトウェアで実現するためのものです。GNU Radioでは、おもにC++とPythonが使われており、計算速度が要求される信号処理部分はC++で書かれ、それをPythonのプログラムから呼び出すという構成です。Pythonでも記述の仕方によっては次項で説明するようにかなり高速なプログラムを構成することが可能ですが、5年から10年程度の歴史のあるプロジェクトでは、まだグルー言語として使われてい

注23 URL http://sunpy.org/
注24 URL https://www.python.org/about/success/usa/
注25 詳しくは、以下を参照してください。 URL http://www.python.jp/Zope/Zope/casestudy/1500
注26 英語ではSoftware Defined Radio（SDR）と呼ばれます。

る例が多いようです。

Pythonの実行速度は本当に遅いのか

一般には実行速度が遅いと言われるPythonですが、実際に遅いのか確認してみましょう。すべての言語に公平なベンチマークを取るのはなかなか難しいところですが、ここでは、わかりやすい簡単な例で見ていきましょう。以下のような行列計算を行うものとします。

$$s_{ij} = \sum_{k=1}^{M} a_k x_{ik} y_{kj}$$

これを式(1-1)とする

ただし、

$$S = \begin{pmatrix} s_{11} & s_{12} & \cdots & s_{1L} \\ s_{21} & s_{22} & \cdots & s_{2L} \\ \vdots & \vdots & \ddots & \vdots \\ s_{N1} & s_{N2} & \cdots & s_{NL} \end{pmatrix}$$

$$X = \begin{pmatrix} x_{11} & x_{12} & \cdots & x_{1M} \\ x_{21} & x_{22} & \cdots & x_{2M} \\ \vdots & \vdots & \ddots & \vdots \\ x_{N1} & x_{N2} & \cdots & x_{NM} \end{pmatrix}$$

$$Y = \begin{pmatrix} y_{11} & y_{12} & \cdots & y_{1L} \\ y_{21} & y_{22} & \cdots & y_{2L} \\ \vdots & \vdots & \ddots & \vdots \\ y_{M1} & y_{M2} & \cdots & y_{ML} \end{pmatrix}$$

$$A = (a_1, a_2, \cdots, a_M)$$

とし、さらにN = 10000、M = 1000、L = 10000とします。この処理の実行速度を、PythonとC言語で比較した結果を**表1.6**に示します。

今回、このような結果が出ました。たしかに、Pythonの基本機能だけを使って巨大な行列演算をさせるとC言語と比べてとてつもない計算時間が必要となりますが、NumPyと呼ばれる科学技術計算実行時のデファクトスタンダードのライブラリを使えばコードを書く量が何分の一かに減る上に、実行速度も今回の例のように1万倍以上となる場合があるのです。そして、C言語の速度に負けていない

表1.6　C言語とPythonの処理速度比較

言語	C言語	Pythonのみ	Python + NumPyを使用
速度	409［秒］	120,000［秒］	5［秒］

という結果となっています。科学技術分野の数値計算で実行速度が問題となるのは、この例のように積和演算を非常に多く繰り返す場合が多いのですが、この結果からはPythonをNumPyというライブラリと一緒に用いれば、実行速度の面でも概ね問題ないと言えるでしょう。

今回のベンチマークの詳細

今回のベンチマークの詳細について見ていきます。動作環境は以下のとおりです。

- OS：Windows 8.1
- CPU：Intel Core i5 4200M 2.5 GHz
- Cコンパイラ：Cygwin gcc 4.8.2（x86-64）
- Python：Ver. 3.5.2（IPython 4.2.0、64 bit）
- NumPy：Ver. 1.11（MKL 11.3も合わせて使用）

次に、C言語で記述したベンチマークプログラムを**リスト1.4**に示します。リスト1.4のプログラムは、ヒープメモリ[注27]を利用することで実行速度が落ちないように、ローカル変数として大きな配列をスタック上に配置します。スタックサイズは通常あまり大きくなく、何も処置しなければエラーになってしまうため、コンパイル時に少し工夫して、以下のようにコンパイルします。

```
> gcc -O3 -o c_bench -Wl,--stack,1000000000 c_bench1.c
```

`-Wl,--stack,1000000000`の部分は、リンカ[注28]に、スタックメモリとして確保するメモリサイズを指定するコマンドを渡しています。-O3はコンパイル時の最適化オプションです。

リスト1.4 行列計算を行うC言語ベンチマークプログラム（c_bench1.c）

```
#include <stdio.h>
#include <windows.h>
#include <stdlib.h>

const int N = 10000;
const int M = 1000;
const int L = 10000;

int main(int argc, char** argv)
{
    int i, j, k;
```

注27　ヒープメモリ、スタックメモリについて、p.26のコラムも合わせて参照してください。

注28　リンカ（*linker*）は、コンパイル後に生成されるオブジェクトに必要なライブラリなどを接続して実行可能ファイルを作成する処理を行うプログラムのことです。

```
    double a[M], S[N][L], x[N][M], y[M][L];
    LARGE_INTEGER start_pc, end_pc, freq_pc;

    /* ❶配列に値を設定 */
    srand(1);
    double rnd_max = (double) RAND_MAX;
    for (i=0; i<M; i++) {
        a[i] = (rnd_max*0.5 - rand()) / rnd_max;
    }
    for (i=0; i<N; i++) {
        for (j=0; j<M; j++) {
            x[i][j] = (rnd_max*0.5 - rand()) / rnd_max;
        }
    }
    for (i=0; i<M; i++) {
        for (j=0; j<L; j++) {
            y[i][j] = (rnd_max*0.5 - rand()) / rnd_max;
        }
    }
    for (i=0; i<N; i++) {
        for (j=0; j<L; j++) {
            S[i][j] = 0.0;
        }
    }

    /* ❷処理開始時の時間を計測 */
    QueryPerformanceFrequency( &freq_pc );
    QueryPerformanceCounter( &start_pc );

    /* ❸行列演算処理（処理時間計測対象）。式（1-1）の処理 */
    for (i=0; i<N; i++) {
        for (j=0; j<L; j++) {
            for (k=0; k<M; k++) {
                S[i][j] += a[k]*x[i][k]*y[k][j];
            }
        }
    }

    /* ❹処理終了時の時間を計測 */
    QueryPerformanceCounter( &end_pc );
    double sec_pc = (end_pc.QuadPart - start_pc.QuadPart)
                                                    / (double)freq_pc.QuadPart;
    printf("計算時間 = %.3lf[ms]\n", sec_pc * 1000);

    /* ❺最適化によりSの計算が省略されないように、計算後にランダム参照 */
    i = (int) (start_pc.QuadPart % N);
    j = (int) (end_pc.QuadPart % L);
    printf("S[%d][%d] = %.3lf\n", i, j, S[i][j]);

    return 0;
}
```

リスト1.4では、❶で計算に使う配列の値の設定を、❷で処理開始時のクロックカウンタ値とクロック周波数の計測を、❸で式(1-1)の計算を、❹で式(1-1)の計算終了時のクロックカウンタ値を再取得と処理時間の計算を行っています。また、コンパイラの最適化機能により、計算が省略されてしまわないように、❺によって結果の一部をランダムに参照するようにしています。今回は、BLAS(*Basic Linear Algebra Subprograms*)注29や、SIMD(第11章で後述)は使っていませんので、これらを利用するプログラムを記述すれば、さらに高速化可能です。

次に、Pythonのプログラムを見てみましょう。**リスト1.5**に、先ほどのC言語のプログラムと同じ処理を行うプログラムを示します。まずC言語と同じ処理を素直に記述して、関数mult_basicを定義しました。この関数は、NumPyの行列演算機能を使わずに、Pythonのforループで処理を実現している(前出の表1.6の「Pythonのみ」と対応)ことから、処理速度が遅いことが想定されます。

そこで次に、NumPyの演算機能をフル活用し、関数mult_fastも作成しました。これは関数mult_basicとまったく同じ処理を、NumPyを利用して記述したものです。この例のようにNumPyを活用すると、プログラムの記述が簡潔になります。しかも、気付かぬうちに数値演算ライブラリ(BLASなど)を使った高速演算が実現できます。

このベンチマーク例では、高速な数値演算ライブラリを用いていない点で、C言語版プログラムに不利な条件です。しかし、重要な点は、Pythonでも数値演算ライブラリの利用を指定したわけではないことです。Pythonでは、NumPyなどを使えば自動的に高速化が図られるのです。

リスト1.5 行列計算を行うPythonベンチマークプログラム(py_bench1.py)

```
import numpy as np
import time

def mult_basic(N, M, L, a, x, y):
    """ 行列計算は使わずにforループで計算する関数
        ただし、所望のサイズの非ndarrayを作成するのが困難なので、
        入力の変数はNumPyのndarrayとして生成して渡す """
    r = np.empty((N, L))
    for i in range(N):
        for j in range(L):
            tmp = 0.0
            for k in range(M):
                tmp = tmp + a[k]*x[i][k]*y[k][j]
```

注29 線形代数用の数値演算ライブラリ。BLASの実装には、OpenBLASやATLAS(*Automatically Tuned Linear Algebra Software*)、LAPACK(*Linear Algebra Package*)、Intel MKL(*Math Kernel Library*)などがあります。

```
            r[i][j] = tmp
    return r

def mult_fast(N, M, L, a, x, y):
    """ NumPyの関数を使って高速に計算する関数
        関数mult_basicとまったく同じ結果を得る """
    return np.dot(x*a, y)  # 処理の記述は1行のみ

if __name__ == '__main__':
    # 計算に使う配列の生成
    np.random.seed(0)
    N = 10000
    M = 1000
    L = 10000
    a = np.random.random(M) - 0.5
    x = np.random.random((N, M)) - 0.5
    y = np.random.random((M, L)) - 0.5

    # 行列計算は使わずにforループで計算
    ts = time.time()
    r1 = mult_basic(N, M, L, a, x, y)
    te = time.time()
    print("Basic method : %.3f [ms]" % (1000*(te - ts)))

    # NumPyの関数を使って高速に処理
    ts = time.time()
    r2 = mult_fast(N, M, L, a, x, y)
    te = time.time()
    print("Fast method  : %.3f [ms]" % (1000*(te - ts)))
```

Column

スタックメモリとヒープメモリ

C言語のようなコンパイラ言語、つまり実行する前にプログラムのコンパイルを必要とする言語では、**スタックメモリ**（*stack memory*、スタック）と**ヒープメモリ**（*heap memory*、ヒープ）という2種類のメモリについて理解しておく必要があります。スタックメモリとヒープメモリは、どちらもプログラム中で一時的に使用するメモリで、通常はRAM（*Random Access Memory*）のどこかに確保されます。これらの2つのメモリの違いを簡単に説明します。

スタックメモリは、コンパイラやOSが自動的に割り当てたり解放したりするメモリのことです。サイズは、プログラムをコンパイルおよびリンクする時点で決まっており、変更できません。C言語の場合は、「自動変数」と呼ばれる変数（関数のローカル変数など）がスタックメモリに確保されます。例を次に示します。

```
double times_n(int n) {
    int i, sum=0;  // ❶
    double b[3] = {1.1, 2.1, 3.4};  // ❷

    for (i=0; i < 3; i++) {
        sum += b[i] * n;
    }
    return sum;
}
```

関数times_nでは、整数iおよびsumと倍精度浮動小数点数の配列bを使うことが宣言されています(❶と❷)。これらは、この関数の内部だけで使われるローカル変数です。その関数の呼び出し時に自動的にメモリに割り当てられ、関数を抜ける際に自動的に破棄されます。このような変数は「自動変数」と呼ばれ、スタックメモリに確保されます。

次に、ヒープメモリの例を見てみましょう。以下のプログラムを見てください。

```
double* setvec(int n_size) {
    int i;
    double *vec;

    vec = (double *) malloc(sizeof(double) * n_size); // ❸
    for (i=0; i<n_size; i++) {
        vec[i] = 1.01 * i;
    }

    return vec;
}
```

このプログラムでは、関数setvecの引数としてn_sizeが与えられ、そのサイズの倍精度浮動小数点数型(double型)配列が❸で確保されています。必要な配列のサイズが事前にわからない場合などには、この例のようにmallocなどの関数を使って動的にメモリを確保します。このような場合にはヒープメモリにその変数の領域が確保されます。

一般に、サイズが大きい変数や、動的に確保する必要がある変数はヒープメモリに確保しますが、それ以外はスタックメモリを使います。

一方、PythonではC言語のようにスタックやヒープを意識してプログラムを書くことは通常ありません。まとまったメモリの確保には気を配る場面もありますが、メモリに関する詳細を気にする必要がほとんどないので、Pythonは習得しやすい言語であると言えるでしょう。

1.4 まとめ

世界的に見ると、Pythonは教育用言語として注目を浴びるだけに留まらず、科学技術計算の分野でも利用が広がりつつある言語です。実際にPythonが台頭してきている様子は、各種のデータからも見て取れることを示しました。一方、日本では、科学技術計算の分野においてまだポピュラーとは言えない状況ではありますが、海外での利用例が数多く伝えられることなどによって次第に人気度が上がっていくものと考えます。

そして、その根拠として、Pythonの言語としての優れた特性と、科学技術計算での利用を促進するだけのエコシステムが存在することを説明しました。また、Pythonの実行速度は遅い、という一種の誤解に対しては、NumPyを使った例を反例として示しました。Pythonでは、適切なライブラリを使えば、C言語にも負けない速度を実現することも可能です。

このように、科学技術計算の分野でも適した使い方をできれば、Pythonは強力かつ高効率な計算ツールとなります。以降の章で、プログラミングに必要な基本事項(第2章〜第3章)、言語の仕様(第4章〜第6章)、主要なライブラリ(第7章〜第10章)、高速化／最適化のためのテクニック(第11章〜第12章)を解説していきます。Pythonのパワーを十分に引き出すプログラミングのための基礎知識をしっかり学んでいきましょう。

第 2 章

ゼロからのシミュレータ開発

本章では、ロケットシミュレータを例に挙げて、Pythonを用いてゼロから科学技術計算用ソフトウェアを構築していく一連の作業を見ていきます。設定したロケットの諸元に基づいて、ロケットを飛翔させ、一定時間後の高度や速度、およびそこまでの飛翔軌跡を知ることが目的です。言語の機能を有効活用し、重要な機能のみを実装してプロトタイプを短期に構築するソフトウェアの「ラピッドプロトタイピング」(*rapid prototyping*)の一例です。

さらに、そのプログラムを改善していく過程も示します。読みやすく、間違いのないプログラムを作成するために、静的コード解析、単体テストおよびデバッグ作業を行います。そして、一般的に計算負荷の高い科学技術計算用プログラムで必要となる、計算負荷の低減テクニックについても言及します。

はじめて読む際には、本章のすべてを理解できなくても、以降の章の解説を読むにあたって差し支えありません。本章では、開発手法の全体像を掴めるようになることを目標に解説していきます。

2.1 シミュレータを設計する

本節では、ロケットシミュレータの設計例を示し、プログラムを構成していく一例を学びます。なお、本節では、Pythonの関数やクラスについても言及しますが、それらについて詳しくは後述します。本節では、プログラムの設計および構成の指針の概要を学んでいきましょう。

ロケットシミュレータ「PyRockSim」

ゼロから科学技術計算用ソフトウェアを構築していく一例として、本書ではロケットシミュレータ「PyRockSim」を設計します。設定したロケットの諸元に基づいて、シミュレーション上でロケットを飛翔させ、一定時間後の高度や速度、およびそこまでの飛翔軌跡を知ることが目的です。

PyRockSimを使えば、たとえばロケットモータの推進薬を減らした際に、飛翔軌跡Aから飛翔軌跡Bのように到達できる高度が下がる様子などが確認できます(**図2.1**)。このように、ロケットの構成(諸元)をどのようにすれば、想定する打ち上げミッションを達成できるのか、予測することが可能になります。

本書で作成するロケットシミュレータは、MATLABで作成された「MatRockSim」[注1]をPythonに移植したものです。変換の際にプログラムやファイルの構成をPythonらしく変更しています。プログラムは以下から取得可能です[注2]。

URL https://github.com/pyjbooks/PyRockSim

注1 ©2014 Takahiro Inagawa、MIT License URL https://github.com/ina111/MatRockSim

注2 上記のURLで[Download ZIP]のボタンを押してもダウンロードできますが、バージョン管理システムGitの環境が整っている方は、クローン(*Clone*)して取得してみてください。

図2.1 ロケットシミュレータのイメージ

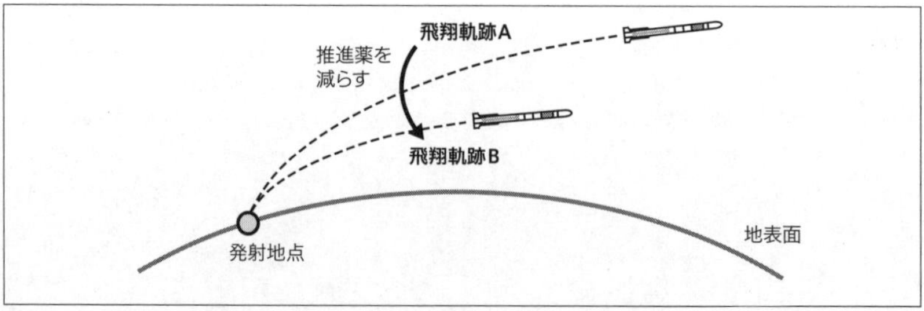

機能構成

PyRockSimの機能構成は、**図2.2**に示すとおりです。与えられた初期条件に基づき、ロケットモータの推力を計算し、高度によって変わる重力加速度と大気の計算をし、さらに空力(空気力学)計算によって抵抗と揚力を計算します。これらを元に、ロケットの位置、速度、姿勢角を逐次更新しながら、指定の時間まで計算していくものです。なお、本プログラムでは6自由度(並進3自由度+回転3自由度)シミュレータへの拡張を前提に作成しますが、今回紹介するプログラムは並進3自由度です。

プログラム構築の手順

PyRockSim構築に必要な手順を列挙すると、次のとおりです。

- 機能分割(関数やクラスに機能をまとめる)
- ファイル分割(機能分野毎にファイルを分ける)
- コーディング
- 静的コード解析
- 単体テスト
- デバッグ
- プログラム最適化

まずは、プログラムに必要となる機能を洗い出し、その機能を適切に分割して関数やクラス(第4章および第5章を参照)にまとめていくことが必要となります。また、特定の分野の機能を受け持つ関数やクラスは、個別のファイルにまとめておくと、メンテナンス性が向上して便利ですので、複数のファイルに分割するこ

図2.2 ロケットシミュレータの機能構成

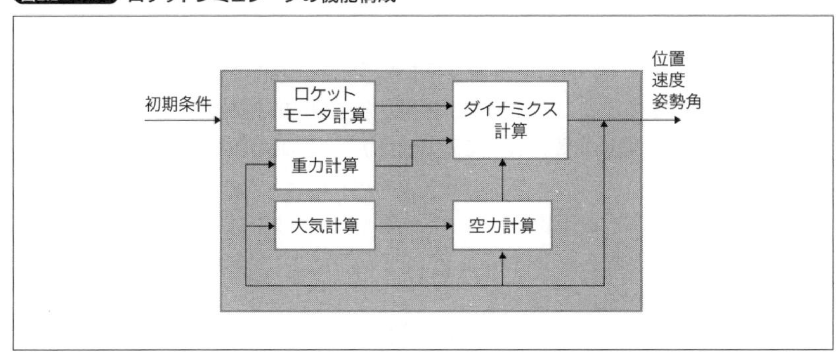

とも考慮します。

なお、Pythonでは1つのファイルから成るライブラリを**モジュール**(*module*)、複数のファイルから成るライブラリを**パッケージ**(*package*)と呼びます。特定分野の機能を、モジュールやパッケージにまとめておくと、他のプログラムに流用しやすくなるので便利です。

次に、実際にコーディング後、そのプログラムが正しいプログラムになっていることを、静的コード解析や単体テストを実施して確認します。そしてさらに、意図しない動作を修正するためにデバッグを行い、高速化や信頼性向上の意味でプログラムの最適化を図ります。

以降、PyRockSimの開発を通して、これらの具体的な手順を見ていきましょう。

2.2 機能分割とファイル分割

機能を適切に分割し、関数やクラスにまとめた上で、分野毎にファイルにまとめると、メンテナンス性が向上して便利です。本節では、「PyRockSim」の開発を例に、機能分割とファイル分割の例を見ていきましょう。

機能分割

ソースコードの行数が少ない小規模プログラムであれば、すべてを1つのファイルに記述してしまってもかまいませんが、大規模プログラムではメンテナンス性が低下するためお勧めできません。また、関数やクラスを使って機能を分割して実装する際も、あまりにも小さい単位に分割してしまうとプログラムがわかりにくくなってしまう場合があります。そのため、適度なサイズに機能を分割し、メンテナンス性向上とプログラムの使い回しを想定したファイル分割を考えるのがお勧めです。

ロケットシミュレータでは、実装する機能を上記の観点で**表2.1**のように分割して実装することにしました。表中、機能の実装方法(関数／クラス／スクリプト)と、その名称、機能概要について示しました。この例では、ロケットシミュレーションのメインモジュール(実行のトップレベルのファイル)を「rocket.py」とし、座標変換関連の関数を「coordconv.py」に、クォータニオン(四元数、姿勢角計算に用いる)計算関連の関数を「quaternion.py」に、環境関連の計算関数を「environment.py」にまとめる構成としています。

このように、必要な処理や機能を洗い出し、それを分割してどのように実装していくのか考えていきます。プログラムを作成していく段階で明確になってくる部分もありますので、このような機能割りやファイル分割について、最初は大まかに計画できればOKです。

機能実装上の留意点

機能を分割し実装していく段階で、既存ライブラリに活用できるものがないかについては、ある程度考えておく必要があります。Pythonの標準ライブラリの他、科学技術計算では本書でも後出の章で紹介するNumPy、SciPyおよびpandas、グラフのプロットではMatplotlibなどの利用を前提に実装していく方が良いと言えます。すでに信頼性が確保された既存のライブラリを活用することは重要です。実装したい機能がライブラリとしてすでに存在しないかどうか、あらかじめ調査しておきましょう。

表2.1 ファイルと機能の分割(単体テスト用クラスやサブ関数は除く)

ファイル	種別	関数またはメソッド	説明
rocket.py	スクリプト	—	諸元設定、定数設定など
	クラス(RocketSim)	__init__	オブジェクトパラメータの初期設定
		rocket_dynamics	ダイナミクス計算(状態量の微分計算)
		euler_calc	積分計算を実行(比較用にodeintを使う実装関数odeint_calcも作成)
	関数	plot_rs	シミュレーション結果のプロット
coordconv.py	関数	blh2ecef	緯度/経度/高度からECEF座標に変換
	関数	ecef2blh	ECEF座標から緯度/経度/高度に変換
	関数	launch2ecef	射点座標系からECEF座標系へ座標変換
	関数	dcm_x2n	ECEF-XYZからLocal tangent NED直交座標系への回転行列
quaternion.py	関数	deltaquat	クォータニオンの時間微分
	関数	quatnorm	クォータニオンのノルム(*norm*、大きさや距離)
	関数	quatnormalize	クォータニオンの正規化
	関数	quatconj	共役クォータニオン
	関数	quatinv	逆クォータニオン
	関数	quatmultiply	クォータニオン積
	関数	rot_coord_mat	方向余弦行列をクォータニオンから計算する
	関数	attitude	初期の方位角と仰角[deg]からクォータニオンと方向余弦行列を生成
environment.py	関数	std_atmosphere	標準大気計算
	関数	gravity	重力計算

ファイル分割とimport

Pythonでは、複数の関数やクラスを1つのファイルにまとめることができます。分割したPythonのファイルに収めた関数やクラスは、メインモジュール(rocket.py)から次のようにimportすることで利用可能になります。4.10節で後述しますが、importとは、読み込んで利用できるようにすることです。

```
import quaternion as qt
import environment as env
import coordconv as cc
```

たとえば、この例の1行めでは、クォータニオン関連の関数をまとめたモジュール(quaternion.py)をimportして、別名(エイリアス/*alias*)として`qt`という名前を付けています。したがって、当該モジュールの中の関数quatnormには、`qt.quatnorm`とすればアクセスできます。他のモジュールについても同様です。

2.3 コーディング

機能分割とファイル分割に見通しが立てられたところで、いよいよ実際のコーディングを行います。処理の内容を追いながら、PyRockSimの実際のコーディング例を見ていきましょう。

処理の流れ

シミュレータの処理の基本的な流れは、次のとおりです。

❶ロケットの諸元を設定
❷ロケットの位置/速度/姿勢角などの時間微分を計算
❸上記、時間微分を使って積分計算(設定した終了時間まで)
❹結果をプロット

細かな部分はほかにもありますが、全体の大まかな流れはこれだけです。

ライブラリのimport

Pythonコードでは、冒頭にimportするライブラリを指定します。**リスト2.1**はrocket.pyのimport文です。NumPyやSciPyなどのサードパーティライブラリのほか、先にも述べたように、このロケットシミュレーションの一部となっているモジュール(ファイル)もimportしています。また、`import numpy as np`としているため、NumPyの正弦関数sinは`np.sin`としてアクセスできますが、さらに`from numpy import sin`としています。これは、`np.sin`ではなく単に`sin`と書いて正弦関数を使えるようにするためであり、プログラムの可読性を向上させるための記述です。

リスト2.1 プログラム冒頭のimport文

```
import numpy as np
from numpy import sin, cos, arcsin, pi
import matplotlib as mpl
import matplotlib.pyplot as plt
import scipy as sp
from scipy.interpolate import interp1d
from mpl_toolkits.basemap import Basemap
import quaternion as qt
import environment as env
import coordconv as cc
```

ロケット諸元の設定

次に、ロケットの諸元をPythonの辞書型変数に設定します(**リスト2.2**)。辞書型変数は、関数やクラスにキーワード引数として全体を渡すことができるので便利です。後で辞書型変数の中に新しい要素を追加しても、それを受け取る関数やクラスのdef文(定義文)は変更する必要がありません。今回用いたロケットの諸元は、MatRockSimから引き継いだものですが、これはJAXA (*Japan Aerospace eXploration Agency*、宇宙航空研究開発機構、旧ISAS)のM-3Sロケットの諸元の一部が使われています。詳しくはJAXAのWebページ注3を参照してください。

リスト2.2 ロケットの諸元設定

```
# Rocketの諸元設定 (M-3S)
rocket_settings = {
    'm0': 45247.4,  # [kg] 初期質量
    'Isp': 266,  # [s] Specific Impulse
    'g0': 9.80665,  # [m/s^2] 重力定数
```

注3 URL http://www.isas.jaxa.jp/j/enterp/rockets/vehicles/mu/m3s.shtml

```
    'FT': 1147000,  # [N] 推力（一定）
    'Tend': 53,  # [s] ロケット燃焼終了時間
    'Area': 1.41**2 / 4 * pi,  # [m^2] 基準面積
    'CLa': 3.5,  # [-] 揚力傾斜
    'length_GCM': [-9.76, 0, 0],  # [m] R/Mジンバル・レバーアーム長
    'length_A': [-1.0, 0, 0],  # [m] 機体空力中心・レバーアーム長
    'Ijj': [188106.0, 188106.0, 1839.0],  # [kg*m^2] 慣性能率
    'IXXdot': 0,  # [kg*m^2/s] 慣性能率変化率 X軸
    'IYYdot': 0,  # [kg*m^2/s] 慣性能率変化率 Y軸
    'IZZdot': 0,  # [kg*m^2/s] 慣性能率変化率 Z軸
    'roll': 0,  # [deg] 初期ロール
    'pitch': 85.0,  # [deg] 初期ピッチ角
    'yaw': 120.0,  # [deg] 初期方位角
    'lat0': 31.251008,  # [deg] 発射地点緯度（WGS84）
    'lon0': 131.082301,  # [deg] 発射地点経度（WGS84）
    'alt0': 194,  # [m] 発射地点高度（WGS84楕円体高）
    # CD定義用のMach数とCDのテーブル
    'mach_tbl': np.array([0, 0.2, 0.4, 0.6, 0.8, 1.0, 1.1, 1.2, 1.4, 1.6,
                          1.8, 2.0, 2.5, 3.0, 3.5, 4.0, 5.0]),
    'CD_tbl': np.array([0.28, 0.28, 0.28, 0.29, 0.35, 0.64, 0.67, 0.69,
                        0.66, 0.62, 0.58, 0.55, 0.48, 0.42, 0.38, 0.355,
                        0.33])
    }
```

状態量の設定と積分計算

続いて、状態量ベクトルを次式のように定義します。**状態量ベクトル**とは「ロケットに関して知りたい物理量」を列挙したものです。

$$\mathbf{X} = [M, P_N, P_E, P_D, V_N, V_E, V_D, q_0, q_1, q_2, q_3, \omega_r, \omega_p, \omega_y]$$

ここで、Mはロケット全体の質量[kg]を、P_N、P_E、P_Dは発射地点における局地水平座標系のNorth/East/Down座標[m]を、V_N、V_E、V_Dは発射地点における局地水平座標系のNorth/East/Down方向速度[m/s]を、q_0、q_1、q_2、q_3はクォータニオンを、ω_r、ω_p、ω_yはRoll/Pitch/Yawの角速度[rad/s]を示します。

この状態量$\mathbf{X}$の時間微分を計算する関数を、RocketSimクラスのrocket_dynamicsメソッドとして定義します[注4]。rocket_dynamicsメソッドによって計算される$\mathbf{X}$の時間微分$\frac{d\mathbf{X}}{dt}$を使えば、オイラー法積分によって微小時間Δt後の状態

注4　rocket_dynamicsメソッドの中身は本書では詳しく説明しませんが、詳しく知りたい方は前述のMatRockSimに付属の説明や、『Modeling and Simulation of Aerospace Vehicle Dynamics, Third Edition』(Peter H. Zipfel著、American Institute of Aeronautics and Astronautics、2014)などを参考にしてください。

図2.3 オイラー法による積分の誤差

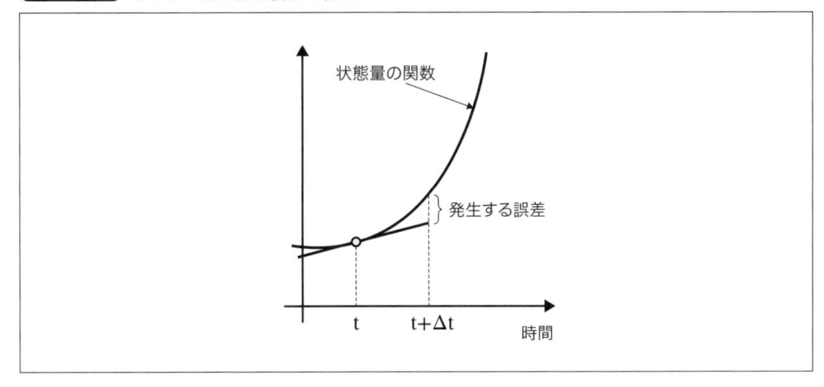

量Xを次式で計算することができます。

$$\mathbf{X}(t+\Delta t)=\mathbf{X}(t)+\frac{d\mathbf{X}}{dt}\Delta t$$

補足しておくと、この積分方法は誤差が大きく本格的なシミュレーション計算ではあまり使われません。上記の**図2.3**を見てください。図2.3では、ある状態量の関数形が示されており、図の白丸の箇所(時間= t)における関数の傾きが、$\frac{d\mathbf{X}}{dt}$ に相当します。よってオイラー法積分では関数の傾きの変化が大きい箇所では、図に示したとおりの誤差が発生してしまいます。そのため、本書では詳しく説明しませんが、4次のルンゲクッタ(*Runge-Kutta*)法などのより高精度な積分手法を使い、この誤差部分を極力減らすようにするのが一般的です。ただし、これらの手法は計算コストも高くなるので、求める計算精度とシミュレーションに要する計算時間を両天秤にかけながら計算手法を決めることになります。

ここまでの、RocketSimクラスのコーディングの内容をおさらいしておきましょう。**リスト2.3**のとおり、RocketSimクラスには3つのメソッドがあり、**__init__**メソッドによってクラスの中で使う変数を設定し、**rocket_dynamics**によって計算したい状態量の時間微分を計算し、**euler_calc**が積分計算をします。

リスト2.3 RocketSimクラスの内容

```
class RocketSim:
    """ ロケットシミュレーション用クラス

    [座標系定義]
    射点中心慣性座標系 n：発射位置原点直交座標系 (North-East-Down)
    ロケット機材座標系 b：XYZ=前方/右舷/下方
```

```
    """

    def __init__(self, **kwargs):
        """ ロケットの初期値状態設定

        ❶常微分方程式に使う状態量ベクトルの初期値x0の設定（14次）
            m0：ロケット全体の初期質量［kg］（1x1）
            pos0：射点中心慣性座標系における位置（North-East-Down）［m］（3x1）
            vel0：射点中心慣性座標系における速度（North-East-Down）［m/s］（3x1）
            quat0：機体座標系から水平座標系に変換を表すクォータニオン[-]（4x1）
            omega0：機体座標系における機体に働く角速度[rad/s]（3x1）
        ❷ロケットの各種諸元設定
        ❸制御入力＋外乱
        ❹質点モデル設定のフラグ
        """

        # ❶状態量ベクトルの初期値x0の設定
        pos0 = [0.0, 0.0, 0.0]  # m
        vel0 = [0.0, 0.0, 0.0]  # m/s
        quat0, _ = qt.attitude(kwargs['roll'], kwargs['pitch'],
                               kwargs['yaw'])
        omega0 = [0.0, 0.0, 0.0]  # rad/s
        self.x0 = np.array([kwargs['m0'], *pos0, *vel0, *quat0, *omega0])
        # ❷ロケットの各種諸元設定
        self.isp = kwargs['Isp']
        self.g0 = kwargs['g0']
        ＜中略：__init__＞

    def rocket_dynamics(self, x, t, u):
        """ ロケットのダイナミクス計算関数

        引数：
            x：状態量x（self.x0 参照）
            t：time 時刻[s]
            u：オプションパラメータ
                u[0]：Ft 推力[N]
                u[1]：deltaY ヨージンバル角[rad]
                u[2]：deltaP ピッチジンバル角[rad]
                u[3]：Tr ロール制御トルク[N*m]
                u[4]：VWHx 初期水平座標系における風ベクトル North[m/s]
                u[5]：VWHy 初期水平座標系における風ベクトル East[m/s]
                u[6]：VWHz 初期水平座標系における風ベクトル Down[m/s]
        返り値：
            dx：状態量xの時間微分
        """

        ＜中略：rocket_dynamicsの定義＞

        # 速度運動方程式
        ftah = cbn @ (ftb + fab)
        delta_v = (1 / x[0]) * (ftah + fgh)  # 発射点NED座標
```

```
        # 姿勢の運動方程式
        delta_quat = qt.deltaquat(quat, x[11:14])

        # 角速度の運動方程式
        delta_omega = [1 / self.ixx * (moment[0] - self.ixxdot * x[11] -
                                       (self.izz - self.iyy) * x[12] * x[13]),
                       1 / self.iyy * (moment[1] - self.iyydot * x[12] -
                                       (self.ixx - self.izz) * x[13] * x[11]),
                       1 / self.izz * (moment[2] - self.izzdot * x[13] -
                                       (self.iyy - self.ixx) * x[11] * x[12])]

        dx = [delta_m, x[4], x[5], x[6], *delta_v, *delta_quat, *delta_omega]
        return dx

    def euler_calc(self, t_vec):
        """ オイラー法積分でシミュレーション計算を実行する """
        x = self.x0
        dat = np.zeros((t_vec.size, x.size), dtype='float64')
        dat[0, :] = x
        for k in range(t_vec.size - 1):
            dx = self.rocket_dynamics(x, t_vec[k], self.u)
            x += np.array(dx) * 0.002
            dat[k + 1, :] = x
        return dat
```

メイン実行コード

次に、RocketSimクラスを利用してシミュレーションを行うためのメインの実行コードを見てみます。**リスト2.4**はrocket.pyに含まれるメイン実行コードです。コメント等を除けば、結果のプロットも含めてわずか4行です。1行めは先に説明したように、rocket.pyを「メイン実行ファイルとして実行した場合に以下の文を実行する」という意味の条件分岐文です。

そして、`rs = RocketSim(**rocket_settings)`によってRocketSimクラスのインスタンスを作成と諸元(`rocket_settings`)の設定を行います。第4章で後述しますが、インスタンスとは、オブジェクト指向言語で使われる用語で「実体」という意味です。すなわち、RocketSimクラスは設計書のようなもので、その設計書に基づいて計算に使う実体を生成しているのです。したがって、rocket.pyの中で設定の違う2つのロケット用のインスタンスを作成して、それぞれに飛翔軌跡計算を行うこともできます。

次に`t = np.arange(0, 100, 0.002)`で計算の終了時間(この場合100秒)と計算ステップ(0.002秒)を指定して時間に関する計算グリッドを指定する時間ベクトルtを生成します。そして、`result = rs.euler_calc(t)`でオイラー法積分による積分計算を実行していけば、シミュレーション結果が得られます。

リスト2.4 ロケットシミュレーションのメイン実行コード

```
if __name__ == "__main__":
    # ロケットオブジェクトを生成
    rs = RocketSim(**rocket_settings)
    # 計算に使う時間ベクトル
    tvec = np.arange(0, 100, 0.002)
    # ロケットシミュレーション（積分計算）実行
    result = rs.euler_calc(tvec)  # オイラー法積分の場合
    # 結果のプロット
    plot_rs(tvec, result)
```

最後にplot_rs(t, result)により、Matplotlib（第9章）を使った計算結果プロットを作成して完了です。**リスト2.5**に関数plot_rs()の定義を示します。リスト2.5では途中を省略していますが、関数plot_rs()の中に個々のプロットを作成するサブ関数を定義しており、後から特定のプロットだけを表示するように改変しやすくしてあります。また、関数plot_map()ではMatplotlibのBasemapツールキット**注5**を使って、プロットの中に地図を描いています。

リスト2.5 Matplotlibによる結果のプロット

```
def plot_rs(tv, res):
    """ シミュレーション結果のプロット

    引数
        tv： 時間ベクトル [s]
        res： 時系列計算結果マトリクス（状態量xに対応）
    """

    def plot_pos(t, d):
        """ 位置のプロット """
        h = plt.figure(1)
        h.canvas.set_window_title("Fig %2d - 位置（NED）" % h.number)
        plt.subplot(3, 1, 1)
        plt.plot(t, d[:, 1] * 1.e-3)
        plt.xlabel('時間 [s]')
        plt.ylabel('北方向位置 [km]')
        plt.subplot(3, 1, 2)
        plt.plot(t, d[:, 2] * 1.e-3)
        plt.xlabel('時間 [s]')
        plt.ylabel('東方向位置 [km]')
        plt.subplot(3, 1, 3)
        plt.plot(t, -d[:, 3] * 1.e-3)
        plt.xlabel('時間 [s]')
```

注5 Basemapは、通常、追加インストールが必要です。インストール方法の詳細はPyRockSimのREADME.mdを参照してください。

```
    plt.ylabel('高度 [km]')

<中略>

def plot_map(llh):
    plt.figure(7, figsize=(8, 8))
    minLon, maxLon = 130, 132.01
    minLat, maxLat = 31, 32.01
    plt.subplot(3, 1, (1, 2))
    m = Basemap(projection='merc', llcrnrlat=minLat, urcrnrlat=maxLat,
                llcrnrlon=minLon, urcrnrlon=maxLon, lat_ts=30,
                resolution='h')
    m.drawmeridians(np.arange(minLon, maxLon, 0.5), labels=[0, 0, 0, 1])
    m.drawparallels(np.arange(minLat, maxLat, 0.5), labels=[1, 0, 0, 0])
    m.drawcoastlines()
    m.plot(llh[:, 1], llh[:, 0], latlon=True)
    plt.subplot(3, 1, 3)
    plt.plot(llh[:, 1], llh[:, 2]*1.e-3)
    plt.xlim([minLon, maxLon])
    plt.xlabel('経度 [deg]')
    plt.ylabel('高度 [km]')

def plot_map(llh_in):
    h = plt.figure(7, figsize=(8, 8))
    h.canvas.set_window_title("Fig %2d - 位置 (地図) " % h.number)
    minlon, maxlon = 130, 132.01
    minlat, maxlat = 31, 32.01
    plt.subplot(3, 1, (1, 2))
    m = Basemap(projection='merc', llcrnrlat=minlat, urcrnrlat=maxlat,
                llcrnrlon=minlon, urcrnrlon=maxlon, lat_ts=30,
                resolution='h')
    m.drawmeridians(np.arange(minlon, maxlon, 0.5), labels=[0, 0, 0, 1])
    m.drawparallels(np.arange(minlat, maxlat, 0.5), labels=[1, 0, 0, 0])
    m.drawcoastlines()
    m.plot(llh_in[:, 1], llh_in[:, 0], latlon=True)
    plt.subplot(3, 1, 3)
    plt.plot(llh_in[:, 1], llh_in[:, 2] * 1.e-3)
    plt.xlim([minlon, maxlon])
    plt.xlabel('経度 [deg]')
    plt.ylabel('高度 [km]')

# 必要に応じてプロットを作成
plt.close('all')
plot_pos(tv, res)
<中略>
plot_map(llh)
plt.show()
```

計算結果の確認

では、実際の計算結果を確認してみましょう。**図2.4**に発射地点の局地直交座標系におけるNorth/East/Down方向の位置を、**図2.5**に同じく速度を、**図2.6**には地図上における位置の変化を示しました。この例では、鹿児島県の内之浦にあるロケットセンターから方位角120度(真東から南側へ30度の方向)、仰角85度の方向に向けて発射しています。ロケットの発射の向きやロケットモータの推力を変更すると結果が変わりますので、確認してみると良いでしょう。

ここまで、メイン実行ファイルのrocket.pyについて構成と内容について簡単に説明してきましたが、この中で使っている以下の3つのファイルについては中身の説明をしていません。これらは、他のプログラムにも流用できる基本的な機能を実装した関数ですので、興味のある方はソースコードをダウンロードして詳細を確認してみてください。

- **coordconv.py：座標変換用の関数**
- **quaternion.py：クォータニオン計算の関数**
- **environment.py：環境関連(大気計算、重力計算)の関数**

図2.4　**シミュレーション結果(位置NED)**

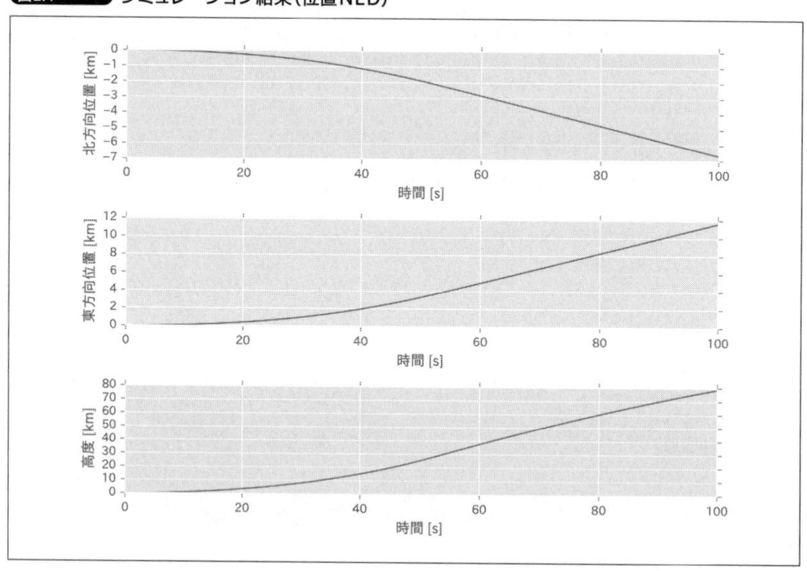

図2.5 シミュレーション結果(速度)

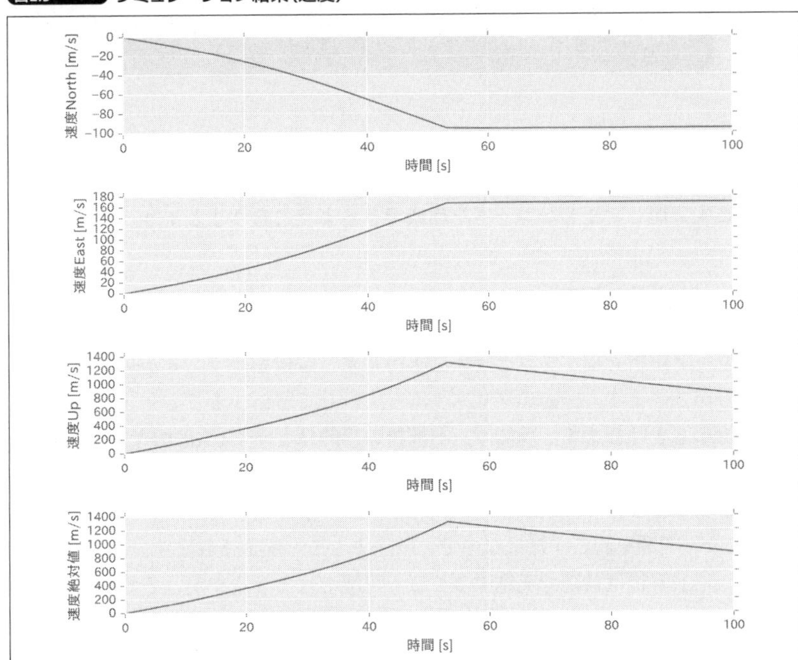

図2.6 シミュレーション結果(後出のSciPyのodeintを使ってシミュレーション。地図上表示)

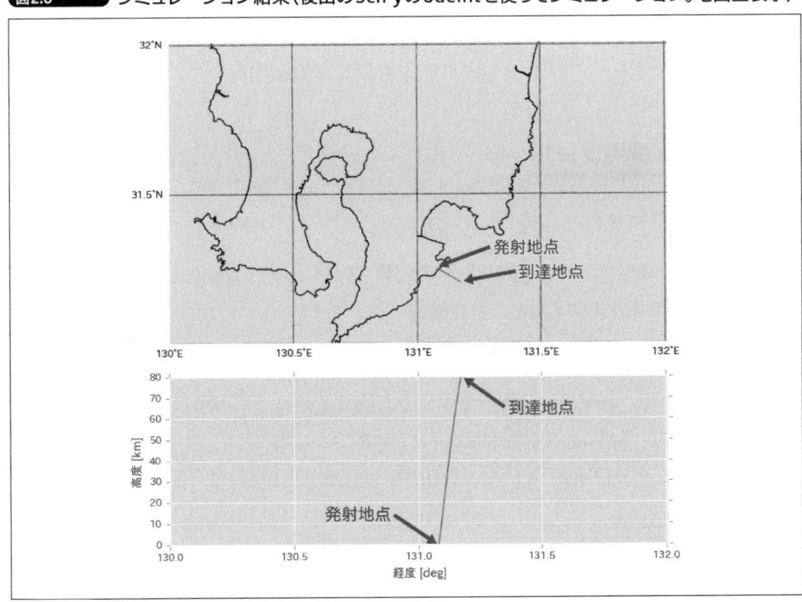

2.4 静的コード解析

静的コード解析とは、プログラムを実行することなく、プログラムの文法上の間違いや、コーディング規約との齟齬(そご)などを解析するものです。プログラムの実行前に必ず実施し、正しいコードを作成できるようになりましょう。

静的コード解析の目的

静的コード解析とは、プログラムを実行せずに解析を行うことから「静的」という呼び方がされます。一方、プログラムを実行して解析することを「動的」プログラム解析などと呼びます。静的コード解析の目的は、バグ(文法的な間違いなど)の除去や、可読性の向上(コーディング規約などへの準拠)などです。また、「Dead Code」と呼ばれる、実行されないコードを除去することも目的の1つです。Dead Codeは後々問題を起こすだけなので、削除することが望まれます。

静的コード解析は目視で実施することも可能ではありますが、そのためのツールを活用するのがお勧めです。たとえば、PEP 8(4.1節を参照)への準拠の確認も、最近では統合開発環境や、専用のツールで実施可能です。なお、PEP 8への準拠確認では、すべての問題発見箇所の修正が必須というわけではありません。しかし、修正しない場合には、必要に応じて、そのプロジェクトのコーディング規約に、代わりになるルールやそのルールを採用する理由を明記しておくべきでしょう。

静的コード解析用ツール

静的コード解析を行うための、代表的なツールは以下のとおりです。

- Pyflakes：論理エラー(文法エラー)の確認(スタイルチェックはしない)
- pep8：PEP 8のスタイルとの整合確認
- Pylint：エラーとコーディングスタイルのチェック

統合開発環境のSpyder(3.2節を参照)でも**図2.7**のように静的コード解析を行うことができます。Spyderでは Pyflakesとpep8による静的コード解析結果をエディタに表示することが可能です[注6]。この解析は指定の時間おきに自動的に実行され

注6　本書では詳しく解説しませんが、JetBrain社のPyCharmというPythonの統合開発環境でも同様の静的コード解析を行えます。無償で利用できるCommunity Editionでも利用できる機能です。筆者が利用してみた感想では、SpyderよりもPyCharmの方がチェックされる項目が多い上、ワーニング(*warning*)の制御も細かく設定できて便利です。

ますので、ほぼリアルタイムにコードの不備を確認可能です。また、pylintによる解析結果を手動で表示させることもできます。

図2.7の例では、エディタ画面にSpyderの静的コード解析結果が示されています。245行めと249行めには行番号表示の左側にワーニングのマークが出ています。245行めは、def文による関数定義で2つの引数の間の ,（カンマ）の直後にスペース（空白文字）がないため、PEP 8のコーディング規約に抵触しました。249行めではインデントが上の行と揃っていないためにワーニングが出されています。

また、ファイルを編集中に F8 キーを押すと、そのファイルに対してpylintによるチェックを実行し、その結果を**図2.8**のように表示します。

このような静的コード解析は、PEP 8に書いてあることを必ずしもすべて確認してくれない、自分にとっては無用な警告が出る、といったこともあるでしょう。しかし、コーディングの不備を簡単に検出し、可読性が高いエラーのないプログラムを構築するのに役立ちますので、活用していきましょう。

図2.7 Spyderによる静的コード解析（Pyflakes/pep8）

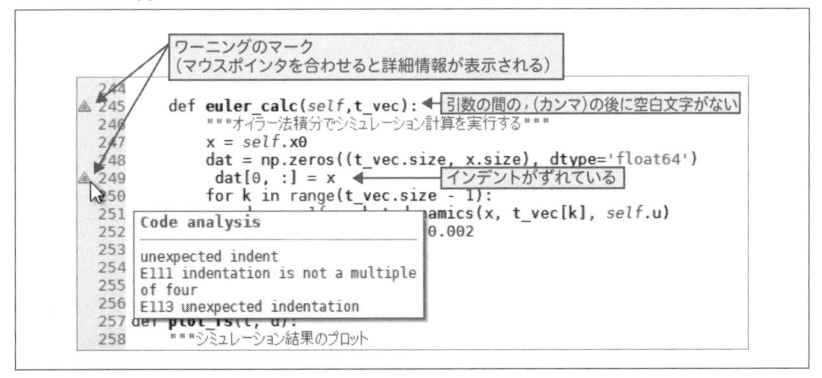

図2.8 Spyderによる静的コード解析（Pylint）

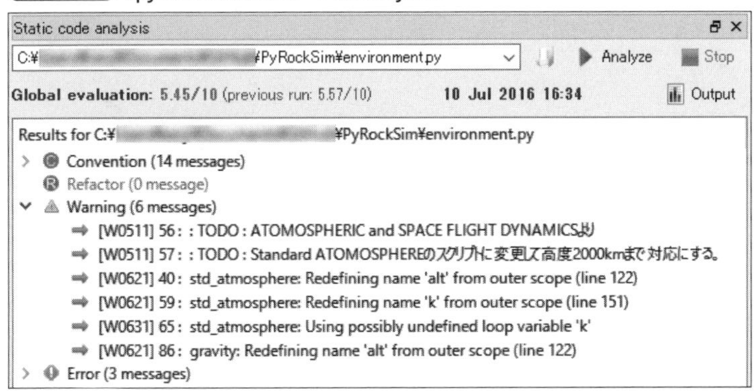

2.5 単体テスト

ソフトウェアの開発では、プログラムが仕様通りに正しく動作することを保証するための各種テストが実施されます。その中で、最初の段階で実施するテストに**単体テスト**があります。本節では、正しいコードの作成に大きく寄与する単体テストについて解説します。

ソフトウェアのテスト

ソフトウェアの開発において実施されるテストには、一般的に次のようなものがあります。

- 単体テスト
- ソフトウェア結合テスト
- ソフトウェア総合テスト
- システムテスト

これらは、一般に「V字モデル」と呼ばれる開発モデルの中で、**図2.9**のように各設計段階に対応したテストです。

当然のことながら、製品レベルのソフトウェアを製造する場合には、これらのテストを注意深く設計して、出荷までにバグを完全に取り除く努力をします。しかし、プログラムの規模によっては、これらのテストの一部を省略しても良いと判断する場合もあります。ただし、発見しづらいバグが開発の終盤で発見されると研究開発や製造の工程に大きな影響が出ますので、少なくとも単体テストは実

図2.9 V字モデルとソフトウェアテストの関係

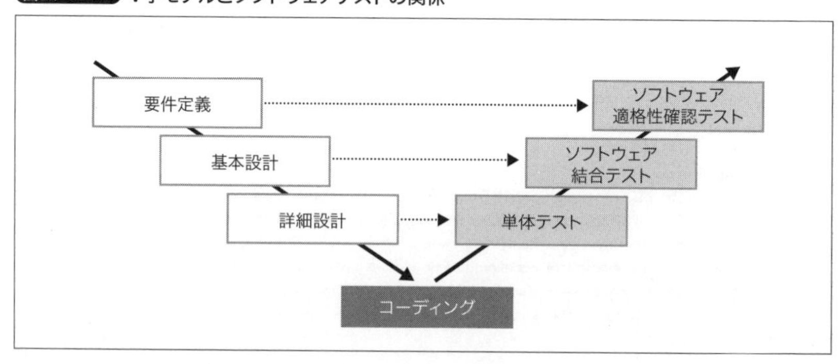

施しておくべきでしょう。本書では以下、単体テストの具体的な実施方法について紹介します。

単体テスト用のツール

Pythonで**単体テスト**(*unit testing*)を実施するには、さまざまな方法が考えられます。単に単体テスト用のコードをすべて自分で記述して実施することもできますが、単体テスト用に用意された仕組み(ライブラリ)を使ってテストを実施する方が簡便です。Pythonのテストツールについては、python.org[注7]において、さまざまなものが紹介されています。

本項では、次の3つのツールを紹介します。

- **doctest** URL http://docs.python.jp/3/library/doctest.html
- **unittest** URL http://docs.python.jp/3/library/unittest.html
- **nose** URL http://nose.readthedocs.io/en/latest/

これらのうち、doctestとunittestはPythonの標準ライブラリに含まれますので、追加のインストールは必要ありません。サードパーティライブラリのnoseは、別途インストールが必要です[注8]。これらの単体テスト用ツールの利用方法について、PyRockSimへの適用例と共に紹介します。

doctest

はじめに、**doctest**について見ていきましょう。doctestによって単体テストを実行するには、その単体テストを行いたい関数や、クラスが記述されたファイル内で、次のコードを実行します。

```
import doctest  # doctestモジュールを読み込み
doctest.testmod()  # doctestによる単体テストを実行
```

とは言え、これだけで勝手に単体テストが実行されるわけではなく、実行したいテストの内容をDocstringの中に記述しておかなくてはなりません。**リスト2.6**は、ロケットシミュレータの中のcoordconv.pyに含まれるdcm_x2nという関数でテストの内容を記述した例です。関数dcm_x2nのDocstringには引数と返り値の説明のほか、単体テストの内容の記述が含まれています。>>>はPythonコンソー

注7 URL https://wiki.python.org/moin/PythonTestingToolsTaxonomy

注8 pip install noseやconda install noseといったコマンドで事前にインストールしておきましょう。ただし、Anacondaのようなディストリビューションパッケージの場合、最初から含まれている場合があります。

ルのプロンプトですが、この>>>を使って、あたかもPythonコンソールで対話的に実行したかのように入力(実行コード)と出力(結果)を記述します。リスト2.6の例では、ndarray(3 × 3)として返されるdcm_x2nの出力を、あらかじめ別途計算した結果と1成分ずつ比較しています。

リスト2.6 Matplotlibによる結果のプロット

```
def dcm_x2n(phi, lam):
    """ WGS84 ECEF-XYZからLocal tangent NED直交座標系への回転行列を計算

    引数
        phi：緯度 [deg]
        lam：経度 [deg]

    返り値
        dcm：WGS84 ECEF-XYZからLocal tangent NED直交座標系への回転行列

    単体テスト (doctestによる単体テストの例)
    >>> dcm = dcm_x2n(38.54, 140.123)  # 3x3の行列を得る
    >>> round(dcm[0, 0], 13) == 0.4781509665478
    True
    >>> round(dcm[0, 1], 13) == -0.3994702417770
    True
    >>> round(dcm[0, 2], 13) == 0.7821733689688
    True
    >>> round(dcm[1, 0], 13) == -0.6411416200655
    True
    >>> round(dcm[1, 1], 13) == -0.7674225843822
    True
    >>> round(dcm[1, 2], 13) == 0.0
    True
    >>> round(dcm[2, 0], 13) == 0.6002575082490
    True
    >>> round(dcm[2, 1], 13) == -0.5014839009527
    True
    >>> round(dcm[2, 2], 13) == -0.6230608484538
    True
    """

    sphi, cphi = sin(phi * D2R), cos(phi * D2R)
    slam, clam = sin(lam * D2R), cos(lam * D2R)
    dcm = [[-sphi * clam, -sphi * slam, cphi],
           [-slam, clam, 0.0],
           [-cphi * clam, -cphi * slam, -sphi]]
    return np.array(dcm)
```

このような単体テストをimport用モジュールとして作成したファイルに適用する場合には、以下のようにファイルの最後に書いておけば、そのファイルがメインスクリプトとして実行された場合だけ単体テストが実行されます。

```
if __name__ == "__main__":
    import doctest
    doctest.testmod()
```

上記の例でIPythonコンソールから単体テストを実行するには、単に%runマジックコマンドで実行するだけです。

```
In [1]: %run coordconv.py
```

ただし、この方法ではエラーがあった場合にしか結果の表示がされませんので、エラーなしでも結果を表示させるには、次のように-vオプションを最後に付けます。

```
In [2]: %run coordconv.py -v
Trying:
    dcm = dcm_x2n(38.54, 140.123)  # 3x3の行列を得る
Expecting nothing
ok
Trying:
    round(dcm[0, 0], 13) == 0.4781509665478
Expecting:
    True
ok
<中略>
Trying:
    round(dcm[2, 2], 13) == -0.6230608484538
Expecting:
    True
ok
12 items had no tests:
    __main__
    __main__.WGS84
    __main__.WGS84.e2
<中略>
    __main__.blh2ecef
    __main__.ecef2blh
    __main__.launch2ecef
1 items passed all tests:
  10 tests in __main__.dcm_x2n
10 tests in 13 items.
10 passed and 0 failed.
Test passed.
```

なお、この方法による単体テストは、Docstringの中に>>>で始まる記述(インデントレベルは問わず)が含まれれば、すべて実行されます。単体テストを実行したいファイル(モジュール)の先頭に記述されたDocstringだけでなく、すべての関数、クラスおよびメソッドのDocstringからテストの内容が記述されていない

かどうか検索されるのです。ただし、そのファイルからimportされたモジュールのDocstringは検索されません。

doctestの利点は、そのモジュールの関数の使い方とアウトプットの一例として、ヘルプドキュメントの一部になる点です。使い方を示すついでに単体テストもできると考えれば、一石二鳥です。本項で示したdoctestモジュールを使う単体テストの例は、PyRockSimのcoordconv.pyを確認してください。

unittest

次に、**unittest**モジュールの使用例を**リスト2.7**に示します。この例では、quaternion.pyモジュールがメイン実行ファイルとして実行されると、unittest.main()が実行されます。unittest.main()が実行されると、unittest.TestCaseのサブクラスとして定義されたテストケース(この例ではTestQuarternion)が実行されます。テストを実際に実行する関数(クラスの中の定義なのでクラスメソッドと呼びます)は次の3つです。

- test_quatconj()
- test_quatmultiply()
- test_deltaquat()

これらは、名前を「test」で始める規則となっています。これらのクラスメソッドの他に、setUpメソッドとtearDownメソッドが定義されていますが、unittestではこれらのメソッドを各テスト用のメソッドの実行前後に毎回実行します。テスト用のメソッドが3つありますので、それぞれ3回ずつ実行されることになります。

各テスト用のメソッドの中で、計算値の正誤を判定するおもなメソッド(ここでは以下assert文と呼びます)は、**表2.2**のとおりです。

リスト2.7 unittestの実施例(quaternion.py)

```
import unittest  # ファイルの先頭の方に書いておく

<中略:各種関数の定義>

class TestQuarternion(unittest.TestCase):
    """
    本モジュールのテストコード (for unittest)
    unittest.TestCaseのサブクラスとすることで自動的にunittestの
    テストケースであると認識される
    """

    def setUp(self):
        ''' 各テストメソッドの前にSet upとして実行するコード '''
```

```
        self.q = [0.499524110790929,  0.865201139495554,
                  0.021809693682668, -0.037775497555895]
        self.p = [0.999942884777492,  0.00872648011789139,
                  0.0043632400589457, 0.0043632400589457]

    def tearDown(self):
        ''' 各テストメソッドの最後に実行するコード '''
        print('tearDown: テストメソッドを1つ実行しました')

    def test_quatconj(self):  # テストメソッドはtest_で始まる名前とする
        q_ans = quatconj(self.q)
        self.assertEqual(self.q[0], q_ans[0])
        for i in range(3):
            self.assertEqual(self.q[i+1], -q_ans[i+1])

    def test_quatmultiply(self):
        q_mul = quatmultiply(self.q, self.p)
        q_ans = [0.49201508245344, 0.869770795054512,
                 0.0198832642285152, -0.0320090379767411]
        for i in range(4):
            self.assertAlmostEqual(q_mul[i], q_ans[i], places=14)

    def test_deltaquat(self):
        omega = [0.017453292519943295, 0.008726646259971648,
                 0.008726646259971648]
        dq = deltaquat(self.q, omega)
        dq_ans = [0.0112192514401438, -0.0061478346436931,
                  -0.0094251502315234, 0.002107541287674]
        for i in range(4):
            self.assertAlmostEqual(dq[i], dq_ans[i], places=14)


if __name__ == "__main__":
    unittest.main()
```

リスト2.7のunittest用クラスが用意されたquaternion.pyをIPython上で実行すると、次のようになります。

```
In [3]: run quaternion.py
tearDown: テストメソッドを1つ実行しました
tearDown: テストメソッドを1つ実行しました
tearDown: テストメソッドを1つ実行しました

----------------------------------------------------------------------
Ran 3 tests in 0.002s

OK
```

表2.2　unittestのassert文(主要なもののみ)

メソッド	確認事項
assertEqual(a, b)	a == b
assertNotEqual(a, b)	a != b
assertTrue(x)	bool(x) is True
assertFalse(x)	bool(x) is False
assertIs(a, b)	a is b
assertIsNot(a, b)	a is not b
assertIsNone(x)	x is None
assertIsNotNone(x)	x is not None
assertIn(a, b)	a in b
assertNotIn(a, b)	a not in b
assertRaises(exc, fun, *args, **kwds)	fun(*args, **kwds)が例外excを送出
assertAlmostEqual(a, b)	round(a-b, 7) == 0
assertNotAlmostEqual(a, b)	round(a-b, 7) != 0
assertGreater(a, b)	a > b
assertGreaterEqual(a, b)	a >= b
assertLess(a, b)	a < b
assertLessEqual(a, b)	a <= b

nose

最後に**nose**について簡単に説明します。noseはunittestの機能を拡張する単体テスト用フレームワークです。noseには**nosetests**というテストランナーコマンドが付属しています。noseによる単体テストは、このnosetestsコマンドによって実行されます。noseはunittestの拡張ですから、リスト2.7に示したquaternion.pyのテストケースをそのまま使うこともできます。

```
In [4]: !nosetests quaternion.py -v
test_deltaquat (quaternion.QuarternionTest) ... ok
test_quatconj (quaternion.QuarternionTest) ... ok
test_quatmultiply (quaternion.QuarternionTest) ... ok

----------------------------------------------------------------------
Ran 3 tests in 0.001s

OK
```

この例では、OSのシェル用コマンドのnosetestsを実行するために、コマンドの先頭に「!」を付けています。これは、Windowsの場合、コマンドプロンプト上で実行しているのと同じことになります。結果は、上記のように正しくテストが実行され「OK」となりました。

noseとunittestのおもな違いは、テストケースの探し方と、判定のためのassert文の書き方にあります。noseの場合、`nosetests`コマンドが引数なしで実行されると、カレントフォルダ[注9]の中から、「test」や「Test」で始まるファイルを検索してその中に記述されているテストケースを実行しようとします。テストケースはunittest.TestCaseを継承しているクラスである必要はなく、正規表現の`|(?:^|[\\b_\\.-])[Tt]est`[注10]にマッチするクラスや関数がすべて検索されて、テストが実行されます。また、assert文もより直感的に簡潔に書けるようにさまざまなツールが準備されています。unittestだけでも大抵のことは可能ですが、より複雑なテストケースが必要な場合などはnoseの利用も視野に入れておくと良いでしょう。

なお、PyRockSim(masterブランチ)では一部の関数に対する単体テストが書かれていません。興味のある方は、本項を参考に、残りの関数についても単体テスト用のコードを書いてみてください。

2.6 デバッグ

プログラムは正しくコーディングしたつもりでも、うまく動作しない場合があります。そもそも実装しようとした計算式自体が正しくなかったり、演算子の機能を誤解していたりと、理由は様々です。そのような場合のバグ発見に力を発揮するのがデバッガです。本節では、デバッガの使い方を、PyRockSimの例を挙げながら見ていきます。

pdb

プログラムのデバッグには多くの場合、専用のデバッガを使うのが最適です。Pythonには**pdb**という**デバッガ**(*debugger*)が付属しています。pdbはデバッグに必要な機能を一通り備えています。効率的なデバッグ作業のために、ぜひpdbは利用できるようにしておきましょう。pdb利用のパターンや、`pdb`コマンドについては3.1節でも取り上げます。

なお、IPythonにはpdbの機能を強化した**ipdb**というデバッガが付属していま

注9　そのプログラムを実行しているシェルの現在のフォルダ位置。シェルの現在のフォルダは、そのシェルでコマンド`%pwd`を実行することで確認できます。

注10　URL http://nose.readthedocs.io/en/latest/writing_tests.html

す。IPython向けに一部機能拡張があるのみで基本的に同じであるため、本書ではpdbとipdbを特に区別して説明しません。

本項では、pdbによるデバッグの流れに焦点を当てて説明します。

pdbが不要なデバッグ

実際にデバッグをしていく過程を、PyRockSimの例を使って見ていきます。**リスト2.8**ではわざとバグを3つ入れています。PyRockSimのpdb_practiceブランチに、このソースコードを入れてありますので、Gitを使って、pdb_practiceブランチにチェックアウト(*checkout*)[注11]して、実際に試してみてください。

リスト2.8 バグが入ったプログラムの例

```
def rocket_dynamics(self, x, t, u):
    """ <Docstringは省略> """

    # 回転行列dcm（発射位置NED --> 現在位置NED）を計算
    # 積分計算を発射位置のNED座標系で計算しているので適宜 dcm を使って修正する
    px, py, pz = cc.launch2ecef(x[1], x[2], x[3],
                                self.xr, self.yr, self.zr)
    phi, lam, _ == cc.ecef2blh(px, py, pz)  # output：deg/deg/m
    dcm = cc.dcm_x2n(phi, lam) @ self.dcm_x2n_r.T

    # 大気と重力の計算
    # 大気
    ned_now = dcm @ np.array([x[1], x[2], x[3]])
    a, _, rho, _ = env.std_atmosphere(-ned_now[2])
    # 重力（fgh：水平座標系における機体にかかる重力[N]）
    gvec = env.gravity(-ned_now[2], phi * D2R)
    fgh = x[3] * gvec  # NED座標

    # 推進剤の質量流量delta_m[kg/s]
    if t < self.rm_t_end
        thrust = u[0]
        delta_m = -thrust / self.isp / self.g0
    else:
        thrust = 0
        delta_m = 0
    <以下略>
```

このプログラムを「rocket.py」としてIPythonで実行すると、次のようになります。

注11 チェックアウトとは、ローカル作業フォルダの中身をそのブランチの内容に切り替える(ファイルをそっくり入れ替える)こと。

```
In [5]: run rocket.py
  File "C:\git\PyRockSim\rocket.py", line 153
    if t < self.Tend
                   ^
SyntaxError: invalid syntax
```

if t < self.Tendのところで「SyntaxError」(文法エラー)があると、表示されました。これは、if文の最後に:(コロン)を付け忘れたことによるものです。なお、このエラーはエディタの静的コード解析で検出できるので、デバッガを実行する前に静的コード解析で解決しておきましょう。

次に、上記のエラーを修正後にもう一度実行してみると次のようになります。

```
In [6]: run rocket.py
Traceback (most recent call last):

  File "C:\git\PyRockSim\rocket.py", line 414, in <module>
    result = rs.euler_calc(tvec)  # オイラー法積分の場合

  File "C:\git\PyRockSim\rocket.py", line 248, in euler_calc
    dx = self.rocket_dynamics(x, t_vec[k], self.u)

  File "C:\git\PyRockSim\rocket.py", line 138, in rocket_dynamics
    phi, lam, _ == cc.ecef2blh(px, py, pz)  # output: deg/deg/m

NameError: name 'phi' is not defined
```

今度は、「Traceback」から始まる表示が出てきました。これはプログラムにバグがあった場合に、**traceback**というモジュールが起動して、Pythonプログラムのスタックトレース(*stack trace*)を抽出および表示しているものです。スタックトレースとは、例外の発生状況と発生箇所の詳細に示したものです。関数などの呼び出しの過程が詳細に示されています。上記の例では、rokect.pyのRocketSimクラスの中のeuler_calc()というメソッドから、rocket_dynamics()というメソッドが呼び出され、さらに138行め(line 138)の式のところでNameErrorというエラーが出たことがわかります。

この例の場合、該当箇所を見ると、関数の返り値を割り当てる文であるにもかかわらず、==を使ってしまっています。これでは論理式になってしまいますので、==を=に修正すれば良いことがすぐにわかります。

ここまでのところ、結局pdbを起動する必要はありませんでした。ここまでのようなバグは静的コード解析で発見しておくのが基本ですが、この例のように実行しながら除去していくことも可能です。

pdbが必要なデバッグ

さて、最後に残ったバグですが、今度は発見が難しいかもしれません。なぜなら、実行してもエラーとなることなく終了してしまうからです。ただし、計算したデータを見ると、すぐに問題があることに気が付きます。p.35のリスト2.2(ロケットの諸元設定)に示したとおり、ロケットモータの燃焼終了時間は発射から53秒です。にもかかわらず、**図2.10**に示すように、速度が53秒以降も増加しています。ロケットモータの推力なしに、高度が上昇しているのに速度が増加することはありませんので、これは何かおかしいということに気が付きます。

このロケットシミュレータにおいて、速度を変化させる要因は重力と空気力とロケットモータの推力だけですので、これらの力の計算のどこかが間違っている可能性が高そうです。そこで、ロケットモータ燃焼終了後のこれらの力の計算結果をチェックしてみることにします。それには、ロケットモータ燃焼終了後にプログラムを止める必要があります。このような場合のために、pdbでは**条件付きブレークポイント**が設定できるようになっています。これは、プログラムの中で繰り返し実行される部分において、ある条件を満たした場合だけプログラムの実行を中断するものです。

pdbではコマンドで設定を行います[注12]が、第3章で取り上げるSpyderを使えば、もう少し簡単な操作だけで必要な設定や処理ができますので、ここではSpyderを使った例を示します。

Spyderでは、プログラムのソースコードに条件付きブレークポイントを設定するには、エディタのカーソルを該当行に置いた状態で、Shift + F12 を押しま

注12 pdbについては本書の3.1節と、次のPythonドキュメントを参照してください。 URL http://docs.python.jp/3/library/pdb.html

図2.10 バグ入りのPyRockSimにおける速度履歴計算結果

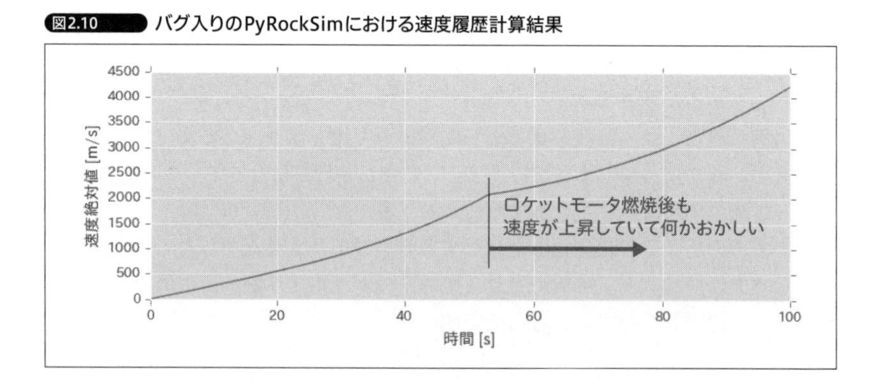

す注13。すると、**図2.11**のように条件を入力するウィンドウが出てきますので、今回のケースでは`t > 54`と入力しておきます。

その上で、**図2.12**にあるように［デバッグ開始］ボタンを押し、pdb（実際にはipdb）を起動します。この例では、一端プログラム実行直前でブレーク（停止）しますので、図2.12の［実行継続］ボタンを押します。すると、今度は［条件付きブレークポイント］のところで停止します。**図2.13**を参照してください。この例の場合、先ほど条件付きブレークポイントを設定した218行めのところで停止していることがわかります。

さて、ここからデバッガの機能を使って、現在の状態を確認していきます。デバッガにもいろいろな機能がありますが、変数の値を確認するには`p`コマンドを使います。`p [変数名]`とすることで当該変数の値を確認できます。図2.13の例でも、本当に`t > 54`の条件で停止しているのかを確認し、重力(fgh)と空気力(fab)とロケットモータ推力(ftb)の値を`p`コマンドを使って確認しました。

この確認の結果、どうやら重力による力(fgh)の値が異常だと気付きます。fgh

注13 または、GUIのメニューから条件付きブレークポイント設定のメニューを選んでも設定できます。

図2.11 Spyderで条件付きブレークポイントの設定

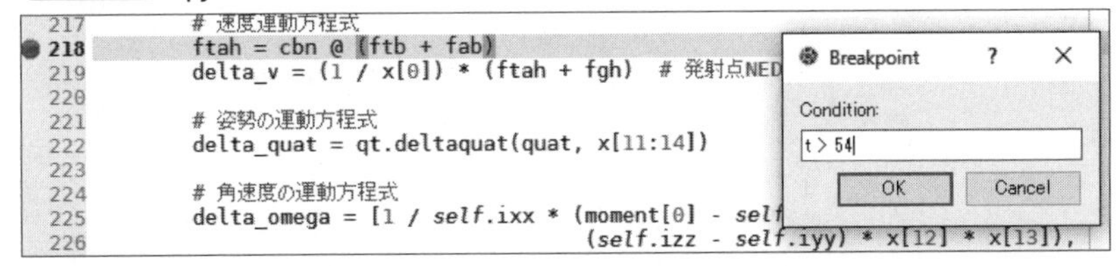

図2.12 Spyderでデバッガを実行

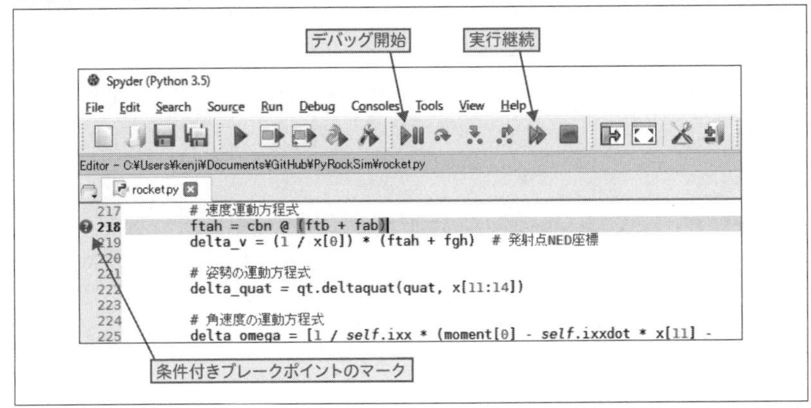

の最後の成分の値（fgh[2]）は正（鉛直下方が正）でなくてはならないのに負になっているからです。このことから、質量の計算がおかしいのか、fghに値を代入する計算式がおかしいのか、どちらかの可能性が濃厚であると判断できます。ロケットの質量は状態量Xの最初の成分ですので、x[0]の値をデバッガに表示させると「21943.051」となり正しい値のように見えます。残りはfghの計算式です。

前出のリスト2.8を見ると、fghの計算式はfgh = x[3] * gvecとなっています。これを見ると、重力加速度（gvec）に質量（x[0]）を掛けて力の次元に変換しているはずが、誤ってx[3]を掛けてしまっています。結局、ここがバグであることが判明しましたので、fgh = x[0] * gvecと修正して、修正後の計算結果を確認すればデバッグ完了です。

図2.13　ipdbの起動例とデバッグ結果※

```
In [7]: debugfile('C:/git/PyRockSim/rocket.py', wdir='C:/git/PyRockSim')
> c:\git\PyRockSim\rocket.py(6)<module>()
      5 Released under the MIT license
----> 6 """
      7

> c:\git\PyRockSim\rocket.py(221)rocket_dynamics()
    217         # 速度運動方程式
1-> 218         ftah = Cbn @ (ftb + fab)
    219         delta_V = (1/x[0])*(ftah + fgh)  # 発射点NED座標


ipdb>
ipdb> p t
54.002000000000002

ipdb> p ftb
array([ 0., -0., -0.])

ipdb> p fab
array([-1441.42908419,     2.05394636,   204.16955731])

ipdb> p fgh
array([ -4.31480960e+02,  -0.00000000e+00,  -4.55434065e+05])

ipdb> p gvec
array([  9.16667267e-03,   0.00000000e+00,   9.67554859e+00])

ipdb> p x[0]
21943.051013844328  # 質量の計算結果は正しいように見える

ipdb> 9.6755 * 21943
212309.49649999998  # FGH[2]は本来この値になる
```

※　図2.13は、図2.12でGUIを操作するとWindows上で動くSpyderで表示される（In [7]:も、ユーザが入力したものではない。ipdb>への入力はユーザによる）。上記では「/」や「\」も含め、Spyderによる表示をそのまま掲載している。

本項では、デバッグ作業の一例をPyRockSimのプログラムを使って示しました。実際にデバッガを使いこなすには、コマンドを一通り覚えるなどさらなる学習が必要です。なお、IPythonコンソールを使ったデバッグの方法については、第3章で詳しく説明します。

2.7 プログラムの最適化

ここまでで、プログラムの構成に関する考え方や、バグのない正しいコードを作成するための作法について学んできました。次は、そのコードが最適なコードになっているかを検証する必要があります。本節では、プロファイリングをして最適化(高速化)を図る手順を簡潔に示します。高速化については後出の章でも説明しますので、そちらも参考にしながら「プロファイリングして、最適化」という開発の流れを意識していきましょう。

まずはプロファイリング

一通りプログラムを完成させた段階でまずやるべきことは、そのプログラムの**プロファイリング**(*profiling*)です。プロファイリングとは、プログラムのどこの部分にどれくらいの処理時間を要しているかを調べることです。プロファイリングには、**関数レベル**のプロファイリングと、**行レベル**のプロファイリングがあります。関数レベルでプロファイリングを行った後に、必要に応じて問題箇所の詳細を特定するため行レベルのプロファイリングを行います。プロファイリングについては、第11章でも詳しく説明します。

さて、ここではPyRockSimにプロファイラを適用してみましょう。**図2.14**を見てください。これは、IPythonコンソールでプロファイリングをした結果を示しています。IPythonでプロフィリングを行うには、`%run -p rocket.py`または`%prun rocket.py`とします。さらに、結果を実行時間の積算時間でソートして表示するために`-s cumulative`というオプションも加えました[注14]。

図2.14を見ると、全体で35.833秒かかっていて(❶)、そのうちオイラー法積分を行っているeuler_calcでほとんどの時間を費やしているのがわかります(❷)。さらに、euler_calcの実行時間(35.79秒)も、そこから呼び出されるrocket_dynamicsによるもの(34.679秒)だとわかります(❸)。後は、rocket_dynamicsから呼び出

注14 このプロファイリング時にはplot_rs関数による結果のプロットは行っていません。

される関数が問題となりますが、この結果を見る限り、特に目立って時間を多く消費している関数はないことがわかります(❹以降)。

この結果から、すぐに大幅に改善できる部分はなさそうだ、と判断できます。なお、このロケットシミュレータの例では、ラインプロファイラ(行レベルのプロファイラ、後述)を使う必要はありませんでしたが、ラインプロファイラの利用によって高負荷箇所の特定が必要な場合には第11章を参照してください。

図2.14 関数レベルのプロファイリング結果

```
In [8]: %run -p -s cumulative rocket.py
         12349914 function calls (12349913 primitive calls) in 35.833 seconds ← ❶

   Ordered by: cumulative time

   ncalls  tottime  percall  cumtime  percall filename:lineno(function)
      2/1    0.000    0.000   35.833   35.833 {built-in method builtins.exec}
        1    0.000    0.000   35.832   35.832 <string>:1(<module>)
        1    0.000    0.000   35.832   35.832 interactiveshell.py:2616(safe_execfile)
        1    0.000    0.000   35.831   35.831 py3compat.py:179(execfile)
        1    0.001    0.001   35.819   35.819 rocket.py:6(<module>)
        1    0.872    0.872   35.790   35.790 rocket.py:247(euler_calc)          ← ❷
    49999    5.651    0.000   34.679    0.001 rocket.py:121(rocket_dynamics)    ← ❸
    99998    2.431    0.000    6.104    0.000 index_tricks.py:251(__getitem__)  ← ❹
    99998    2.801    0.000    3.782    0.000 numeric.py:1459(cross)
    49999    0.283    0.000    3.505    0.000 quaternion.py:17(deltaquat)
    49999    0.121    0.000    3.188    0.000 polyint.py:63(__call__)
   299992    1.458    0.000    2.960    0.000 linalg.py:1976(norm)
    99998    2.917    0.000    2.917    0.000 coordconv.py:53(ecef2blh)
    49999    0.711    0.000    2.408    0.000 interpolate.py:408(__init__)
    99998    0.370    0.000    2.381    0.000 numerictypes.py:964(find_common_type)
  1699975    2.375    0.000    2.375    0.000 {built-in method numpy.core.
                                               multiarray.array}
    49999    0.658    0.000    2.194    0.000 coordconv.py:77(launch2ecef)
    49999    0.129    0.000    2.036    0.000 interpolate.py:579(_evaluate)
    49999    1.509    0.000    1.858    0.000 interpolate.py:530(_call_linear)
   199996    1.330    0.000    1.794    0.000 numerictypes.py:942(_can_coerce_all)
    49999    1.433    0.000    1.531    0.000 environment.py:40(std_atmosphere)
    49999    0.923    0.000    1.527    0.000 quaternion.py:72(quatmultiply)
    49999    0.946    0.000    1.209    0.000 quaternion.py:93(rot_coord_mat)
    49999    0.883    0.000    1.033    0.000 environment.py:85(gravity)
    49999    0.084    0.000    0.924    0.000 polyint.py:89(_prepare_x)
   699984    0.576    0.000    0.836    0.000 numeric.py:406(asarray)
    50000    0.524    0.000    0.818    0.000 coordconv.py:104(dcm_x2n)
<以下略>
```

先人の成果を活用する

「プログラムを最適化する」とは、本書では2つの意味で用いています。

- すでに十分に機能や性能が確認された先人の成果を活用して、信頼性が高いプログラムを構築し、開発コストも下げる
- プログラムのメモリ利用や計算式、さらには処理の並列化に気を配り、高速に動作するプログラムを設計する

特にプログラミングをはじめて間もないうちは、まずは前者を意識しましょう。後者については、言語に関してさらに深い知識が必要となってきますので第11章および第12章で後述します。

さて、「先人の成果」には、たとえば次のようなものが含まれます。

- Pythonの標準ライブラリ
- Python用のサードパーティライブラリ
- 同じ組織内の過去の開発成果
- 他言語のライブラリ

これらを活用すると、開発効率とプログラムの信頼性を向上させることができます。ロケットシミュレータのPyRockSimについて振り返って考えると、「常微分方程式の時間積分計算はこれまでに多くの実施例があるので、そのための関数がすでに整備されているのではないか」という疑問が浮かんだ方もいるかもしれません。

事実、Pythonにおける科学技術計算ルーチンの中核をなすライブラリ群をまとめたパッケージ「SciPy」には、常微分方程式の積分計算関数が準備されています。本書では、あえてそれを知らなかったものとしてプログラムを構築してきました。

今回の用途に用いることができるソルバーとして、`scipy.integrate.odeint`(以下、odeint)があります。これは、1次の常微分方程式のソルバーで、実はFortranのodepackというライブラリに含まれるものを利用しています。

Pythonのライブラリはこの例のように、他の言語(おもにC/C++とFortran)で記述されたプログラムに対してラッパー(*wrapper*)を用意してPythonから呼び出せるようにしているものが多々あります。ラッパーとは別の関数を呼び出すためのインタフェースとなる関数やクラスのことです。この例では、Fortranのライブラリをそのままではpythonから直接呼び出すことができないので、呼び出せるようにインタフェースとなる関数を用意してあるのです。

odeintは以下の関数形の方程式を想定しています。

$$\frac{dy}{dt} = f(y, t0, ...)$$

odeintは適応的に積分ステップを変化させて計算を実行します。与えられた時間ベクトルに対応する結果を出力しますが、誤差レベルを見ながら内部で実際の時間ステップは変化させています。呼び出し方は以下のとおりです。

```
scipy.integrate.odeint(func, y0, t, args=(), rtol=None, atol=None, ...)
```

ここでfuncは状態量yと時間tの関数で、yの時間微分を計算するものです。y0は初期状態量を表します。argsはfuncに渡すオプションの引数で、タプル(4.2節で後述)として渡す仕様になっています。rtolとatolはスカラー(*Scalar*)[注15]もしくは状態量と同じ次元のベクトルで、誤差をコントロールします。これらの値のデフォルト値は「1.49012e-8」となっており、これよりも設定した値が小さいと誤差をより抑えるように計算時間ステップが小さくなり、大きいと逆に計算時間ステップが大きくなり計算時間が短縮されます。

上記odeintをPyRockSimのRockSimクラスで利用することを考える場合、euler_calcに代わるメソッドとして**リスト2.9**に示したodeint_calcメソッドを定義することになります。rocket_dynamicsメソッドは状態量の微分を計算する関数でしたので、odeintの引数のfuncとして指定することができます。

実際に、euler_calcメソッドの代わりにリスト2.9のodeint_calcメソッドを使って、計算をしてみましょう。rtolとatolは共に「1.0e-3」としました[注16]。まず、**リスト2.10**を使って、odeintによるロケットシミュレーションの計算時間を計測すると、0.08秒で計算が終了します。オイラー法積分を使うeuler_calcメソッドでは30秒程度掛かっていましたので、300倍以上の高速化です。

このカラクリは、先に説明したように計算時間ステップが可変であることによります。実際、計算時間ステップを後から確認できるのですが、状態量変化が線形的な領域では時間ステップが10秒以上となっています。元々0.002秒間隔で計算しましたので大きな差です。それくらいのステップで計算しても、指定した誤差レベル以内に収まるということを意味しています。

オイラー法積分(euler_calcメソッド)により計算した結果は、先にも述べたように誤差が大きい計算手法ですので、SciPyのodeint(odeint_calcメソッド)を使って計算した結果とは若干の差が出ますが、地図上に軌跡をプロットするとほとんどわからないくらいの差です。前出の図2.6は、odeintを使ってシミュレーショ

注15 線形代数や物理学等で使われる用語で、ベクトルではない単一の数値のこと。

注16 デフォルト値のままの場合と比べても、本シミュレータの場合0.1%以下の差しかないことがわかっています。

ンした結果の地図上軌跡です。

リスト2.9 odeintを使って計算するRocketSimクラスのメソッド

```
def odeint_calc(self, t_vec):
    """ ODEソルバーを使ってシミュレーション計算を実行する """
    dat, dbg = sp.integrate.odeint(self.rocket_dynamics, self.x0, t_vec,
                                   (self.u,), rtol=1.e-3, atol=1.e-3,
                                   full_output=1)
    return dat, dbg
```

リスト2.10 odeintの利用と計算時間計測

```
if __name__ == "__main__":
    import time
    # ロケットオブジェクトを生成
    rs = RocketSim(**rocket_settings)
    # 計算に使う時間ベクトル
    tvec = np.arange(0, 100, 0.002)
    # ロケットシミュレーション（積分計算）実行
    ts = time.clock()
    result, deb = rs.odeint_calc(tvec)
    te = time.clock()
    print('シミュレーション実行時間 : %.6f [s]' % (te - ts))
    # 結果のプロット
    plot_rs(tvec, result)
```

さらなる高速化へ

ここまでシミュレータの設計の手順を学んできましたが、本章には書ききれなかったこともたくさんあります。たとえば、以下のようなものが挙げられます。

- Pythonプログラムの書き方による高速化テクニック
- JITコンパイラ利用（Numba、Numexpr等）
- 並列化（マルチスレッド/*multithreading*、SIMD/*Single instruction, multiple data*、GPU/*Graphics Processing Unit*等）
- 他言語プログラムのリンク（高速なC言語プログラムを接続する等）
- 分散処理

たとえば、Pythonプログラムの書き方については、インデックス指定の方法で処理速度が異なったり、NumPyを使って書くと処理速度が劇的に向上したりするなど、知っておくべき事柄はたくさんあります。それについては、本書の第3章以降に順次説明しています。

また、今回はロケットシミュレーションを題材にシミュレータ開発について述べてきましたが、気象予報のシミュレーションのような複雑な流体計算を行う場合などは「同じ種類の計算を同時に多数のデータに対して実行する」という点で趣が異なります。その場合は、処理の並列化を意識したプログラミングが必要となり、高速に処理するためのハードウェアの知識も必要になります。トップレベルの研究になると、分散処理も考慮に入れなくてはならない場合も少なくないでしょう。
「Pythonは簡単にプログラムを構築できるが、処理速度は遅い」と言われてきました。しかし、それはPython本体の機能しか使わなかった場合の話であって、Pythonのエコシステム全体を知ると見方が変わるはずです。以降の解説でも、その点を意識して実例を示しながら解説していきます。

2.8 まとめ

本章ではPythonのロケットシミュレータを例として挙げ、科学技術計算用プログラムを構築していくために必要な知識として、「プログラム全体の構成方法」「静的コード解析」「単体テスト」「デバッグ」「プロファイリング」「先人の成果の利用」を一通り解説しました。
初学者の方々にとっては、はじめのうちは本章の内容をすべて理解するのは難しいかもしれませんが、ここにまとめた事項はプログラミングスキルの土台となる基礎知識ですので、どんなことを考慮すべきかという点は、ぜひ頭の片隅に入れておいてください。
なお、本章では紙幅の都合もあり取り上げませんでしたが、プログラムの改良やデバッグを重ねていく過程で、バージョン管理システムを活用することを推奨します。広く使われているGitについて、本書のAppendix Aで参考文献を紹介していますので適宜参考にしてください。

第3章

IPythonとSpyder

科学技術計算分野でPythonを使う上で、生産性を向上させるツールの代表格がIPythonとSpyderです。

IPythonは簡単に言えば、Pythonシェルの機能拡張版です。インタラクティブコンピューティングを容易にするさまざまな拡張機能が用意されています。**Jupyter Notebook**(IPython Notebookの後継)から利用すれば、IPythonで実行可能な文書(形式)の準備/作成も比較的手軽に実現できます。その他にも、並列計算用の機能も提供しており、科学技術計算コミュニティではデファクトスタンダードと言ってよい実行環境です。

Spyderは、MATLABのようなGUIベースの統合開発環境を提供します。統合開発環境ならではの便利な機能があることから、GUIベースの開発環境を好む方には一見の価値があります。

本章では、IPythonとSpyderについて、その有用な機能を中心に説明します。

3.1 IPython

IPythonは、数値計算やデータサイエンスなどの科学技術計算の分野では必須のPythonプログラム実行環境です。本章では、特に大切な機能に絞り込んで取り上げます。実際に手を動かして確認しながら効率的な開発への第一歩を踏み出しましょう。また、IPython独自の機能ではありませんが、デバッガとプロファイラについてもIPython上での使い方を説明します。

IPythonとは

IPythonは2001年にFernando Perezによって開発が始められ、今では科学技術計算には必須と言っても良いくらいの地位を確立するに至りました。主要なディストリビューションパッケージには標準的に含まれており、インストールに手間取ることはほとんどありません。IPythonの「I」は「Interactive」を意味していて、その名のとおりインタラクティブ(対話的)なPython実行環境を提供します。IPythonが独自に提供する機能や、Pythonの標準ツール用インタフェースとして提供する機能には、以下のようなものがあります。

- Pythonシェルとしての機能
- ユーザ入力支援(履歴機能、タブ補完)
- OS (*Operating System*)との連携機能
- オブジェクト表示
- ヘルプ機能
- デバッグ実行機能
- プロファイリング機能
- インタラクティブ並列計算

これらの機能はIPythonカーネルに実装されており、その機能は**図3.1**に示されるように、**IPythonシェル**、**Jupyter QtConsole**、**Jupyter Notebook** (後述)のいずれかに呼び出されてユーザに利用されます。

IPythonシェルは、IPythonの機能を利用するためのインタラクティブインタフェースです。Jupyter QtConsoleは、Qt(キュート)と呼ばれるGUIツールキットを使って構成された、IPython専用のインタフェースです。一部機能が拡張されていますが、基本的にはIPythonシェルと同じです。本書では以降、単に「IPython」と呼んだ場合はこれらのどちらかを意味します。

実際に、IPythonを起動してみましょう。WindowsのコマンドプロンプトからIPythonを起動した例を**図3.2**に示します。Windowsの場合、適切に環境変数が設定されていればコマンドプロンプトからIPythonを起動できます。インタラクティブシェルですから、プログラミング言語のシェルと言っても電卓のように使うこともできます。

IPythonを使うには

IPythonはPython 2系にもPython 3系にも対応しています。また、対応するプラットホームもWindows、Linux、OS Xなどのほとんどの主要なOSをカバーしています。したがって、Python本体とIPythonを自分が利用したいプラットフォームにインストールすれば良く、ディストリビューションパッケージを利用すれば、楽に利用を開始できます。

図3.1 IPythonカーネルとその実行環境

ユーザ
IPython シェル
Jypyter QtConsole
Jupyter Notebook*
IPython カーネル
* 従来はIPython Notebookと呼ばれていたもの

図3.2 IPythonシェルの例

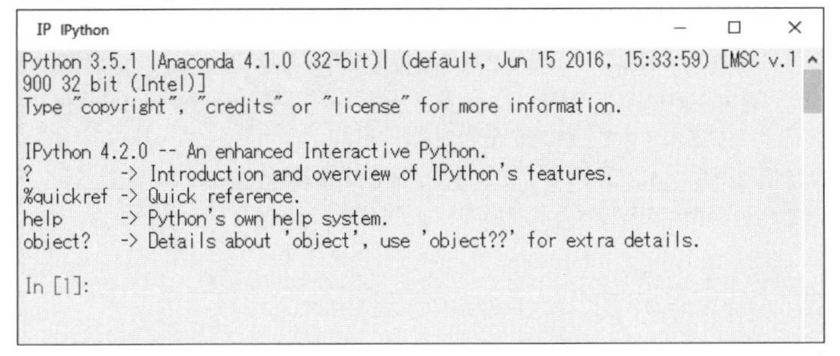

IP IPython
Python 3.5.1 |Anaconda 4.1.0 (32-bit)| (default, Jun 15 2016, 15:33:59) [MSC v.1
900 32 bit (Intel)]
Type "copyright", "credits" or "license" for more information.
IPython 4.2.0 -- An enhanced Interactive Python.
? -> Introduction and overview of IPython's features.
%quickref -> Quick reference.
help -> Python's own help system.
object? -> Details about 'object', use 'object??' for extra details.
In [1]:

さて、実際にIPythonを起動して利用してみましょう。IPythonを起動するには、

```
> ipython
```

もしくは、

```
> jupyter qtconsole
```

とします。それぞれ、IPythonシェルとJupyter QtConsoleが起動しますが、どちらでもかまいません。先ほどの図3.2(IPythonシェルの例)のように、通し番号の数字が括弧に囲まれたプロンプト(`In [1]:`)が表示されていればIPythonが起動されコマンドを受け付ける状態になっています。

Jupyter QtConsoleの場合、**図3.3**のようなウィンドウが立ち上がります。

Column

Jupyter

Jupyterプロジェクトは、IPythonプロジェクトから分離発展していくプロジェクトです。IPythonの機能のうち、Pythonの実行インタフェース（シェル）としての機能と、Jupyter用のPythonカーネルとしての機能は、引き続きIPythonとして残り、それ以外のNotebook機能や言語に依存しない機能については、Jupyterプロジェクトとして発展していくことになりました。本書では、Jupyterの機能の説明はNotebook機能についてのみ言及します。

Jupyter（*Julia + Python + R*）は、Julia、Python、R言語を使える[注a]ブラウザ用のインタラクティブインタフェースを提供します。実は、これ以外の言語にも対応させるためのカーネルの開発がオープンソースコミュニティで広く進められており、多くの言語がJupyter上で動作します。たとえばRuby、Lua、Haskell、Scala、Perl、JavaScript、Goなどがあり、対応言語はますます増えています。

Jupyterを動作させるサーバはネット上のどこにあっても良く、ブラウザ経由でJupyter Notebookの機能にアクセスします。従来、IPython Notebookと呼ばれていた頃は、複数ユーザを管理する仕組みはありませんでしたが、Jupyter NotebookではJupyterHubという複数ユーザを管理可能な機能が存在します。ユーザ名とパスワードを使ってJupyterHubにログインし、各ユーザ用の環境でJupyter Notebookを利用することができますので、非常に便利です。

Jupyterは進化が著しいプロジェクトですので、最新の情報はJupyter本家のサイト(`https://jupyter.org/`)を確認すると良いでしょう。

注a　JuliaやR言語を使うには別途それらをインストールの上、Jupyter用のインタフェースであるIJuliaおよびIRkernelをそれぞれのインストール環境に加える必要があります。

Jupyter Notebook上での利用

次に、Jupyter NotebookからIPythonを利用する方法について説明します。Jupyter Notebookは、比較的新しいプロジェクトで、Web技術を基盤とし、コマンドラインから起動した軽量のサーバプロセスを使ってWeb上に体裁を整えた文書を表示させます。IPythonカーネルに接続すれば、IPythonの機能をその文書上で利用できます。つまり、Pythonプログラムを対話的に実行可能な文書が作成できるのです。

IPythonに接続したJupyter Notebookの例を、**図3.4**に示します。この例では、Robert JohanssonのScientific Python Lecture[注1]からMatplotlibのレクチャー用のノートブックを表示させています。解説とプログラムコードとプログラムコードの実行結果(図を含む)をすべてまとめてWebブラウザ上に表示できることから、プレゼンテーションや教育用資料の作成に適していると考えられます。

サーバプロセスはどこで稼働していてもかまわないため、クラウドサービス上で稼働させることもできますが、一般的には大学などの教育機関が用意したサーバにWebブラウザを使ってアクセスするか、ローカルPC上で自分でサーバプロセスを起動して利用することが多いでしょう。たとえば、以下のようにJupyter Notebookのサーバプロセスを起動できます。

```
C:\Python> jupyter notebook
```

このように起動すると、Webブラウザが自動的に起動してノートブックのホームフォルダの中身を表示してくれます[注2]。本書原稿執筆時点(2016年8月)で、Jupyter Notebookは以下のブラウザを公式にサポートしています。

注1 URL https://github.com/jrjohansson/scientific-python-lectures
注2 Webブラウザを自動的に起動しない設定にすることもできます。

図3.3 Jupyter QtConsoleの例

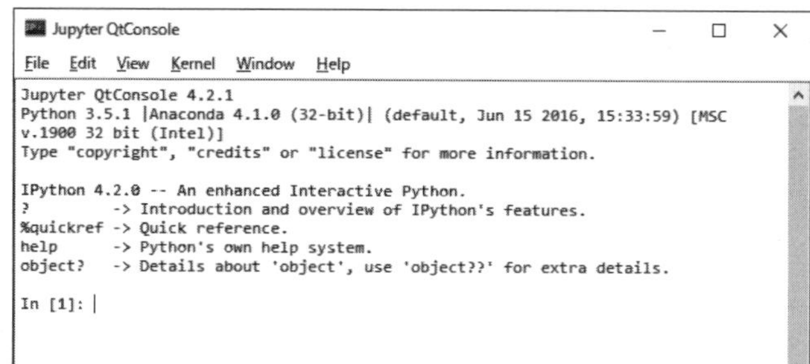

- Chrome：バージョン13以降
- Safari：バージョン5以降
- Firefox：バージョン6以降

ただし、対応バージョンは変わる場合がありますので、Jupyter Notebookのドキュメントの対応ブラウザの項を確認してください[注3]。Windowsユーザの場合で、Internet Explorerを「通常使うブラウザ」に設定している場合は、Jupyter Notebookの設定で起動するブラウザの変更[注4]が必要になります。

注3 URL http://jupyter-notebook.readthedocs.org/en/latest/notebook.html

注4 `jupyter notebook --generate-config`などと実行して設定ファイル(jupyter_notebook_config.py)を作成後、そのファイル内の変数c.NotebookApp.browserに起動したいブラウザへのパスを設定します。

図3.4 Jupyter Notebookの例

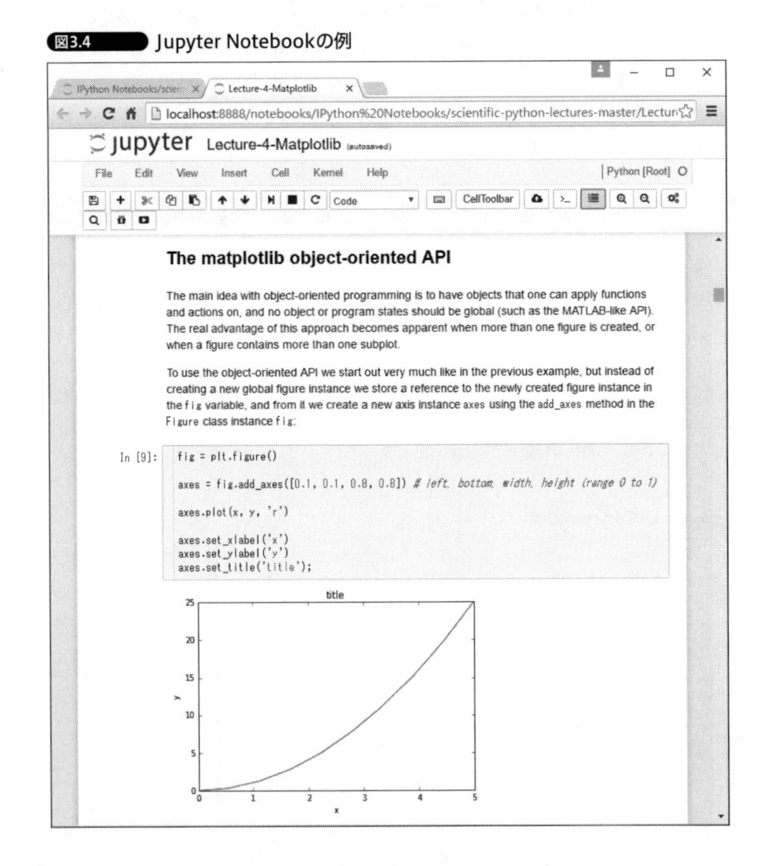

IPythonの基本 入力と出力の関係から

IPythonを使う準備ができたところで、さっそく使ってみましょう。前述のとおり、In [1]:という表示は、コマンドの入力を受け付けることを意味するプロンプトです。[ ]内の数字の1の部分はカウントアップしていきます。IPythonのプロンプトは通常のPythonシェルのプロンプト>>>と同じように、その後に入力されるコマンドを受け付けてくれます。簡単なprint文の例を見てみましょう。

```
In [1]: print("みなさんこんにちは！")
みなさんこんにちは！

In [2]:
```

この例のように、print文の実行結果はすぐ下に表示されます。実行が終了すると、上記のように次のコマンドプロンプトIn [2]:が表示されます。次に、少し違った例を見てみます。

```
In [3]: a, b = 2, 3  # 変数aとbにそれぞれ2と3を代入する

In [4]: a + b  # aとbを加算してその結果を返り値として返す
Out[4]: 5
```

この例では、コメントに記載したように、aとbの加算を実行させています。そして、その実行文の返り値（計算結果）はOut[3]:の後ろに表示されています。このように、実行文の返り値はOut[n]:の後ろに表示されます。

前の例では、実行文の返り値はないためOut[1]:は表示されずに、print文のSTDOUT（標準出力）への出力が表示されました。

以上のように、コマンド実行後に表示されるアウトプットには2種類あります。

オブジェクトの中身を確認する

IPythonでは、ある変数名を持つオブジェクトがどのようなオブジェクトなのかを簡単に確認することができます。次の例を見てください。

```
In [5]: b = dict(saori=5, kenji=63, yasuko=47)  # まずは辞書型変数の定義

In [6]: b?   # 変数名の後ろに?を付けて入力
Type:        dict  # 型が辞書型であることを示す
String form: {'yasuko': 47, 'saori': 5, 'kenji': 63}
Length:      3  # 長さが3であることを示す
Docstring:
```

```
dict() -> new empty dictionary
dict(mapping) -> new dictionary initialized from a mapping object's
    (key, value) pairs
dict(iterable) -> new dictionary initialized as if via:
    d = {}
    for k, v in iterable:
        d[k] = v
dict(**kwargs) -> new dictionary initialized with the name=value pairs
    in the keyword argument list.  For example:  dict(one=1, two=2)
```

この例では、変数bに辞書型変数を割り当てています。ここでは当然割り当てた直後ですからそれが何なのかはわかっていますが、仮にbが何だったか正確に思い出せないとします。そのような場合、変数名のあとに?を付けて入力します。すると、上記の例のようにオブジェクトのタイプ（この場合dict）と値の中身の他に、そのオブジェクトタイプのDocstring（簡単なヘルプ）も表示してくれます。

関数の内容表示

?を付けることによって、関数の内容も確認できます。たとえば、次のような関数があったとしましょう。

```
def my_add(x, y):
    """
    2つの数字を加算する

    入力
    ----
    x：1つめの数字
    y：2つめの数字

    出力
    ----
    out：x + yの計算結果
    """
    out = x + y
    return out
```

この時、この関数名の前もしくは後に?を付けてIPythonに入力すると、次のようにその関数のDocstringが表示されます。Docstring（4.9節を参照）とは、上記を例にすると"""（二重引用符3つ）に囲まれた文字列です。

```
In [7]: ?my_add    # my_add? でも同じ
Signature: my_add(x, y)
Docstring:
2つの数字を加算する
```

```
入力
----
x：1つめの数字

y：2つめの数字

出力
----
out : x+yの計算結果
File:      c:\Python\samples\docstr.py
Type:      function
```

関数の詳細な内容表示

関数名の前もしくは後に??を付けてIPythonに入力すると、可能であればその関数のソースコードが表示されます。ただし、C言語で実装された組み込み関数や、標準ライブラリ関数の多くは、ソースコードが表示されません。

```
In [8]: my_add??
Signature: my_add(x, y)
Source:
def my_add(x, y):
    """
    2つの数字を加算する

    入力
    ----
    x：1つめの数字
    y：2つめの数字

    出力
    ----
    out：x+yの計算結果
    """
    out = x + y
    return out
File:      c:\Python\code\docstr.py
Type:      function
```

このような?を使ったオブジェクトや関数およびクラスの確認（ヘルプ表示）機能は、importしたライブラリについても使えます。

オブジェクト名を検索する

IPythonにおける?の用途は、前項で説明した簡易的なヘルプ表示だけではありません。*（ワイルドカード）と合わせて用いると、オブジェクトの検索に使えます。たとえば、SciPyという科学技術計算関連のライブラリのlinalg(線形代数)モジュールの中で、LU分解(*Lower-Upper decomposition*)注5関連の関数にどんなものがあったのか忘れてしまったとします。しかし、関数名には「lu」が含まれるであろうことは想像できますので、次のようにして関数を探してみます。

```
In [9]: import scipy as sp  # 準備としてSciPyをimportしておく

In [10]: sp.linalg.*lu*?  # sp.linalgモジュールの中で「lu」が含まれるものは？
sp.linalg.absolute_import
sp.linalg.decomp_lu
sp.linalg.lu
sp.linalg.lu_factor
sp.linalg.lu_solve
```

この例では、まず検索するためにSciPyをimportして参照できるようにしています。その上で、SciPyのlinalgモジュールの中から「lu」を含むオブジェクトを検索しています。先ほどは「関数」を検索すると述べましたが、独自に定義した変数も、関数もクラスもすべてオブジェクトであり、上記の方法ではそのすべてのオブジェクトの中から検索が行われます。この例ではLU分解とは関係のないオブジェクトも検索結果に示されますが、探していた関数はこれで見つかるでしょう。この方法でワークスペース上にある変数なども検索できますので、特定の文字列を含む変数(オブジェクト)をすべて表示させたい場合などに役立てることができます。

――マジックコマンド　ラインマジック、セルマジック

IPythonでは、**マジックコマンド**(*magic command*)と呼ばれる特別なコマンドが存在します。マジックコマンドによってIPythonに便利な機能が多く追加されており、Pythonシェルよりも使い勝手が大きく向上しています。マジックコマンドには先頭に%(パーセント)または%%(パーセント2つ)を付けるのが基本です。%が付くマジックコマンドを**ラインマジック**(*line magic*)、%%が付くマジックコマンドを**セルマジック**(*cell magic*)と呼びます。これらは基本的には同じですが、前者は1行のコマンドとして実行されるのに対して、後者は「複数行のスクリプト」(セル)に対して何らかの処理が実行されます。

また、ラインマジックは多くの場合、%を付けなくても実行できる設定になっています。これを「automagic」と呼びますが、設定ファイルによってautomagicを無効にすることもできます。

よく使われるマジックコマンドを**表3.1**に、関連するprunコマンドの-s<key>

注5　LU分解とは、正則行列Aを置換行列Pと下三角行列Lおよび上三角行列Uの積に分解する($A=PLU$)処理です。

オプションを**表3.2**に示します。表3.1のマジックコマンドを覚えた上で、ヘルプドキュメントを表示してくれるマジックコマンドの%quickrefや%magicによってマジックコマンド全般について確認しておくと良いでしょう。

表3.1にはセルマジックを示していませんが、セルモードで実行できるものも含まれています。たとえば、timeitというマジックコマンドには%timeitと%%timeitがあり、%timeitはtimeitを「ラインモードで実行する」、%%timeitは「セ

表3.1 よく使うマジックコマンド(全般、OSと連携するコマンドは後出の表3.3を参照)

コマンド	説明
%quickref	全マジックコマンドのクイックリファレンスを表示
%run <スクリプトファイル>	指定したPythonスクリプトファイルの実行。オプション-tは時間計測、-pはプロファイリング、-mはモジュールのロード(pdbをロードして実行する場合などに活用可)
%reset [オプション]	IPythonのリセット(オプション-fは確認なしでリセット)
%pdoc <オブジェクト>	指定したオブジェクトのDocstring表示
%who、%whos、%who_ls [オブジェクト]	現在の名前空間上のオブジェクトやモジュールを表示。3つのコマンドの違いは表示内容と形式のみ。引数に型名や関数名を指定すると関連するもののみ表示
%history [オプション] [表示範囲]	コマンドの履歴表示。プロンプトの番号によって履歴を表示する範囲を指定できる。オプション-nは結果に行番号(履歴番号)表示追加、-oはアウトプットも表示など
%prun [オプション] <実行文>	プロファイリングを行いながら実行。オプション-s <key>で結果のソート。**表3.2**を参照
%debug	デバッガ(pdb)を起動して、直前に発生した例外に対してデバッグを開始
%time <実行文>	与えられた実行文の実行時間の計測
%timeit <実行文>	与えられた実行文の実行時間の計測(複数回実行を試みる)
%xdel <var>	指定された変数varを消去

表3.2 prunコマンドの-s <key>オプション

ソートキー(key)	意味
calls	関数呼び出し回数
cumulative	積算時間
file	ファイル名
module	ファイル名
pcalls	非再帰的な関数呼び出し回数(*primitive call count*)
line	行番号
name	関数名
nfl	関数名/ファイル名/行番号(*name/file/line*)
stdname	標準名(出力のfilename:lineno(function)の列)
time	内部時間

ルモードで実行する」という言い方をします。

timeitマジックコマンドに関して、ラインモードでの実行とセルモードでの実行の例を以下に示します。

```
In [11]: %timeit x = np.arange(10000)   ←ラインモード
The slowest run took 134.11 times longer than the fastest.
This could mean that an intermediate result is being cached
100000 loops, best of 3: 8.52 µs per loop

In [12]: %%timeit x = np.arange(10000)  ←セルモード
    ...: y = x**2
    ...: z = y - 1
    ...:
The slowest run took 103.21 times longer than the fastest.
This could mean that an intermediate result is being cached
10000 loops, best of 3: 26.2 µs per loop
```

OSとの連携

IPythonは、OSと連携する機能を持っています。ここで言う連携とはOSのシステムシェル(たとえばWindowsではコマンドプロンプト)上でのコマンド実行、カレントフォルダの変更、カレントフォルダのファイル一覧表示などを指します。OSのシェル上でコマンドを実行するには、そのOSのシェルコマンドの前に「!」を付けて実行します。例を見てみましょう。

```
In [13]: !ping localhost

A [::1]に ping を送信しています 32 バイトのデータ:
::1 からの応答: 時間 <1ms
::1 からの応答: 時間 <1ms
::1 からの応答: 時間 <1ms
::1 からの応答: 時間 <1ms

::1 の ping 統計:
    パケット数: 送信 = 4、受信 = 4、損失 = 0 (0% の損失)、
ラウンド トリップの概算時間 (ミリ秒):
    最小 = 0ms、最大 = 0ms、平均 = 0ms
```

この例ではpingコマンドを実行しています。もちろん、pingをIPythonから実行する必要性に迫られることはほとんどないと思われますが、このようにOSのシェルコマンドは基本的に何でも実行可能なのです。この他、OSと連携するためのコマンドは多くがマジックコマンドとして準備されています。よく使うマジックコマンドを**表3.3**に示します。カレントフォルダの表示やフォルダの移動などは、日常的に利用することになるでしょう。また、起動したIPythonにおける環境変数設定の確認には、%envマジックコマンドも利用すると便利です。

履歴の利用　history

IPythonでは、以前入力したコマンドや、その実行結果出力が保存されています。これを**履歴**(**history**)と呼びます。履歴は出力も含めて確認したい場合には、%historyマジックコマンドを使って次のように行います。

```
In [14]: %history -no 7-9
   7: c = 4.5
   8: a+c
7.5
   9: print(b)
```

この例では、%historyマジックコマンドを、-nオプションと-oオプションを付けて(2つのオプションをまとめて-noとしています)実行しています。-nオプションによって行番号(履歴番号)を表示させ、-oオプションによって対応する実行結果の出力も表示させます。また、履歴表示範囲として「7-9」を指定しています。履歴が長い場合は、すべてを表示させるよりも範囲を指定した方がわかりやすいでしょう。このように履歴を確認した上で、**表3.4**の識別子を使ってその履歴に残った入出力を再利用することも可能です。たとえば、上記の例に続けて、以下のようにすると2つ前の出力(ここでは7.5)を使って計算をすることができます。

表3.3 よく使うマジックコマンド(OSと連携関連)

コマンド	説明
%alias <alias名> <コマンド>	システムコマンドに別名を付ける
%pwd	カレントフォルダを表示する
%cd <フォルダ名>	<フォルダ名>で指定したフォルダに移動する
%ls	カレントフォルダのファイルリストを表示する
%env	システムの環境変数を辞書型形式で表示する

表3.4 IPythonで「_」で始まる識別子

識別子	説明
_i	直前(1つ前)の入力
_ii	2つ前の入力
_iii	3つ前の入力
_ih	IPythonの入力リスト(例：_ih[3]は3番めの入力)
_i<n>	IPythonのプロンプトカウンタ<n>の入力(例：_i3)。_i<n>は_ih[<n>]と同じ
_	アンダースコア1つは直前の出力
__	アンダースコア2つは2つ前の出力
___	アンダースコア3つは3つ前の出力
_<n>	IPythonのプロンプトカウンタ<n>の出力(例：_5)
_oh	IPythonの出力値を保持する辞書型変数(プロンプトカウンタ<n>をキーとする辞書型)

```
In [15]: d = __ + 2.5  # __（アンダースコア2つ）で2つ前の出力を呼び出す
In [16]: d
Out[16]: 10.0
```

履歴の検索

IPythonでは履歴を検索して使うことも可能で、以下の3つの方法があります。

- 上下の矢印もしくはCtrl + p／Ctrl + nを使って、過去のコマンドを順番に表示させる
- コマンドを途中まで入れて、それにマッチ（前方一致）するコマンドだけを順番に表示させる
- Ctrl + rで検索プロンプトを出して、コマンドの一部を入力し、それが「含まれる」コマンドの履歴を順番に表示させる

%historyマジックコマンドを使うよりも、この方法の方が実用的で簡便です。

タブ補完

タブ補完は、IPythonの機能の中でも最も役に立つ機能の1つです。タブ補完に慣れると、常にタブ補完を使うようになっている自分に気が付くことでしょう。変数名や関数名の入力中にタブを入力すると、他に補完する候補がなければその唯一の候補が補完され、複数の候補がある場合にはその候補が表示されます。入力の候補は、その時点で参照可能な名前空間から検索されます。

```
In [17]: mingw_ver = 3.25

In [18]: mikan = 'orange'

In [19]: mi<Tab>  # <Tab>はTabキーの入力を意味する
mikan     min       mingw_ver
In [20]: mi  # 候補が表示され継続して入力できる
```

この例では、miと入力したところでTabキーを入力しています。すると、変数（オブジェクト）にmikanとmingw_verの2つがあり、その他に最小値を選択するmin関数も参照可能な名前空間にあるため、これらの3つの候補が示されています。候補が示された後、入力を継続することができます。

さらに便利な使い方は、オブジェクト変数のメソッドもしくは属性を呼び出す場合です。

```
In [21]: mylist = [2.3, 4.5, 6.2]

In [22]: mylist.<Tab>  # <Tab>はTabキーの入力を意味する
```

```
mylist.append  mylist.count   mylist.insert  mylist.reverse
mylist.clear   mylist.extend  mylist.pop     mylist.sort
mylist.copy    mylist.index   mylist.remove

In [22]: mylist.append(10.2)  # タブ補完で候補を表示してもIn [N]の番号は進まない

In [23]: mylist
Out[23]: [2.3, 4.5, 6.2, 10.2]
```

この例では、mylistというリストに対して要素を後から加える処理をしていますが、リストのメソッドの名前を正確に覚えていない場合には、mylistの後に.(ドット)まで入力したところでTabキーを入力すると、候補となるメソッドがすべて表示されます。これを見ると、要素を加えるメソッドはappendであることが推定できます。オブジェクトが持つさまざまなメソッドを最初からすべて覚えておくのは困難です。しかし、IPythonがあれば、この例のように実際に式を入力しながらメソッドを覚えていけるのです。同様のタブ補完は、モジュールの属性やファイル名の入力時にも機能します。

スクリプトファイルの実行

IPythonは対話的な実行環境を提供してくれますが、スクリプトファイルに実行したい処理を書き、そのスクリプトファイルを何度も実行しながら修正を加えていくというやり方をすることも多いでしょう。そのような時に、スクリプトファイル名を指定してIPython上で実行するには%runマジックコマンドを使います。たとえば、myscrpt.pyというスクリプトファイルを実行するには次のようにします。

```
In [24]: %run myscript.py
```

この例で拡張子.pyは省略できますので、前述のautomagicが有効な場合は次のように入力しても同じです。

```
In [25]: run myscript
```

IPythonによるデバッグ　デバッガpdb

IPythonを使ったデバッグについては、すでに第2章でも紹介しました。ここでは、おさらいとちょっとしたテクニックの紹介をしておきます。

事後解析デバッギング

IPythonでプログラムを実行して例外(エラー)が発生した場合、事後解析デバッギング(*debugging in postmortem mode*)という方法でデバッグを開始できます。それには、例外発生後に%debugマジックコマンドを入力します。すると、デバッガのpdbが立ち上がり、デバッガの中では関数呼び出しスタックフレームや、すべてのオブジェクトにアクセスできる状態になります。

では、具体例を見てみましょう。以下のようなバグを含んだスクリプトファイル(myscript.py)を例に説明します。

```
def my_add(x, y):
    """ 2つの数字を加算する """
    out = x + z  # バグ：zという変数は定義されていない
    return out + y

if __name__ == "__main__":
    a, b = 3, 4
    z = my_add(a, b)
    print(z)
```

このスクリプトファイルをIPythonで実行すると、以下のように表示されます。

```
In [26]: run myscript.py
Traceback (most recent call last):

  File "C:\python\code\myscript.py", line 9, in <module>
    z = my_add(a, b)

  File "C:\python\code\myscript.py", line 4, in my_add
    out = x + z

NameError: name 'z' is not defined
```

これが「スタックトレースが表示されている」という状態です。Pythonでは、Pythonシェルでも IPythonでも、エラー発生時にはスタックトレースが表示されます。スタックトレースとは、関数などが呼ばれる際に生成されるスタックフレームの生成過程を記録したもので、エラーに至るまでに関数などがどのような順番で呼ばれてエラーの箇所まで到達したかという情報を示したものです。上記の例では、9行めでmy_add()関数が呼ばれて4行め(my_add()関数の中)に到達し、そこでエラーになったことを示しています。この例では、「zという変数名は定義されていません」というエラー内容が示されていますので、デバッグをすることなくすぐに何をすべきなのかわかりますが、本格的なデバッグ作業を行いたい場合には、ここでマジックコマンドの%debugを入力します。

```
In [27]: debug
> c:\Python\code\myscript.py(4)my_add()
      3     """ 2つの数字を加算する """
----> 4     out = x + z
      5     return out + y


ipdb> p z
*** NameError: name 'z' is not defined

ipdb> p y
4
```

すると、この例のようにエラーが発生した4行め(**---->**の箇所)で処理が中断した状態でデバッガが起動されますので、プログラムの動作結果について詳細の確認を進めることが可能になります。デバッガは**表3.5**のコマンドで制御します。表

表3.5 デバッガpdbの主要コマンド一覧

コマンド	説明
h(elp) ／ ?	h(elp)のみ(引数なし)でコマンドのリストを表示。h [<コマンド>]で、指定したコマンドの説明を表示
w(here)	スタックトレースをプリント(現在のフレームが一番下側に表示)
d(own)	スタックトレースの中でフレームを1つ下がる
u(p)	スタックトレースの中でフレームを1つ上がる
b(reak) [<行番号>]	行番号(*lineno*)にブレークポイントを設定。行番号の指定がない時はブレークポイントのリストを表示
tbreak	一時的なブレークポイントを設定(最初にヒットしたあとに自動的に削除される点でbと異なる)
cl [<番号(ブレークポイント)>]	指定の番号(*bpnumber*)のブレークポイントを削除。指定が無い場合すべてのブレークポイントを削除
disable/enable [<番号(ブレークポイント)>]	指定の番号(*bpnumber*)のブレークポイントを無効化／有効化
s(tep)	現在行の関数の中に入り最初の実行可能な行で停止。もしくは次の行で停止
n(ext)	現在行を実行し、次の行に進む
r(eturn)	現在の関数の値が返るまで実行
c(ont(inue))	ブレークポイントに到達するまで実行
l(ist) [<開始行番号>[, <末尾行番号>]]	現在行とその前後合わせて、デフォルトでは11行分を表示。引数を使って表示範囲を指定可能
a(rgs)	現在の関数の引数リストをプリント
p <評価式>	評価式(*expression*)の評価結果を表示する
! <実行文>	実行文(*statement*)を実行する
q(uit)	デバッガの終了

3.5で括弧の中は省略できます。つまりh(elp)の例では、hとhelpは同じコマンドとして扱われます。この表以外にもコマンドはありますが、この表のコマンドを使いこなせるようになれば、大抵のことはできるようになるでしょう。それ以外のコマンドについては、hコマンドまたはhelpコマンドでヘルプを参照するか、Python標準ライブラリの公式ドキュメントなどを確認してください。

スクリプト指定でデバッガ起動

Pythonプログラムのスクリプトファイルにバグがあるかどうかは関係なく、とにかく特定のPythonスクリプトファイルを指定してデバッガを起動する方法もあります。デバッグしたいスクリプトファイルをmyscript.pyとすると、以下のように%runマジックコマンドを使ってデバッガを起動できます。

```
In [28]: %run -d myscript.py
```

これは%run -m pdb myscript.pyとしても同じです。仮に、myscript.pyが以下のようなソースコードであったとしましょう。

```
def my_add(x, y):
    """ 2つの数字を加算する """
    return x + y

if __name__ == "__main__":
    a, b = 3, 4
    z = my_add(a, b)
    print(z)
```

この場合、デバッガが起動されると以下のようになります。

```
In [29]: run -d myscript.py
> c:\Python\code\myscript.py(2)<module>()
----> 1 def my_add(x, y):
      2     """ 2つの数字を加算する """
      3     return x + y

ipdb> n  # コマンドnで次の行へ
> c:\Python\code\myscript.py(6)<module>()
      4
----> 5 if __name__ == "__main__":
      6     a, b = 3, 4


ipdb> n  # コマンドnでさらに次の行へ
> c:\Python\code\myscript.py(7)<module>()
      5 if __name__ == "__main__":
----> 6     a, b = 3, 4
```

```
       7      z = my_add(a, b)


ipdb> n  # コマンドnでさらに次の行へ
> c:\Python\code\myscript.py(8)<module>()
      6     a, b = 3, 4
----> 7     z = my_add(a, b)
      8     print(z)


ipdb> n  # コマンドnでさらに次の行へ
> c:\Python\code\myscript.py(9)<module>()
      6     a, b = 3, 4
      7     z = my_add(a, b)
----> 8     print(z)


ipdb> !a  # 変数aの値を確認
3

ipdb> p b  # 変数bの値をプリント
4

ipdb> z  # 変数zの値を確認
7
```

この例では、デバッガ起動後にn(ext)コマンドによって処理を進めていき、最後にa、b、zの変数の値を確認しています。ただし、pdbにおいて変数の値を見るには、その変数名を入力するだけなのですが、前出の表3.5にも示したとおり、aはコマンド名にもなっているため、aの値を表示させるには、先頭に!を付けてaを実行文として実行します。1つの変数名だけを実行文として指定した場合、その変数名のオブジェクトの値を表示しますので、結果としてaの値が表示されます。また、pコマンドを使ってオブジェクトの値を表示させることもできます(前出の例ではp b)。また、変数名を単に入力した場合、それがコマンド名と重複していなければその変数の値を確認できます。

指定の箇所でデバッガ起動

Pythonのデバッグ手法の典型例をもう1つ紹介します。それは、以下の1行をプログラムの中に挿入しておくというものです。

```
import pdb; pdb.set_trace()
```

この1行を入れてスクリプトを実行する(たとえば%runマジックコマンドを使って%run myscriptなどとする)と、その箇所でデバッガが起動されてプログラムが一時停止します。上記の例では2つの文が1行になっているため、;(セミコロン)で文と文が区切られています。PEP 8には準拠しない書き方ですが、デバッグ時に一時的に追加するだけですのであまり気にする必要はないでしょう。指定の箇所でデバッガを起動させる手軽な方法として覚えておくと良いでしょう。

プロファイリング

プログラミングをしていると、多くのケースで「処理時間できるだけ短くしたい」という要求が生まれてくるものです。そこで、プログラムのどこでどれだけの処理時間がかかっているのか分析する必要が生じます。そこで使われるのが、プロファイリングツールです。**プロファイリング**とは、プログラムの中で使用される関数毎に実行回数や実行時間を分析したり、その実行順序を記録したりすることを言い、そのツールを**プロファイラ**(*profiler*)と呼びます。

ここでは、IPythonで使えるプロファイラについて学んでいきます。

実行時間計測

プログラムの高速化を図るには、プロファイリングツールを使ってプログラムの処理のボトルネックを探して改善していくことが大切です。しかし、毎回プロファイリングツールを使うのは手間がかかるので、もっと手軽に処理が速くなる方法を検証する手段が欲しいところです。そのような場合には、`%time`および`%timeit`マジックコマンドを以下のように使います。

```
In [30]: %time a = [x*x for x in np.random.randn(10000)]
Wall time: 4 ms
```

この例では、第7章で学ぶNumPyの機能を使って10000個のランダムな数値を発生させ、その数値をすべて2乗して変数aに代入しています。この代入文の前に`%time`を付けることで、その実行時間を計測できます。ただし、この実行時間計測結果は純粋にこの処理に掛かる時間を反映したものとは限りません。なぜなら、CPUが他のタスクの実行のため処理を一旦中断させていたとしても、このコマンドでは開始から終了までの時間を計測しているに過ぎないからです。したがって、同じ処理を実行させるたびに、少しずつ表示される処理時間計測結果が変化します。

このような欠点を改善してくれるのが`%timeit`マジックコマンドです。`%timeit`では自動的に最適な回数だけ実行した上、速く実行できた何回かの平均値を出力してくれます。これにより計測結果の信頼性が向上します。したがって、通常は`%timeit`マジックコマンドを使う場面が多くなるでしょう。`%timeit`を使えば、どのような処理をすれば処理時間を短縮できるのか試行錯誤しながら検証することが容易になります。以下の例では、まったく同じ処理をしているにもかかわらず後者の方が1桁近く処理時間が短くなっています。

```
In [31]: %timeit a = [x*x for x in np.random.randn(10000)]
100 loops, best of 3: 2.86 ms per loop

In [32]: %timeit a = np.random.randn(10000); a = a * a
1000 loops, best of 3: 380 µs per loop
```

この例のように、Pythonでは同じ計算でも、ちょっとした処理の違いで処理時間が大きく異なってしまいます。速い処理を実現する方法に習熟するまでは、このような処理のバリエーションに対する処理時間の検証作業が必要になりますので、IPythonはそれを容易に行える方法を提供してくれる点で非常に魅力的です。

なお、IPythonでは1つのスクリプトファイル全体の処理時間を計測することも可能です。それには、以下のように%runマジックコマンドに-tオプションを付けて実行します。

```
In [33]: %run -t scipy_filter.py

IPython CPU timings (estimated):
  User   :       0.07 s.
  System :       0.00 s.
Wall time:       0.07 s.
```

この例では、scipy_filer.pyが実行されるファイルです。Windowsでは上記のSystem時間は0になりますので無視してください。プロファイリングと違って実行時間が遅くなるわけではありませんので、日頃から-tオプションを付けて実行することで、いろいろと察知するきっかけになるかもしれません。

ここで紹介した手法は、処理時間の「内訳」を分析できるものではありませんでした。次項からは、その「内訳」を分析できるプロファイリングツールについて解説します。

プロファイリングの準備

はじめに、IPython上で使えるプロファイリング関係のマジックコマンドを紹介し、利用の準備について説明します。**表3.6**に、プロファイリング関係のマジックコマンドを示します。

pruncは標準で備わっているマジックコマンドですが、それ以外は通常自分でそれらを利用できるように設定する必要があります。利用のための設定がされているかどうかは、次のようにしてそれぞれのマジックコマンドのヘルプを表示させてみるとわかります。

```
In [34]: memit?
Docstring:
Measure memory usage of a Python statement

Usage, in line mode:
  %memit [-r<R>t<T>i<I>] statement

Usage, in cell mode:
  %%memit [-r<R>t<T>i<I>] setup_code
  code...
  code...

This function can be used both as a line and cell magic:
<以下略>
```

利用のための設定がされていない場合には、まずline_profilerおよびmemory_profilerのインストールが必要です[注6]。

実行時間のプロファイリング

先に%timeおよび%timeitマジックコマンドによる処理時間計測について説明しましたが、これらは指定したコードの処理時間を計測してくれるものの、どの部分にどれくらいの時間がかかったのか、その内訳は分析してくれません。

ここで説明するプロファイリングは、さらに一歩進んでその内訳を分析する作業です。IPythonのマジックコマンドを駆使して、どのようにプロファイリング

注6　インストール方法は本書のWebサポートページを参照してください(p.vi)。

表3.6 マジックコマンド(プロファイリング関係)

ラインモード	セルモード	説明
%run -p	-	cProfileによる関数レベルのプロファイリング(スクリプトファイルを指定して分析)。%run -m cProfile [<オプション>] <ファイル>としても同じ。%run -m profile [<オプション>] <ファイル>とすれば、profileモジュールも利用可
%prun	%%prun	cProfileによる関数レベルのプロファイリング(実行文を指定して分析)
%lprun	-	行レベルのプロファイリング(1行毎に処理負荷を分析)
%mprun	%%mprun	メモリプロファイラ(指定した関数内の行レベルのメモリ利用分析)
%memit	%%memit	メモリプロファイラ(実行文のトータルメモリ使用量を確認できる)

が実行できるのか例を示しながら見ていきましょう。IPythonでは**%prun**マジックコマンドによって、**cProfile**を利用したプロファイリングが可能です。cProfileは、Pythonの標準ライブラリとして付属するプロファイラです。たとえば、次のようなモジュールファイル(prun1.py)があったとしましょう。

```
""" prun1.py """
import numpy as np

def func_a():
    a = np.random.randn(500, 500)
    return a**2

def func_b():
    a = np.random.randn(1000, 1000)
    return a**2

def func_both():
    a = func_a()
    b = func_b()
    return [a, b]

if __name__ == '__main__':
    func_both()
```

このスクリプト全体をプロファイリングする場合、次のようにすることで全体の実行時間分布のプロファイリングが可能です。

```
In [35]: %run -p -s cumulative prun1.py
         63 function calls (62 primitive calls) in 0.094 seconds

   Ordered by: cumulative time

   ncalls  tottime  percall  cumtime  percall filename:lineno(function)
      2/1    0.000    0.000    0.094    0.094 {built-in method builtins.exec}
        1    0.000    0.000    0.094    0.094 <string>:1(<module>)
        1    0.000    0.000    0.094    0.094 interactiveshell.py:2616(safe_execfile)
        1    0.000    0.000    0.094    0.094 py3compat.py:179(execfile)
        1    0.001    0.001    0.093    0.093 prun1.py:3(<module>)
        1    0.001    0.001    0.092    0.092 prun1.py:16(func_both)
        2    0.079    0.040    0.079    0.040 {method 'randn' of 'mtrand.RandomState'
                                                          objects}
        1    0.009    0.009    0.074    0.074 prun1.py:11(func_b)
        1    0.002    0.002    0.016    0.016 prun1.py:6(func_a)
        1    0.000    0.000    0.000    0.000 {built-in method builtins.compile}
<以下略>
```

ここで、`-s cumulative`は実行積算時間(*cumulative time*)によってソートして結果を表示させるためのオプションです。このように実行積算時間が大きい順に結果を表示することで、どこの処理に最も時間が掛かっているのかを簡単に確認することができます。

なお、この例ではスクリプトファイル全体のプロファイリングを行いましたが、時には一部の関数だけをプロファイリングしてみたい場合もあるでしょう。たとえば、func_both()という関数だけをプロファイリングする場合には、次のようにして関数func_both()のプロファイリングを行うことが可能です。

```
In [36]: import prun1  # prun1.pyの中の関数定義を読み込む

In [37]: %prun [a, b]=prun1.func_both()  # %prun以降の実行文をプロファイリングする
         8 function calls in 0.060 seconds  # 0.06秒間に全部で8回の関数コール

   Ordered by: internal time

   ncalls  tottime  percall  cumtime  percall filename:lineno(function)
        2    0.050    0.025    0.050    0.025 {method 'randn' of 'mtrand.
RandomState' objects}
        1    0.007    0.007    0.046    0.046 prun1.py:8(func_b)
        1    0.002    0.002    0.060    0.060 prun1.py:12(func_both)
        1    0.001    0.001    0.013    0.013 prun1.py:4(func_a)
        1    0.000    0.000    0.060    0.060 {built-in method exec}
        1    0.000    0.000    0.060    0.060 <string>:1(<module>)
        1    0.000    0.000    0.000    0.000 {method 'disable' of '_lspr
of.Profiler' objects}
```

この例では、func_both()という関数からfunc_a()とfunc_b()が1回ずつ呼び出されており、積算実行時間が各々0.013秒と0.046秒であることがわかります。このように、どの関数がどれくらい処理時間を使っているのかを把握することが可能です。ただし、この手法では、関数の中のどの式が処理時間を多く消費しているのかはわかりません。そこで活躍するのが**ラインプロファイラ**(*line profiler*)です。前項で準備した**%lprun**マジックコマンドを使えば、1行毎の処理時間がわかります。前出の例では少しわかりにくいので、次のモジュール(ファイル)を例として試してみます。

```
""" fc.py """
import numpy as np
n = 20

def func_c():
    A = np.arange(0, n*n).reshape(n, n) + np.identity(n)
    b = np.arange(0, n)
    x = np.dot(np.linalg.inv(A), b)
```

このモジュールのファイル名をfc.pyとして、ラインプロファイラは次のようにして使うことができます。

```
In [38]: from fc import *

In [39]: %lprun -f func_c func_c()  # func_c()を実行して、func_c()関数内部だけを
                                              ラインプロファイリングする
Timer unit: 4.10547e-07 s  # 単位時間（下記のTimeを掛け算すると実行時間になる）

Total time: 0.0102025 s
File: C:\Python\code\fc.py
Function: func_c at line 11

Line #    Hits      Time  Per Hit   % Time  Line Contents
==============================================================
     5                                      def func_c():
     6       1       575    575.0      2.3      A = np.arange(0, n*n).
reshape(n, n) + np.identity(n)
     7       1        26     26.0      0.1      b = np.arange(0, n)
     8       1     24250  24250.0     97.6      x = np.dot(np.linalg.
inv(A), b)
```

この例では、-f func_cによって、関数func_cだけ行レベルのプロファイリングを行うことを指示しています注7。その上で、func_c()を実行することによって注8プロファイリングを行っています。ここに示した結果からは、func_cの中の各行が単位時間(＝4.10547e-07[s])の「Time」倍だけ実行に時間を要していることがわかります。そして、8行めが単位時間の24250倍の処理時間を要しており、最も計算コストが高いことを示しています。

メモリ使用量のプロファイリング

メモリの使用量を分析するには、%memitまたは%mprunマジックコマンドを使うのが良いでしょう。ただし、これらのマジックコマンドは、memory_profilerというモジュールがインストールされていないと使えないため、事前にインストールしておきましょう注9。

では、**%memit**の使い方から見ていきましょう。%memitはPythonの実行文のメモリ使用量を計測します。以下の例を見てください。

```
In [40]: %memit a = [x for x in range(1000000)]
peak memory: 179.87 MiB, increment: 43.14 MiB
```

注7　-fオプションは必須です。

注8　-fオプションで指定した関数が実行される文であれば何でもOKです。

注9　インストール方法は本書のWebサポートページを参照してください(p.vi)。

この例では、リスト変数aを作成しています。この時、新たに使ったメモリ(上記の例のincrement)が43.14 MiB[注10]、全体のメモリの使用量が179.87 MiBであることを示しています。%memitでは実行文のメモリ使用量を計測できますが、どこの処理がどれだけメモリを使用しているのか内訳を分析することはできません。そのような分析に役立つのが**%mprun**マジックコマンドです。次の例を見てください。

```
In [41]: import fc

In [42]: mprun -f fc.func_c fc.func_c()

Filename: C:\Python\code\fc.py

Line #    Mem usage   Increment  Line Contents
================================================
     5   108.0 MiB    0.0 MiB  def func_c():
     6   108.0 MiB    0.0 MiB      A = np.arange(0, n*n).reshape(n, n)
  + np.identity(n)
     7   108.0 MiB    0.0 MiB      b = np.arange(0, n)
     8   109.0 MiB    1.0 MiB      x = np.dot(np.linalg.inv(A), b)
```

mprunコマンドでは、このように関数を指定してその関数の内部のメモリ使用量の変化を確認することができます。上記の例では-f fc.func_cによってメモリ使用量の変化を分析したい関数を指定し、fc.func_c()によってその関数を実行しています。実行した関数の中からさらに関数が呼ばれている場合には、その関数を指定して分析することもできます。

――メモリプロファイリング対象のソースコード内指定

コマンドで分析する関数を指定する方法の他に、以下の例のようにスクリプトのソースコードの中で分析する箇所を指定する方法もあります。

```
import numpy as np
from memory_profiler import profile

@profile  # 次の関数はメモリプロファイラの分析対象とする
def func_a():
    a = np.random.randn(500, 500)
    return a**2

@profile  # 次の関数はメモリプロファイラの分析対象とする
def func_b():
```

注10　MiBは「メビバイト」(*mebibyte*)と読みます。コンピュータの容量や記憶装置の大きさを表す単位で1 MiBは2^{20} (>=1,048,576 byte)です。

```
    a = np.random.randn(1000, 1000)
    return a**2

def func_both():
    a = func_a()
    b = func_b()
    return [a, b]

if __name__ == '__main__':
    func_both()
```

この例では、memory_profilerモジュールからデコレータ関数のprofileをimportした上で、メモリ使用量を分析したい関数を`@profile`というデコレータ文で修飾しています。その結果、上記のスクリプト(prun2.py)を実行すると、以下のような結果を得られます。`@profile`によって修飾された2つの関数内におけるメモリ使用量の増減がそれぞれ示されています。

```
In [43]: run prun2
Filename: C:\Python\code\prun2.py

Line #    Mem usage    Increment   Line Contents
================================================
     5     94.7 MiB      0.0 MiB   @profile
     6                             def func_a():
     7     96.6 MiB      1.9 MiB       a = np.random.randn(500, 500)
     8     98.5 MiB      1.9 MiB       return a**2


Filename: C:\Python\code\prun2.py

Line #    Mem usage    Increment   Line Contents
================================================
    10     96.6 MiB      0.0 MiB   @profile
    11                             def func_b():
    12    104.3 MiB      7.6 MiB       a = np.random.randn(1000, 1000)
    13    111.9 MiB      7.6 MiB       return a**2
```

3.2 Spyder

Pythonの統合開発環境には有償のものや無償のもの、基本的に有償だが機能限定版は無償で使えるものなどが存在します。本節で紹介するSpyderは無償で提供されている統合開発環境の1つです。主要なディストリビューションパッケージには標準的に含まれていることから、科学技術計算の分野では広く使われています。IPythonを用いることでPythonによる開発の効率を高めることができますが、直観的な操作でさまざまな処理を実現できるSpyderのような統合開発環境は、作業をさらに効率化してくれます。本節ではSpyder活用の基本を学びましょう。

Spyderとは

Spyderは「The Scientific PYthon Development EnviRonment」の略であり、オープンソースのクロスプラットフォーム(Windows、OS X、Linux等) IDEです。MATLABに似たユーザインタフェースを持つことから、MATLABユーザにとっては親しみやすいIDEになっています。メジャーなディストリビューションパッケージ(Anaconda、WinPython、Python(x,y)等)に含まれているため、それらを導入すればインストールに苦労することもありません。

Spyderを起動すると**図3.5**のような画面となります。図3.5のように、プログラムのエディタとコンソール(Pythonシェルもしくは IPython)、Object inspector、Variable explorer、File explorerなどから成ります。これらは、GUIの特性をうまく活用してインタラクティブなPython実行環境を提供しています。IPythonはあくまでもCUI(*Character-based User Interface*)ですから、コマンドを覚えなくてはいけない煩わしさや、変数の値の確認(たとえば大きな配列の値の確認など)が少しやりづらいなどの問題があります。また、Docstringの(ヘルプ)情報は別の窓に出しておいて、それを横目で見ながらプログラムを書きたい場合もあります。このようなCUIの欠点を補い、GUIの特性を活用して作業効率を上げてくれるのがSpyderなのです。

Spyderの主要な機能

Spyderには、**通常のモード**と**ライトモード**(*light mode*)の2つの起動モードがあります。ライトモードの画面は**図3.6**のようになっています。

ライトモードではPythonシェルが立ち上がるようになっており、IPythonではありません。変数の一覧や変数の中身を確認できるVariable explorerは図3.6のように表示させることができます(最初は非表示)。SpyderのGUIとしての利点をフルに活用したいのであれば通常モードで使うのが良いですが、一部の機能だけを利用できれば良い方はライトモードを使うのも良いでしょう。

ここからは、Spyderの通常モードで、GUIを活用した便利な機能を見ていきましょう。Spyderの主要な機能を列挙すると、次のとおりです。

図3.5 Spyderの起動時画面

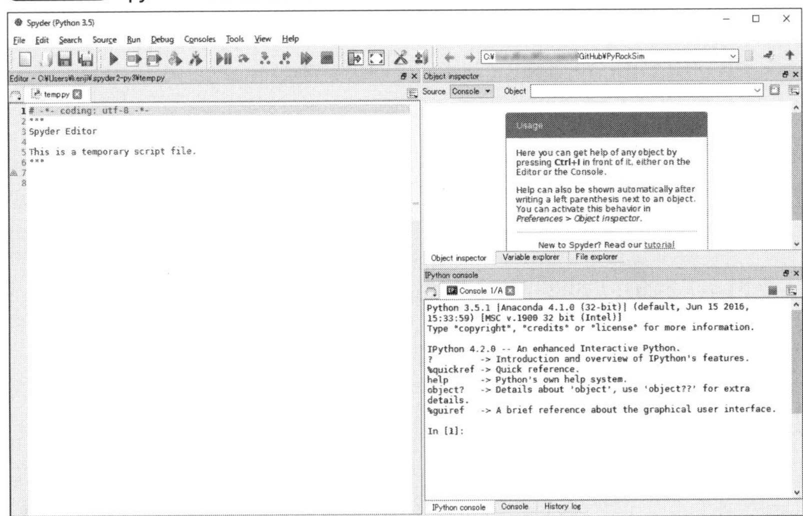

図3.6 Spyderのライトモードの画面

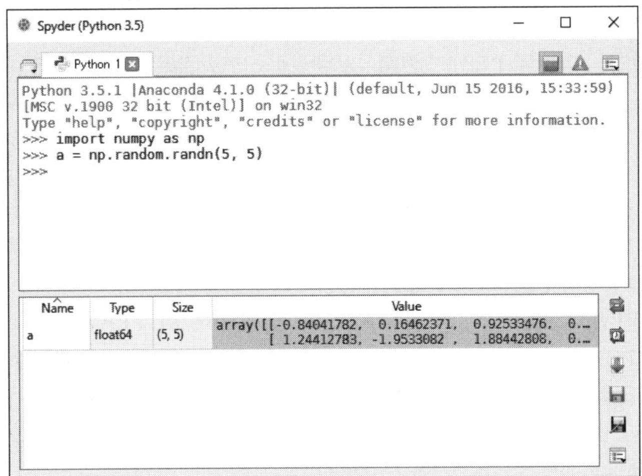

- プログラムエディタ
- プログラム実行(エディタとの連携)
- IPythonコンソールまたはPythonコンソール
- Docstringやヘルプの表示(Object inspector)
- ワークスペース内の変数を表示(Variable explorer)
- データファイルの入出力
- カレントフォルダのファイルを表示(File explorer)
- プロファイラ(プロファイリングの実行)
- デバッガ(エディタと連動して動作および表示が可能)
- コードインスペクション(コーディング規約への準拠をチェック)
- ファイル内検索(Find in file)
- コードの静的解析(Pylint、PEP 8準拠のチェック)
- プロジェクトの作成と管理

基本的にこれらはPythonもしくはIPythonが元々持つ機能が多いのですが、GUIを活用してそれらを使いやすくしたり、表示を見やすくしたり、機能を拡張して便利に使えるようにしています。以下、重要な機能について説明します。

プログラムエディタ

Spyderのプログラムエディタでは、入力の支援機能が使えます。**図3.7**の例では途中まで入力した時点で入力候補が表示されています。全部入力しなくても候補を選択して Tab キーを押せば、入力が完了します。関数やメソッドの名前を正確に覚えていなくても、このような入力支援機能があることでスムーズにプログラムの記述を進めることができます。

さらにSpyderには、前出のPEP 8に準拠した記述かどうか確認する機能もあります。Pythonは言語の仕様上、インデントに意味を持たせていることもあり可読性が良いという特徴があります。加えて、PEP 8に準拠させてコードを記述することで可読性が向上します。プログラミングは自分で書いている時間よりも、以前書いたプログラムや他人が書いたプログラムを読んでいる時間の方が長いという場合もしばしばです。そのため、誰もが同じルールに従ってプログラムを記述し、お互いのプログラムを読みやすいと思えるようにすることは大切です。

SpyderではPEP 8のパッケージがインストール済みの場合、PEP 8のStyle Analysisを有効にしておくとエディタにスタイルチェックの結果が表示されるようになります(**図3.8**)。Spyderの各種設定はメニューの[Tools]から[Preferences]を選択して行うことができます。PEP 8のStyle Analysisを有効にするには、**図3.9**のように該当箇所にチェックを入れてください。

図3.7 Spyderのエディタの入力支援

```
prun2py*
 1 import numpy as np
 2 from memory_profiler import profile
 3
 4
 5 @profile
 6 def func_a():
 7     a = np.ran
 8     return   ptp
 9              put
10              putmask
11 @profile     pv
12 def func_b(  PZERO
13     a = np.  r_
14     return   rad2deg
15              radians
16              RAISE
17 def func_bo  random
18     aaa = f
19     b = fun
```

図3.8 SpyderのエディタのStyle Analysis(PEP 8)

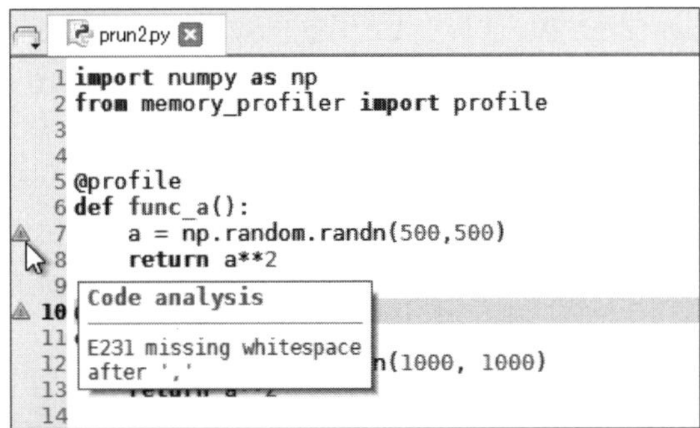

図3.9 SpyderのStyle Analysis(PEP 8)設定

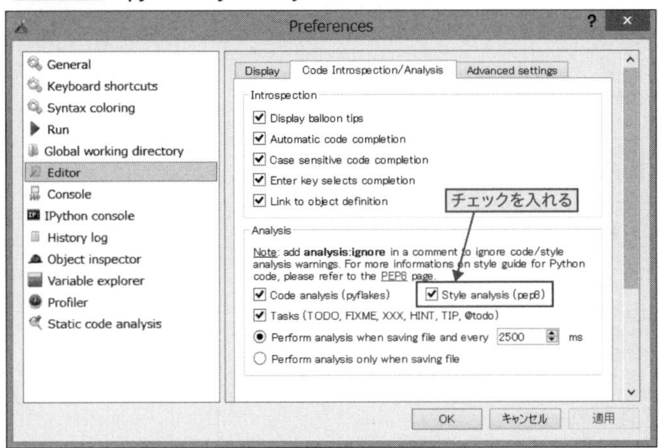

プログラムの実行

次にプログラムの実行についてです。Spyderではコンソールにコマンドを入力しなくても、エディタからプログラムの全体または一部を実行できます。これらは使い慣れると非常に便利です。**表3.7**にその関連機能のショートカット一覧を示します。エディタの選択範囲だけを実行する F9 や、セルの実行（Ctrl ＋ Enter）などはプログラムを修正しながら繰り返し実行する際に非常に役立ちます。セルは行頭に書かれた#%%または# %%（#の直後にスペース）で始まり、次の行頭の#%%または# %%までとなります。セルの境界はエディタに線として示されます（**図3.10**）。

Docstringやヘルプの表示　Object inspector

Object inspectorはSpyder付属のヘルプドキュメント閲覧システムです。オブジェクトのDocstring（ヘルプ）やSpyderのチュートリアルを見る際に使います。Docstringは整形されて見やすい表示になります。自分で記載したオブジェクトのDocstringでも、Markdown記法で書いておくことで整形されて見やすく表示されます。

使い方は至って簡単です。たとえば「numpy.random.rand」のDocstringを見たい場合には、Object inspectorのObject入力欄に「numpy.random.rand」と入力す

表3.7　エディタから実行する際の便利なショートカットキー

ショートカットキー	説明
F5	現在のファイルを実行
F9	現在のファイルの選択部分だけ実行
Ctrl ＋ Enter	現在のセルを実行
Shift ＋ Enter	現在のセルを実行して次のセルに進む

図3.10　セルとエディタ上の表示

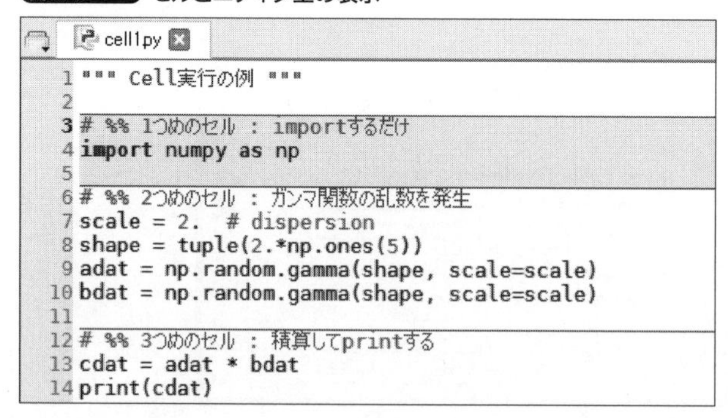

cell1.py
1 """ Cell実行の例 """
2
3 # %% 1つめのセル : importするだけ
4 import numpy as np
5
6 # %% 2つめのセル : ガンマ関数の乱数を発生
7 scale = 2. # dispersion
8 shape = tuple(2.*np.ones(5))
9 adat = np.random.gamma(shape, scale=scale)
10 bdat = np.random.gamma(shape, scale=scale)
11
12 # %% 3つめのセル : 積算してprintする
13 cdat = adat * bdat
14 print(cdat)

るだけです(**図3.11**)。しかし、このObject inspectorが真価を発揮するのはショートカットキーを使って起動する場合です。エディタやコンソールで何かオブジェクト名を入力中に、そのオブジェクトのことを詳しく調べたくなったとします。その場合、そのオブジェクト名を入力したところで、Ctrl + I(アイ)を(OS Xの場合は⌘(Command) + I(アイ))を入力すればObject inspectorにそのオブジェクトのDocstringが表示されるのです。整形されて見やすく表示されるため内容をすばやく把握しやすいこともあり非常に便利です。

ワークスペース内の変数を表示　Variable explorer

Spyderでよく使われる機能にVariable explorerがあります。変数の型や中身が一覧表示されるため、プログラムの動作確認が容易になり作業効率が向上する場合があります。**図3.12**のようにワークスペース内のオブジェクト一覧が表示されますので、詳細を確認したい変数名をダブルクリックし、値の詳細を表示させます。その際、[Format]ボタンを押すと、表示のフォーマットを指定することも可能です。

図3.11 SpyderのObject inspector

Object inspector
Source Console ▾ Object numpy.random.rand

rand

Definition : rand(d0, d1, ..., dn)
Type : Function of None module

Random values in a given shape.

Create an array of the given shape and populate it with random samples from a uniform distribution over [0, 1).

Parameters

d0, d1, ..., dn
: int, optional
The dimensions of the returned array, should all be positive. If no argument is given a single Python float is returned.

Returns

out
: ndarray, shape (d0, d1, ..., dn)
Random values.

See Also

random

Notes

This is a convenience function. If you want an interface that takes a shape-tuple as the first argument, refer to np.random.random_sample .

Examples

```
>>> np.random.rand(3,2)
array([[ 0.14022471,  0.96360618],  #random
       [ 0.37601032,  0.25528411],  #random
       [ 0.49313049,  0.94909878]]) #random
```

データファイルの入出力

Spyderの便利な機能の中でイチオシと言えるものの1つがデータファイルの入出力機能です。エンジニアの日常において、さまざまなデータを読み込み、加工し、そのデータを保存しておくという作業は頻繁に発生します。第6章では、さまざまなデータ形式の入出力方法について概説しますが、Spyderを使えばそれを簡単に実行可能なのです。

データの入力に関しては、以下の形式に対応しており、Variable explorerの[Import data]アイコンから実行できます。

- Spyder data file
- pickle file
- NumPy Arrays (.npy)
- NumPy zip Arrays (.np)
- MAT-file (MATLABのデータ保存形式、後述)
- CSVテキスト
- テキスト
- JSON

図3.12 SpyderのVariable explorer

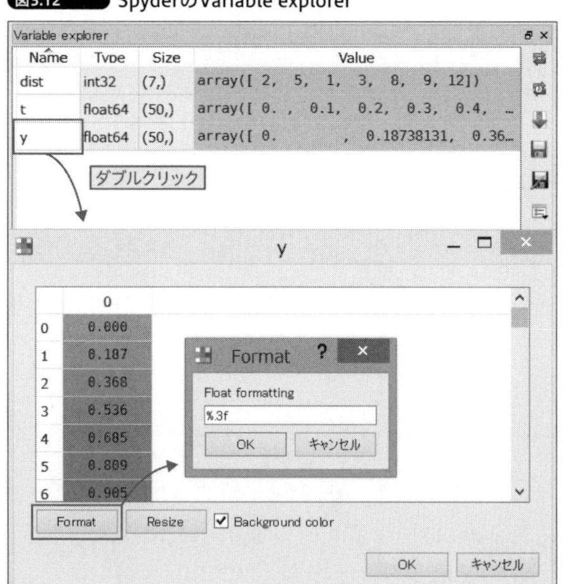

- HDF5（後述）
- 画像ファイル（.jpg、.png、.tiff、.gif）

これだけのデータ形式に対応しているとほとんどのデータファイルを読むことができますので、ちょっとしたデータの確認などの際にはSpyderのデータ読み込み機能が威力を発揮します。

さらに、データのファイル出力については以下の形式に対応しており、Variable explorerの[Save data as...]アイコンから実行できます。

- Spyder data file
- MAT-file
- HDF5

ワークスペース内の変数をとりあえず全部保存しておきたい場合などに、これらの形式で保存しておけば後でまたSpyderから読み出すことが可能です。

UMD　Spyderの隠れた重要な機能

Spyderの隠れた重要な機能が**UMD**（*User Module Deleter*）です。UMDはSpyder固有の機能で、Pythonスクリプト実行時、Pythonインタープリタにモジュールのリロードを強制する仕組みです。

通常Pythonインタープリタは、同じモジュールのimport文を複数回実行する場合、最初に処理する時だけそのモジュールを読み込みます。その結果、再度同じimport文が実行されても実際には最初に読み込んだ際のキャッシュ（保存情報）が利用されるため、そのモジュールの中身が変更されていても変更が反映されない場合があるのです。Pythonインタープリタを再起動することなく、プログラムに変更を加えながら何度も実行を繰り返す作業をする場合には、このことが問題となります。そこで、Spyderでは、UMDによってプログラムの変更が必ず反映されるようにすることができます。UMDの機能は、Spyderの設定で無効化することもできます。

3.3 まとめ

本章では、Pythonのインタラクティブ実行環境として科学技術計算分野ではデファクトスタンダードとなりつつあるIPythonについて解説しました。IPythonの機能は、IPythonシェル、Jupyter QtConsoleそしてJupyter Notebookから呼び出して使うことができます。マジックコマンドなど拡張機能のほか、IPython上のデバッグとプロファイリングの具体的なやり方を説明しました。Python本体にはない機能拡張により、CUIベースでも多様な処理を簡便に行うことができます。使いこなすことができれば、効率的なプログラミングが可能になるでしょう。

さらに、本章後半では、統合開発環境であるSpyderについても概説しました。Spyderはオープンソースのプログラムであることから、多くのメジャーなディストリビューションパッケージに採用されています。IPythonの機能を補完し、GUIならではの直観的な操作を可能にすることで、プログラミングの効率をさらに向上させてくれますので、一度使ってみることをお勧めします。

第4章

Pythonの基礎

本章では、Pythonでプログラムを記述するための基本ルールを説明します。Pythonにおいて、プログラムで扱うデータはすべて「オブジェクト」と呼ばれます。オブジェクトにはさまざまな型があり、その表現方法と可能な操作が決まっています。この規則をしっかり習得し、自在にデータを操作できるようになりましょう。本書では特に、Pythonの初学者の方々がつまずきがちなコピーの操作について丁寧に解説します。

さらに、プログラムで使う演算子や制御文のほか、関数の作成方法などについて学ぶことで手続き型と呼ばれるプログラミングのパラダイム（考え方の枠組み）の一端を見ていきましょう。Pythonはオブジェクト指向言語でもありますが、それについては第5章で詳しく述べます。

また、大きなプログラムの構成にも対応できるように、モジュールやパッケージの作成方法や、ライブラリの機能の取り込み方法などについても解説します。

4.1 記述スタイル

Pythonは、記述スタイルに関し、ルールが厳しい言語です。言語の仕様上もそうですが、運用上も**コーディング規約**を設けて、チーム内で書き方を統一するのが一般的です。本節では、スクリプトの記述のルールについて基本を押さえた上で、Pythonのコーディングスタイルガイドとして広く採用されている**PEP 8**についても簡単に紹介します。

スクリプトの記述ルール

はじめに、スクリプト(ソースコードファイル)作成において、言語の仕様上決められている次の3つに関するルールについて取り上げします。

- エンコーディング
- インデント
- コメント

エンコーディング

リスト4.1のスクリプトファイルの例を見てください。リスト4.1❶に、エンコーディング宣言文が書かれており、「utf-8」と示されています。Python 3系では、スクリプトファイルのデフォルトの**エンコーディング**は**UTF-8**です[注1]。したがって、UTF-8の場合は、このエンコーディング宣言文は必要ありません。PEP 8では、「UTF-8 (Python 3系) を使用しているファイルにはエンコーディング宣言を入れるべきではない」としています。ただし、Python 2系で日本語を使う場合にはエンコーディング宣言が必要です。

なお、ファイル全体のエンコーディングと一致していないと、日本語の処理でエラーとなりますので注意してください。

リスト4.1 スクリプトの例

```
# -*- coding: utf-8 -*-        ← ❶
"""
このスクリプトに関するコメントはここに書く
"""
```

注1　Pythonの標準エンコーディングについては、次のURLの「7.2.3 標準エンコーディング」の項を参照してください。 URL http://docs.python.jp/3/library/codecs.html

```
import math


def myfun(x, y):
    ''' 自作の関数 '''
    a = math.cos(3 * (x - 1)) + \        ← ❷
        math.sin(3 * (y - 1))
    return a

# テスト的に定義した関数を使う
x, y = 2.0, 5.0
print("myfun(x, y) = %f" % myfun(x, y))
```

インデント

次に、ソースコードの**インデント**についてです。Pythonではインデントが文法的に意味を持ちます。**リスト4.2**はインデントを使って正しく整形されたPythonコードの例です。

リスト4.2 インデントを含むコードの例

```
def myfunc(n, b):
    x = n % b
    if x == 0:
        return 1
    else:
        return 0

n = 123456
b = 3

myfunc(n, b)
```

インデントには**4文字**のスペース（空白文字）を使うのが一般的です。後述のPEP 8ではインデントのスペース幅は4個分を推奨しています。また、Python 2系ではインデントにタブとスペースを混在させることも可能でしたが、混乱の元になるのでPython 3系ではそれらを混在させることは禁止となっています。

リスト4.2では、インデントがあることで、関数定義のdef文が6行めで終わること、その中のif文は3行めから6行めまでであること、などがわかります。

インデントに関しては例外もあります。前出のリスト4.1❷では、\（バックスラッシュ）によりその行が続くことを示しています。その場合、次の行のインデントのレベルは無視されます。

コメント

次に**コメント**についてですが、Pythonでは1行コメントは#を先頭に付けて記述します。複数行にわたって記述するブロックコメントは"""(三連の二重引用符)または'''(三連の一重引用符)で、コメントを囲みます。ブロックコメントは、複数行にわたってコメントを書くことができます。

PEP

PythonにはPEP[注2]というドキュメントがあります。PEPは、Pythonコミュニティへの情報提供のほか、Pythonの新機能の説明、およびそれに関する意思決定プロセスや開発環境の説明などを行うための文書群です。PEPには、PEP編集者によって番号が割り振られます。

これらPEPの中で、Pythonコードの書き方に関わるドキュメントとして、以下の2つがあります。

- **PEP 8「Style Guide for Python Code」**
  URL https://pep8-ja.readthedocs.io/ja/latest/
- **PEP 257「Docstring Conventions」**
  URL https://www.python.org/dev/peps/pep-0257/

PEP 8はPythonコードのスタイルガイドで、PEP 257はDocstringの記述方法の慣例を示したものです。PEP 8はコーディングの仕方を多岐にわたって詳細に規定しており、たとえば以下の事項についてのスタイルガイドが示されています。

- コードのレイアウト
- 1行の長さ
- 空行の使い方
- import文の使い方
- 式や文中のスペース
- 各種命名規則
- プログラミングに関する推奨事項

ここではごく一部を示しましたが、書き方についてはあらゆる面で事細かにガイドラインが示されています。たとえば、「すべての行の長さを最大79文字にしましょう」とか、「関数の名前は小文字にすべき」といった具合です。初学者の方が

注2　PEP全般については、以下を参照してください。 ・「PEP 0 -- Index of Python Enhancement Proposals」 URL https://www.python.org/dev/peps/

一度にすべてを把握するのは大変かもしれませんが、できるだけ学習の初期からPEP 8を意識しておくことを推奨します。また、第3章でも説明したように、統合開発環境の機能や静的コード解析のツールを使って、PEP 8に準拠した書き方になっているかどうか確認すると良いでしょう。

次に、PEP 257についてですが、これはコーディングの中でもDocstringの書き方に限定してスタイルガイドを示したものです。Docstringの使い方は、プロジェクト毎に異なっても良いと思いますので、個別のプロジェクトのコーディング規約の中で規定するのが良いと思いますが、特に従う規約が決まっていない場合には、PEP 257を参考にしてみると良いでしょう。

Pythonでは「誰が書いても同じになる」という点を重視する傾向があります。そのため、言語の規則も比較的厳格で、組織やプロジェクト毎に設定されるコーディング規約に従うことも求められます。自分のプロジェクトにおいて特にコーディング規約が定められていない場合は、**PEP 8**に準拠させるのが良いでしょう。

スクリプトの構成

スクリプトファイルを作成する上で、いくつかの書き方の流儀がありますのでご紹介します。スクリプトファイルでも大きく分けて次の2つがあります。

- **何らかのメイン実行コードを含むファイル(メイン実行ファイル)**
- **他のファイルから読み込ませるファイル(モジュール)**

前者は、プログラムのメイン実行ファイルやちょっとしたスクリプトなど、前述のスクリプトモードで実行できるものです。IPythonの場合、次のようにしてスクリプトを指定して実行できることはすでに説明しました。

```
In [1]: %run rocket.py
```

このようなファイル(ソースコード)は、概ね**図4.1**のような構成で記述します。ファイルの先頭には日本語のエンコーディング指定と、そのファイルのDocstring(4.9節を参照)つまり説明やメモなどのコメント文を記載します[注3]。次に、そのファイル内で利用するPythonの標準ライブラリ(あらかじめPythonに付属しているライブラリ)やサードパーティライブラリ(Python本体とは別に個人や団体が作成しているライブラリ)をimport(4.10節を参照)するための文を記述します。そし

注3　Python 3系では、UTF-8のエンコーディング宣言は不要です。ここでは構成を示すために書いてあります。

て、関数やクラスの定義を記述したあとに、そのファイルがメイン実行ファイルとして呼び出された場合だけ実行するコードを記載します。

`if __name__ == '__main__':`の部分は、「このファイルがメイン実行ファイルとして呼び出された場合に実行せよ」という意味の条件分岐文です。

次に、図4.1の派生形も見てみましょう。**図4.2**では`if __name__ == '__main__':`の後に書かれているのはmain()だけです。実行したい内容をすべて事前にmain()

図4.1　スクリプトの構成例❶

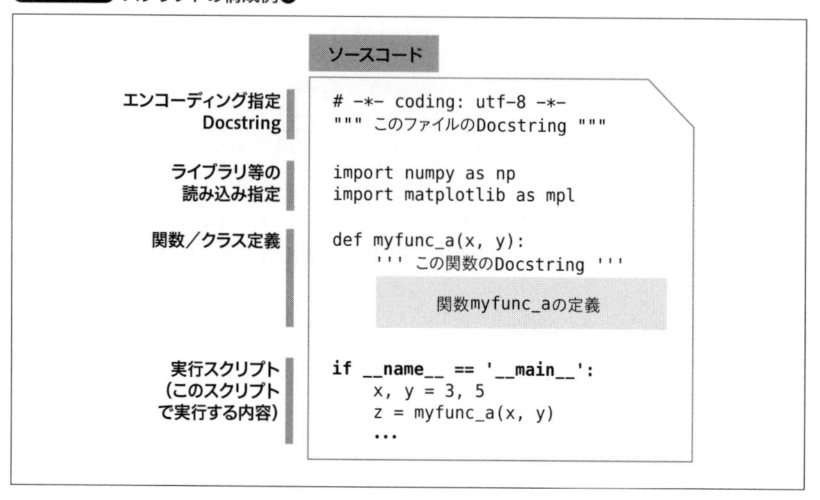
ソースコード
エンコーディング指定
Docstring
-*- coding: utf-8 -*-
""" このファイルのDocstring """
ライブラリ等の
読み込み指定
import numpy as np
import matplotlib as mpl
関数／クラス定義
def myfunc_a(x, y):
''' この関数のDocstring '''
関数myfunc_aの定義
実行スクリプト
(このスクリプト
で実行する内容)
if __name__ == '__main__':
x, y = 3, 5
z = myfunc_a(x, y)
...

図4.2　スクリプトの構成例❷

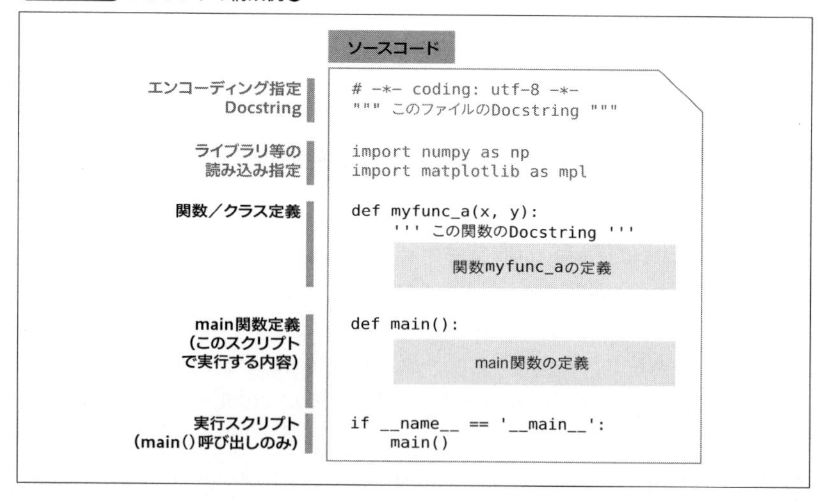
ソースコード
エンコーディング指定
Docstring
-*- coding: utf-8 -*-
""" このファイルのDocstring """
ライブラリ等の
読み込み指定
import numpy as np
import matplotlib as mpl
関数／クラス定義
def myfunc_a(x, y):
''' この関数のDocstring '''
関数myfunc_aの定義
main関数定義
(このスクリプト
で実行する内容)
def main():
main関数の定義
実行スクリプト
(main()呼び出しのみ)
if __name__ == '__main__':
main()

関数として定義しておいて、その関数を呼び出して実行します。

図4.1の場合と異なり、そのファイルを別ファイルからimportした場合にもmain()関数を実行できるメリットがあります。ただ、実行後にデータ(値)を確認できる変数が限定されることになる注4ため、特に理由がない限りは図4.2よりも図4.1の記述の仕方を推奨します。

次に、メイン実行部分を明示的に示さない、**図4.3**の書き方を紹介します。この例では、前の図4.1および図4.2にはあった`if __name__ == '__main__':`がありません。このような場合、このファイルを実行すると、「実行スクリプト」の部分を含め、ファイル全体が実行される点では前出の2例と同じですが、このファイルが他のファイルからimportされた場合にも、「実行スクリプト」の部分が実行されてしまいます。したがって、他のファイルからimportされる可能性がある場合には、図4.3の書き方は適していません。

最後に、他のファイルから読み込んで使うことを念頭に記述する場合に、**図4.4**のようにメイン実行スクリプトを何も書かない例も紹介しておきます。この例では、関数やクラスの定義が書いてあるのみで、メイン実行スクリプトは何も書かれていません。

注4　最上位のグローバル名前空間にない変数は、実行後にデータ(値)を確認できません。よって、実行後にデータを確認したい変数はmain()関数の中で定義しない方が良いことになります。

図4.3　スクリプトの構成例❸

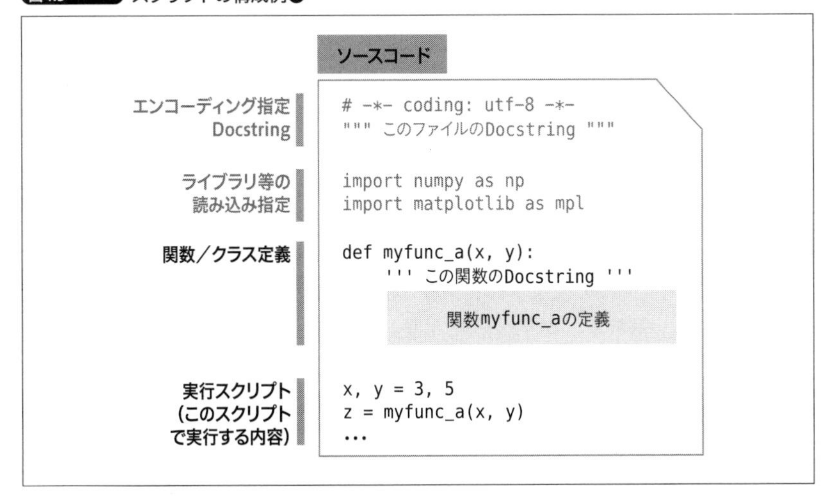
ソースコード
エンコーディング指定
Docstring
-*- coding: utf-8 -*-
""" このファイルのDocstring """
ライブラリ等の
読み込み指定
import numpy as np
import matplotlib as mpl
関数／クラス定義
def myfunc_a(x, y):
''' この関数のDocstring '''
関数myfunc_aの定義
実行スクリプト
(このスクリプト
で実行する内容)
x, y = 3, 5
z = myfunc_a(x, y)
...

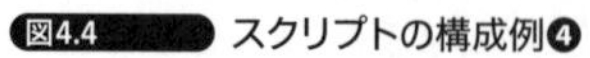
図4.4 スクリプトの構成例❹

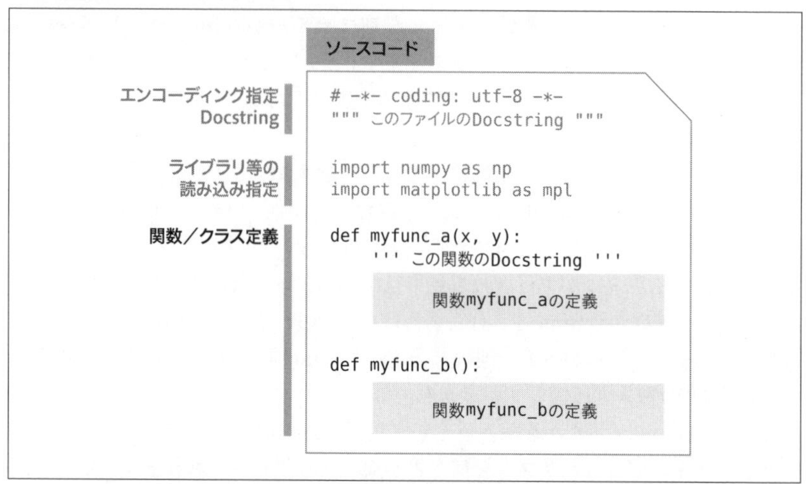
ソースコード
エンコーディング指定
Docstring
ライブラリ等の
読み込み指定
関数／クラス定義
-*- coding: utf-8 -*-
""" このファイルのDocstring """
import numpy as np
import matplotlib as mpl
def myfunc_a(x, y):
''' この関数のDocstring '''
関数myfunc_aの定義
def myfunc_b():
関数myfunc_bの定義

4.2 オブジェクトと型

プログラムとは**データ**と**命令**の集まりです。Pythonでプログラム構成を記述していく上で、データや命令をどのように規定して扱うのか、そのルールを見ていきましょう。

オブジェクト

Pythonでは、あらゆるものが**オブジェクト**(*object*)です。数値も文字列も、クラスもクラスオブジェクトも、モジュール(ファイル)も、コンパイルされたコードでさえもオブジェクトです。

オブジェクトは、**データ**と、そのデータに対して規定された**メソッド**(*method*)のセットです(**図4.5**)。データは、**属性**(*attribute*)とも呼ばれます。メソッドとは、そのデータに関連付けて規定される**命令**(**関数**)のことです。オブジェクトに関連付けられていない関数は、「メソッド」とは呼びません。Appendix Bに示したPythonの組み込み関数などは、「メソッド」ではない「関数」の例です。Pythonでは、プログラムで使われるデータはすべて**オブジェクト**の中に存在します。

オブジェクトには、プログラムの中から参照できるように名札が付けられます。この名札のことを**変数**と呼びます。つまり、変数は、オブジェクトへの**参照**(*reference*)です[注5]。参照とは、「データを指し示す名前やアドレス」という程度の意味です。文脈によっては、「オブジェクト」のことを単に「変数」と呼んだり、逆に「変数」を「オブジェクト」とか「オブジェクト名」と呼んだりします[注6]。

また、クラス定義(後述)に基づいて生成されるオブジェクトを**インスタンス**(*instance*)と呼びます。したがって、インスタンスの名前は変数ですが、それをインスタンスと呼ぶか変数と呼ぶかは、文脈によります。たとえば、「`a = 1.2`」とした場合、浮動小数点型のオブジェクトが生成されて、aに割り当てられます。この時、aを「変数」と呼びますが、「インスタンス名」とはあまり呼びません。これは、浮動小数点型の場合、クラスとしての特性をあまり意識しないからです。一方、myClassをクラス定義として、「`a = myClass(1.2)`」とした場合、生成されるオブジェクトはインスタンスと呼び、aを「インスタンス名」と呼びます。ただし、一般に厳密な呼び分けはされていないことが多いようです。

なお、オブジェクトは**identity**を必ず持っています。identityは、そのオブジェクトの実体がある場所を示すメモリアドレスのようなものです。実際、CPythonの実装ではメモリアドレスを返します。identityはオブジェクトが生成された時に決まり、途中で変更されることはありません。

注5　解釈としては、変数を何かのオブジェクトを入れる「入れ物」と考えることも可能です。

注6　本書では基本的には「変数」で統一しますが、文脈によってはここで説明したように異なる用語を使っている場合もあります。

図4.5　オブジェクトのイメージ

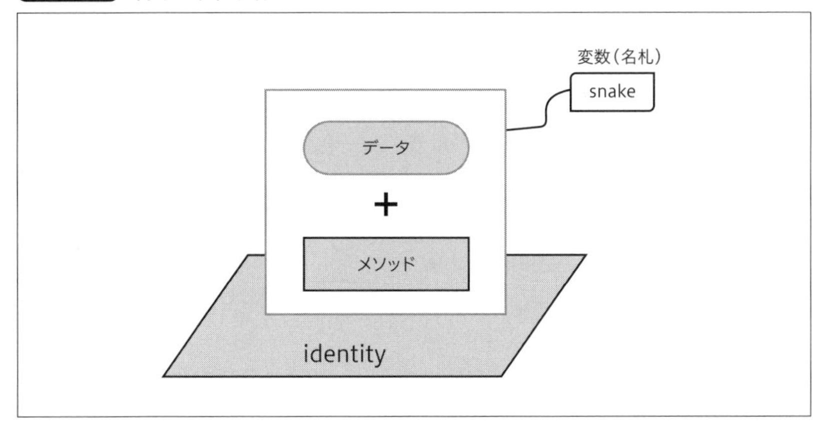

識別子

プログラムの中で使われる、すべてのものには名前があります。その名前として使う文字列を**識別子**(*identifier*)と呼んでいます。識別子には、変数やキーワード、インタラクティブシェルで直前の結果を示す_(アンダースコア)などがあります。

識別子に使える文字は、アルファベットの大文字と小文字、数字、アンダースコアの他、Python 3系では日本語を含む多くの非ASCII(Non-ASCII)文字[注7]を使えます。ただし、数字は識別子の先頭には使えません。なお、識別子の長さに制限はありません。また、大文字と小文字は区別されます。

以下の識別子は、Pythonのキーワードです。これらは、おもにifやwhileなど

注7 非文字は一般的に識別子に使われることはほとんどありません。非ASCII文字を識別子として使いたい方は、PEP 3131を参照してください。 URL https://www.python.org/dev/peps/pep-3131/

Column

予約済みの識別子

識別子の中には、特別な意味を持つものがあります。先に述べたように_(アンダースコア)だけの場合、IPythonは直前の処理の結果を示します。この_や、__(アンダースコア2つ)で始まる識別子は特殊な扱いを受けます。以下に示した3つ(*は何らかの文字列を示します)には、注意が必要です。

- _*
  モジュール(ファイル)内部で、_で始まる識別子(変数や関数)を定義すると、(importされても)他のファイルからは見えなくなる(importについては4.10節を参照)
- __*__
  識別子の最初と最後に__が付いているものは、システムで定義された名前である。インタープリタと標準ライブラリの実装で定義されている。つまり、言語レベルで用意されている機能を実現するために使われるものである。このような識別子の意味を理解せずに用いるとプログラムを破たんさせる原因となるため、要注意である
- __*
  クラス内のプライベートな識別子として認識される。クラスの継承時に基底クラスもしくは派生クラスと変数の衝突が起きるのを防ぐために、「_クラス名」をその識別子の先頭に加える処置が実行時に自動的に行われる

さらに、IPythonでは_で始まる書式は特別な意味を持っており、p.77の表3.4のようになっています。

以上のように_で始まる識別子には予約済みのものがあるため、意味を理解して使う場合を除いては安易に使わないようにしましょう。

の制御構文を表す際や、関数やクラスの定義をする際(**def**や**class**)、特別な意味を持つ値(True、False、None)を示す際などに使われます。

```
False/class/finally/is/return/None/continue/for/lambda/try/True/def/
from/nonlocal/while/and/del/global/not/with/as/elif/if/or/yield/assert/
else/import/pass/break/except/in/raise
```

データ型(組み込みのデータ型) 重要な型の一覧から

Pythonの組み込み型(*built-in types*)のうち、主要なものを**表4.1**に示します。本書では、重要な型についてのみ説明を行います。型について、詳しくはPythonの公式ドキュメントを参照してください。

表4.1に示したとおり、組み込み型の中には、変更可能なものと変更不可能なものがあります。これについては、次ページのコラム「イミュータブルとは何か?」を参照してください。

また、複数のデータを保持できる文字列型やリスト、タプル、バイト、バイト配列、集合型、辞書型は、総称して**コンテナ型**と呼ばれます。さらに、コンテナ型のうち順番付きのデータ集合であって、インデックス(データの順番を表す数値)を使ってそのデータにアクセスできるデータ型を**シーケンス型**また、そのデータ型変数を単に**シーケンス**と呼びます。

表4.1 データに関するおもな組み込み型

型	説明
整数型(int)	整数値を保持するデータ型。Python 2系では整数に2つの型(intとlong)が存在したが、Python 3系ではintのみ
浮動小数点型(float)	倍精度浮動小数点数。sys.float_infoに型の詳細な情報が含まれる
複素数型(complex)	倍精度浮動小数点数の実部と虚部を持つ複素数
ブール型(Boolean)	TrueまたはFalseのどちらかのブール値を取る(4.7節参照)
文字列型(string)	変更不可(イミュータブル)の文字列
リスト(list)	変更可能(ミュータブル)な任意の種類の順番付きデータ集合
タプル(tuple)	イミュータブルな任意の種類の順番付きデータ集合
バイト(bytes)	イミュータブルなバイトデータの並び
バイト配列(bytearray)	ミュータブルなバイトデータの並び
集合型(sets)	ミュータブルで順序のないデータの集まり。イミュータブルな集合型を凍結集合型(frozen sets)と呼ぶ
辞書型(dict)	順序のない、キー(key)と値(value)のペアの集まり

Column

イミュータブルとは何か？ Pythonの実装はどのようにメモリを用いるか

組み込みのデータの型には、**ミュータブル**（*mutable*）という変更可能なものと、**イミュータブル**（*immutable*）という変更不能なものがあります。

たとえば、数値の型（int、float、complex）はイミュータブルです。数値を表す変数は、そのデータ（値）を**変更できるはず**ですが、イミュータブルとはどういう意味なのか、次の例を見れば明確になります。

```
In [2]: a = 1.2
In [3]: id(a)
Out[3]: 143187088
In [4]: a = 2.3
In [5]: id(a)
Out[5]: 143187184
```

この例では、aという変数にまず1.2という浮動小数点数を代入し、浮動小数点型のオブジェクトを生成しています。次に、id()という関数によってオブジェクトaのidentityを取得しています。本書の例では、CPythonを使っていますので、これはオブジェクトaのメモリアドレスになります。他のPython実装でも、たとえばJythonでは、Jython 2.5.2の時点で「identityはメモリアドレスである」とされています[注a]。

この例では、143187088がaのメモリアドレスとして返ってきました。数値がイミュータブルであるとは、このidentityを変更することなく、中身のデータ（値）を変更することはできないという意味です。つまり、メモリ位置を変更せずにデータを変更することはできないのです。

しかし、同じ変数を使ってスカラーを再定義することはできますので、スカラーがイミュータブルであるということを、通常は意識する必要はないでしょう。

上記の例でも、「`a = 2.3`」という代入操作で新しいfloat型変数aが生成されて、それが元とは別のメモリに格納されています。そのことは、`a = 2.3`とした後のidentity（`id(a)`）から確認できます。

ここで説明した内容は、最初は誤解しやすい点です。Pythonの入門書ではミュータブルとイミュータブルの意味についてあまり深く触れられないことが多いのですが、科学技術計算にPythonを用いようとする場合にはPythonの実装がどのようにメモリを用いているのかを理解しておく必要があります。

注a Jythonの公式ドキュメントを参照。
URL http://www.jython.org/docs/reference/datamodel.html

数値の型

よく使われる数値の型ですが、先ほどの表に示したとおり、**整数型(int)**、**浮動小数点型(float)**、**複素数型(complex)**の3つの型があります。

整数型(int)は値の範囲に制限はありませんが、メモリサイズによる制限があり、最大サイズは**sys.maxsize**(32 bit OSと64 bit OSでは異なります)を表示させればわかります[注8]。

浮動小数点数型(float)は、倍精度浮動小数点数です。Pythonでは、単精度浮動小数点数はサポートされていません。メモリ使用量を削減できるようにすることよりも、2つの型を存在させることで複雑になるのを避けています。しかし、この点については何も心配することはありません。メモリの使用量まで考慮するようなプログラムには第7章で説明するNumPyを使うべきであり、NumPyでは単精度浮動小数点数を含めたさまざまな整数の型を準備しています。

複素数型(complex)は、2つの倍精度浮動小数点を一組にして複素数を構成する型です。ある複素数型の変数をaとすると、下記の例のように、その実部と虚部はそれぞれ**a.real**と**a.imag**で参照することができます。

```
In [6]: a = 1.2+3.4j  # 複素数型オブジェクトaを生成
In [7]: a.real    # 複素数aの実部を参照する
Out[7]: 1.2
In [8]: a.imag    # 複素数aの虚部を参照する
Out[8]: 3.4
```

文字列型

文字列型(string)は、シーケンス型の一種です。前述のとおり、シーケンスとは、順序を持つ有限のデータの集まりで、インデックスを使ってそのデータにアクセスすることができます。文字列型は変更不可(イミュータブル)です。

文字列は、たとえば以下のように'(一重引用符)などで囲んで定義します。文字列型はイミュータブルですから、下記の例のように、文字列型変数の一部を変更しようとしてもエラーとなります。

```
In [9]: mystr = 'GPS is used often.'
In [10]: mystr[1] = "I"  # これはエラーになる
```

注8　Python 2系ではlong型が別途用意されており、ここで説明した整数型(int)に相当していました。

リスト

リスト(list)は、インデックス番号を使ってそのデータにアクセスすることが可能な、シーケンスの一種です。[ ](角括弧)の中に,(カンマ)で区切られた数値や文字列、計算式などを並べて作ります。リストのデータの型に特に制約はなく、計算式を含め、任意の型のオブジェクトをデータにできます。

下記の例のように、リストのデータとしてリストを持たせる、すなわちリストをネストさせる(入れ子にする)こともできます注9。その際、データ型についても何ら制約はありません。リストはミュータブルですから、後からデータの一部を変更することが可能です。以下の例を見てください。

```
In [11]: my_list = [4, 6, "pencil", 3.2+4.5j, [3,4]]
In [12]: my_list[2] = "ball"  # my_listの3番めのデータの文字列を変更する例
In [13]: print(my_list)  # my_listの中身をprint関数によって表示させる
[4, 6, 'ball', (3.2+4.5j), [3, 4]]
```

この例では、最初に定義したリストのmy_listのデータのうち、3番めのデータを文字列の「ball」に変更しています。`my_list[2] = "ball"`のような式が実行できるのは、ミュータブルである証拠です。

タプル

タプル(tuple)はリストと非常に似ていますが、イミュータブルです。生成時に[ ]ではなく、( )(丸括弧)で囲んで生成します。

以下の例では❶でmy_tupというタプルを生成して、❷でmy_tupの3番めのデータを変更しようとしていますが、タプルはイミュータブルなのでエラーとなります。

```
In [14]: my_tup = (4, 6, "pencil", 3.2+4.5j, [3,4])  # ❶
In [15]: my_tup[2] = "ball"  # ❷これはエラーとなる
Traceback (most recent call last):
File "<stdin>", line 1, in <module>
TypeError: 'tuple' object does not support item assignment
```

バイトおよびバイト配列

バイト(byte)および**バイト配列**(bytearray)は、文字列などを文字として解釈しないで、単なるバイトデータとして保持しておきたい場合などに使います。バイトとバイト配列は、生成方法が異なります。その他は、バイトがイミュータブ

注9　ネストしたリストを「多重リスト」と呼び、NumPy(第7章を参照)を使った配列の定義などに用います。

ルで、バイト配列がミュータブルという相違しかありません[注10]。バイト配列が活躍するのは、頻繁にデータが更新されるバッファとして利用する場合などです。イミュータブルな「バイト」をそのような用途で使うと、更新時に再定義の処理が発生し、比較的大きな処理コスト(時間)が必要になるため高速処理を阻害します。

ここでは、バイトとバイト配列の生成例を見ておきましょう。以下の例では、a、b、cはすべて同じバイトを、d、e、fもすべて同じバイト配列を生成します。

```
# バイト (byte) オブジェクトの生成例
# a、b、cはまったく同じものを生成している
a = b'abcd'
b = bytes([97, 98, 99, 100])
c = 'abcd'.encode()

# バイト配列 (bytearray) オブジェクトの生成例
# d、e、fはまったく同じものを生成している
d = bytearray('abcd', 'utf-8')
e = bytearray(b'abcd')
f = bytearray([97, 98, 99, 100])
```

辞書型

次に**辞書型**(**dict**)です。辞書型は、**マッピング**(*mapping*)と呼ばれる種類の組み込み型に属する唯一の型です。辞書型はキー(key)と値(value)のペアの集合で、そのペアのデータに順番はありません。

以下の例では、名前と年齢の対応を辞書型のオブジェクトmy_dicに格納し、名前をキーにして年齢を取り出す処理を示します。辞書の操作については、4.4節にてさらに説明します。

```
In [16]: my_dic = {'kenji': 41, 'koji': 14, 'yasuko': 37, 'nobu': 40}
In [17]: my_dic['kenji']     # 辞書my_dicからkenjiの年齢を取り出す
Out[17]: 41     # 結果出力
```

集合型

集合型(**sets**)は、順序のないデータの集まりです。ミュータブルですが、イミュータブルな**凍結集合型**(**frozen sets**)という型も存在します。これらの違いは、ミュータブルかイミュータブルか、という点の違いだけです[注11]。

では、集合型のデータの生成方法について、例を見てみましょう。

注10 当然、その違いに起因して、利用できるメソッドに一部違いがあります。

注11 当然、その違いに起因して、利用できるメソッドに一部違いがあります(4.4節を参照)。

```
In [18]: a_set = {1, 2, 3}  # ❶集合の生成
In [19]: b_list = ['a', 2, True, 3+2j, 2]  # ❷リストを生成
In [20]: b_set = set(b_list)  # ❸b_listから集合を生成
In [21]: print(b_set)  # b_setの中身を確認
{'a', True, 2, (3+2j)}
In [22]: c_set = set()  # ❹空集合を生成
In [23]: c_set.add(3)  # ❺集合にデータを追加
In [24]: print(c_set)  # c_setを確認
{3}
```

この例のように、集合を生成するにはデータを{ }(波括弧)で囲んで指定します(❶)。❷および❸のようにリストを生成してからそれを関数**set**によって集合に変換する方法もあります。❹および❺のように空の集合を生成してから、**add**メソッドによって集合にデータを加えることも可能です。

凍結集合型の場合、次のように生成します。イミュータブルであるという点以外は、集合型と変わりありません。

```
In [25]: fs = frozenset(['d',7, 5.6j])
```

リテラル

リテラル(*literal*)とは、コード中の数値や文字列などのデータ表記(定数表記)です。単一のデータを表すリテラルのほか、複数のデータを保持する**コンテナ型のリテラル**があります。

プログラミングの基本となるこれらのリテラル記法のルールを正しく理解し、自分が意図したとおりのデータ(値)をプログラムに設定できるようにしておきましょう。

文字列リテラル

文字列リテラルの指定方法を、具体的に見ていきます。以下の例では、いずれも有効な文字列リテラルを、文字列型変数mystrに代入しています。

```
In [26]: mystr = 'これが文字列リテラルです'  # '(一重引用符)で囲む例
In [27]: mystr = "これも文字列リテラルです"  # "(二重引用符)で囲む例
In [28]: mystr = '''このように
    ...: 指定しても
    ...: OKです。'''  # '''(三連の一重引用符)で囲む例
```

このように、文字列リテラルとは、文字列のプログラム中における定数表記です。'(一重引用符)、"(二重引用符)で囲うか、'''(三連の一重引用符)または"""

(三連の二重引用符)で囲って表現するのが基本です。''' または """ の場合のみ、複数行に渡って文字列を記述することができます。その他に、文字列リテラルの記述ルールについて列挙すると以下のとおりです。

- ' を含む文字列は " で囲んで表現する
- + 演算子で結合できる
- 隣接する文字列リテラルは + 演算子がなくても結合される
- Python 3系では自動的にUnicode文字列として扱われる
- Python 3系では接頭辞として b を付加すると、バイトのリテラルとして扱われる
- Python 2系では接頭辞として u を付加するとUnicode文字列として、それ以外はバイトとして扱われる
- エスケープシーケンスが使える(次項参照)
- 最初の引用符の前に r を付けると、エスケープシーケンスが無効になる

文字列のエスケープシーケンス

文字列の中には、その文字そのものの意味ではなく、特別な意味に解釈される文字があり、それらを**エスケープシーケンス**(*escape sequence*)と呼びます。おもなエスケープシーケンスを**表4.2**に示します。エスケープシーケンスは、\(バックスラッシュ)あるいは¥(円記号)と文字を組み合わせた表記を使います。

エスケープシーケンスは、直前に \ をもう1つ重ねることで回避可能です。たとえば、\\n は改行文字として解釈されず、「\n」という文字として扱われます。

表4.2 おもなエスケープシーケンス

エスケープシーケンス	意味
\<改行記号>	\(バックスラッシュ)と改行文字が無視される
\\	\(バックスラッシュ)
\'	'(一重引用符)
\"	"(二重引用符)
\a	BEL(ASCII端末ベル)
\b	BS(ASCIIバックスペース)
\f	FF(ASCIIフォームフィード)
\n	LF(ASCII行送り)
\r	CR(ASCII復帰)
\t	TAB(ASCII水平タブ)
\v	VT(ASCII垂直タブ)
\0oo	8進数値 oo を持つ文字(先頭に \ と 0)
\xhh	16進数値 hh を持つ文字(先頭に \ と x)

例を示しながら見ていきます。次の例では「\<改行記号>」を用いています。

```
In [29]: mystr = "Python is \
   ...: easy to learn."
```

このように記述すると、「\<改行記号>」の部分が無視されて、以下のように記述したのと同じ意味になります。

```
In [30]: mystr = "Python is easy to learn."
```

さらに、次の例では複数のエスケープシーケンスが含まれています。

```
In [31]: mystr = "\'改行は\\nで表します\'"
```

この例では、mystrに「'改行は\nで表します'」という文字が代入されています。この他のエスケープシーケンスについては例を示しませんが、前出の表4.2を参考に実際に試してみると良いでしょう。

以上、文字列リテラルにエスケープシーケンスが入る場合を見てきましたが、エスケープシーケンスを単なる文字列として解釈させるために接頭辞にrを付ける方法を紹介します。次の例ではmystrに文字列「改行は\nです」がそのまま代入されます。

```
In [32]: mystr = r"改行は\nです"
```

このような文字列は、**Raw文字列**と呼ばれます。Raw文字列でも、引用符('や")は\でエスケープできますが、次の例のように\自体も文字列に残ります。

```
In [33]: mystr = r'引用符\'を使う'
In [34]: print(mystr)
引用符\'を使う  # print結果（バックラッシュ自体が残る）
```

文字列の中に引用符('や")が複雑に入る場合には、三連の引用符を使うと良いでしょう。

```
In [35]: mystr = r'''引用符（「'」や「"」）が入る例'''
In [36]: print(mystr)
引用符（「'」や「"」）が入る例  # print結果
```

数値リテラル

次に、**数値リテラル**について説明します。整数リテラルの表し方は難しくありません。最も単純でよく使うのは、単に10進数の数字を「0」「-32」「3295.47」のように記述する方法です。その他の表記法について、ポイントは以下のとおりです。

- 接頭辞0b/0o/0xを付けて2/8/16進数表示可能
- 小数点数のリテラルは常に10進数として解釈される
- 「.01」は「0.01」と同じ
- 「5e2」は指数表現で、「5×10^2」と同じ
- 虚数のリテラル表記にはアルファベットの「j」または「J」を使う（例：1.2 + 3.2j）

コンテナ型のリテラル

最後に、**コンテナ型のリテラル**の例を**表4.3**に示します。前述のとおり、コンテナ型とは、リストや集合のように複数のデータを持つ型の総称です。基本的に、これらのリテラルは数値と文字列（またはバイト）のリテラルの組み合わせです。それぞれの組み込みのデータ型を生成する際の規則（たとえば、タプルの生成には( )を使うなど）を使って、コンテナ型リテラルを記述します。

表4.3 コンテナ型のリテラル

組み込み型	リテラルの例
バイト	`b'abcdef'`
リスト	`[1, 2, 'three']`
タプル	`(1, 2, 'big')`
集合	`{1, 2, 3}`
辞書	`{1:3.2j, 2:2+4j, 3:9}`

4.3 シーケンス型の操作

文字列型やリスト、タプルのような順番付きのデータ集合の型を**シーケンス型**と呼びます。シーケンス型の特定のデータを指定することを**インデキシング**、同じくデータの部分集合を切り出すことを**スライシング**と呼びます。インデキシングやスライシングを駆使すれば、一部のデータを取り出したり、変更したりできます。また、シーケンス型変数のデータを更新するには、メソッドを使う方法もあります。本節では、これらの方法を学び、自在にシーケンス型を操作できるようになりましょう。

なお、NumPy（第7章）のndarrayでもインデキシングやスライシングを行いますが、手法が異なる部分もありますので、ここでの説明はPythonの組み込みデータ型に対するものであると考えてください。

インデキシング

文字列型やリスト、タプルのようなシーケンス型の特定のデータを指定することを、**インデキシング**(*indexing*)と呼びます。ここではリストを使って、インデキシングの手法を見ていきます。

はじめに、リストのデータにインデックスを使ってアクセス(**インデックス参照**)する方法です。リストのデータは、最初のデータから順番にインデックスが付与されます。インデックスは0から始まります。次の例では、「整数」と「文字列」と「整数のリスト」をデータに持つリストを定義しています。

```
In [37]: mylist = [1, 10, 'name', [3, 4]]
```

前述のとおり、リストは[ ](角括弧)で囲んで生成します。また、データは必ず,(カンマ)で区切って指定します。このリストの最初のデータを取り出すには、[ ](角括弧)と0から始まるインデックスを使って、mylist[0]とします。また、インデックスによるアクセスの方法には、負の整数のインデックスを指定する方法もあります。mylist[-1]とすると一番最後のデータに、mylist[-2]とすると最後から2番めのデータにアクセスできます。

以上の結果を実際にプログラムで確認してみると、以下のようになります。アクセスしたデータをprint文で表示させて確認しています。

```
In [38]: print(mylist[0])
1
In [39]: print(mylist[1])
10
In [40]: print(mylist[-1])
[3, 4]
In [41]: print(mylist[3][0])
3
In [42]: print(mylist[-2])
name
```

スライシング

シーケンス型において、データの部分集合を切り出すことを**スライシング**(*slicing*)と呼びます。ここでもリストを使って、スライシングの例を見ていきます。以下のようにリストを定義します。

```
In [43]: a = [0, 1, 2, 3, 4, 5]
```

このaというリストに対して$x \leq n < y$を満たすインデックス「n」に対応するデータを取り出すにはa[x:y]とします。この方法がスライシングの基本です。さらに、以下に応用例を示します。意味は、それぞれの式の横にコメントとして示しました。

```
In [44]: a[0:3]  #「0 ≦ index < 3」を取り出す
Out[44]: [0, 1, 2]
In [45]: a[2:-1]  #「2 ≦ index < （最後）」を取り出す
Out[45]: [2, 3, 4]
In [46]: a[-3:-1]  #「（最後から3番め） ≦ index < （最後）」を取り出す
Out[46]: [3, 4]
In [47]: a[-2:-4] # 「（最後から2番め） ≦ index < （最後から4番め）」を取り出す
Out[47]: []         # 空のリスト（該当するデータなし）
In [48]: a[:-3] # 「index < （最後から3番め）」を取り出す
Out[48]: [0, 1, 2]
In [49]: a[2:]  #「2 ≦ index」を取り出す
Out[49]: [2, 3, 4, 5]
In [50]: a[0:3:2]  #「0 ≦ index < 3」を1つおきに取り出す
Out[50]: [0, 2]
In [51]: a[1::2]  #「1 ≦ index」を1つおきに取り出す
Out[51]: [1, 3, 5]
```

なお、ネストしたリスト(リストの中にリストの入っているもの)を使って行列を表現し、その行列から部分行列を取り出そうとしてもうまくいきません。以下では、A[1][1]によってネストしたリストから特定のデータを取り出すことはできていますが、A[1:3][1:3]によって[[5, 6], [8, 9]]を部分行列として取り出そうとしましたが、期待した答えにはなっていません(**図4.6**)。

```
In [52]: A = [[1, 2, 3], [4, 5, 6], [7, 8, 9]]
In [53]: A[1][1]
Out[53]: 5
In [54]: A[1:3][1:3]  # [[5, 6], [8, 9]]を取り出したい
Out[54]: [[7, 8, 9]]
```

部分行列を取り出したい場合には、NumPyの機能を用いるのが便利です(第7章で後述)。

データ(値)の更新

シーケンス型のうち、リストやバイト配列はミュータブルなオブジェクトですので、一部のデータを変更したり、データを追加したり削除したりできます。ここでもリストを使って、それらの方法を確認していきます。

リストの一部のデータを変更するには、インデックスもしくはスライスによりデータを指定して、新しいデータを代入します。具体的な例を以下に示します。

```
In [55]: a = [0, 1, 2, 3, 4, 5]  # 元のリストを定義
In [56]: a[1] = 10
In [57]: a    # aの中身を確認
Out[57]: [0, 10, 2, 3, 4, 5]   # a[1] が10に変更されている
In [58]: a[2:4] = [200, 300]
In [59]: a    # aの中身を確認
Out[59]: [0, 10, 200, 300, 4, 5]  # a[2]とa[3] が変更されている
```

特定のデータを指定する方法が理解できていれば、一部のデータの変更は特に難しいものではないことがわかると思います。

次に、データの追加と削除を見ていきます。データの追加には**append**メソッドを、データの削除には**remove**メソッドを使います。このappendとremoveはリストに対して自動的に関連付けられているメソッドです。変数とメソッドを.(ドット)でつないで使います。例を見てみましょう。

```
In [60]: a = [0, 10, 20, 30, 3]
In [61]: a.append(11); a  # 「a」にデータ「11」を追加して表示
Out[61]: [0, 10, 20, 30, 3, 11]   # 「11」が最後に追加されている
In [62]: a.remove(3); a  # 「a」から、データ「3」を削除して表示
Out[62]: [0, 10, 20, 30, 11]   # 「3」が削除されている
```

リストの操作には、この他にも、extend、insert、reverse、clear、pop、index、sort、count、copyなどのメソッドがあります。科学技術計算では、append/removeを含め、これらのメソッドのような時間の掛かる処理は使う機会は少ないため詳細は割愛しますが、必要に応じて機能を確認してみてください。

図4.6　2次元のリスト(多重リスト)から要素取り出し

$$A = \big[[1,\quad 2,\quad 3],\ [4,\quad 5,\quad 6],\ [7,\quad 8,\quad 9]\big]$$

この多重リストを行列と解釈すると……

$$A = \begin{bmatrix} [1, & 2, & 3] \\ [4, & 5, & 6] \\ [7, & 8, & 9] \end{bmatrix}$$

この部分行列を取り出すため、A[1:3][1:3]とすると、

$$A[1:3] = \begin{bmatrix} [4, & 5, & 6] \\ [7, & 8, & 9] \end{bmatrix} \equiv B$$

となるので、
A[1]とA[2]を取り出すという意味

$$A[1:3]\,[1:3] = B\,[1:3] = [[7,\quad 8,\quad 9]]$$

B[1]とB[2]を取り出すという意味だが
B[2]は存在しないので、B[1]だけになる

リスト内包表記

イテレータオブジェクト(*iterable object*)[注12]を使って、**リスト内包表記**という記法を用いると、リストの生成を効率化できる場合があります。イテレータオブジェクトとは、Pythonの組み込み型のリストやタプル、辞書、集合のようにデータを反復して、1回に1つずつ取り出すことができるものを指します。

どのように効率化できるのか、例を挙げてみていきましょう。

```
In [63]: mylist = []  # 空のリストを作る
In [64]: for x in range(5):  # for文で繰り返し処理
    ...:     mylist.append(2*x*x)  # (2*x*x) for i=0...4
In [65]: print(mylist)  # 生成されたリストを確認
[0, 2, 8, 18, 32]
```

この例では、range(5)というイテレータオブジェクトとfor文を使って、x = 0, 1, 2, 3, 4に対して、それぞれ計算された2*x*xを要素に持つリストを生成しています。しかし、このような処理は、次のようなリスト内包表記でも記述できます。

```
In [66]: mylist = [2*x*x for x in range(5)]  # リスト内包表記
In [67]: print(mylist)
[0, 2, 8, 18, 32]
```

この例では紙幅の都合もあり5要素のリストでしたが、強大なサイズのリストになるとリスト内包表記の実行速度面のメリットも見逃せません。前述のセルマジックの%%timeitを使うと簡単に確認できますので、ぜひ確認してみてください。

次に、リスト内包表記の応用編として3つの例を示します。例内のコメントと実行結果と合わせて見て、それぞれの内包表記の動作を押さえてみてください。

```
# zipを使った2変数(x, y)に対して、(x*y+y)をループ計算
In [68]: a = [x*y+y for x, y in zip(range(10), range(10, 30, 2))]
In [69]: print(a)
[10, 24, 42, 64, 90, 120, 154, 192, 234, 280]

# x=range(4)とy=range(3)の多重ループで(2*x+y)を計算
In [70]: b = [2*x+y for x in range(4) for y in range(3)]
In [71]: print(b)
[0, 1, 2, 2, 3, 4, 4, 5, 6, 6, 7, 8]

# if文による条件付き内包表記
In [72]: c = [x for x in range(10) if x%3==0]
In [73]: print(c)
[0, 3, 6, 9]
```

注12 「反復可能オブジェクト」と呼ばれることもあります。

なお、以上の**リスト内包表記**や、後述の**集合内包表記**および**辞書内包表記**は、Pythonの比較的新しい機能です[注13]。内包表記は、複雑な式を利用すると読みにくいプログラムになる可能性もあるため、使用の際には注意が必要です。

4.4 集合型と辞書型の操作

データに順番がない**集合型**(**sets**)と**辞書型**(**dict**)は、インデックスを使ったデータへのアクセスができないため、ネストさせた集合型変数やネストさせた辞書型変数は作成できません。この例のように、集合型と辞書型では、シーケンス型とは異なる操作が必要です。ここでは、集合型と辞書型に対する基本的な操作を学びます。

集合型の操作

集合型(**sets**)の操作は、具体的な例を見ながら説明します。まず、2つの集合から和集合を得るユニオン(*union*)と呼ばれる操作を示します。この操作には**union**というメソッドが用意されています。次の例では、一部のデータが重複する2つの集合から和集合を得ています。

```
In [74]: setA = {'a', 'b', 'c', 'd'}  # { } を使って集合setAを生成
In [75]: setB = {'c', 'd', 'e', 'f'}  # { } を使って集合setBを生成
In [76]: setA.union(setB)   # setAとsetBの和集合をとる
Out[76]: {'a', 'b', 'c', 'd', 'e', 'f'}
```

この例では、はじめにsetAとsetBが定義されています。2つの集合はcとdという共通データを持っています。この2つの集合に対する和集合の計算は、setBを引数にしてsetAのunionメソッドを呼び出すことで行います。上記の例のとおり、和集合には2つの集合に含まれていたデータはすべて含まれており、なおかつデータは重複していません。

同様に、集合の共通集合、差集合、対称的差集合を計算する方法を見てみます。下記コード中の各種メソッドの意味は、コメントに示したとおりです。

```
In [77]: setA = {'a', 'b', 'c', 'd'}
In [78]: setB = {'c', 'd', 'e', 'f'}
```

注13 たとえば、集合内包表記と辞書内包表記は、Python 2.7以降で利用可能です。

```
In [79]: setA.intersection(setB)   # setAとsetBの共通集合をとる
Out[79]: {'c', 'd'}    # 演算子を使って「setA & setB」としても同じ
In [80]: setA.difference(setB)  # setAとsetBの差集合をとる
Out[80]: {'a', 'b'}    # 演算子を使って「setA - setB」としても同じ
In [81]: setA.symmetric_difference(setB) # setAとsetBの対称的差集合をとる
Out[81]: {'a', 'b', 'e', 'f'}    # 演算子を使って「setA ^ setB」としても同じ
```

凍結集合に対してもこれらのメソッドを同様に使うことが可能です。集合型と凍結集合型の両方に用いることができるメソッドと関数を**表4.4**に示します。

凍結集合型はイミュータブルでしたから、当然のことながらその集合自体を変更するような処理を行えません。したがって、集合のデータを変更する**表4.5**のメソッドは、集合型だけにしか使えず、凍結集合型には使えません。

最後に、**集合内包表記**について触れておきます。集合内包表記はリスト内包表記に似ていますが、[ ]ではなく{ }で定義します。たとえば、以下のとおりです。

表4.4 集合型および凍結集合型に使えるメソッドと関数

メソッドまたは関数	説明
len(a)	aのデータ数
a.copy()	aのコピー
a.difference(b)	差集合(bにはなくてaにはあるデータを返す)
a.intersection(b)	積集合(aにもbにもあるデータを返す)
a.isdisjoint(b)	aとbが共通データを持たない場合Trueを返す
a.issubset(b)	aがbの部分集合の場合Trueを返す
a.issuperset(b)	aがbの上位集合の場合Trueを返す
a.symmetric_difference(b)	対称差(aかbのどちらかには含まれるが両方には含まれないデータを返す)
a.union(b)	和集合(aかbに含まれるデータを返す)

表4.5 集合型だけに使えるメソッド

メソッド	説明
a.add(item)	aにitemに加える(すでにある場合には変化なし)
a.clear()	aのデータを全部削除する
a.difference_update(b)	bにあるデータをすべてaから削除する
a.discard(item)	aからitemを削除する(itemがなければ何もしない)
a.intersection_update(b)	積集合を計算し、その結果をaに代入する
a.pop()	aからデータを1つ取り出してそれをaから削除する
a.remove(item)	aからitemから削除する(itemがaのデータでない場合KeyError例外となる)
a.symmetric_difference_update(b)	aとbの対称差を計算しaに代入する
a.update(b)	bの全データをaに加える(bは集合、シーケンスまたはイテレート可能なオブジェクト)

```
In [82]: a = {2*x % 6 for x in range(10)}
In [83]: print(a)
{0, 2, 4}
```

range(10)のデータ数は10ですが、集合内包表記では要素が重複しないため、最終的にデータ数が3つの集合型aを生成しています。

辞書型の操作

辞書型(dict)の操作も、具体的な例を見ておきましょう。すでに、4.2節で簡単な辞書型変数の生成と使い方の例を示しましたが、ここではさらに、以下の操作について学びます。

- dict()コンストラクタによる辞書型オブジェクト生成
- 辞書内包表記
- 「辞書型オブジェクトのキー」をソートしてリストとして取り出す

それぞれ、具体的な例は以下のとおりです。

```
# dict()コンストラクタによる辞書型オブジェクト生成の例
In [84]: mydicA = dict([('kenji', 41), ('yasuko', 38), ('saori', 1)])
In [85]: mydicB = dict(kenji=41, yasuko=38, saori=1)
# 辞書内包表記
In [86]: {x: x**3 for x in (1, 2, 4)}
Out[86]: {1: 1, 2: 8, 4: 64}
# 「辞書型オブジェクトのキー」をソートされたリストとして取り出す場合
In [87]: sorted(mydicA.keys())
Out[87]: ['kenji', 'saori', 'yasuko']
# 「辞書型オブジェクトのキー」をソートせずにリストとして取り出す場合
In [88]: list(mydicA.keys())
Out[88]: ['saori', 'kenji', 'yasuko']
```

4.5 変数とデータ

Pythonの代入文(たとえばa = 1.2とかb = aなど)よって起きる動作は、**変数の新規生成、変数の再定義、参照の割り当て**といったものがあります。これらの動作を理解する上で、オブジェクトのデータと、それに結び付けられた変数およびメモリの関係を理解することが大切です。

なお、プログラミング言語によって、その関係が異なるため注意しましょう。ここでは、Pythonの変数とデータとの関係がどのようになっているのか、C言語と比較しながら理解を深めていきます。なお、浅いコピーと深いコピーについては次節で解説します。

変数の新規作成 Pythonの場合

Pythonにおいてa = bのような代入操作によって何が起きるのかは、しっかり理解しておきたいポイントの1つです。PythonはC言語やMATLABなどとは少し異なった仕様で実装されていることから、特に他の言語に慣れている方にとっては少し注意が必要です[注14]。これはメモリの使われ方とも関連します。バグのないプログラムを作るためにも、変数とデータとの関係を正しく理解しておくことは重要です。

さて、はじめにオブジェクトが生成された時に何が起きているのかを見ていきましょう。次の例では、整数型(int)のオブジェクトを持つ3つの変数を生成しています。

```
In [89]: a = 2  # aという変数の新規作成
In [90]: b = a  # bをaの別名として設定
In [91]: c = 5  # cという変数の新規作成
```

この時、何が起きているのかを模式的に表したものが**図4.7**です。碁盤の目のように見えるものがメモリ空間だと思ってください。そのメモリ空間に1つずつ割り当てられた数字がそのメモリアドレスです。整数型の「2」がアドレス21に、整数型の「5」がアドレス12に配置されています。

そして、「a」という名札と「b」という名札が「2」に結び付けられています。これはあくまでもPythonの動作を理解するためのイメージですが、イミュータブルな型のオブジェクトに変数を割り当てた場合、データ(値)そのものに変数が結び付けられているとイメージした方が良いのです[注15]。

「b」が「a」と同じデータ「2」に結び付けられているのは、代入文b = aによって、「参照の割り当て」が起きたからです。参照とは、前述のように「データを指し示す名前やアドレス」です。つまり、言い換えれば、代入文b = aによって、「a」の別

注14 同じPythonでも実装によってユーザには見えないバックエンドの動作は、多少異なる可能性があります。ここでは参照実装のCPythonを前提に説明しますが、プログラムの動作という点では他の実装でも同じですので本書の説明を理解すれば正しくPythonを使いこなすことができるでしょう。

注15 補足しておくと、変数はオブジェクトへの参照を持っているのであって、そのオブジェクトがデータへの参照を持っている、ということになります。しかし、ここではあえて、変数とデータの関係を理解しやすさを考えて、「変数がデータへの参照を持っている」というような説明にしています。

名として「b」という変数が作成された、という意味です。参照の割り当てについては、詳しく後述します。

さて、「b」は単なる「a」の別名なので、「a」と「b」は同じメモリ位置に結び付けられています。言い換えれば、同じidentity (CPythonではメモリアドレスと同じ)を持つということであり、関数**id**を使えば確かめることができます。

```
In [92]: id(a)  # aのidentityを取得
Out[92]: 21     # 図4.7に対応
In [93]: id(b)  # bのidentityを取得
Out[93]: 21     # aと同じidentity
In [94]: id(c)  # cのidentityを取得
Out[94]: 12
```

このように、「a」と「b」は同じidentityを持っています。実際は、identityが2桁の数字になることはない[注16]と思いますが、図4.7に合わせてあります。実は、前出のIn [90]で、b = aとしたところをb = 2としてもまったく同じ結果になります。Pythonでは、変数はオブジェクトへの参照なので、b = aは「a」が指すオブジェクトへの参照を「b」にも入れるということです。「a」が指すオブジェクトとは整数型の「2」でしたので、b = aとは「整数型の2への参照をbに入れる」という意味となり、b = 2とまったく同じ意味になるのです。

C言語の場合

次に、Pythonの場合と比較するために、C言語で変数を新規作成した場合の動作を見てみます。下記のように、C言語で同様に整数型(int)の変数a、b、cを定義します。

注16 32 bit OSの場合、メモリ空間のアドレスは2^{32} = 4294967296が最大なので、これよりも小さな値をid()関数が返します。

図4.7 整数型オブジェクトの生成(Pythonの場合)

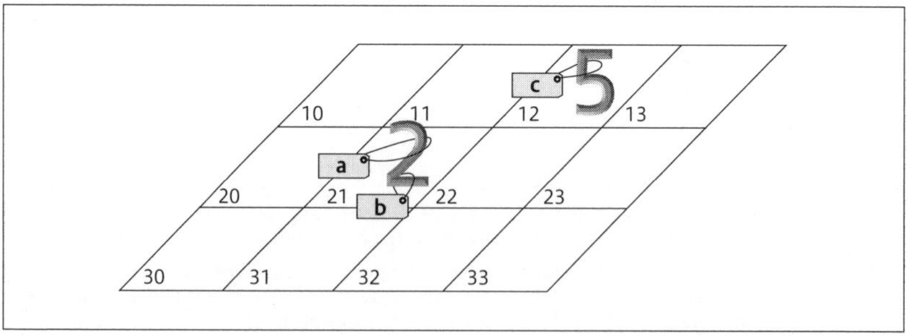

```
int a, b, c;  /* int型の変数a、b、cを生成 */
a = 2;
b = a;
c = 5;
```

この場合、変数とメモリの関係は**図4.8**のようになります。Pythonの場合との違いを見てみましょう。C言語の場合には、定義した変数毎にメモリの領域が割り当てられて、そこに代入したデータが保存されています。すなわち、変数(a、b、c)は、メモリのアドレスと一対一の対応です。`b = a;`という代入操作によって、「a」のデータが「b」のメモリ領域にコピーされます。aとbは、あくまで異なるメモリアドレスに対応している、という点でPythonとは異なります。

変数の再定義　Pythonの場合

次に、先に定義した変数「a」に、元とは異なるデータを代入した場合、どのようなことが起きるかについて、先にPythonの場合を見てみます。以下のように「a」に別のデータを代入するコードを実行したとします。

```
In [95]: a, c = 7, 8  # In [89]とIn [91]で定義済みのa, cに代入
```

この時、メモリ上のデータと変数との関係を表したものが**図4.9**です。7と8というデータが新たなメモリ位置に割り当てられ、そこに変数「a」と「c」が紐付けられています。整数型変数はイミュータブルですので、アドレス21のデータが「2」から「7」に変更されることはありません。「a」と「c」は、「データが変更された」というよりも、「新たに定義し直された」(**再定義**)、と言えます。

図4.8　int型変数の生成(C言語の場合)

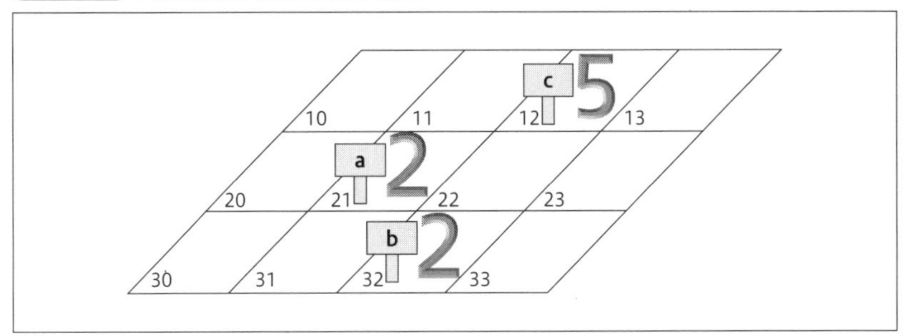

C言語の場合

一方、C言語で同様の処理をした場合を見ておきましょう。以下のように、定義済みの変数「a」と「c」に対して、値を変更する代入文を実行したとします。

```
a = 7;
c = 8;
```

この場合の、メモリと値との関係を**図4.10**に示します。Pythonとは異なり、変数「a」と「c」のメモリ位置(アドレス)はそのままで、変数の持つデータが変更されています。C言語では、「a」と「c」は「新たに定義し直された」のではなく、「データが変更された」と言えます。

言語によって、変数とオブジェクトの関係が異なることがわかりました。Pythonのイミュータブル(変更不可)なオブジェクトに関しては、変数とオブジェクトの関係は文字列などの他の型でも同じであり、代入操作などによって起きる結果はここで説明したものと同じになります。

図4.9　整数型オブジェクトのデータの変更(Pythonの場合)

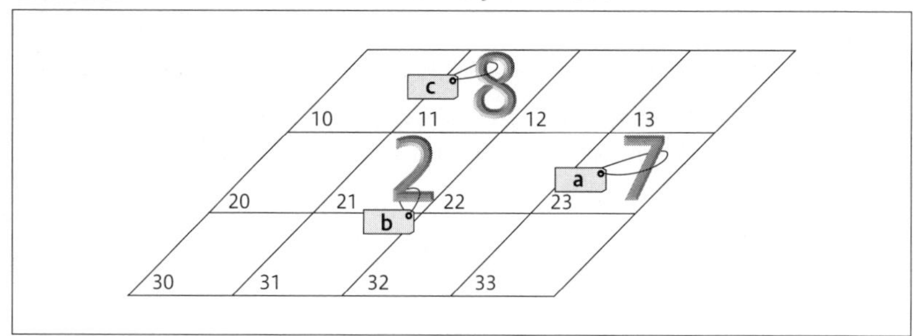

図4.10　int型変数のデータの変更(C言語の場合)

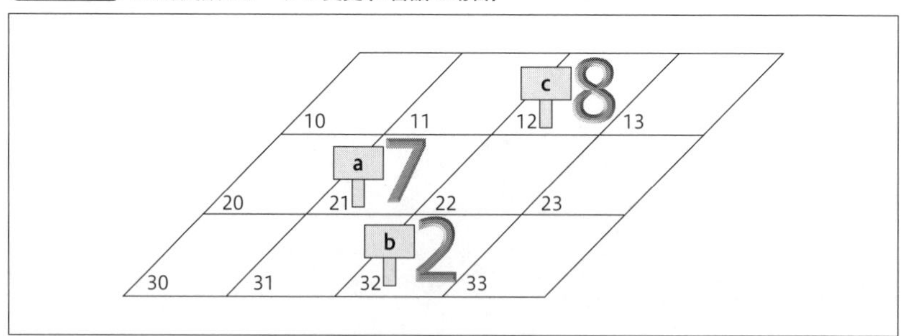

参照の割り当て　基本的な参照割り当ての例から

すべての変数は、データへの参照を持ちます。前述のとおり、**参照**とは「データを指し示す名前やアドレス」のことです。代入操作によって新たに**参照の割り当て**が起きる際、メモリ上でデータの複製が発生する場合と、そうでない場合がありますが、ここでは後者の場合について見ていきます。代入操作を行う次の例を見てください。

```
In [96]: a = [0, 1, 2, 3]
In [97]: b = a    # 変数の代入操作は参照の割り当て
In [98]: b[2] = 100  # この時の変数とその実体との関係を図4.11に示す
In [99]: a
Out[99]: [0, 1, 100, 3]
In [100]: print(id(a), id(b))
Out[100]: 101  101  # 2つの変数は同じアドレスを指している
```

この例では、aという整数のリストを生成し、それをb = aという代入文でbに代入しています。この時、bに対しては参照の割り当てが起きています。これによって、aとbは同じ実態を指している状態(**図4.11**)になります。つまり、bはaの別名です。そして、その別名のbを使って一部のデータを変更していますので、結果はaにも反映されます。

この例のように、変数aとbが同じ実体(メモリ上の領域)を指していることは、関数id()によって両変数のidentity(変数のアドレス)を調べればわかります。この例では、たしかにaとbのidentityは一致しています。「同じ実体を指す」と「identityが同じ」は、同じ意味です。

2つの変数が同じ実体を指すことは、次のis演算子を用いた式でも確認できます。

```
In [101]: a is b  # identityの同一性を調べている
Out[101]: True  # aとbのidentityは同じ
```

図4.11　参照が生成される例のイメージ

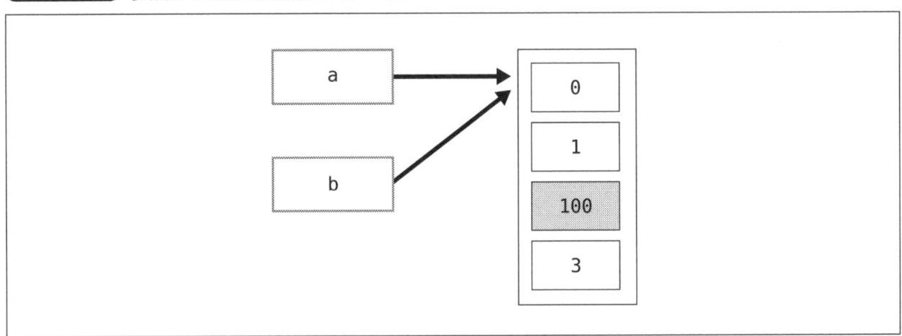

この時の処理のイメージを、さらに掘り下げておきましょう。a = [0, 1, 2, 3]によってリストaを新規作成すると、**図4.12**のように、aというリストには101というidentity(図中では「ID」と略)が付けられます。さらに、b = aによって参照を割り当てることで、bにも同じidentityが付けられます。このリストaは、4つのデータに紐付けられたidentityのリストを持っており、それによってデータの実体(メモリアドレス)に紐付けされています。

次にb[2] = 100によってリストのデータの1つが変更されると、b[2]のデータ自体が変更されると同時に、b[2]のidentityも変更されます(**図4.13**)。実はb[2]には整数型が入っていましたのでイミュータブルです。よって、b[2]は変更ではなく、再定義されたのです。identityが変わるということは、再定義されたことを意味します。そして、aとbの参照先は同じですので、aにも同じ変更が反映されます。

このようにリスト自体はミュータブルなのですが、イミュータブルなデータは**変更**ではなく**再定義**されています。この動作に対する理解は、後述する浅いコピーの動作について理解する際に役立ってきます。

図4.12 参照が生成される例のイメージ(詳細)

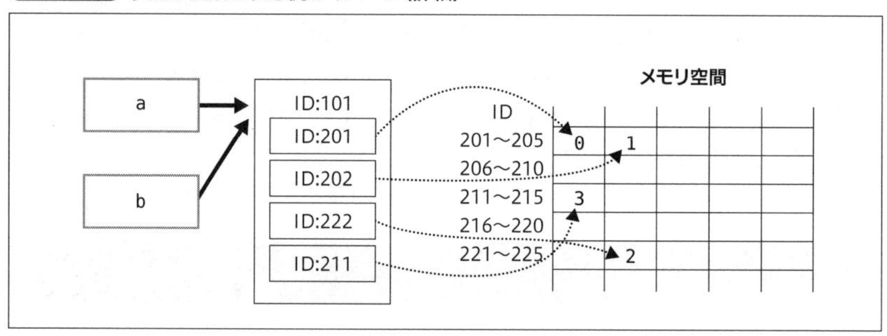

図4.13 参照が生成される例のイメージ(b[2]変更後の詳細)

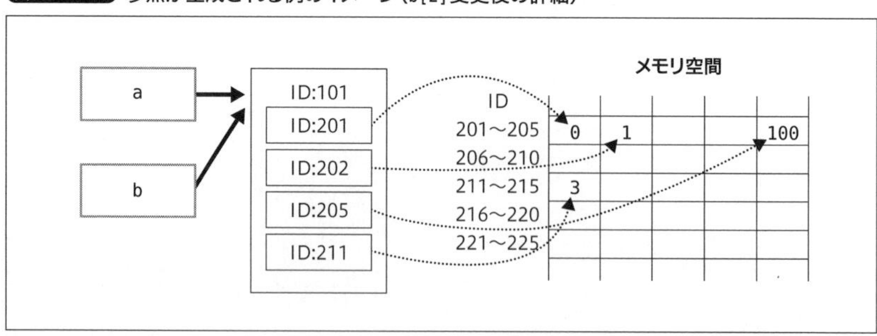

参照割り当て後の再定義

さて次に、前出の例とは少しだけ違った例を見てみます。

```
In [102]: a = [0, 1, 2, 3]
In [103]: b = a  # ❶参照の割り当て
In [104]: b = [0.0, 1.1, 2.2, 3.3]  # 参照割り当てを破棄して再定義
In [105]: a  # a の中身を表示
Out[105]: [0, 1, 2, 3]
In [106]: a is b  # identityは同じか？
Out[106]: False   # Falseなのでaとbは別の物を指している
```

この例ではbを変更したのに、aには反映されていません。この例の場合、❶の`b = a`としたところまでは、たしかにbはaと同じ実体を指していたはずです。しかし、次の文によって、bは元の参照割り当てを破棄して再定義されています。このあたりが少しわかりづらいところなのですが、インデキシングによってデータの一部を変更する場合(前述の`b[2] = 100`のような例)とは異なり、インデキシングまたはスライシングではない代入式では、新たにその変数が再定義されるのです(**図4.14**)。したがって、この例では、bは新たなリストとして再定義され、aのデータへの参照割り当てが切れてしまっています。

もし、bを再定義しないという意図がある場合、bのインデキシングもしくはスライシングに対する代入処理を行います。上記の例の`In [104]`では、4つとも要素を変更するわけですから、スライシングを使って次のようにします。

```
In [107]: b[:] = [0.0, 1.1, 2.2, 3.3]
In [108]: print(a)
[0.0, 1.1, 2.2, 3.3]  # bとaは同じものを指している
```

2変数への同一リストの割り当て

参照割り当てに対する理解をさらに深めるために、同一リストを2変数に割り

図4.14 bのデータの変更ではなく再定義となってしまう例

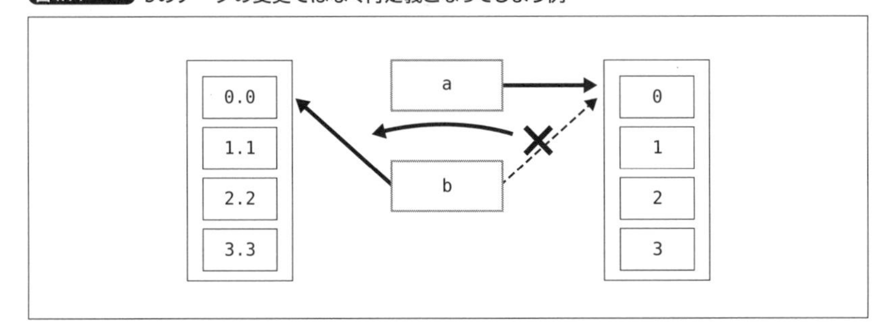

当てた場合には、参照割り当てとどのように挙動が異なるのかを見ておきます。次の場合に、aとbの関係はどのようになるでしょうか。

```
In [109]: a = [0, 1, 2, 3]
In [110]: b = [0, 1, 2, 3]
```

この時の状況を**図4.15**に示します。2つのリストの中身はまったく同じなので、そのリスト中の各データのidentityはまったく同じになります。しかし、リスト自体に付けられたidentityは異なっています。このことは、次のようにして確認できます。

```
In [111]: a == b  # aとbは同じデータを持つか？
Out[111]: True    # 同じデータである
In [112]: a is b  # aとbは同じidentityか？
Out[112]: False   # 異なるidentityである
In [113]: [id(k) for k in a]  # aの全データのidentityを示せ
Out[113]: [201, 202, 208, 205]
In [114]: [id(k) for k in b]  # bの全データのidentityを示せ
Out[114]: [201, 202, 208, 205]
```

b = aとした場合とは、明らかに違うことが確認できました。このことは、bのデータを変更してみるとさらに明確になります。

図4.15 aとbを独立した代入文で定義した場合

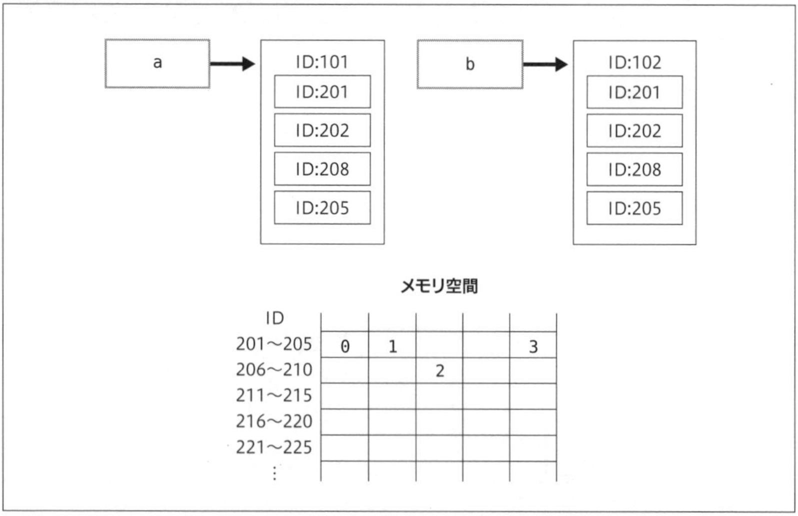

a → ID:101 [ID:201, ID:202, ID:208, ID:205]

b → ID:102 [ID:201, ID:202, ID:208, ID:205]

メモリ空間

ID					
201～205	0	1			3
206～210			2		
211～215					
216～220					
221～225					
⋮					

```
In [115]: b[2] = 100
In [116]: a    # aのデータを確認
Out[116]: [0, 1, 2, 3]  # bのデータを変更してもaは変化せず
```

このように、aとbはリストとしては別物ですので、どちらか一方のデータ変更がもう一方に影響することはありません。

4.6 浅いコピーと深いコピー

前節では、変数の新規作成と再定義、さらには参照の割り当てについて、説明をしました。ミュータブルなオブジェクト変数の場合には、これらに加えて**浅いコピー**と**深いコピー**という概念の理解が必要です。

正確さを欠くかもしれませんが、簡単に言えば、浅いコピーとは「参照のコピー」であり、深いコピーは「データの完全なコピー」です。多くの場合、コピーによって期待するのは深いコピーの動作です。浅いコピーは混乱の元なので、意図して用いる場合以外は使わない方が無難でしょう。本節では、ミュータブルなオブジェクトに対して代入やデータの変更処理を行う具体例を見ながら、浅いコピーと深いコピーの動作の詳細を理解していきましょう。

浅いコピー

浅いコピー（*shallow copy*）と**深いコピー**（*deep copy*）に差異が表れるのは、コンテナ型やクラスインスタンスのようなオブジェクトを内部に含むような複合オブジェクトの場合だけです。たとえば、a = [1, 2, 3] のように、ネストしていないリストではどちらのコピーでも同じです。

Pythonの浅いコピーは、たとえば次のような方法で生成されます。

- 標準ライブラリ（copy）のcopy関数によるコピー
- list/dict関数によるリスト/辞書のコピー
- インデキシングまたはスライシングを使ったコピー

これらの方法で生成された浅いコピーが、複合オブジェクトの場合とそうでない場合について、動作の詳細を検証します。

複合オブジェクトでない場合

a = [1, 2, 3, 4] といったネストしていないリストのように、**複合オブジェク**

トではない場合の動作を確認します。

```
In [117]: a = [1, 2, 3, 4]
In [118]: import copy; b = copy.copy(a)  # aの浅いコピーとしてbを生成
In [119]: a is b  # aとbは同じidentityか?
False
```

この例では、b = copy.copy(a)で浅いコピーを生成しています。a is bがFalseとなりますから、aとbは同じ実体を表していません。したがって、以下のようにbのデータを変更してもaは変更されません。

```
In [120]: b[0] = 100  # この時の変数とその実体との関係を図4.16に示す
In [121]: print("a = ", a)
a =  [1, 2, 3, 4]
In [122]: print("b = ", b)
b =  [100, 2, 3, 4]
```

上記の例のように、複合オブジェクトではない場合は、前出の図4.15で示した状況とまったく同じことが起きています。実質的には、**図4.16**のようにデータの実体自体が全部コピーされているのと変わりはありません。この例では、浅いコピーと後述の深いコピーは同じ結果となります。

なお、このような結果は、以下のようにlist関数や、インデクシングおよびスライシングによって生成した複合オブジェクトではない浅いコピーについても当てはまります。

```
In [123]: c = a[:]  # スライシングによる浅いコピー
In [124]: d = list(a)  # list関数よる浅いコピー
In [125]: e = [[1, 2], [3, 4, 5]]
In [126]: f = e[1]  # インデキシングによる浅いコピー
```

図4.16 浅いコピーの例(複合オブジェクトではない場合)

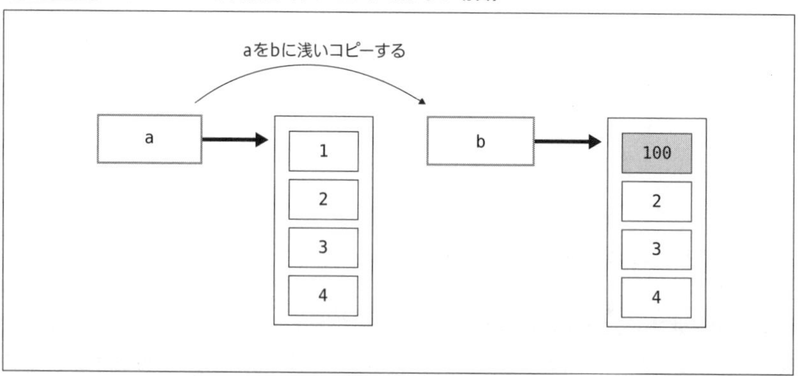

複合オブジェクトの場合

複合オブジェクトの浅いコピーの場合は、少し様子が異なってきます。以下の例を見てください。

```
In [127]: a = [1, 2, [30, 40]]  # 複合オブジェクトのリストaを生成
In [128]: import copy; b = copy.copy(a)  # aの浅いコピーとしてbを生成
In [129]: b[0] = 100  # b[0]とb[1]の変更はaに影響を与えないはず
In [130]: print("a = ", a)
a =  [1, 2, [30, 40]]  # 最上位レベルの要素はbの変更に影響を受けない
In [131]: print("b = ", b)
b =  [100, 2, [30, 40]]  # 当然b[0]の変更は反映されている
In [132]: b[2][0] = 200  # 「リストの中のリスト」のデータを変更
In [133]: print("b = ", b)
b =  [100, 2, [200, 40]]  # bのデータは当然変更されている
In [134]: print("a = ", a)
a =  [1, 2, [200, 40]]  # aのデータまで変更されている!!
```

上記の例で、今までとは何が異なるかわかりましたか。b[0] = 100による代入では、bのデータしか変更されませんでした。ところが、b[2][0] = 200による変更ではaのデータまで変更されてしまっています。Pythonの公式ドキュメント[注17]によれば、浅いコピーでは「新たな複合オブジェクトを作成し、その後(可能な限り)元のオブジェクト中に見つかったオブジェクトに対する参照を挿入する」となっています。

言い換えて説明すると、上記の例では、リストbのために別メモリ領域に複製されるデータは、リストaの最上位のデータだけです。リストaの最上位のデータは、「1」と「2」というデータへの参照と、リスト[30, 40]への参照です。つまり、a[2]の**参照**(identity)はbにコピーされるのですが、a[2]が指すリスト[30, 40]の個々のデータへの参照は、別メモリ領域に複製されません。よって、a[2]が指すリストとb[2]が指すリストは、同じ実体になってしまいます。そのことは次の式を評価すると、わかります。

```
In [135]: a[2] is b[2]
Out[135]: True
```

以上のように、ミュータブルオブジェクトの中にミュータブルオブジェクトが入っているような複合オブジェクトの場合には、中に入っているミュータブルオブジェクトは、コピー元とコピー先の2つの変数の共通データとして扱う必要が生じてしまうのです(**図4.17**)。

なお、ここで説明したことは、複合オブジェクトでない場合の説明と同様に、

注17 URL http://docs.python.jp/3/library/copy.html

list/dict関数や、インデキシングおよびスライシングによって得た複合オブジェクトにも当てはまります。

深いコピー

深いコピーは、標準ライブラリcopyの**deepcopy**関数を使って生成できます。深いコピーは完全なコピーですから、他の言語でデータをコピーした際の動作と変わらない動作が期待できます。以下、深いコピーの具体例を見ながら、動作を検証していきます。

深いコピーでは、複合オブジェクトの場合でも基本的にそのすべてのデータをコピーします。

```
In [136]: from copy import deepcopy  # 標準ライブラリcopyから関数deepcopyをimport
In [137]: a = [0, 1, [20, 30], 4]
In [138]: b = deepcopy(a)
In [139]: b[0] = -5
In [140]: b[2][0] = 100  # この時の変数とその実体との関係を図4.18に示す
In [141]: print("a = ", a)
a =  [0, 1, [20, 30], 4]
In [142]: print("b = ", b)
b =  [-5, 1, [100, 30], 4]
```

このように、aとbの実体は**図4.18**に示したようにまったく別のものとなっています。ただし、深いコピー操作では、しばしば浅いコピー操作の時には存在しない問題が発生します。たとえば、再帰的なオブジェクトのコピーの場合などです。紙幅の都合もあり本書では詳しく解説しませんが、Pythonではこれらの問題をうまく回避する仕組みになっています[注18]。

注18 詳しくは以下を参照してください。 URL http://docs.python.jp/3/library/copy.html

図4.17 浅いコピーの例(複合オブジェクトの場合)

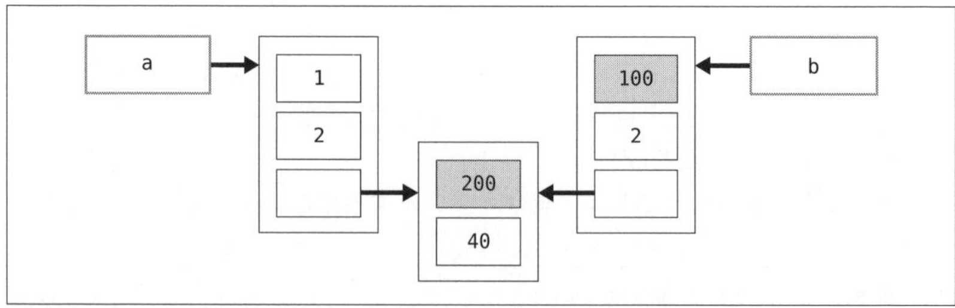

4.7 演算子と式評価

本節では、Pythonの**組み込み演算子**と**式および評価のルール**について説明します。ここでは、Pythonの組み込み型に対する説明のみとします注19。

ブール値判定とブール演算

真(True)と**偽**(False)の2値を**ブール値**と呼び、キーワード(p.111を参照)として定義されています。ブール値に関する演算を**ブール演算**(論理演算)と呼び、後述のif文やwhile文における判定条件などに用いられます。どのオブジェクトでもブール演算に用いることが可能で、以下の値は**偽**(False)とみなされます。

- None(データが存在しないことを示すNoneType型の組み込み定数)
- False
- 整数の型の0(ゼロ)(例:`0 0.0 0j`)
- 空の文字列/リスト/タプル/辞書(`'' [] () {}`)

これ以外のデータ(値)は、すべて**真**(True)です。また、ブール値に関する演算には**表4.6**に示す3種類の演算があります。`or`と`and`は、**short-circuit演算子**(短絡演算子)と呼ばれます。たとえば、`x or y`では、xが真の場合に、評価が不要なyは評価しません。また同様に、`x and y`では、xが偽の場合にyは評価されません。

注19 ユーザ定義オブジェクトに対しても組み込み演算子の定義を拡張できます。詳しく知りたい方は、以下を参照してください。 URL http://docs.python.jp/3/index.html

図4.18 深いコピーの例

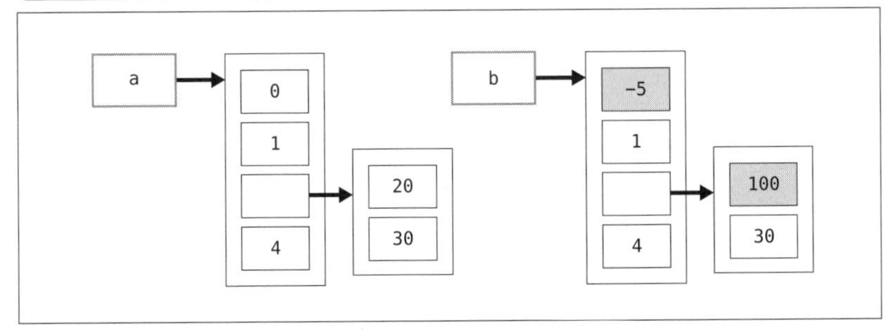

比較演算子

Pythonでは、組み込みのデータ型に対して8種類の**比較演算子**があります。これらの演算子を**表4.7**に示します。これらの演算子は、ブール値(TrueもしくはFalse)を返します。比較演算子の間で優先度の優劣はなく、ブール演算子よりも優先度は上です。Pythonの比較演算子で特徴的な点は、**演算子を任意に連鎖できる**という点です。たとえば、$x > y \geqq z$を評価したい場合に`x > y >= z`と記述して判定させることができます。C言語では`(x > y && y >= z)`と記述する必要があるのとは対照的です。

数値の型の演算

数値のデータ(整数型/int、浮動小数点型/float、複素数型/complex)に対しては、**表4.8**のような算術演算が可能です。表4.8は優先度の低い演算子から順に並んでいます。

加算、減算、積算については特に説明は不要かと思いますが、除算は少々注意が必要です。Python 3系では、整数と整数の割り算(`22 / 5`)でも**浮動小数点数**を実行結果として返します。これは、ちょうど割り切れる整数同士で演算しても同じです。一方、Python 2系では、整数同士の割り算の答えは整数となる仕様になっています。つまり、`22 / 5`の計算結果は「4」です。Python 2系では、整数同士

表4.6 ブール値の演算

演算	結果
`x or y`	xとyのどちらかが真なら真
`x and y`	xとyの両方が真なら真
`not x`	xが偽なら真、xが真なら偽

表4.7 比較演算子

演算	意味
`<`	より小さい
`<=`	以下
`>`	より大きい
`>=`	以上
`==`	変数のデータが等しい
`!=`	変数のデータが等しくない
`is`	変数のidentityが等しい
`is not`	変数のidentityが等しくない

の割り算はPython 3系の**打ち切り除算**（*floor division*、表4.8を参照）と同じなのです。

除算については、Python 3系の場合においていくつかの例を見ておきましょう。

```
In [143]: 22 / 5  # 除算
Out[143]: 4.4
In [144]: 22 // 5  # 打ち切り除算
Out[144]: 4
In [145]: 22.0 // 5.0
Out[145]: 4.0
In [146]: -22 // 5  # 負の無限大方向への丸められる（「22 // -5」も同様）
Out[146]: -5
In [147]: -(22 // 5)
Out[147]: -4
```

この例のとおり、打ち切り除算は演算子//によって明示的に行う必要があることがわかります。また、浮動小数点数に対しても打ち切り除算を行うことができます。また、打ち切り除算は負の無限大方向へ整数への丸めが行われるので注意

表4.8 数値の型（int、float、complex）に対する算術演算

演算	結果	計算例	
		プログラム	実行結果
x + y	xとyの加算	2 + 5	7
x - y	xからyを減算	5 - 2	3
x * y	xとyの積算	3 * 5	15
x / y	xのyによる除算	22 / 5	4.4
x // y	xのyによる打ち切り除算※1	22 // 5	4
x ** y	xのyによるべき乗	3 ** 4	81
x % y	x/yの剰余（*modulo*）※1	22 % 4	2
-x	xの符号を反転	-(-4)	4
+x	xそのまま	+(-4)	-4
abs(x)	xの絶対値	abs(-3)	3
int(x)	xの整数への変換※1	int(-3.9)	-3
float(x)	整数xの浮動小数点数への変換※1	float(-3)	-3.0
complex(re, im)	実部がreで虚部がimの複素数	complex(-2.3, 3.1)	-2.3+3.1j
c.conjugate()	複素数cの複素共役	c=1+2j; c.conjugate()	1-2j
divmod(x, y)	(x // y、x % y)を返す※1	divmod(22, 5)	(4, 2)
pow(x, y)	xのyによるべき乗	pow(0, 0)	1
round(x, [n])	10の(-n)乗の整数倍に丸める※1※2	round(3.12, 1)	3.1

※1　複素数型には使えない。

※2　nの指定はオプション。指定されない場合はn=0として動作する。

表4.9 整数に対するビット演算

演算	結果	計算例	
		プログラム	実行結果
x | y	xとyのビット単位の論理和	4 | 2	6
x ^ y	xとyのビット単位の排他的論理和	7 ^ 9	14
x & y	xとyのビット単位の論理積	7 & 9	1
x << n	xのnビット左シフト	1 << 3	8
x >> n	xのnビット右シフト	16 >> 4	1
~x	xのビット反転	~15	-16

が必要です。この規則に従うと、一見同じ結果になりそうな上記最後の2つの例(-22 // 5と-(22 // 5))が異なる結果となります。上記の例のうち、Python 2系で異なる結果となるのは22 / 5だけであり、その理由は前述のとおりです。

このほか、剰余は演算子の左辺を右辺で割った余りです。負数の剰余は少しわかりづらいかもしれませんが、x % yはx - (x//y)*yを計算した結果と一致します。

整数のビット演算

ビット演算とは、整数の数値を2進数表現し、その0もしくは1の数値の列をビット列に見立てて行う演算です。たとえば、10進数で16という数値は、2進数で表すと0b10000であり(0bは2進数であることを表す接頭辞)、このビット列10000に対して演算を行います。整数オブジェクトに対しては、**表4.9**の演算が可能です。

ビット演算における重要な点は、負数も**2の補数**で表現してビット演算が行われるという点です。正の数の2の補数は通常の2進数表現と変わりはありません。負の数の2の補数は、同じ絶対値の正の数の2進数表現のビットをすべて反転させて1を加えることで求めることができます(**図4.19**)。

4.8 フロー制御

プログラムでは、特定の処理を繰り返し実行したい場合や、実行中の条件判定の結果やデータの内容によって、実行する処理を変えたい場合があります。このような処理の制御をフロー制御と呼び、Pythonでは他のプログラミング言語と同様にfor文やif文、while文などの構文が準備されています。本節ではフロー制御の基本構文を学び、自在にフロー制御ができるようになりましょう。

図4.19 負の整数の2の補数の求め方

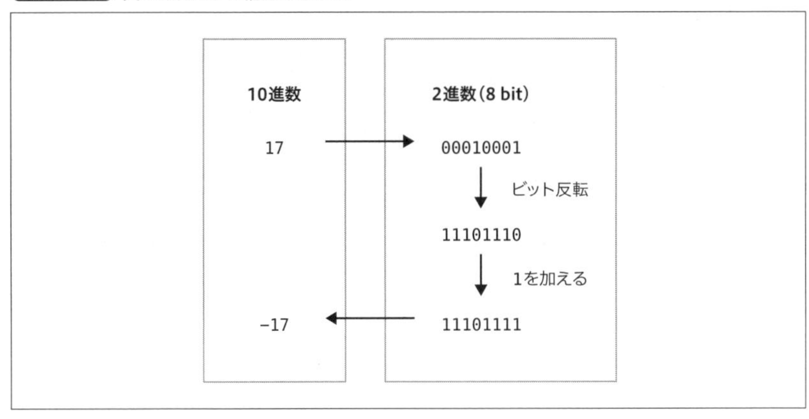

if文

Pythonで、何らかの条件が成立するかどうかによって処理を振り分けたい場合に使う構文が**if文**です。さっそく例を見てみましょう。

```
In [148]: if 3 < 5 :
     ...:     print('3 is smaller than 5.')  # 条件判定文が真の時に実行
     ...:
3 is smaller than 5.
```

この例では、3 < 5が真(True)か偽(False)かを判定し、真であれば次の行のprint文を実行します。偽であれば、何も実行しません。当然のことながら3 < 5は真ですから、この例の場合はprint文が実行されます。この例は一番単純な例ですが、if文の構文は一般的に**図4.20**のようになります。if文で実行される処理はスペースまたはタブ[注20]でインデントして記述します。このようにPythonではインデントによって処理ブロックの範囲を示します。図4.20ではelif文とelse文が追加されています。elif文は複数並べることも可能です。この場合、上から順番に条件式が評価されて、真となった時点でその直後の処理ブロックが実行され、その後の処理は無視されます。どの条件式も真とならなかった場合には、else文の直後の処理ブロックが実行されます。

具体的な例を見てみましょう。以下の例では最初の条件式a < 5が偽なので、次のelif文の条件式a > 10が評価され、これも偽なので次のelif文の条件式a > 8が評価されます。しかし、これもまた偽なので、最後にelse文の直後の処理ブロッ

注20 Python 3系では、スペースとタブを混在できないので注意してください。

クが実行され5 <= a <= 8が出力されます。

```
In [149]: a = 8
In [150]: if a < 5 :
     ...:     print('a is smaller than 5.')  # a < 5は偽なので実行されない
     ...: elif a > 10 :
     ...:     print('a is bigger than 10.')  # a > 10は偽なので実行されない
     ...: elif a > 8 :
     ...:     print('a is bigger than 8.')   # a > 8は偽なので実行されない
     ...: else :
     ...:     print('5 <= a <= 8')  ## この処理が実行される
     ...:
5 <= a <= 8
```

また、if文はネストさせることが可能です。以下の例では、a == bが偽となった場合に実行されるelse文の直後の処理ブロック中に、別のif文が入っています。if文に限らず、プログラムのさまざまな要素についてネスト構造を使うことが可能です。

```
if a == b:
    print('aとbは同じ')
else:
    if a < b:
        print('aはbより小さい')
    else:
        print('aはb以上')
```

図4.20 if文の構成

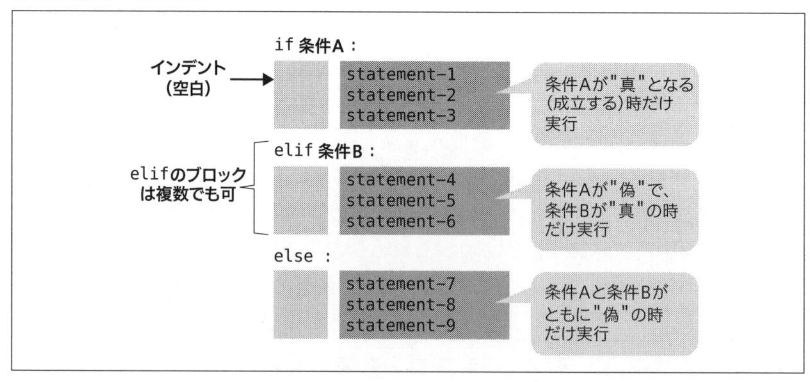

for文

プログラム中で繰り返し処理を行いたい場合、すなわちループ処理を行いたい場合に使われるのが**for文**です。さっそく例を見てみましょう。

```
In [151]: a = [1, 2, 3]
In [152]: for i in a:
     ...:     print(i*2)
     ...:
2
4
6
```

for文は、この例のように一般には**図4.21**に示される構成で記述します。

図4.21の**イテレータオブジェクト**とは、前述のとおり、Pythonの組み込み型のリストやタプル、辞書、集合のようにデータを反復して、一度に1つずつ取り出すことができるものを指します。イテレータオブジェクトをfor文のinの直後に指定することで、そのオブジェクトの中身を順次取り出して「一時変数」に代入し、直後の処理ブロックの中でその一時変数を使った処理が実行される仕組みになっています。上記のfor文の例では、aというリストの中の3つの変数(1と2と3)が順番に取り出され、一時変数のiに順番に代入され、そのiを使った処理(この場合はiを2倍してコンソールに出力する)が順次行われています。

また、Pythonではelse文を付けることができます。else文の直後に書かれた処理ブロックはfor文のループがすべて終了後、最後に実行されます。なお、for文の処理ブロックの中でcontinue文が実行されると、for文の先頭に戻り次の繰り返

図4.21 for文の構成

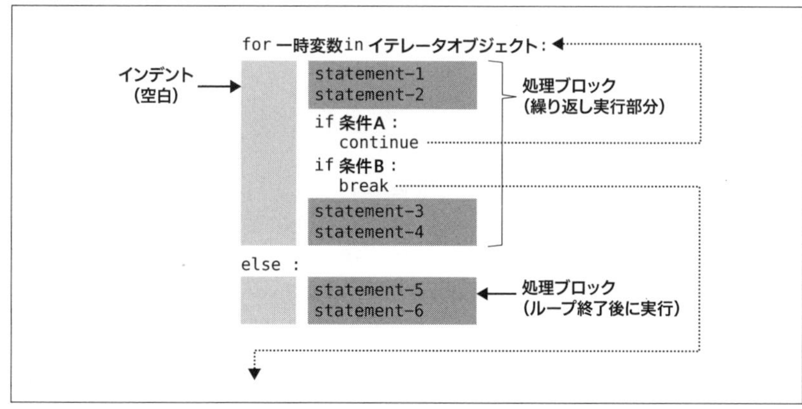

し処理に進みます。また、break文が実行された場合には、以降の処理をスキップしてfor文を終了します。

Column

スペース（空白文字）の使い方

Pythonではスペース（空白文字）によるインデントが意味を持つことは、すでに述べたとおりです。しかし、次の3つの書き方は、どれも有効なPythonプログラムの記述です。

```
# パターン❶
if 1 + 2 == 3:
    print('It is ', end='')
    print('True!')
# パターン❷
if 1 + 2 == 3:
    print('It is ', end=''); print('True!')
# パターン❸
if 1 + 2 == 3: print('It is ', end=''); print('True!')
```

パターン❶は通常の書き方ですが、パターン❷と❸が正常に実行できるというのは意外に思われるかもしれません。ただし、パターン❷と❸のような記法を可とするかどうかは別の話です。可読性向上の観点から、このような記法はコーディング規約で不可とするのが良いと考えられます。

PEP 8（4.1節を参照）では、スペースの使い方が細かく規定されています。たとえば、var[1, 2]のようにインデックスを指定して配列データにアクセスする場合にも、,（カンマ）の後ろにはスペースを1つ入れることが規定されています。このように、Pythonではスペースの使い方が重要な意味を持ちます。次の例を見てみましょう。

```
is_qzss        =  1
prn            =  193
got_ephemeris =  1
eccen          =  0.0139305
mean_anom      = -2.62555
```

この例のように=の位置が揃うと、可読性が向上します。言語の仕様上も何ら問題がありません。ただし、この例ではgot_ephemerisよりも文字数が多い変数が後から追加されると、=の位置揃えるためにすべての行を修正する必要があり、メンテナンス性は低下します。PEP 8やGoogleのPython Style Guide[注a]では、この記述方法は禁止されています。基本的には、この書き方は不可としておくほうが良いでしょう。

注a　URL https://google.github.io/styleguide/pyguide.html

while文

while文は、特定の条件が成立している間は継続的に何かの処理を行いたい場合に使います。例を見てみましょう。

```
fib = [0, 1]
while fib[-1] < 30: # fib[-1]はfibの最後のデータ
    tmp = fib[-2] + fib[-1]  # fibの最後の2つのデータを加算
    fib = fib + [tmp] # リストfibの最後にtmpをデータとして加える
else:
    print(fib)
```

この例では、1行めでリストfibを定義し、while文の中でこのfibを初期値としてフィボナッチ数列を計算しています。フィボナッチ数列とは、次の数式で計算される数列です。

$$F_0 = 0$$
$$F_1 = 1$$
$$F_{k+2} = F_{k+1} + F_k (k \geq 0)$$

上記のwhile文ではフィボナッチ数列を順次計算してリストfibに加えていきますが、最終要素の値が30を超えたところで計算を終了し、最後にelse文のブロックを実行して終了します。これを実行すると、次のような実行結果を得られます。

```
[0, 1, 1, 2, 3, 5, 8, 13, 21, 34]
```

while文の構文は一般的に**図4.22**のようになります。for文とほとんど変わらないことがわかります。

try文

Pythonでは、例外処理のための他の言語でもよく見られる**try文**が準備されています。**例外**(*exception*)とは、プログラムの通常の処理フローを妨げるような出来事が発生した際に送出(*raise*)するオブジェクトです。通常は、エラーが発生した際に例外が送出され、それを捕捉するための特別な構文(例外処理)でそれを検知します。プログラムがファイル読み込みなどの何らかの入出力を行う際にはエラーが起きやすいため、エラー処理を行うためのtry文は必須になります。

簡単な例から見てみましょう。

```
try:
    file_in = open('no_file.txt')  # no_file.txtを開こうとする
    for line in file_in:
        print(line)
    file_in.close  # ここまでがtryブロックの処理内容
except:
    print('何か例外が発生しました')
```

この例では、tryブロックの中で「no_file.txt」という名前のファイルを開こうとします。このファイルが実際に存在する場合はtryブロックの処理がすべて実行されますので、for文によってファイルのすべての行が読み出されてコンソールに出力されます。**except**文の直後の処理ブロックは実行されません。しかし、開こうとしたファイルが存在しない場合には、例外が発生してexcept文の直後のブロックに処理がジャンプし、print文が実行されます。

次にtryを使った例外処理の基本構文を**図4.23**に示します。

図4.23に示すように、try文の直後にまずは実行したい処理を記述します。それが例外を発生することなく実行できれば、次に**else**ブロックの処理が実行され、さらに**finally**ブロックの処理が実行されます。elseブロックの処理はtryブロックの処理でエラーが発生しなかった場合だけに実行されますが、finallyブロックの処理はtryブロックでエラーが発生してもしなくても実行されます。図4.23では、例外が発生した時の処理がexcept文によって2つ準備されています。「例外1」が発生した時のためのものと、「例外2」が発生した時のためのものです。except文はこのように複数配置することができます。この例外1や例外2には、**AttributeError**や**ImportError**、**IOError**、**MemoryError**などがあります。具体

図4.22 while文の構成

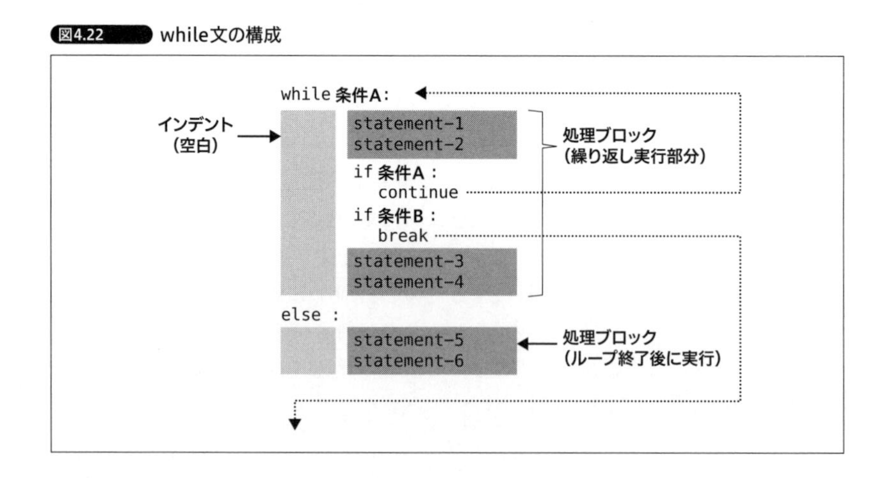

的な例外の一覧は、Python標準ライブラリのリファレンスマニュアル[注21]の5項「組み込み例外」を参照してください。なお、例外2の後にas eと記載されているのは、例外2のオブジェクトをeという変数で受け取って直後の処理ブロックで利用することを意味します。

なお、自作のクラスで独自の例外を定義し、特定の条件になった時にその例外を送出することもできます。

with文

with文は、with直後の式を評価した結果を**コンテキストマネージャ**(*context manager*)として利用して、動作を制御する仕組みです。コンテキストとは、「処理を実行させるための制御情報」を意味します。with文を使えば、ファイルのオープンとクローズのように必ず対(ペア)で実行する処理において、非明示的な処理の制御が可能になります。

ファイルなどのシステムリソースの適切な管理は、時に難しい問題をはらんでいます。例外の送出などによって、処理の一部がスキップされるようなフロー制御が行われることがあるからです。それによって、ファイルをクローズしないままになってしまうなどの不都合が生じ得ます。そのような問題を軽減するために使えるのがwith文です。with文では、開いたファイルをwith文の処理ブロックを抜ける時に自動的に閉じることができます(第6章を参照)。

注21 URL http://docs.python.jp/3/library/index.html

図4.23 try文の構成

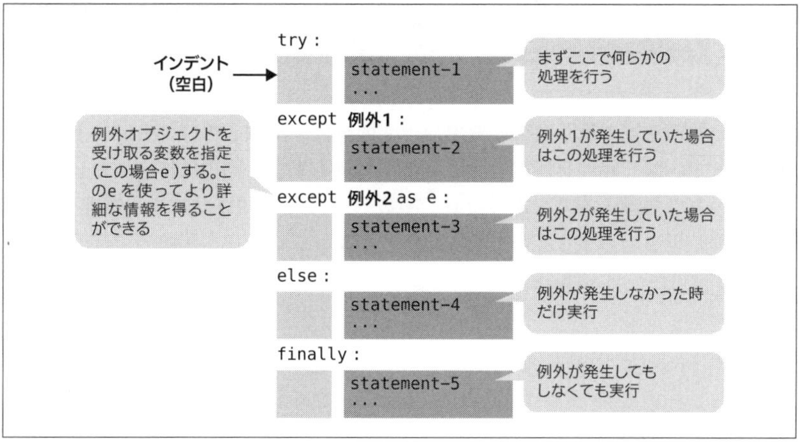

```
try :
    statement-1
    ...
except 例外1 :
    statement-2
    ...
except 例外2 as e :
    statement-3
    ...
else :
    statement-4
    ...
finally :
    statement-5
    ...
```

インデント(空白)

例外オブジェクトを受け取る変数を指定(この場合e)する。このeを使ってより詳細な情報を得ることができる

まずここで何らかの処理を行う

例外1が発生していた場合はこの処理を行う

例外2が発生していた場合はこの処理を行う

例外が発生しなかった時だけ実行

例外が発生してもしなくても実行

```
with open('science.txt', 'tw') as f:
    f.write("Let's use Python for scientific calculations.")
```

この例では、writeメソッドの実行後、ファイルscience.txtが必ず閉じられます。コンテキストマネージャは、クラス[注22]を使って次の2つのメソッドを実装しています。

- __enter__：コンテキストマネージャの入り口で実行される処理を定義するメソッド
- __exit__：コンテキストマネージャの出口で実行される処理を定義するメソッド

withがコンテキストマネージャを得ると__enter__により初期化処理を実行します。必要に応じてオブジェクトを返し、それがasに続けて指定した一時変数に割り当てられます。上記の例では、openによってコンテキストマネージャとなるクラスオブジェクトが生成され、ファイルオブジェクトが一時変数fに割り当てられています。

その後、writeメソッドによる処理を経て、withブロックを抜ける際に自動的に__exit__メソッドが呼び出されます。__exit__メソッドにはファイルのクローズ処理が割り当てられているため、with文のブロックを抜ける時に自動的にファイルがクローズされる仕組みです。

この例のように、ファイルの入出力制御でwith文を使う例は初心者向けにもわかりやすく、実際に多くの場面で利用されます。なお、ここでは詳しく取り上げませんが、with文はもっと応用範囲が広く、たとえば自作クラスをコンテキストマネージャになれるようにしておけば同様の使い方ができます。

4.9 関数の定義

特定の処理を繰り返し実行する場合、その処理を関数と呼ばれる形にまとめておくことで、同じ処理を何度も記述しなくて済みます。関数は特に入力を必要としない小さな処理の集合であったり、関数への入力(引数)に対する処理を行い、その処理結果を出力するものであったりします。ここでは、関数の定義の方法を学びます。

注22 クラスについては第5章を参照してください。

関数定義の基本

「関数」という言葉は、プログラミングの世界では数学の世界とは若干異なる意味で用いられます。プログラミングの世界では、何らかの一連の処理を行うプログラムに名前を付けたものが**関数**です。したがって、必ずしも入力値に対して何らかの(数学的な意味での)関数を作用させる処理である必要はありません。もちろん、数学的な意味での関数もプログラムの関数に含まれます。

関数は、**図4.24**のように**def**文で定義します。引数は任意の数を指定できますが、引数を1つも指定しないこともできます。

関数の定義には、オプションでその関数の説明を付けることができます。これを**Docstring**と呼びます。Docstringは"""または'''(三連の一重引用符または三連の二重引用符)で囲みます注23。Docstringは1行でも複数行でもかまいません。また、Docstringはオブジェクトの特殊属性__doc__に格納されています。また、IPythonなどでは<オブジェクト名>?のように最後に?マークを付けることでDocstringの内容を参照できます。したがって、Docstringには使い方や機能の説明を書いておくと良いでしょう。関数の定義がどこで終わるのかは、インデントによって表現されます。このルールはfor文やif文などで学んだルールと同じです。

それでは、関数の定義の具体的な例を見てみましょう。

```
def my_add(a, b):
    """ 単純な加算 (または文字連結) を行う関数 """
    print('引数は%sと%s\n' % (a, b))
    return a + b
```

関数を定義するには、**def**の後に**関数名**と**引数**を指定します。この場合、「my_

注23 """が使われることが多いようです。Docstringの記述の流儀については、次のURLのPEP 257を参考にするのが良いでしょう。
URL https://www.python.org/dev/peps/pep-0257/

図4.24 関数の定義

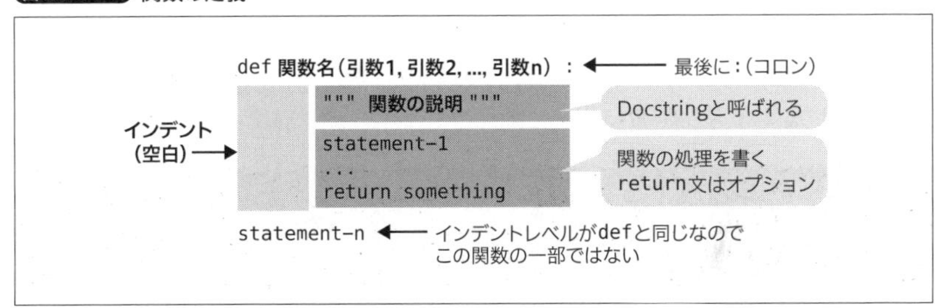

add」が関数名、「a」と「b」が引数です。関数名は英数字と_(アンダースコア)を使って定義します。英字の大文字と小文字は区別されます。また、数字から始まる関数名は付けることができません。また、Python 3系では、日本語も利用できるようになっています。return文は、関数が終了する際に呼び出し元に返す値を規定します。この例の場合は、a + bを計算して呼び出し元に返します。return文は、関数に必ず必要なものではありません。返り値を持たない関数の場合にはreturn文は不要です。上記の例では、次のようにして関数からの返り値を取得できます。

```
In [153]: ans = my_add(3, 4)  # 関数からの返り値をansに代入
引数は3と4
In [154]: ans
Out[154]: 7
```

引数の数を間違ったり、Pythonインタープリタが型の処理をうまくできないような引数指定をすると、**TypeError例外**が送出されます。上記のmy_addの定義では引数の型については何も定義していませんので、Pythonインタープリタは正常に処理できる限りにおいて引数の型に応じた処理を選択して実行してくれます。このことは次の例を見ておくと、わかりやすいでしょう。

```
In [155]: ans = my_add('abc', 'def')
引数はabcとdef
In [156]: ans
Out[156]: 'abcdef'
In [157]: ans = my_add(3.2, 1.5)
引数は3.2と1.5
In [158]: ans
Out[158]: 4.7
```

オプションパラメータ

次に、関数の引数にデフォルト値を持たせ、その引数をオプションパラメータ化する例を見ていきます。関数定義が、デフォルト値を持つパラメータを使って行われた場合、そのパラメータとそのパラメータの後に続くパラメータはオプションパラメータとなります。つまり、それらのパラメータは関数呼び出し時に指定してもしなくても、関数は正常に動作できます。例を見てみましょう。

```
In [159]: def my_add2(a, b=5):  # bのみにデフォルト値を設定
     ...:     print('引数は%sと%s\n' % (a, b))
     ...:     return a + b
     ...:
```

```
In [160]: my_add2(3)  # 3がaに代入され、bはデフォルト値となる
引数は3と5

Out[160]: 8   # 関数の返り値
```

この例では、bだけがデフォルト値を持つオプションパラメータとなっています。my_add2(3)では、引数を1つしか指定しなかったため、2つめの引数bにはデフォルト値の5が設定されて、関数の中の処理が実行されています。そのため、返り値として8が返されています。

なお、デフォルト値を持つパラメータを関数定義で設定する場合、ミュータブルオブジェクトをデフォルト値に指定すると予期しない動作になる場合があるので注意が必要です。次の例を見てください。

```
In [161]: def list_append(a, mylist=[]):
     ...:     mylist.append(a)
     ...:     return mylist
   ...
In [162]: list_append(1)
Out[162]: [1]
In [163]: list_append(2)
Out[163]: [1, 2]  # mylistの値が引き継がれている
In [164]: list_append(3)
Out[164]: [1, 2, 3]
```

この例では、引数mylistのデフォルト値は空のリストのはずですが、最初の関数呼び出しでリストにデータが追加されると、そのリストのデータが次の呼び出し時のデフォルト値になっています。このような動作を防ぐには、たとえばNoneを使って次のようにします。

```
In [165]: def list_append(a, mylist=None):
     ...:     if mylist is None:
     ...:         mylist = []
     ...:     mylist.append(a)
     ...:     return mylist
     ...:
In [166]: list_append(1)
Out[166]: [1]
In [167]: list_append(2)
Out[167]: [2]  # 前回の呼び出しに影響されない
```

可変長引数とキーワード引数

次に、関数の引数の数を可変にしたい場合の指定方法を学びます。以下の例を見てください。

```
In [168]: def func_varg(a, b, *args, **kwargs):
     ...:     print(a, b, args, kwargs) # 関数の定義はここまで
     ...:
In [169]: func_varg(3, 'best', 5, 6.2, num=3, hight='high')
Out[169]: 3 best (5, 6.2) {'num': 3, 'height': 'high'}  # print()関数の出力
# 「3」と「best」は必須の引数
# (5, 6.2)が可変長引数として扱われている
# {'num': 3, 'height': 'high'}がキーワード引数として扱われている
```

この例では、最初の2つの引数は呼び出し時に必須の引数ですが、それ以外は必須の引数ではありません。上記のdef文における、3つめの引数「*args」は**可変長引数**(*variable-length arguments*)と呼ばれます。また、同じdef文の4つめの引数「**kwargs」は、**キーワード(可変長)引数**(*keyword arguments*)と呼ばれます。キーワード引数は必ず最後に配置する必要があります。

可変長引数は**タプル**として関数に渡されます。上記の定義ではargsにタプルが代入されます。キーワード引数は**辞書**として関数に渡されます。したがって、上記の例ではkwargsに辞書型の変数が代入されます。このことは、上記の例でprint関数の出力(Out[169]:)を見れば確認できます。

lambda式

Pythonでは**lambda式**と呼ばれる記法によって、いわゆる**無名関数**を作成することができます。無名関数とは、その名のとおり名前を付けなくても良い関数ですが、名前を付けて使うこともできます。以下の例を見てください。

```
In [170]: mylamf = lambda x, y : x * x + y
In [171]: mylamf(3, 4)  # x=3, y=4としてmylamfを計算
Out[171]: 13
In [172]: mylamf(5, 2)
Out[172]: 27
```

この例では、引数をxとyとして「$x \times x + y$」という計算を行う関数に「mylamf」という名前を付けています。これだけ見ても普通にdef文で定義して使うのと何が違うのかと思うかもしれませんが、無名関数は**map**、**sorted**、**filter**などの関数と組み合わせて使うと威力を発揮します。ここではmap()関数と組み合わせて使う例を紹介します。次の例を見てください。

```
In [173]: xy = [[3, 5, 1], [4, 2, 9]]
In [174]: ans = list(map(lambda x, y : x * x + y, *xy))
In [175]: print(ans)
[13, 27, 10]
```

この例では、*xyによってリストのデータを展開してmap関数に渡すため、map関数を使う上記の2行めは以下と同じです。

```
In [176]: ans = list(map(lambda x, y : x * x + y, [3, 5, 1], [4, 2, 9]))
In [177]: ite = map(lambda x, y : x * x + y, [3, 5, 1], [4, 2, 9])
In [178]: next(ite)
Out[178]: 13
In [179]: next(ite)
Out[179]: 27
In [180]: next(ite)
Out[180]: 10
```

このプログラムでは、$x = 3$、$y = 4$の時の「$x \times x + y$」のほか、$x = 5$、$y = 2$および$x = 1$、$y = 9$の時の同じ式を計算します。

map関数の出力は**マップオブジェクト**(*map object*)と呼ばれ、イテレータの一種です。next()関数の引数に与えると、順番に内部に保持しているデータ(この場合lambda式を使った計算結果)を取り出すことができます。結果をまとめて取り出したい場合には、list関数によってリストに変換します。

ジェネレータ関数

関数定義の中で**yield文**が使われている場合、その関数は**ジェネレータ関数**と呼ばれます。ジェネレータ関数はイテレータの一種です。例を見てみましょう。

```
def count_down(m):
    print("%d からカウントダウンします" % m)
    while m > 0:
        if m==3:
            print('m = 3')
        yield m
        m -= 1
    print("カウントダウン終了")
    return
```

この関数定義の後、次のように関数を呼び出しても何も起きないように見えます。

```
In [181]: cnt = count_down(5)
```

この関数呼び出しでは、ジェネレータオブジェクトがcntに代入されています。ジェネレータオブジェクトはイテレータですので、next()関数(Python 3系では__next__メソッドも使えます)に引数として与えることで順番にこの関数からyield

されたデータを取り出すことができます。なお、「yieldされる」とは、ジェネレータ関数の出力となることを意味します。

print関数の出力は、yieldとは無関係にコンソールに表示されます。上記の関数定義の場合、next()関数で取り出される結果とprint関数出力は以下のとおりです。

```
In [182]: next(cnt)
5 からカウントダウンします
Out[182]: 5
In [183]: next(cnt)
Out[183]: 4
In [184]: next(cnt)
m = 3
Out[184]: 3
In [185]: next(cnt)
Out[185]: 2
In [186]: next(cnt)
Out[186]: 1
In [187]: next(cnt)
カウントダウン終了
Traceback (most recent call last):

  File "<ipython-input-17-77509b5792d1>", line 1, in <module>
    next(cnt)

StopIteration  # 生成アイテムがなくなると例外を送出（正常動作）
```

この結果から、yield文によってイテレータの出力が区切られていることがわかります。

デコレータ

デコレータとは、関数やクラスを修飾して機能の変更や拡張を行うための機構です。デコレータは@（アットマーク）の後にデコレータとなる関数の名前を続けて書くスタイルで、次のように記述されます。

```
@debug_log
def myFunc(x):
    return x+x
```

これは実のところ、次の記述の短縮形です。

```
def myFunc(x):
    return x+x
myFunc = debug_log(myFunc)
```

この例では、myFuncという簡単な関数が定義され、そのmyFuncが関数debug_

log()によって再定義されています。では、このdebug_log()という関数はどのような関数であれば役に立つのか、実装例を1つ示します。

```
# デコレータ（debug_log）の機能を有効にするためのフラグ
debug_trace = True
# 上記フラグが有効の場合、ログファイルを開く
if debug_trace:
    log_file = open("debug.log", "w", encoding='utf-8')

# デコレータ関数の定義
def debug_log(func):
    if debug_trace:
        def func_and_log(*args, **kwargs):
            # funcの実行前にログファイルに記録
            log_file.write("開始 %s: %s, %s\n" %
                          (func.__name__, args, kwargs))
            # funcをそのまま実行
            r = func(*args, **kwargs)
            # func終了時に再度ログファイルに記録
            log_file.write("終了 %s: 返り値 %s\n" % (func.__name__, r))
            return r
        return func_and_log
    else:
        return func # debug_trace = False なら何も変えない

# デコレータでmyFuncの機能を変更
@debug_log
def myFunc(x):
    return x+x

# デコレータで変更後のmyFuncを実行
myFunc(3)
myFunc(5)
log_file.close() # ログファイルを閉じる
```

この例ではdebug_traceがTrueの場合にのみ、ログファイルをオープンしてデバッグ情報を記録に残します。そのため、debug_traceがTrueの場合には、debug_logという関数は引数として与えられた関数を呼ぶ前後でログファイルに情報を書き込む処理を追加するラッパー関数(*wrapper function*)を生成します。つまり、元々呼び出した関数の前後にログファイルへの書き込みを加えたfunc_and_logという関数で元の関数を置き換えるのです。この例では、debug_traceがFalseの場合には、元の関数に何ら影響を与えません。

デコレータは、複数指定できます。次の例を見てください。

```
@fout
@fmid
@debug_log
def myFunc(x):
    return x+x  これは次の記述と同じ意味になります。
myFunc = fout(fmid(debug_log(myFunc)))
```

デコレータには、引数を指定して動作を制御することなども可能です。

手続き型言語

本章の冒頭で、手続き型プログラミングのパラダイムについて言及しました。**手続き型**のプログラミング言語[注24]は、以下のような特徴を持ちます。

❶ある決まった処理を関数化し、それを繰り返し利用できる(モジュール性)

❷処理の流れに着目して記述する

❸データ(の構造)と処理(関数)が分離しており、別々に規定される

4.1節のスクリプトの構成を思い出してください。前出の図4.1に見られるように、まず必要な処理(関数)を定義し、処理の流れをif __name__ == '__main__':以降に記述しています。これが、上記3つの特徴のうち❶❷に対応しています。

また、❸のデータと処理の分離については、使うデータを、それに対する処理とは分離して、どこでも自由に定義できます。Pythonで使うデータは、すべてオブジェクトである(4.2節)と説明していますが、そのような特徴が関数型言語として利用を妨げるものではありません。

手続き型プログラミングと対比されることが多い、「関数型プログラミング」と「オブジェクト指向プログラミング」との違いも簡単に触れておきます。関数型プログラミングでは、データの流れに着目した処理の記述になります。また、オブジェクト指向プログラミングでは、データとそのデータに対する処理がまとめて規定される、という違いがあります。

Pythonでは、関数型プログラミングも、オブジェクト指向プログラミング[注25]も可能です。しかし、関数型プログラミング言語としての特徴[注26]は付属的な要素と言っても良いかと思いますので、本書ではこれ以上詳しく説明しません。詳細は、Pythonの公式ドキュメント[注27]などを参照してください。

注24 一般的には、命令型のプログラミング言語と同じ意味として用いられます。

注25 オブジェクト指向については、本書第5章で後述します。

注26 前述の、イテレータやリスト内包表記、ジェネレータなどは、関数型プログラミングにも関係する言語要素です。これらを使うと、関数型プログラミングの思想に沿った記述が可能になります。

注27 URL http://docs.python.jp/3/howto/functional.html

4.10 モジュールとパッケージ

Pythonには、Python本体と共にインストールされる**標準ライブラリ**と呼ばれる**モジュール**や**パッケージ**が、多数組み込まれています。この他にも、多数の便利なサードパーティライブラリが存在し、それらをうまく利用してプログラムを構成していくのが普通です。また、自分で作成したPythonプログラムも、規模が大きくなるとモジュールやパッケージに分割して全体の見通しを良くしたり、プログラムを再利用可能にしたりします。本節では、このモジュールやパッケージとは何なのかを詳しく見ていきます。

ライブラリ、モジュール、パッケージ

ライブラリ(*library*)とは、あらかじめ特定の機能を実現するために作成されたプログラム群を指します。Pythonのライブラリには、モジュールとパッケージがあります。

前述のとおり、Pythonにおける**モジュール**(*module*)とは、関数やクラスなどのオブジェクト定義が書かれた1つのファイルを指します。大規模なプログラムを書く際には、機能構成毎にファイルを分割して記述したい場合があります。その場合には、モジュールを作成して、他のファイルからそれを**import**して使います。Pythonでは、importしない限りその中身は見えません注28。

モジュールには、実行文も記述することができます。この実行文は、通常はそのモジュールの初期化処理を行うためのもので、そのモジュールがどこかで最初に読み込まれた時に一度だけ実行されます。モジュールを利用すると、別々のモジュールの著者がそれぞれのグローバル変数が重複することを心配しなくて済むようになります。

パッケージ(*package*)は、Pythonの複数のモジュールを束ねて管理するための仕組みです。モジュールの実体は1つのファイルでしたが、パッケージの実体は、モジュールとなるファイルを複数収めたフォルダです。パッケージの構成のイメージを**図4.25**に示します。

注28 他言語では、パスが通った場所に定義ファイルがあれば、それが「見える」仕様のものもあります。たとえば、MATLABでは、実行ファイルと同じフォルダにある関数定義ファイルは、importのような操作なしに参照することができます。

パッケージ内のフォルダには__init__.pyというファイルが配置されます注29。パッケージをimportすると、まずはこのファイルが読み込まれます。このファイルには、パッケージをimportする際に実行したい処理を記述しておきます。パッケージでは、その中のモジュールを呼び出す際に.（ドット）付きモジュール名が利用されます。たとえば、「foo.bar」のように<パッケージ名>.<モジュール名>という形式でモジュールが呼び出されます。このような仕組みがあるため、別パッケージとのモジュール名の重複を、あまり心配しなくても済むようになります。

importの基本

モジュールとは、Pythonのファイルであると説明しました。したがって、Pythonのスクリプトファイルであれば、通常それ自体がモジュールとなることができます。たとえば、次の例を見てください。

```
# ファイル名: module_1.py
print("module_1 is imported.")
wgt = 60.5  # 初期体重 [kg]

def teacher(x):
    if x > 60:
        print("体重オーバーです")
    else:
        print("適正体重です")
```

注29 パッケージの一部としてimportの対象とならないフォルダの場合には、__init__.pyを配置する必要はありません。

図4.25 パッケージのイメージ

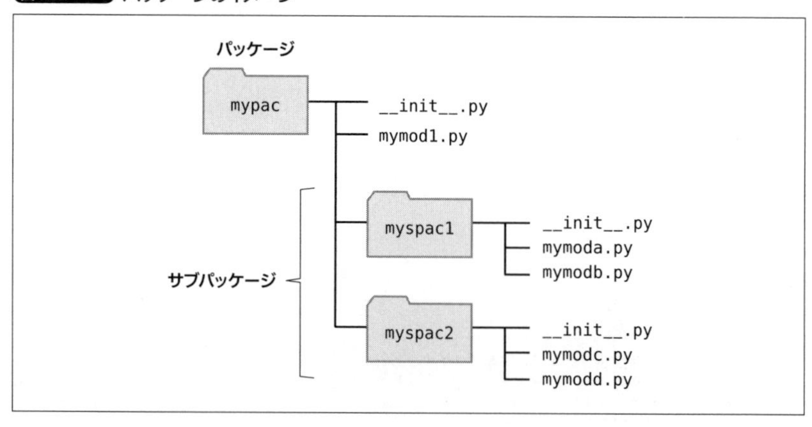

```
def run(weight):
    print("ランニングで1kg体重を落とします")
    weight -= 1
    return weight
```

このプログラムが「module_1.py」というファイルに保存されているとします。この時、このモジュール(ファイル)をimportするにはimport module_1と書きます。最初にこのモジュールがimportされると、次の3つの処理が行われます。

❶新たに名前空間を作成し、そのモジュールの中のオブジェクトをすべて格納する
❷そのモジュールの中のコードを新しい名前空間の中で実行する
❸モジュールをimportした側の名前空間に新しく作成した名前空間への参照名を作成する。この参照名はモジュールの名前と同じ

モジュールを呼び出す側(module_2.py)では、次のように先のモジュール(module_1.py)を利用できます。

```
# ファイル名: module_2.py
import module_1  # module_1をimportして内部のプログラムを実行

# module_1の内部の変数にアクセス
weight = module_1.wgt
# 以下、複数回にわたり、module_1の内部の関数にアクセス
module_1.teacher(weight)
weight = module_1.run(weight)
module_1.teacher(weight)
```

この場合の実行結果は、次のとおりです。

```
In [188]: %run module_2.py
module_1 is imported.  # import時の実行結果出力
体重オーバーです  # この行以下は、関数呼び出しの結果
ランニングで1kg体重を落とします
適正体重です
```

ここで注意しておきたい点は、importしたモジュール内のコードは最初にimportされた時にしか実行されないことと、出力を伴う実行文が含まれている場合には、その出力がimport時に出力されるということです。

ところで、モジュールをimportするやり方は1つではありません。モジュールのimportのパターンは、大まかに以下のとおりです。

❶import [モジュール名]
❷import [モジュール名] as [別名]

```
❸from [モジュール名] import [メンバ名1], [メンバ名2], ...
❹from [モジュール名] import *
❺from [モジュール名] import [メンバ名] as [別名]
❻import [モジュール名1], [モジュール名2], ...
```

❶の記法は、単純なモジュールのimport例です。importしたモジュール名をそのまま使い、.(ドット)でつなぐ記法でそのモジュールの中の**メンバ**(関数やクラス、変数など)を参照します。

❷の記法では、importしたモジュールに別名を付けています。この場合、<別名>.<メンバ名>の形式で、importしたモジュールのメンバを参照できます。モジュール名が長い場合などには便利です。

❸は、モジュールの中から特定の関数や変数などの一部のメンバをimportする場合に使う記法です。この記法では、importしたメンバを、モジュール名を付けずに直接参照することができるようになります。つまり、<モジュール名>.<メンバ名>という記法ではなく、<メンバ名>と書けば参照できます。コードの記述が短くなり、可読性向上の観点では便利なのですが、異なるモジュール名から同じ名前のメンバがimportされてしまうと弊害が生じるため注意が必要です。

たとえば、Pythonの標準ライブラリには「path」というメンバを持つosモジュールとsysモジュールがあります。「os.path」はモジュールであり、「sys.path」はリスト(変数)です。この2つがfromを使って`from os import path`および`from sys import path`のように両方ともimportされた場合、後からimportされたものによって「path」が上書きされてしまいます。

Pythonではモジュールや関数やクラスなども、整数や文字列などと同じように変数に代入して名前を付けられるようになっています。そして、その変数は何度でも再定義可能です。したがって、Pythonではエラーが出ることなく、いつの間にか変数が違うものになってしまうということが起こり得るのです。fromを使ってimportする際の注意点として留意しておきましょう。

❹の記法では、そのモジュールのメンバをすべてimportします。**スターインポート**(*star import*)などとも呼ばれます。この記法では、そのモジュールにどのようなメンバがあるのかすべて把握していれば問題はありませんが、そうでない場合には前述のとおり変数の上書きが知らないうちに起きる可能性が高くなります。PEP 8でも、このようなimport方法は避けるべきであるとされています。

❺の記法は、❸の応用です。importしたメンバに別名を付けて参照できるようにしています。

❻は、複数のモジュールをimportする時の記述法です。しかし、このような記法は、PEP 8で悪いやり方として挙げられていますので利用は避けましょう。

パッケージのimport

ここまで、モジュールのimportについて説明しましたが、パッケージのimportもほぼ同様に、以下の記法が使えます。

①import [パッケージ名1]
②from [パッケージ名] import [パッケージ名1], [パッケージ名2], ...
③from [パッケージ名] import *
④import [パッケージ名] as [別名]
⑤from [パッケージ名] import [モジュール名] as [別名]
⑥import [パッケージ名.モジュール名]
⑦import [パッケージ名.モジュール名] as [別名]
⑧import [パッケージ名1], [パッケージ名2], ...

前出の図4.25のパッケージの場合、`import mypac.myspac1`や`import mypac as mp`の他、`import mypac.myspac1.mymoda as mma`などのようにimportできます。モジュールの場合と異なるのはパッケージの中のどの部分をimportするのかを.(ドット)をつないで階層構造として表現するという点だけです。

ファイル検索の順番

Pythonがモジュールをimportする際、そのimportしようとしている名前のモジュールが複数の場所に存在する場合もあります。そのような場合には、決められた優先順位に従ってモジュールを検索し、見つかった時点でそのモジュールがimportされる仕組みになっています。Pythonがモジュールを検索する際の優先順位は、大まかに言って次のようになっています。

❶カレントフォルダ
❷環境変数PYTHONPATHに設定されているフォルダ
❸標準ライブラリのモジュールフォルダ
❹サードパーティライブラリのフォルダ

現在の詳細な検索パスとその順位を調べるには、次のようにします。

```
In [189]: import sys
In [190]: sys.path
['',
[<以下略：パスのリストが表示される>]
```

検索パスにはフォルダとPythonモジュールを含むzipアーカイブファイルを指

定することができ、次のようにすると検索パスに追加することが可能です。

```
In [191]: import sys
In [192]: sys.path.append("mymodules.zip")
In [193]: sys.path.append("c:/Myfolder/mysubfolder")
```

頻繁に起きることではありませんが、同一の名前のモジュールが複数の場所で見つかる場合があります。想定しているモジュールと異なるモジュールがimportされないように、システム上にあるモジュール名と重複しないかどうか常に確認しましょう。また、前述の検索パスの優先順位を意識して、ファイルを配置すると良いでしょう。

4.11 名前空間とスコープ

プログラミング言語には一般的に、名前空間やスコープという概念が存在します。名前空間は、変数や関数名などの「名前」と、それが指し示す「オブジェクト」との対応付けです。そしてその変数が、ソースコードの中で参照される範囲がスコープです。本節では、Pythonにおけるこれらの概念について学び、自在にスコープを操れるようになりましょう。

名前空間

名前空間（*namespace*）とは、簡単に言えば「名前」と、それが指し示す「オブジェクト」との対応付けです。Pythonでは通常、**辞書型**として実装されます。名前空間はユーザが自ら生成するものではなく、プログラムが必要な時に自動的に生成し不要になれば破棄します。たとえば、モジュールの読み込み時にはそのモジュールの名前空間が生成されます。それは、そのモジュールの**グローバル名前空間**（*global namespace*）と呼ばれます。

関数も、呼び出し時に名前空間を生成します。そして、関数の終了時にその名前空間は削除されます。関数の名前空間は、**ローカル名前空間**（*local namespace*）と呼ばれます。

この他、組み込み関数等の名前が入った名前空間として、**組み込み名前空間**（*built-in namespace*）が常に存在します。そのため、いつでもprint()やid()などの関数を使えます。

名前空間は、完全にそれぞれが独立しているため、複数の名前空間に同じ名前のオブジェクトが存在していても問題ありません。前述のとおり、Pythonでは、モジュールとは1つのファイルです。したがって、複数のファイルで構成されるプログラムにおいて、それぞれのファイルの中に同じ名前の変数が存在しても、基本的には問題ありません。たとえば、tokyo.pyとyokohama.pyという2つのスクリプトの中に、それぞれconstAという同じ名前の変数が存在するとします。その場合でも、次のようにconstAを扱えば問題はありません。

```
import tokyo    # tokyo.py の中でconstAが定義されている
import yokohama # yokohama.py の中でもconstAが定義されている

constA = tokyo.constA + yokohama.constA  # どのconstAか区別できている
```

しかし、次のようにしてしまうと名前が重複してしまうため、意図した動作になりません。

```
from tokyo import constA  # tokyo.pyの中のconstAに「constA」でアクセス可能
from yokohama import constA # yokohama.pyの中のconstAにも「constA」でアクセス可能

constA = constA + constA # constAは、どのconstA?
```

この例では、最初の2つのimport文で、tokyo.pyの中のconstAもyokohama.pyの中のconstAもどちらもjapan.pyの中から直接「constA」として呼び出せるようにしてしまったため、名前の衝突が起きて「constA」がどちらを指すのかわからなくなってしまっています。ここで「直接呼び出せる」とは、「tokyo.constA」のようにモジュール名を最初に付けて呼び出す必要がないことを意味します。もし、両方のconstAを直接呼び出したい場合には、importする際に次のように別名を付ける必要があります。

```
# japan.py
from tokyo import constA as tconstA # constAに別名tconstAを付ける
from yokohama import constA as yconstA # constAに別名yconstAを付ける

japan_constA = tconstA + yconstA
```

スコープ

スコープ(*scope*)とは、あるオブジェクトが直接参照されるPythonプログラム上の範囲です。直接とは、importしたモジュール名を使って「numpy.pi」のようにしてアクセスするのではなく、「pi」のように、直接その変数の名前を指定することを意味します。プログラム実行時には、通常次のような入れ子になったスコープが存在します。

❶ローカル変数を持つ、現在の実行コードがある関数などのスコープ

❷外側の関数のスコープ。近い方から順番に検索され、ローカルでもグローバルでもない変数を持つ

❸グローバル変数を持つモジュールのスコープ

❹組み込みの名前を持つ最も外側のスコープ

関数の中で、ある変数が現れた時、その変数はまずその関数のローカル名前空間(❶)内から検索されます。見つからなければ、さらに外側の関数のスコープ(関数が入れ子になっている場合、❷)、モジュールのグローバル名前空間(❸)、組み込み名前空間(❹)の順番で探します。

関数におけるスコープと名前空間

先に説明したように、関数が実行されるとそのたびに**新しい名前空間**が生成されます。この名前空間は、その関数で使われる引数と関数内部で定義された変数の名前を含むローカルな環境を提供します。ローカルな環境とは、外側の関数やスクリプトからは見えない名前空間であることを意味します。関数が入れ子になると、そのローカル名前空間の中にさらにローカル名前空間が生成されます。名前空間のイメージを**図4.26**に示します。

スクリプトファイルを実行すると、その実行環境に対して**グローバル名前空間**が割り当てられます。また、図4.26では、モジュールを1つimportする場合のイメージとなっていますが、複数のモジュールを読み込めばグローバル名前空間は複数存在することになります。そして、グローバル名前空間が使えるスコープを**グローバルスコープ**、ローカル名前空間を使えるスコープを**ローカルスコープ**と呼びます。通常は、グローバル名前空間を形成するモジュール(ファイル)やコードブロック(関数定義など)とスコープは一対一対応します。なお、クラスが関係する場合は少々話が複雑になりますので第5章で改めて解説します。

名前空間と変数操作

関数の中で使われる**変数**は、まずローカル名前空間の中から探して使われます。もしローカル名前空間にない場合には、グローバル名前空間の中を探します。グローバル名前空間にもそのオブジェクトが存在しない場合には最後に組み込み名前空間が検索されます。それでもそのオブジェクトが見つからない場合には、**NameError例外**が送出されてエラーとなります。

外側の名前空間から変数が見つかった場合でも、そのデータを参照することはできますが、データ自体を変更することはできません。外側の名前空間の変数に代入を行ったつもりでも、ローカル名前空間にその変数が新たに生成されて、そこに代入される動作になります。次の例を見てください。

```
In [194]: a, b = 3, 7  # グローバル名前空間上のaとb
In [195]: def foo():
   ...:     a = 5  # 関数foo()のローカル名前空間上のa
   ...:     print('(a, b) = (%d, %d)' % (a, b))
In [196]: foo()
Out[196]: (a, b) = (5, 7) # bはグローバル名前空間から参照
In [197]: a
Out[197]: 3   # グローバル名前空間上のaは3のまま
```

この簡単な例を見てもわかるとおり、ローカル名前空間にない変数はグローバル名前空間から参照することはできますが、グローバル名前空間にある変数のデータを変更することはできません。

global文とスコープ拡張

グローバル名前空間にある変数を、ローカルスコープから変更する手段はないのかと言うと、実は、そのようなことを可能にする**global文**が用意されています。

```
In [198]: a, b = 3, 7  # グローバル名前空間上のaとb
In [199]: def foo():
   ...:     global a  # aはグローバル名前空間上のaを指す
   ...:     a = 5  # グローバル名前空間上のaを5に変更
   ...:     print('(a, b) = (%d, %d)' % (a, b))
In [200]: foo()
(a, b) = (5, 7)
In [201]: a
```

図4.26 名前空間のイメージ

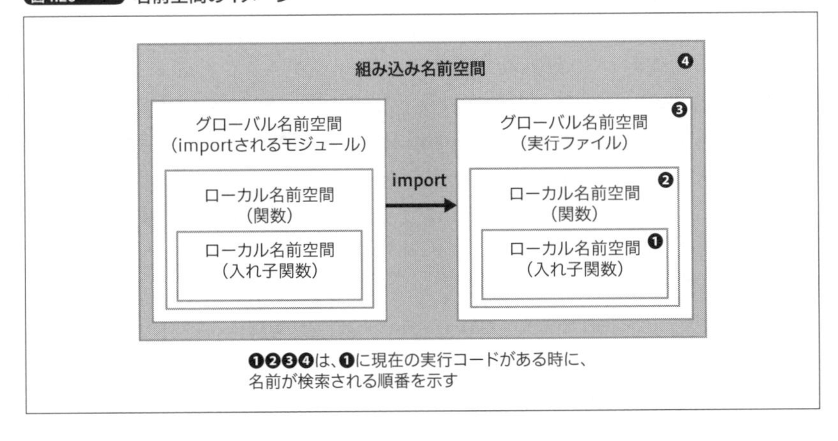

```
Out[201]: 5      # グローバル名前空間上のaが関数foo()の中で変更されている
```

この例では、関数fooの中の変数aがglobal文で修飾されているため、関数fooの中のaへの代入文によって、グローバル名前空間にある変数aのデータが変更されています。つまり、「変数aへの代入文」のスコープが拡張していると考えることができます。

nonlocalとスコープ拡張

入れ子構造の関数の場合に、**nonlocal文**を使うことで、global文とは若干異なるスコープの拡張も可能です。たとえば、Pythonでは次のような入れ子構造の関数でnonlocal文を使えます。

```
In [202]: def countdown(init_n):
   ...:     n = init_n
   ...:     def minusone():
   ...:         nonlocal n # 親関数のnを使う (Python 3系のみ)
   ...:         n -= 1
   ...:     while n > 0:
   ...:         print(n)
   ...:         minusone()
In [203]: countdown(3)
3
2
1
```

この例では、countdown()という関数の内部でminusone()という関数が定義されています。このような入れ子構造の関数では、まずminusone()のローカル名前空間の中で、関数内部で参照されている変数が検索され、そこにない場合には、その外側のcountdown()の名前空間から検索されます。さらに、そこにもない場合にはグローバル名前空間から探す、というように段階を踏んで変数が検索されていきます。ただし、上記の例の場合はnonlocal文があることによって、変数nは関数minusone()のローカル変数ではなくなり、グローバル名前空間でもローカル名前空間でもない外側の名前空間(前出の図4.26の❷に相当)から探すことを指示することになります。global文と似ていますが、global文では、グローバル名前空間からの変数検索を指示することになりますので、若干意味が異なります。

クロージャ

前項に関連して、入れ子構造関数の外側の関数内の変数や、グローバル名前空間の変数を参照する関数において、引数以外の変数を、実行時の環境ではなく自身が定義された環境において解決することを特徴とする関数を**クロージャ**(*closures*)

と呼びます。例を見てみましょう。以下のプログラムを実行すると、「5」がprint文の結果として出力されます。

```
# file : fetcha.py
a = 3
def fetch_a():
    return a

if __name__ == "__main__":
    a = 5
    print(fetch_a())  # 結果は「5」
```

一方、このfetcha.pyというファイルを次のようにモジュールとして読み込んで、fetch_a()という関数を使ってみましょう。

```
from fetcha import fetch_a

a = 7
print(fetch_a())  # 結果は「3」（「7」ではない）
```

この例のprint文の結果は「7」ではなく「3」です。aのデータはfetch_a()の定義時の環境において解決された「3」が使われているのです。クロージャはうまく使えば大変便利ですが、想定外の挙動を生む可能性もありますので注意してください。

4.12 まとめ

本章では、Pythonの基本事項全般を説明しました。本章の内容を学ぶことで、プログラムで使う変数を定義し、関数を駆使して構造化されたプログラムを記述し、プログラムのフローを制御するための基礎は習得できたはずです。

特に、科学技術計算分野におけるPythonの利用でポイントの1つとなる、メモリの利用のされ方にも重点を置き、変数の生成とコピー時の動作（浅いコピー、深いコピー）や、名前空間とスコープについて詳しく取り上げました。この知識をベースに、第7章では、NumPyにおけるコピー時の動作についても学びます。それによって、効率的なメモリ利用と、高速に動作するプログラムの作成に必要となる基礎知識が身に付くでしょう。名前空間とスコープについても、複数ライブラリを活用する大規模なプログラムを書く方は、十分に理解しておく必要があります。本書の例題を通して、本格的なプログラムの作成には必須となるこれらの知識を習得してください。

なお、クラスとオブジェクトの基礎については第5章で、データの入出力機能については第6章で、組み込み関数と標準ライブラリについては巻末のAppendix Bで、それぞれ解説しますので、必要に応じて参照してください。

第5章

クラスとオブジェクトの基礎

Pythonは、いわゆるマルチパラダイム言語の一種で、オブジェクト指向プログラミングをサポートします。オブジェクト指向に欠かせないのが、本章で学ぶ**クラス**です。クラスは、オブジェクト（4.2.節で前述）の設計図です。これまでは、整数型や文字列型など、すでに設計図が存在する型のデータだけを扱ってきました。本章でクラスについて学べば、新たなデータ型の設計図を作成することができます。

本章における解説項目を概観してから、「クラス定義」「継承」「スタティックメソッドとクラスメソッド」「隠ぺいの方法」「クラスと名前空間」について順に見ていきましょう。

5.1　クラス定義

本節では、**クラス定義**に関する基本的な事項を学びます。クラス定義の文法の他、特殊メソッドのコンストラクタとデストラクタについて説明し、クラス属性とインスタンス属性の違いについても解説します。

本章における解説項目について

クラスに関する基本的な概念と、実用的な利用方法のエッセンスを学ぶため、本章では以下の項目について解説します。これらの手法について学ぶことで、見通しの良いプログラムを作成するスキルを獲得していきましょう。

- クラス定義の基本(新しい型の設計書作成の基本)
- インスタンス化(設計書に基づく、実体の生成)
- クラスの継承(型の設計書の引き継ぎ)
- 特殊なメソッド(スタティックメソッドとクラスメソッド)
- 情報隠ぺいとカプセル化(情報を外から隠す意味と、その実現方法)
- 名前空間との関係

クラス定義の基本形

クラスとは、「オブジェクト生成のための拡張可能なプログラムコードのひな形」です。言い換えると、オブジェクトの設計図です。**クラス**は、**データ**と、そのデータに関連する処理である**メソッド**から構成されています。

オブジェクト指向の文脈では、データのことを「属性」(*attribute*)と呼ぶことがありますが、Pythonでは、.(ドット)をつないで呼び出されるデータもメソッドもすべて「属性」と呼ばれます。本書では、Pythonの定義に従い、「属性」はデータとメソッドを包含する意味で用います。

クラスの定義の基本形を**図5.1**に示します。クラスの定義には**class**文を使います。classの後にクラス名を続け、継承(継承に関しては後述)を行うクラスの名称をその後の括弧の中に記述します。この継承するクラスを**基底クラス**(後述)と呼び、継承するクラスの指定は省略できます。その場合には、クラス名の後の括弧を省略して「`class クラス名:`」と記述できます。

図5.1 クラス定義の基本形

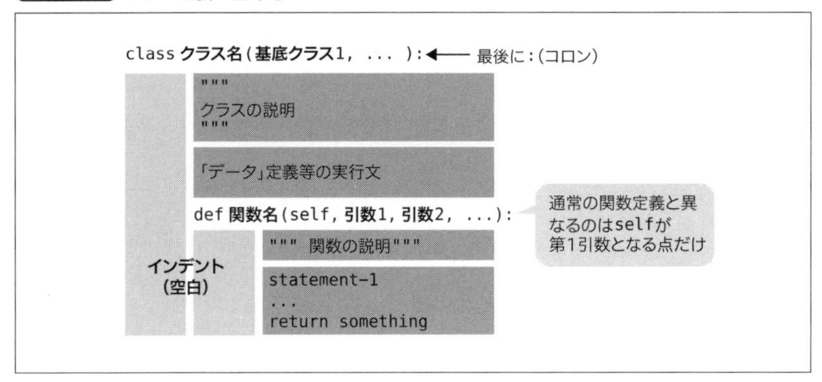

クラスの定義方法は、関数の場合と似ています。インデントを使ってコードブロックの範囲を示し、Docstringも関数定義の場合と同様に付けることができます。クラス名は、一般的に「MyClass」のように英単語の頭文字だけを大文字にしてつなぐ方式で命名します注1。

クラスは、オブジェクトの設計図であると述べました。この設計図に基づいて、複数のオブジェクトの実体を生成できるわけですが、この実体の生成を**インスタンス化**と呼び、生成した実体を**インスタンス**と呼びます。

インスタンスは、「オブジェクト」であって、そのオブジェクトの名前は「変数」ですが、あえて「インスタンス」と呼ぶ場合は、クラス定義から生成されたオブジェクトであることを明確にするための一種の慣例です。

では、具体的にクラスの定義と、そのクラスのインスタンスの生成について見ていきましょう。**リスト5.1**の例を見てください。

リスト5.1 クラス定義の例(class1.py)

```
# クラスの定義
class MyClass(object):  # ❶継承するクラスなし
    """ ❷簡単なクラスの例のDocstring """
    # ❸クラスのデータx、yの定義
    x = 0
    y = 0

    # ❹このクラスのメソッドの定義
    def my_print(self):
        # xをインスタンス固有のオブジェクトとして+1する
        self.x += 1
        # yをクラス固有のオブジェクトとして+1する
```

注1 この方式はアッパーキャメルケース(*upper-camelcase*)、パスカルケース(*pascal-case*)などと呼ばれます。

```
        MyClass.y += 1
        # クラスのデータxとyの値を確認
        print('(x, y) = ({}, {})'.format(self.x, self.y))

# クラスのインスタンス化
f = MyClass  # ❺()が付いてない場合はクラスに別名を付けただけ
a = MyClass() # ❻MyClassクラスのインスタンスを生成し、aという名前を付ける
b = f()  # ❼f()はMyClass()と同じ意味（別名を使っている。❺を参照）
# ❽メソッドの実行
a.my_print()
b.my_print()
b.my_print()
```

この例では、「MyClass」という名前のクラスを定義しています。この例では、継承するクラスがありませんが、その場合には基底クラス(詳しくは後述、5.2節参照)の「object」を自動的に継承することになりますので、上記の例ではそれを明示的に表現しています(クラスの継承については後述)。基底クラスのobjectクラスは明示する必要はないので、`class MyClass:`と記述しても問題はありません。

次に、❷で、このクラスの説明文が付けられます。これは関数の場合と同様にDocstringと呼ばれますが、なくても問題ありません。❸では、クラスのデータとしてxとyが定義されています。もちろん、リストや辞書型など任意の型のオブジェクトをクラスのデータにできます。次に、❹では、このクラスのメソッドの定義が行われています。この例では、クラスのデータxとyに1を加えてそれらの値を表示(print)する処理が定義されています。クラスのメソッドの最初の引数は、そのクラスのインスタンスを参照するための**self**という変数です。実はこれはどんな名前でも良いのですが、「self」にすることが慣例で決まっています。この例のような、デコレータが付かないメソッドは**インスタンスメソッド**と呼ばれます。それ以外の種類のメソッドについては、5.3節で後述します。

クラス属性とインスタンス属性

前出のリスト5.1の例で、データxおよびyの参照の仕方が異なっています。一方は、`self.x`のように頭に「self」を付けて . でつないでいます。他方は、「MyClass.y」のようにクラス名を先頭に付けています。これらの違いを見ておきましょう。

先に説明したようにselfはインスタンスを参照するための名前でした。ですから、xをインスタンス固有のデータとして扱うことになります。このようなデータを、**インスタンス属性**と呼びます。一方、クラス名を指定した「MyClass.y」の方は、クラスの属性としてyを扱うことを意味します。この場合、MyClassというクラスの複数のインスタンスでyという属性を共有します。このようなデータを、

クラス属性と呼びます。

このことを、リスト5.1の例に沿って確認していきましょう。

はじめに、クラスのインスタンス化の部分ですが、❺では、MyClassというクラス名に別名「f」を付けています(()が付いていないため)。そして、インスタンス化は次の❻と❼で行われており、どちらも同じ処理です。クラス名のMyClassに()を付けると、インスタンス化が行われるようになっています。❼では別名fが使われていますが、❻とまったく同じ処理になります。

そして、❽においてaのメソッドmy_print()が1回、bのメソッドmy_print()が2回実行されています。その結果を以下に示します。

```
In [1]: %run class1.py
(x, y) = (1, 1)
(x, y) = (1, 2)
(x, y) = (2, 3)
```

この例では、xはインスタンス属性として扱われているため、xはインスタンスaとbでそれぞれメソッドmy_print()が実行された回数を表しています。一方、yはクラス属性として扱われているため、aとbの両方のインスタンスでmy_print()が実行された回数の合計になっています。このように、クラスで定義されたデータをインスタンス固有のオブジェクトとして扱うことも、クラス固有のオブジェクトとして扱うこともできますので、意識して区別することが大切です。

コンストラクタとデストラクタ

Pythonのクラスには、オブジェクト指向言語のクラスが通常持っている**コンストラクタ**と**デストラクタ**に相当する機能を提供するための特別な名前のメソッドがあります。コンストラクタとは、インスタンス化の時に初期化処理として実行されるメソッドで、デストラクタはインスタンスを削除する際に実行する終了処理用のメソッドです。

Pythonでは、**コンストラクタ**に相当するメソッドを`__init__`で定義することになっています。**リスト5.2**の例を見てみましょう。

リスト5.2 コンストラクタの例(class2.py)

```
# クラスの定義
class MyClass(object):  # 継承するクラスなし
    """ 簡単なクラスの例のDocstring """

    def __init__(self, x, y):
        self.x = x
        self.y = y
```

```
    def my_print(self):
        print('{}年のオリンピック開催地は{}'.format(self.x, self.y))

# クラスのインスタンス化
a = MyClass(2016, 'リオデジャネイロ')
b = MyClass(2020, '東京')
# メソッドの実行
a.my_print()
b.my_print()
```

リスト5.2の例では、引数を2つメソッド__init__に引数として渡し、インスタンス化時にインスタンスの属性の初期化を行っています。属性の値の設定は別途メソッドを呼び出して実行することも可能ですが、インスタンス化時に同時にできる方が便利です。このスクリプトの実行結果を次に示します。

```
In [2]: %run class2.py
2016年のオリンピック開催地はリオデジャネイロ
2020年のオリンピック開催地は東京
```

次に、**デストラクタ**に相当するメソッドは__del__です。Pythonがインスタンスを削除する時に、そのクラスに__del__というメソッドがあると自動的に呼び出されます。しかし、Pythonでは通常デストラクタは定義しません。なぜなら、デストラクタの呼び出しが必ず行われるとは限らないからです。これはPythonの仕様上の問題です注2。リソースの管理にはデストラクタに頼るのではなく、with文などを使うべきでしょう。

5.2 継承

オブジェクト指向プログラミングで使われるクラスを理解するにあたって、継承の概念は重要です。継承とは、既存のクラスの設計図を引き継いで、その一部を修正して新たなクラスを作るための仕組みです。本節では、継承の仕組みを学んでいきます。

注2　デストラクタについてもう少し詳細に知りたい方は、Pythonの公式ドキュメント(次のURLの「object.__del__(self)」の項)を参照してください。 URL http://docs.python.jp/3/reference/datamodel.html

基底クラスと派生クラス

元のクラスを**基底クラス**(*base class*)または**スーパークラス**(*superclass*)と呼びます。また、継承の仕組みを使って基底クラスを一部変更して作成されるクラスを**派生クラス**(*derived class*)または**サブクラス**(*subclass*)と呼びます。

継承によって生成された派生クラスは、基底クラスの属性(データとメソッド)をすべて引き継ぎます。しかし、それらの属性を再定義することもできますし、新たな属性を追加することもできます。属性を再定義するとは、基底クラスの中のデータやメソッドと同じ名前のデータやメソッドを、派生クラスの中で定義することです。これを**オーバーライド**(*override*)と呼びます。

継承する基底クラスは、class文のクラス名の後の括弧の中に複数指定できます(前出の図5.1)。複数の基底クラスを持つ場合、**多重継承**(*multiple inheritance*)と呼びます。もし基底クラスの指定がない場合はobjectクラスを自動的に継承します。objectクラスはすべてのクラスの元となっているクラスで、__str__のような共通メソッドが定義されています。

継承後の属性の再定義と新規追加

派生クラスを生成する例を見ながら、ここまでの説明に対する理解を深めていきましょう。**リスト5.3**は、クラスを継承する一例です。基底クラスから継承した属性を再定義したり、新たな属性を追加したりする処理を行っています。

リスト5.3 クラスの継承の例(inheritance1.py)

```
# ❶クラスMyBaseの定義 (MyDerivの基底クラス)
class MyBase:
    coeff = 2

    def __init__(self, x):
        self.x = x

    def mult(self):
        return self.coeff * self.x

# ❷クラスMyDerivの定義 (MyBaseの派生クラス)
class MyDeriv(MyBase):
    coeff = 3  # ❸属性を再定義

    # ❹コンストラクタの再定義
    def __init__(self, x, y):
        super().__init__(x)  # ❺基底クラスのメソッドの呼び出し例
        self.y = y  # ❻属性yを追加しインスタンス化時に初期化
```

```
    # ❼新しいメソッドを追加（メソッドmultは継承して持っている）
    def mult2(self):
        return self.coeff * self.x * self.y

# ❽MyBaseとMyDerivを使った計算例
a = MyBase(3)  # MyBaseのインスタンスを生成
print(a.mult())   # 結果は 2*3=6
b = MyDeriv(3, 5)  # MyDerivのインスタンスを生成
print(b.mult())   # 結果は 3*3=9 （継承したメソッドの確認）
print(b.mult2())  # 結果は 3*5*5=45（追加したメソッドの確認）
```

リスト5.3の例では、まず基底クラスとしてMyBaseが定義されています。MyBaseクラスの属性には、データとしてcoeffとxがあり、メソッドとしてmultがあります。次に、MyBaseを基底クラスとする派生クラスMyDerivが❷で定義されています。この中で、❸においてMyBaseから継承したcoeffが再定義されています。派生クラスの中で基底クラスの属性の値を変更する必要がある場合には、このように再定義によって可能です。

次に、❹ではコンストラクタの再定義を行っており、❺において基底クラスの関数をsuper()という組み込み関数を使って呼び出しています。また、❻では属性yを新規に追加し、さらにインスタンス化時に初期化できるように`__init__`関数の引数にyを加えています。クラスMyDerivはMyBaseを継承していますので、メソッドmultを引き継いでクラスの要素（**メンバ**/*member*）として持っていますが、❼では新しいメソッドmult2を追加しています。

このようにして、継承を使って新たに定義したMyDerivクラスと基底クラスのMyBaseを使った計算例を❽に示します。計算結果は、コメントの中に示したとおりです。継承した属性やメソッドを引き継ぎつつ、修正や追加をした部分が反映された結果となっていることが確認できます。

5.3 スタティックメソッドとクラスメソッド

Pythonのクラスでは、特に指定しない限りインスタンス（のデータ）に作用する前提となっています。そのことは、メソッドの第1引数にはselfというインスタンスを渡すことで明示されます。しかし、インスタンスに作用しないメソッドも存在します。それが、**スタティックメソッド**と**クラスメソッド**です。本節では、これらのメソッドについて見ていきます。

スタティックメソッド

スタティックメソッド(*static method*)とは、簡単に言えばクラスインスタンスにはまったく作用しないメソッドです。スタティックメソッドを作るには、**@staticmethod**というデコレータを使います。**リスト5.4**の例を見てください。

リスト5.4 スタティックメソッドの例

```
class MyCalc(object):
    @staticmethod
    def my_add(x,y):
        return x + y

a = MyCalc.my_add(5, 9) # a = 14 となる (MyCalcのインスタンスを作成しなくてよい)
```

この例では、my_add()という関数をクラスMyCalcのスタティックメソッドとして定義しています。この場合、my_addの第1引数はインスタンスを意味する**self**ではありません。この例では、my_addをクラスMyCalcの外で定義しても良いように思えます。実際、この例では、my_addをクラス定義の外でただの関数と定義しても同じです。スタティックメソッドが役に立つのはインスタンスの生成方法を複数持たせたい場合などです。

リスト5.5に例を示します。リスト5.5では、`MyTime(15, 20, 58)`、`MyTime.now()`および`MyTime.two_hours_later()`の3つの方法でインスタンス化が可能になっています。このコードの処理内容については詳しいコメントを付けましたので、参考にしてみてください。

リスト5.5 複数のインスタンス化方法を定義する例

```
import time

class MyTime(object):
    def __init__(self, hour, minutes, sec):
        self.hour = hour
        self.minutes = minutes
        self.sec = sec

    @staticmethod  # now()をスタティックメソッド化
    def now():
        t = time.localtime()
        return MyTime(t.tm_hour, t.tm_min, t.tm_sec)

    @staticmethod  # two_hours_later()をスタティックメソッド化
    def two_hours_later():
        t = time.localtime(time.time()+7200)
        return MyTime(t.tm_hour, t.tm_min, t.tm_sec)
```

```
# クラスMyTimesのインスタンス化を3つの方法で行う
a = MyTime(15, 20, 58)  # __init__を使う通常のインスタンス化
b = MyTime.now()  # スタティックメソッドによるインスタンス化❶
c = MyTime.two_hours_later()  # スタティックメソッドによるインスタンス化❷
```

クラスメソッド

一方、**クラスメソッド**(*class method*)は、インスタンスではなくクラスそのものに作用するメソッドです。**@classmethod**というデコレータを使って定義します。**リスト5.6**の、クラスメソッドの例を見てみましょう。

リスト5.6　クラスメソッドの例

```
# クラスCoeffVarを定義
class CoeffVar(object):
    coefficient = 1

    @classmethod  # メソッドmulをクラスメソッド化
    def mul(cls, fact):  # 第1引数はcls
        return cls.coefficient * fact

# クラスCoeffvarを継承するクラスMulFiveを定義
class MulFive(CoeffVar):
    coefficient = 5

x = MulFive.mul(4)  # CoeffVar.mul(MulFive, 4) -> 20
```

この例では、まずクラスCoeffVarが定義されており、その中でメソッドmulがデコレータ@classmethodによってクラスメソッド化されています。そのため、メソッドmulの第1引数はclsで、これはクラスCoeffVarを指します。また、クラスCoeffVarを継承するクラスMulFiveが定義され、その中のcoefficientは5に設定されています。この結果、MulFive.mul(4)がCoeffVar.mul(MulFive, 4)に展開され、最終的に5 * 4という計算が行われた結果の「20」がxに代入されます。

5.4　隠ぺいの方法

オブジェクト指向プログラミングにおいて、**情報隠ぺい**や**カプセル化**は重要な概念の一つです。これらの概念が実現されていることで、プログラムの階層構造が明確になり、思わぬ不具合を防ぐことができます。ここでは、それらの概念を

実現するために必須となるプライベートメンバの指定方法について学びます。

情報隠ぺいとカプセル化

情報隠ぺい(*information hiding*)とは「ソフトウェアの部品(クラスなど)を使う人が、それをどのように初期化して使えば良いかだけを知っていれば良く、内部の実装については知る必要がないという原則」を意味します。つまり、中身の実装方法を知らなくても機能を知っていれば使えるということです。

また、**カプセル化**(*encapsulation*)とは「データと処理をまとめるなどして、ある構造の中に情報を隠すテクニック」を指します。

一般的にオブジェクト指向の説明に使われるこれらの用語は、人によって、あるいは対象言語によっても多少違ってくることがあります。実用上は、プログラムコードの中で、適宜情報を隠ぺいするための手法に関して、情報隠ぺいやカプセル化といった用語が使われると理解しておけば問題ないでしょう。

プライベートメンバの指定

Pythonにおいて、これらの概念を実現するための1つの仕組みが**プライベートメンバの指定**です。Pythonでは、クラスで定義されたデータやメソッドを外部から利用できてしまいます。時には、これらのデータやメソッドが外部から利用できることで思わぬ不具合を招くこともあります。そこでPythonでは、次の2つの方法を使ってデータやメソッドを**プライベートメンバ**として、外部から参照できないようにできます。

❶データやメソッドの名前の先頭に_(アンダースコア1つ)を付ける
❷データやメソッドの名前の先頭に__(アンダースコア2つ)を付ける

Pythonでは、先頭に_が付けられたデータやメソッドはクラスの内部だけで利用する、というルールが一般的に守られています。外部から参照できないわけではありませんが、外部から参照しないというルールが一般的に守られているため、実質的な「隠ぺい」が実現できます。

さらに、先頭に__(アンダースコア2つ)を付けたクラスのデータやメソッドは、クラスの外部からの参照をできなくなる仕様になっています。厳密には、内部で自動的に属性の名前を変更して、_<クラス名>__<属性名>に置き換えられています。したがって、置き換え後の名前を使えばそれらをクラスの外部から参照することも不可能ではありません。それでも、_(アンダースコア1つ)を付ける場合よりも、より安全なプライベートメンバ化(隠ぺい化)と言えるでしょう。

5.5 クラスと名前空間

クラスを作成すると、関数を作成した時と同様に名前空間が生成されます。また、インスタンス化と同時に、インスタンスに対する名前空間が生成されます。本節では、これらの複数の名前空間について、その相互関係を見ていきます。

名前空間とスコープの生成

本節冒頭で、クラスを作成すると、関数を作成した時と同様に名前空間が生成され、クラスのインスタンスを作成するとそのインスタンスの名前空間も生成される、と述べました。しかし、それらに対応するスコープは生成されません。なぜなら、メソッドからデータを参照する際、それが「クラスの属性」への参照なのか、「インスタンスの属性」への参照なのかがわからなくなるからです。**リスト5.7**を見てください。

リスト5.7 スコープが生成されないことによるエラー発生

```
x = 10

class MyClass(object):
    x = 3  # xが所属する名前空間は生成される

    def __init__(self, y):
        self.x += y

    def my_add(self, z):
        x = x + z  # エラー： xのスコープは生成されていない
        # self.x とすれば参照可能

if __name__ == '__main__':
    a = MyClass(10)
    a.my_add(10)
    print(a.x)
```

この例では、クラスMyClassのメソッドmy_addの中で、xという変数を参照しようとしていますが、このxに対するスコープは生成されていないので、エラーとなります。したがって、クラスの定義においてメソッドからデータを参照する際には、クラスのデータ(**クラス属性**)への参照なのか、インスタンスのデータ(**インスタンス属性**)への参照なのかを、それぞれ<クラス名>.<データ名>およびself.<データ名>の形式で明示しなくてはなりません。

クラス属性とインスタンス属性

クラス属性(本項の「属性」はデータを意味します)の変更は、すべてのインスタンスの属性に影響を与えます。しかし、一旦同じ名前のインスタンス属性に対する代入を行うと、インスタンスの名前空間にそのデータの名前が登録されて、クラス属性の変更に影響を受けなくなります。この動作について**リスト5.8**の例を見ながら、じっくり考えてみましょう。

リスト5.8 名前空間とクラス定義の関係(class3.py)

```
# ❶グローバル名前空間にxを定義
x = 100


class MyClass:
    # ❷このクラスのデータとしてiとxを定義
    i = 10  # メソッドprice()の中で参照される
    x += 2  # グローバル名前空間のxに2を加えてデータxを定義
    xx = x + 2  # ❸MyClassの中のデータのxを参照
    print('xx = ', xx)

    def price(self):
        y = self.i * x  # ❹グローバル名前空間のオブジェクトxを参照
        z = self.i * self.x  # ❺インスタンス属性→クラス属性の順に検索して参照
        # z = i * x   # ❻これはエラー（ここからデータiは見えない）
        print("price y = %d" % y)
        print("price z = %d" % z)

    def shop(self):
        # price()     # ❼エラーとなる（NameError）
        self.price()  # ❽これはOK
        # MyClass.price(self)  # ❾これでもOK
        MyClass.i = 20 # ❿クラスのデータを変更
        print("メソッド shop 終了")

# ⓫動作確認のための実行コード
if __name__ == '__main__':
    a = MyClass()
    b = MyClass()
    a.shop()  # この中で MyClass.i = 20 が実行される
    print('(a.i, b.i) = ({}, {})'.format(a.i, b.i))
    a.i = 2  # インスタンス属性を設定
    MyClass.i = 4  # クラス属性の値を変更
    print('(a.i, b.i) = ({}, {})'.format(a.i, b.i))
```

この例では、MyClassというクラスが定義されています。このプログラム例は、1つのPythonスクリプトファイル(class3.py)です。このスクリプトファイルの実行結果を次に示します。

```
In [3]: %run class3.py
xx =  104
price y = 1000
price z = 1020
メソッド shop 終了
(a.i, b.i) = (20, 20)
(a.i, b.i) = (2, 4)  # ⑫b.iにしかクラス属性変更の影響が及んでいない
```

リスト5.8のスクリプトにおいて、はじめにグローバル名前空間でxというオブジェクトが定義されています(❶)。MyClassの定義においては、、まずiとxというデータが作成されます(❷)。ここで注意したいのは、x += 2という式はx = x + 2と同じですから、まず右辺においてxへの参照が発生するという点です。この時はグローバル名前空間にあるx(= 100)が参照されます。そして、それに2を加算して、MyClassのデータxを生成します。一旦データxが、MyClassの名前空間に作成されると、❸ではクラス属性のxが参照されるようになります。このことは、実行結果でxx = 104となっていることからも確認できます。

次に、MyClassのメソッドpriceを見てみましょう。まず、データiの参照が**self.i**という記述で行われています(❹および❺)。iは、まだインスタンス属性として定義されていませんので、クラス属性を参照します。つまり、インスタンス属性を探して、あればそれを使い、なければクラス属性の値を使います。MyClassのインスタンスの「iへの代入」がどこかで行われない限りは、両者は同じものです。

次に、xへの参照が2種類出てきます。単に**x**とした場合(❹の場合)と**self.x**とした場合(❺の場合)です。この場合、前者(❹)は、グローバル名前空間のxを参照します。一方、後者(❺)は、この場合インスタンス属性xへの参照です。実際、❹および❺で計算されるyとzは異なる結果となります。このことは実行結果でprice y = 1000およびprice z = 1020となったことからも確認できます。

なお、❻において、z = i * xがエラーとなることからコメントアウトしてあります。この式でiを参照しようとしていますが、クラスの名前空間に対応したスコープが生成されていないので、iがそのクラスのデータであっても参照できません。必ず対応する名前空間を前に付けてself.i(インスタンス属性を参照)、またはMyClass.i(クラス属性を参照)のようにする必要があります。

属性の参照に関する以上の動作をまとめると、次のとおりです。

- **self.<属性名>とすると、インスタンス属性を参照しようとし、なければクラス属性を参照する**
- **<クラス名>.<属性名>とすると、必ずクラス属性を参照する**
- **単に、<属性名>とすると、そのクラスの外の名前空間(グローバル名前空間など)から<属性名>を参照する**

次に、MyClassのメソッドshopについても詳しく見ていきましょう。❼の部分でprice()がエラーとなることからコメントアウトされています。前述のとおり、メソッドも属性の一種ですから、参照のルールは前述のxやiの場合と同じです。したがって、メソッドshopからメソッドpriceを呼び出すには、❽または❾のようにします。

次に、❿ではクラス属性iの再定義が行われています。クラス属性を変更すると、そのクラスのインスタンスすべてに影響します。ただし、インスタンス属性が存在する場合は、先ほど述べた参照のルールに従い、実質的に影響を受けないこともあります。このことは、⓫の動作確認用実行コードの中で、「a.i」を再定義する前と後で「MyClass.i」の再定義結果がどこまで影響を及ぼすかを注意深く見てみればわかります(前述の実行例の⓬)。

以上の状況を図示すると、**図5.2**のようになります。クラスが関係する場合の名前空間とスコープの関係はこのような簡単な図には表現し切れない部分もありますが、概要を理解する上での参考にしてください。

図5.2 クラスの名前空間とスコープのイメージ

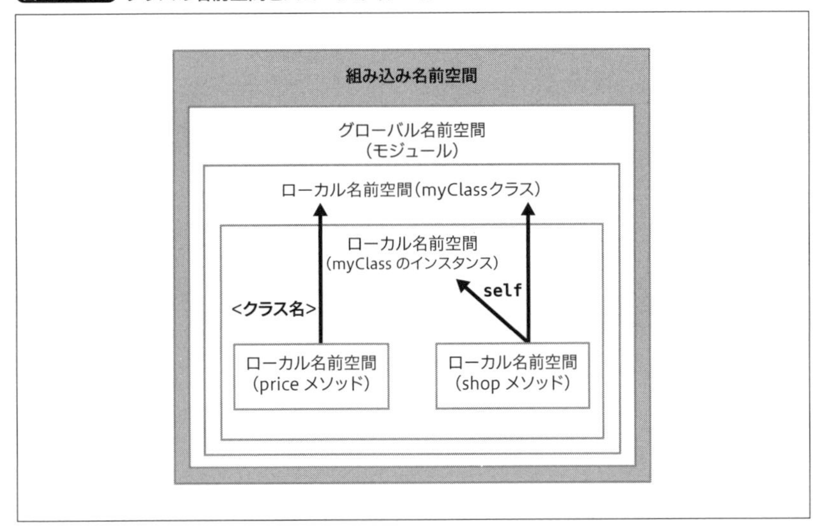

5.6 まとめ

本章では、いわゆるオブジェクト指向プログラミングをサポートする仕組みとしての、**クラス**の使い方について学びました。Pythonでは、扱うデータや関数などすべてがオブジェクトですが、そのオブジェクトの設計図を作成できるのが「クラス」です。クラスとオブジェクト指向プログラミングは、奥が深く、本書では基本的な事項の説明に留まりましたが、Python固有の特徴について理解しやすいよう、極力、コード例を示して解説しました。本章で学んだことを活用し、プログラムコードの構造が明確なわかりやすいプログラムを目指しましょう。

第6章

入力と出力

本章ではプログラムへの入力と出力について学びます。Python コンソールや IPython コンソールにおけるコンソール入出力の他、テキストファイルおよびバイナリファイルへの入出力についても学びます。科学技術計算分野で利用されることが多いファイルフォーマットに関し、データ入出力の基本手法を一通り紹介します。

6.1 コンソール入出力

プログラムの実行中に、ユーザからの入力を受け付けたり、計算の結果を出力したりする場合があります。本節では、スクリプトやIPythonでこのようなコンソール入出力を行う方法を紹介します。

コンソール入力

プログラムの実行中にユーザからの入力を受け付けてプログラムの動作を制御したい場合などには、**input関数**を使います。例を見てみましょう。

```
In [1]: buf = input('好きな言葉を入力してください : ')
好きな言葉を入力してください : Stay hungry, stay foolish.
In [2]: print(buf)
Stay hungry, stay foolish.
```

input関数は、引数として指定された文字列を表示してユーザからの入力を待ちます。この例のように`Stay hungry, stay foolish.`と入力後、最後にキーボードの Enter を入力すると、文字列bufにその文字列が代入されます。実際にprint関数でbufの中身を表示させてみると、入力した文字列が保持されていることが確認できます[注1]。

ここで、input関数によって入力された数値は、文字列として取得されるため、それを数値として扱いたい場合には、次に示す例のように型変換をしてから使う必要があります。

```
In [3]: buf = input('好きな整数を入力してください : ')
好きな整数を入力してください : 777
In [4]: type(buf) # 変数bufの型を表示させる
<class 'str'>   # bufは文字列型
In [5]: int_a = int(buf)  # int関数で整数型に変換
In [6]: type(int_a) # 変数int_aの型を表示させる
<class 'int'>
In [7]: print(int_a)
777
```

この例では、整数を入力するとinput関数が文字列として変数bufに格納し、そ

注1　Python 2系ではraw_input関数を使います。raw_input関数はPython 3系では使えませんので注意してください。

のbufをint関数で整数型に変換しています。小数点数に変換する場合には、int関数ではなくfloat関数を使います。

コンソール出力

Pythonシェルや IPythonのコンソールへの出力は、これまでもいくつかのプログラムサンプルの中で示してきました。それらのコンソール出力について補足しておくと、シェルのインタラクティブモード[注2]で実行する場合には、print関数を使って変数のデータを表示させたり、その変数を直接コマンドとして打ち込んで、そのデータを表示させたりすることが可能です。

なお、スクリプトモードで実行する場合には、変数の名前をそのままプログラム中に記述しても無視されるだけで、その中身のデータを表示させることはできません[注3]。

6.2 ファイル入出力の基本

Pythonプログラムから行うファイル入出力は、ファイルのオープン/クローズ時に、それぞれopen関数と、ファイルオブジェクトのcloseメソッドを使う方法が基本です。本節では、この基本の方法について学びます。

open関数

ハードディスクなどに保存されているファイルを開いて、データを入出力するには**open関数**を使います。open関数は、「ファイル名」と「ファイルを開くモード」を引数に指定して使います。また、日本語などのASCII文字以外を扱う場合には、エンコーディングをオプション引数として指定します。

```
f = open('mydir/データ/textfile.txt', 'r', encoding='utf-8')
```

この例では、カレントフォルダからの相対パスが「mydir/データ/」にある「textfile.txt」というファイルを読み込み専用モード('r')で開いています。ファイルがある場所のフォルダ(パス名)は/(スラッシュ)で区切っていれば、OSにかかわらず正

注2　IPythonなどを使って、逐一変数の定義や関数の定義を入力して実行し、さらに次の処理を入力して実行、というように繰り返すモード。

注3　この仕様はMATLABとは異なります。

しく動作します。ファイルの場所は絶対パスで指定することも可能で、Python 3系は日本語を含むパス名でもまったく問題ありません。

この例では、open関数によって**ファイルオブジェクト**(*file object*)「f」が生成され、ファイルオブジェクト用に用意されているread()やwrite()などのメソッドにアクセスできるようになります。

open関数のモード

ファイルを開く際のopen関数のモードは、**表6.1**のとおりです。書き出しモードの'w'、'a'、'x'の差異に注意してください。なお、デフォルトの設定がテキストモードなので、'tr'と'r'は同じ意味です。また、テキストファイルのエンコーディングはプラットフォーム依存ですので、汎用性の高いプログラムにするためにはopen関数のパラメータとして毎回指定することを習慣付けましょう。

エンコーディング指定は、日本語の場合、'utf_8'、'cp932'、'shift_jis'、'euc_jp'、'iso2022_jp'などがおもに使われます。Windowsユーザであれば UTF-8('utf_8')かCP932('cp932')注4を指定することが多いでしょう。

ファイルの読み込みとクローズ

開いたテキストファイルを読み込んで表示する簡単な例を示します。

注4　CP932はShift_JISを拡張したものであり、その拡張文字を使っていなければ両者は同じものです。Shift_JISを使いたい場合はCP932を指定しておけば問題ありません。エンコーディングに関する詳細な情報は以下のページの「Standard Encodings」項を参照してください。なお、エンコーディング名には別名(エイリアス)があり、たとえばutf_8をutf8と書いても問題ありません。
URL http://docs.python.jp/3/library/codecs.html

表6.1　open関数のモード

モード	意味
'r'	読み込み(デフォルト)
'w'	書き出し(ファイルがすでにあればまずその中身を消去)
'a'	書き出し(ファイルがすでにあればその末尾に加えていく)
'x'	書き出し(もしすでに同名のファイルがあれば例外(FileExistsError)を送出し知らせる)
'b'	バイナリモード
't'	テキストモード(デフォルトなのであまり使われない)
'+'	ファイルのアップデートのために読み込みと書き出しを両方行う

```
f = open('textfile.txt', 'r', encoding='utf-8')
for line in f:  # 1行ずつ読み取ってlineに代入
    print(line, end='') # lineをそのまま表示
f.close()
```

このスクリプトでは、ファイルオブジェクトfからfor A in Bの書式を使ってファイルから1行ずつ読み込んだ結果を変数lineに代入し、それをprint文で表示させています。print文の中のend='' はlineの後に改行文字などを付けないことを指示しています。このforループはファイルに読み込む行がなくなった時点で終了し、最後にf.close()によって開いたファイルを閉じます。

このように、ファイルを開いた場合には閉じる命令(**close**メソッド)を実行しなければいけませんが、途中でエラーが起きた場合などは閉じる命令に到達する前にエラー終了してしまう場合があります。また、一々closeメソッドを呼び出すのも面倒です。そこで活躍するのが、**with文**(4.8節で前述)です。

```
with open('textfile.txt', 'r', encoding='utf8') as f:
    whole_file = f.read()  # ❶
    print(whole_file)  # この行でwithブロック終了
```

この書き方では、withブロックの実行が終了した時点で自動的に開いたファイルがクローズされます。❶では、ファイルオブジェクトに対する**read**メソッドが実行され、ファイル全体が読み出されています。なお、f.read([size])とすると指定したサイズ(byte)だけ読み出すことができます。また、**readline**(1行ずつ読み込み)や**readlines**メソッド(すべての行を読み込み1行ずつ処理)を用いて、ファイルのテキストデータを読み出す方法もあります。

ファイルへのデータ書き出し

ファイルへのデータの書き出しは、openでファイルを開いた後に、**write**メソッドなどを使って行うことができます。以下の例では、writeメソッドで文字列を、writelineメソッドで文字列のリストを書き出しています。

```
a = ['Scientific ', 'computing ', 'in Python.']
with open('textfile.txt', 'w', encoding='utf8') as f:
    f.write('Stay hungry, stay foolish.\n')
    f.writelines(a)
```

結果は以下のとおりです。

```
# ファイルtextfile.txtに書き出されたデータ
Stay hungry, stay foolish.
Scientific computing in Python.
```

バイナリモードでファイルを開けば、バイナリデータの書き出しも可能です。処理の詳細は、Pythonのチュートリアル注5などを参照してください。

6.3 データファイルの入出力

ファイル入出力に関して、前節ではopen関数とファイルオブジェクトのread/write/closeの各メソッドを使う方法を学びました。よく使われるデータファイル形式に対しては、もっと便利な方法が準備されています。本節では、それらの方法について学びます。なお、pandasのデータ入出力機能については、まとめて次節で紹介します。

入出力によく使われるデータ形式

科学技術計算のみならず、一定規模以上のデータをプログラムから入出力する際によく使われるデータ形式としては、以下のものが挙げられます。

- **CSV**
- **Excelファイル**
- **pickleファイル**
- **NumPyのnpy/npz形式**
  NumPy(第7章を参照)のバイナリデータ保存形式(拡張子 .npy、.npz)
- **HDF5(*Hierarchical Data Format 5*)形式**
  階層化構造の大規模データ保存形式。オープンかつ無償
- **MAT-file形式**
  MATLABのバイナリデータ保存形式

これらのファイルからデータを入出力する際に使われるおもな関数を、**表6.2**に示します。本節では、これらの関数を使ったファイル入出力機能の概要を学びます。

注5 URL http://docs.python.jp/3/tutorial/inputoutput.html

CSVファイルの入出力

CSV（*Comma-Seperated Values*）は、さまざまな場面でデータ読み込みに使われるデータ形式です。その名のとおり、,（カンマ）区切りのテキスト形式データですが、区切り文字としてスペースやタブ、その他の記号を使うものも、ここではCSVファイルと総称します。**リスト6.1**はCSVファイルの一例です。

リスト6.1 CSVファイル（data1.csv）の例

```
time,速度,高度
0.1,0,10
0.2,7.532680553,20
0.3,11.28563849,35
0.4,15.02255891,40
0.5,18.73813146,42
0.6,22.42707609,43
0.7,26.08415063,60
0.8,29.70415816,80
0.9,33.28195445,121
1,36.81245527,150
```

この例では1行めにヘッダが付けられ各列のデータの中身を示しており、速度と高度の時間履歴が時間と共に記録されています。この場合の,（カンマ）のように、データの区切り文字として用いられる記号を**デリミタ**（*delimiter*）と呼びます。これから紹介するCSVファイルの読み込み手法では、デリミタとして使う文字を、任意の文字に指定できます。CSVファイルの代表的な読み込み方法は次のとおりです。

表6.2 ファイル入出力に使われる関数の例

ファイル形式（拡張子）	ライブラリ	入力関数	出力関数
CSV（.csv等）	標準ライブラリ（csv）	reader	writer
	NumPy	loadtxt genfromtxt fromfile	savetxt ndarray.tofile
	pandas	read_csv	to_csv
Excel（.xls）	xlrd	**リスト6.2**を参照	―
	xlwt	―	**リスト6.2**を参照
Excel（.xlsx/.xlsm/.xltx/.xltm）	openpyxl	load_workbook等	
	xlwings	Workbook.caller等	
pickle（.pickle）	標準ライブラリ（pickle）	load	dump
NumPyバイナリ（.npy/.npz）	NumPy	load	save、savez
HDF5（.h5/.hdf5）	h5py	File等	
MAT-file（.mat）	SciPy	io.loadmat	io.savemat

- ファイルオブジェクトに対するメソッド(read等)を使った処理(6.2節で前述)
- 標準モジュールcsvの機能を使った処理
- NumPyのテキストデータ読み込み機能(laodtxt関数、genfromtxt関数)を利用
- pandasのCSV読み込み機能(read_csv関数)を利用

これらのうち、最初の方法はすでに示しましたが、CSVファイル読み込み用に機能が充実している他の方法を選択した方が良いでしょう。ここでは、標準モジュールcsvを使う方法と、NumPyのCSV読み込み機能の概要を紹介します。pandasのCSV読み込み機能については、6.4節で紹介します。

標準モジュールcsv

標準モジュール**csv**を用いてCSVファイルの読み書きを行う方法は、以下のようになります。

```
import csv  # 標準モジュールcsvを読み込んで使用可能にする

# CSVファイルの読み出し
with open('data1.csv', 'r', encoding='utf8') as f:
    dat = [k for k in csv.reader(f)]  # リスト内包表記を使う

# CSVファイルの書き込み
with open('out.csv', 'w', newline='') as f:
    writer = csv.writer(f)
    writer.writerows(dat)
```

この例では、「data1.csv」というファイルをテキスト(UTF-8)の読み込みモードで開き、リスト内包表記を使ってファイルの中身全体をdatというリストに取り出しています。**csv.reader**関数は、readerオブジェクトというイテレータオブジェクトの一種を返します。そして、`[k for k in csv.reader(f)]`によって、data1.csvの各行を反復的に取り出しながら、「リストのリスト」の形式、つまり2次元のリストにしてファイル内の全要素を取り出します。その結果、この例では、3要素のリストを11個持つ2次元のリストが生成されます。数値を含めてすべてが、文字列として保持される点に注意が必要です。

取り出したデータを数値として扱うには、数値に変換する必要があります。このことは、取り出したdatに対して以下の処理を行うことで確認できるでしょう。

```
In [8]: dat[1][0] * 2  # 文字列'0.1'のまま2倍
'0.10.1'
In [9]: float(dat[1][0]) * 2  # float型に変換してから2倍
0.2
```

以上の方法では、文字列型のデータを持つ2次元リストになってしまうことから、使い勝手はあまりよくないかもしれません。

NumPyのCSV読み込み用関数

csv.reader()関数は、数値データファイルの読み込みには不都合な点がありましたが、この点を改善してくれるNumPyのテキストデータ読み込み用関数である**laodtxt**と**genfromtxt**を利用する例を見てみましょう。NumPyは科学技術計算やデータ分析に使われるPythonのパッケージです。NumPyについては第7章で詳しく説明しますので、ここではCSVファイルデータの入出力機能についてのみ説明します。loadtxt関数を使う例から、見ていきましょう。

```
import numpy as np  # NumPyをimport
import csv  # 標準モジュールcsvを読み込む

# CSVファイルからの読み込み
dat = np.loadtxt('data1.csv', delimiter=',', skiprows=1, dtype=float)

# ndarrayのdatをCSVファイルへ書き込み（日本語を扱えない点に注意）
np.savetxt('data1_saved.csv', dat, fmt='%.1f,%.8f,%d',
           header='time,vel,alt', comments='')

# ndarrayのdatをCSVファイルの書き込み（日本語も扱える）
with open('out.csv', 'w', newline='', encoding='utf-8') as f:
    f.write('time,速度,高度\n')
    writer = csv.writer(f)
    writer.writerows(dat)
```

この例では、はじめに`import numpy as np`によってNumPyの機能をimportし、NumPyを呼び出す際の名前に「np」という別名を付けています。

次に、NumPyのloadtxt()関数によってデータを読み込みます。この例では、NumPyの中で定義されている関数やクラスは、np.func()（funcがNumPyの関数名）の形式で呼び出すことができます。このloadtxt関数の呼び出しで、data1.csvを,（カンマ）区切りのデータファイルであると解釈(`delimiter=','`)し、最初の行（ヘッダ）を読み飛ばし(`skiprows=1`)、浮動小数点数として(`dtype=float`)データ読み出しを行う処理を実行しています。

データ読み込み形式はfloatがデフォルトなので、`dtype=float`は指定しなくてもかまいません。読み込んだデータはNumPyのN次元配列オブジェクト**ndarray**形式[注6]で変数datに代入されます。このため、データをグラフ描画などにすぐに

注6　ndarrayはN次元配列（*N-dimentional array*）を保持するNumPyの基本要素の1つです。Pythonの実行環境において高速な数値データ処理には欠かせないものとなっています。詳細は第7章を参照してください。

利用することが可能です。

ここで示した例では、さらにndarrayのdatをsavetxt関数によってCSVファイルへ書き出す処理も行っています。savetxt関数では日本語を扱えない点に注意する必要があります。そこで、前出の標準ライブラリcsvを使う方法をndarrayに対して応用した例も示しました。ファイルオブジェクトに対するwriteメソッドを使えば、ヘッダも自由に付けることができます。

次に、genfromtxt関数を使う例を見てみます。

```
from numpy import genfromtxt  # NumPyから関数genfromtxtを読み込む

dat = genfromtxt("data1.csv", skip_header=1, delimiter=",", dtype=float)
```

この例でも行っていることはloadtxtの例とまったく同じです。ヘッダ行の読み飛ばしの指定が若干異なる(`skip_header=1`)だけです。genfromtxtはloadtxtの機能強化版とも言え、欠損データがあるデータファイルなどをうまく処理したり、特定の列のデータに変換処理を指定(オプションconverterを指定)したりできます。

Excelファイルの入出力

Excelファイルに含まれるデータは、一旦CSVファイルに変換してから読み出せばより柔軟な処理が可能となりますが、当然そのまま読み出したいこともあると思います。また、Pythonの処理結果をExcelファイルに書き出したいこともあるでしょう。これは、Python自体に含まれる機能では対応できませんが、サードパーティライブラリで対応可能です。前出の表6.2でも挙げたように、代表的なライブラリに**xlrd**(BSD License)、**xlwt**(BSD License)、**openpyxl**(MIT License)、**xlwings**(3-clause BSD License[注7])などがあります。これらのライセンスはいずれもオープンソースライセンスです。

Excelファイルには、XLS形式とOOXML形式の2種類の形式[注8]があり、それぞれの形式に対応するライブラリは以下のとおりです。

- XLS形式(拡張子 `.xls`):xlrd、xlwt
- OOXML形式(*Office Open XML*、拡張子 `.xlsx`/`.xlsm`):openpyxl、xlwings

本書では、xlrd/xlwtとopenpyxlの利用例を紹介します。

注7　修正BSD Licenseの1つ。派生物の広告に、初期開発者を表示しなくても良いといった主旨の条項が含まれています。詳しくは以下を参照してください。URL https://opensource.org/licenses/BSD-3-Clause

注8　詳しくは次のURLを参照してください。URL https://ja.wikipedia.org/wiki/Office_Open_XML

XLS形式の入出力

ここでは、xlrdとxlwtを使って、XLS形式(拡張子.xls)のファイルを読み書きする例を示します(**リスト6.2**)。処理の内容は、リスト6.2の中のコメントを参考にしてください。実際にリスト6.2のコードを実行してみて、動作を確認してみると理解が深まるでしょう。

リスト6.2 xlrdとxlwtの使用例

```
import xlwt  # Excelファイル書き込み用
import xlrd  # Excelファイル読み出し用

# --- Excelファイルの書き込み
# Work bookを準備
wb = xlwt.Workbook()
# シートを追加
ws = wb.add_sheet('シート1')
# シートの特定のセルに値を入れる
ws.write(0, 0, 'Upper Left')
ws.write(1, 0, 1)
ws.write(1, 1, 2)
ws.write(1, 2, xlwt.Formula("A3+B3"))
# Work bookに名前を付けて保存
wb.save('xlwt.xls')

# --- Excelファイルの読み出し
# 読み出すWork bookを指定して開く
wb = xlrd.open_workbook('xlwt.xls')
# シートを名前で指定する
st = wb.sheet_by_name('シート1')
# 指定したシートの特定のセルの値を読み出して表示
print(st.cell(0, 0).value)
```

OOXML形式の入出力

次に、openpyxlによって、OOXML形式(拡張子.xlsx/.xlsm[注9])のデータを読み込む例を見てみましょう。読み込むデータが**図6.1**のようになっているものとします。このファイルでは、温度データがExcelの計算式で計算されており、今回はその計算式ではなく計算した結果の値だけを読み出したいものとします。この時、時間のデータと温度のデータを読み込んでNumPyのndarrayに代入する処理は、**リスト6.3**のようになります。

注9 openpyxlは拡張子.xltx/.xltmのテンプレートファイルにも対応します。テンプレートファイルにデータの入出力をする場面はほとんどないと考えますので、ここではこれらについては取り上げません。

リスト6.3　openpyxlによるデータ入力

```
# openpyxlから必要な関数 (load_workbook) をimport
from openpyxl import load_workbook
import numpy as np  # NumPyもimport

# WorkBookを開く
wb = load_workbook(filename='Sample1.xlsx', read_only=True,
                   data_only=True, use_iterators=True)
# WorkSheetを名前で指定
ws = wb['温度変化']

# あらかじめデータを格納するNumPyのndarrayを作成しておく
Nrow = 11
time_vec = np.zeros(Nrow)
temp_vec = np.zeros(Nrow)

# データの読み出し
for i, row in enumerate(ws.iter_rows(row_offset=1)):
    time_vec[i] = row[0].value
    temp_vec[i] = row[1].value
```

この処理で、workbookを開く際にオプションでdata_only=Trueと指定したことにより、計算式ではなく値が読み出されるようになります。また、データ入力処理だけの場合にはread_only=Trueを指定しておきます。この他、詳細はopenpyxlのドキュメント注10を参照の上、必要な処理に合わせて応用してみましょう。

注10　URL http://openpyxl.readthedocs.org/en/latest/index.html

図6.1　Excelファイル(Sample1.xlsx)の例

Sample1.xlsx - Excel

B2　=10*SIN(A2*2*PI()*0.7)

	A	B
1	時間 [Hr]	温度 [℃]
2	0	0
3	0.1	4.257792916
4	0.2	7.705132428
5	0.3	9.685831611
6	0.4	9.822872507
7	0.5	8.090169944
8	0.6	4.817536741
9	0.7	0.627905195
10	0.8	-3.681245527
11	0.9	-7.289686274
12	1	-9.510565163

温度変化　Sheet2　Sheet3

pickleファイルの入出力

pickle注11とは、Pythonのオブジェクトデータ構造を直列化(*serialize*、シリアライズ)してファイルに保存したり、逆にそれを読み出して非直列化(*de-serialize*、デシリアライズ)し、名前空間にPythonオブジェクトとして取り出す処理を行う標準ライブラリの機能です。MATLABでは指定した任意のオブジェクトをsaveコマンドで保存できますが、Pythonでもpickleを使えば同様のことができます。

単一変数のpickle化

Pythonを使い始めると、特にIPythonを使って処理している場合などに、今のワークスペースのオブジェクトをそのまま保存しておきたいと思うことがあるでしょう。そのような場合にpickleを使うと便利です。簡単な例から見てみましょう。

```
import pickle  # 標準ライブラリpickleの読み込み

# 保存しするオブジェクトの準備
mydata = [1, 2, 3]

# オブジェクト (mydata) をファイル'pickle1.pickle' (拡張子は.pickleでなくても良い) に保存
with open('pickle1.pickle', 'wb') as f:
    pickle.dump(mydata, f)

# ファイル'pickle1.pickle'からデータを取り出してdatに代入
with open('pickle1.pickle', 'rb') as f:
    dat = pickle.load(f)
```

この例では、mydataというリストをpickle.dump()によって「pickle1.pickle」というファイルに保存しています。pickle.dump()の第1引数には保存する変数を、第2引数にはファイル名を渡します。dumpできるオブジェクトは一度に1つだけです。また、ファイルは必ずバイナリ形式で開いてください注12。

この例の後半では、作成したpickle1.pickleを再度開いて、pickle.load()によってデータを取り出しています。このプログラムを実行すると、mydataとdatが同じものであることが確認できるはずです。

pickleによって保存できるデータは次のとおりです。

注11 pickleは漬物、ピクルスのこと。

注12 pickleには5つの異なるバージョンが存在します。異なるプラットフォームでデータを共有しようとする場合などに、このバージョンの違いによって互換性の問題が生じる可能性がありますので、次のPythonのドキュメント等を参照してバージョンの違いに留意して使いましょう。URL http://docs.python.jp/3/library/pickle.html#data-stream-format

- Pythonがサポートするすべての組み込みデータ型(4.2節を参照)
- 組み込みデータ型オブジェクトを任意に組み合わせたリスト/タプル/辞書型/集合型
- 前記オブジェクトの任意の組み合わせによるリスト/タプル/辞書型/集合型(ネスト可能)
- 関数/クラス/クラスのインスタンス

複数変数のpickle化

さて、先に示したpickle化の例は実はあまり役に立ちません。この方法では、たった1つのオブジェクトしか保存できないからです。続いて、複数のオブジェクトを保存する方法について取り上げます。はじめに、次の例を見てみましょう。

```
import pickle
import numpy as np

# 保存しするオブジェクトの準備
a = np.float(2.3)
b = np.array([[1.1, 2.2, 3.3], [4.4, 5.5, 6.6]])
c = {'yokohama': 1, 'tokyo': 2, 'nagoya': 3}

# 複数オブジェクトを1つのファイルにpickle化
with open('pickle1.pickle', 'wb') as f:
    pickle.dump(a, f)
    pickle.dump(b, f)
    pickle.dump(c, f)

# pickle化したファイルから複数オブジェクトを読み出す
with open('pickle1.pickle', 'rb') as f:
    a2 = pickle.load(f)
    b2 = pickle.load(f)
    c2 = pickle.load(f)
```

この例では、NumPyのndarrayや辞書型などの複数のオブジェクトをpickle化し、さらにそれをファイルから読み出しています。複数回dumpすることで複数のオブジェクトを同一ファイルに保存することが可能です。ただし、データを取り出す時には同様に複数回loadしなくてはなりません。いくつのオブジェクトがdumpされているのかわからない場合には、try文を使ってエラーになるまでオブジェクトを呼び出すなどします。

ここで、ネスト構造のオブジェクトを保存できることを考慮して、ちょっとした工夫すると、プログラムがすっきりします。上記のプログラム例で、pickle化と非pickle化を以下のように記述することもできます。

```
# 複数オブジェクトを1つのファイルにpickle化
with open('pickle1.pickle', 'wb') as f:
    pickle.dump([a, b, c], f)

# pickle化したファイルから複数オブジェクトを読み出す
with open('pickle1.pickle', 'rb') as f:
    [a2, b2, c2] = pickle.load(f)
```

これで複数オブジェクトを簡単にpickle化してファイルに保存したり、そこからデータを取り出したりできるようになりましたが、1つ不満があります。それは、元の変数(の名前)が失われてしまっているため、loadする際に自分で新たに変数を指定しなくてはならない点です。これを解消するには、辞書型変数をうまく活用して次のようにすれば良いでしょう。

```
import pickle
import numpy as np

def pickle_vars(fname, mode='wb', **vars):
    """
    使い方
        pickle_vars('作成するファイル名', a=a, b=b, c=c)
        引数には作成するファイル名と、オブジェクトを列挙する
    """
    dic = {}
    for key in vars.keys():
        exec('dic[key]=vars.get(key)')
    with open(fname, mode) as f:
        pickle.dump(dic, f)
    return dic

if __name__ == "__main__":
    # 各種オブジェクトを生成
    a = np.float(2.3)
    b = np.array([[1.1, 2.2, 3.3], [4.4, 5.5, 6.6]])
    c = {'yokohama': 1, 'tokyo': 2, 'nagoya': 3}

    # 複数の変数とそのデータを保存
    saved_dat = pickle_vars('pickle1.pickle', a=a, b=b, c=c)

    # pickle化したファイルからデータを読み出す
    with open('pickle1.pickle', 'rb') as f:
        dat = pickle.load(f)
        for key in dat.keys():
            exec(key+'=dat.get(key)')  # 元の変数でデータを復元
```

この例では、辞書型でデータとその変数を保存しておいて、データ取り出し時にその変数を使ってデータを復元しています。これによって、保存時の変数がわ

からなくても勝手に復元してくれるようになります。なお、本書では取り上げませんが、このような処理は、標準ライブラリの**shelve**を使っても実現できますし、第3章で解説した統合開発環境Spyderを使うとGUIで簡単に同様のことができます。

その他のバイナリファイルの入出力

pickleの他によく使われるバイナリデータ形式には、前出の表6.2にも挙げたNumPyバイナリデータファイル形式(.npy、.npz)やHDF5、MAT-fileなどがあります。以下、簡単にこれらのファイルの入出力方法についても紹介します。

NumPyのnpy/npz形式

NumPyのnpy形式およびnpz形式のファイル入出力の例を見てみましょう。

```
import numpy as np

# npyにndarrayを1つ保存
a = np.array([1, 2, 3])
np.save('foo', a)

# npyからndarrayを復元
a2 = np.load('foo.npy')

# npz（複数のndarrayアーカイブ）にndarrayを出力
b = np.array([[1, 2], [3, 4]])
np.savez('foo.npz', a=a, b2=b)  # bにb2という名前を付けて保存

# npzファイルの入力
with np.load('foo.npz') as data:
    a3 = data['a']  # aという名前の変数だけ取り出す
    b3 = data['b2']
```

npyは、単一のndarrayを無圧縮で保存するためのバイナリ形式です。npyを作成し、さらにそのnpyからデータを読み出す方法は上記の例で確認できました。上記の例では、aとa2が同じndarrayとなります。

一方、npzは、複数のndarrayを圧縮して保存するためのバイナリ形式です。npzファイルへの保存は、関数savezを使います。保存するデータの名前は、保存時に変更できます。上記の例では、bとb3は同一のndarrayとなります。

HDF5形式

次に、HDF5の例を見てみましょう。

```
import h5py
import numpy as np

# 保存するデータを生成
t = np.arange(0, 5, 0.1)
y = np.sin(2*np.pi*0.3*t)
dist = [2, 5, 1, 3, 8, 9, 12]

# データの一部を階層構造にして保存
with h5py.File('data1.h5', 'w') as f:
    f.create_group('wave')
    f.create_dataset('wave/t', data=t)
    f.create_dataset('wave/y', data=y)
    f.create_dataset('dist', data=dist)

# withブロックを抜けると f は一旦閉じられる

# データの読み出し
with h5py.File('data1.h5', 'r') as f:
    t = np.array(f['wave/t'])  # 以下、ndarrayとして読み出し
    y = np.array(f['wave/y'])
    dist = np.array(f['dist'])
```

HDF5では、データを階層構造にして保存することができます。この例では、最上位の階層にdistを配置し、waveという階層の下にtとyというデータを配置して全体を保存しています。withブロックを抜けると一旦fがクローズされて「data1.h5」にデータが書き出されます。さらに、そのファイルdata1.h5を読み出し、階層構造を指定の上データを取り出す例となっています。合わせて、次ページのコラムも参照してください。

MAT-file形式

最後に、MATLABのMAT-fileについてです。MAT-fileはバージョン7.2以前と7.3以降では扱いを変えなくてはいけません。バージョン7.3以降では中身がHDF5形式となっているため、HDF5ファイルとして読み出します(前述の解説を参照)。ここでは、バージョン7.2以前の場合のMAT-fileの入出力の例を示します。

```
import scipy as sp

# 保存するデータを生成
t = np.arange(0, 5, 0.1)
y = np.sin(2*np.pi*0.3*t)

# MAT-fileの書き出し例
out_dat = {}
```

```
out_dat['time'] = t  # ndarrayのtをtimeという名前で格納
out_dat['y'] = y
sp.io.savemat('data2.mat', out_dat, format='5')

# MAT-fileの読み込み例
matdat = sp.io.loadmat('data1.mat', squeeze_me=True)
tt = matdat['time']   # ndarray が生成される
```

この例では、SciPy(第8章)のio.savematでMAT-fileへの書き出しを、io.loadmatでMAT-fileの読み込みを行っています。io.savematによる書き出しでは、書き出したいデータを一旦、辞書型変数にまとめる点がポイントです。formatは5か4を指定できますが、5がデフォルトなので指定しなくても同じ結果となります。io.loadmatによるMAT-fileの読み込みでは`squeeze_me=True`によって、不要な次元を落として読み込んでおくと良いでしょう[注13]。

注13 たとえば、5×1の2次元行列は不要な次元を落として要素が5個の1次元ベクトルとして扱えます。

Column

HDF5

科学技術計算の分野では、大量の階層構造のデータを扱うことがあります。そしてそのデータを効率的にファイルに格納し、またそれを高速に読み出す必要があります。そのための代表的なデータフォーマット(およびそのライブラリ)がHDF5です。

NCSA (*National Center for Supercomputing Applications*、米国国立スーパーコンピュータ応用研究所)によって開発されたデータ形式で、現在は非営利のHDF Groupによってメンテナンスされており、そのバージョンが「5」である**HDF5**がおもに使われています。

ハードウェアに依存しない標準データ形式によって科学的データを共有するために設計されており、サイズ制限がなく、複雑なデータ構造に対応できることなどから広く利用されるようになっています。HDF5はライブラリがC言語で実装されており、データの圧縮をサポートし、巨大なデータの一部に効率良くアクセスできます。Python、MATLAB、Scilab、Octave[注a]、R言語[注b]などのスクリプト言語だけでなく、C/C++、Fortranなどのコンパイラ言語でもAPIなどを用いて利用可能です。多くの言語から容易に利用できるフォーマットである点は人気の理由の1つと言えるでしょう。

HDFに関して詳しくは公式サイトの`http://www.hdfgroup.org/`を参照してください。Pythonをはじめ、さまざまなプログラミング言語によるHDF5ファイルの取り扱いの例が示されていますので参考になります。

注a ScilabとOctaveは、一般的にMATLABのクローンとしての位置付けで利用されることが多い言語です。

注b R言語は統計解析向けのプログラミング言語で、データを可視化するグラフ機能などにも優れています。

以上のように、よく使われるデータ形式についてファイル入出力のための機能が大抵は準備されています。本書では、機能の一部の紹介となりましたが、必要に応じて本書の例を参考に使い方を詳しく調べてみると良いでしょう。

6.4 pandasのデータ入出力機能

pandas（第10章で後述）はデータを扱うためのライブラリで、テキストファイルやデータベースとの間のデータ入出力機能が充実しています。本節では、pandasが対応するデータファイル形式と、データ入出力の方法について解説します。

pandasのデータ入出力関数

pandasのデータ解析機能の中で最も重要な部分の1つが、データをファイルから入力する機能および解析後のデータをファイルへ出力する機能です。Pythonをデータ解析に使う利点は、pandasや他のライブラリに準備された豊富なデータ入出力機能を利用することで、すべての処理をPythonだけで完結させることができる点にあります。

Pythonが現在のように発展を遂げる前は、たとえばPerlでデータをスクレイピング（*scraping*、整形および抽出）し、C言語プログラムでそのデータを読み込んでデータ解析し、その結果をMATLABで可視化する、といったように複数の言語を駆使して一連の作業を完結させるといった方法が多かったようです。現在では、Pythonだけでこれらのすべての作業を完結させるのが一般的になりつつあります。

さて、pandasを使ったデータの入出力は、大きく分類しておもに以下の4つに分かれます。

- テキスト形式のデータファイルからデータを読み込む
- バイナリ形式のデータファイルからデータを読み込む
- データベースからデータを読み込む
- Webなどのネットワーク上のリソースからデータを読み込む

これらのうち、本書では科学技術計算に利用する方を想定して、最初の2つについて焦点を当てて説明します。はじめに、データ入力に用いるpandasの関数を紹介します。**表6.3**はpandasで用意されているおもなデータの入出力関数です。「関数」と言いましたが、正確にはデータ読み込みに使われる**read_csv**などは

pandasの関数ですが、データ出力に使われる**to_csv**などはpandasのオブジェクト(シリーズ、データフレームなど)が持つメソッドです。したがって、「df」をデータフレームオブジェクトとすると、df.to_csv()のようにしてデータ出力メソッドが呼び出されます。

表6.3に示したとおり、CSV形式などのテキストファイルの入出力には**read_csv**と**to_csv**が用意されています。**read_csv**と**read_table**はほぼ同じもので、デフォルトのデリミタが,(カンマ)か\t(タブ)かの違いだけです。また、**read_fwf**はカラムの幅が固定されている形式のデータ(デリミタがなくても良い)を読み込む際に使う関数です。

テキストファイルとしては、上記のほかにJSON形式[注14]やHTML(*HyperText Markup Language*)形式のファイルも入出力可能です。

バイナリデータの入出力では、ExcelやHDF5の他、SQLやStata[注15]にも対応していますし、クリップボードとの入出力やpickle形式にも対応しています。

科学技術計算の分野に限って言えば、CSVなどのテキストファイルと、ExcelおよびHDF5の読み込み関数を使うことが多いでしょう。そのため本書では、テキストファイルの入出力については、この後さらに詳しく解説し、それ以外の関数は、処理速度の比較の紹介程度に留めます。

注14　JavaScript Object Notation。軽量なデータ交換フォーマット。JavaScriptだけでなく、プログラミング言語の間やWebアプリケーションでも利用されます。

注15　計量経済、社会統計、医療統計などの分野で用いられる統合型統計ソフトウェア。

表6.3　pandasのデータ入出力関数

データ形式	入力関数	出力メソッド
テキストファイル	read_csv	to_csv
テキストファイル	read_table	—
テキストファイル	read_fwf	—
JSON	read_json	to_json
HTML	read_html	to_html
Excel	read_excel	to_excel
HDF5	read_hdf	to_hdf
SQL	read_sql	to_sql
Stata	read_stata	to_stata
クリップボード	read_clipboard	to_clipboard
pickle	read_pickle	to_pickle

データ形式と入出力速度

はじめに、pandasで扱えるデータ形式について、それぞれを扱う速度を比較しておきます。科学技術計算では、数百MB (*megabyte*)や数GB (*gigabyte*)ものデータを扱うことがあります。したがって、データファイルの入出力速度は、プログラムにとって重要な要素です。

そこで、以下のコードによって生成されるデータサイズ16 MB(1000000 × 2 × 8 bytes)のデータを保持するデータフレーム(下記のとおりデータフレームとして利用しているメモリサイズは22.9 MB)を使って、データ入出力の速度を調べてみましょう。

```
In [32]: df = pd.DataFrame(np.random.randn(1000000, 2), columns=list('AB'))

In [33]: df.info()
<class 'pandas.core.frame.DataFrame'>
Int64Index: 1000000 entries, 0 to 999999
Data columns (total 2 columns):
A    1000000 non-null float64
B    1000000 non-null float64
dtypes: float64(2)
memory usage: 22.9 MB
```

ベンチマーク測定はCSV、Excel(拡張子 .xlsx)、SQL (SQLite)、HDF5 (fixed形式、圧縮なし)の4つの形式に対して行ってみます。ベンチマークプログラムはpandas公式ドキュメントの「Performance Considerations」[注16]を参考に作成しました。ベンチマークの結果を、**表6.4**に示します。この結果は、実行環境や試行回毎に多少変化します。したがって、大まかな速度比較と捉えてください。実行環境は、Windows 8.1(64 bit)、Anaconda 4.1.1(Python 3.5.2、pandas 0.18.1)です。

この結果を見ると、Excelファイルへのデータ入出力が突出して遅いことがわかります。次に遅いのが、CSVとSQLですがExcelよりは1桁以上速くなっており、データのサイズによっては許容可能な処理速度です。最速なのはHDF5です。他を圧倒する速度でデータの入出力が可能であることがわかりました。HDF5は、

注16 URL http://pandas.pydata.org/pandas-docs/stable/io.html#performance-considerations

表6.4 データファイル形式とデータ入出力時間(ベンチマーク結果、単位は[秒])

	CSV	Excel	SQL	HDF5
書き出し速度	11	99.5	8.4	0.9
読み込み速度	1.0	61.5	2.0	0.08

MATLABでも採用されるなど（MAT-fileのバージョン7.3以降はHDF5になっている）広く普及しており、階層化データ構造の格納にも適しています。大規模データのファイル入出力を行う際には、データ形式の候補としてHDF5を検討してみてください。

テキストデータの入出力

テキスト形式のファイル入出力には表6.3に示したとおり、read_csv、read_table、read_fwfなどの関数があります。read_table関数は、先にも述べたように基本的にread_csv関数と同じです。本書では、最も利用頻度が高いと思われるread_csv関数について詳しく説明していきます。

read_csv関数には、指定できる引数が40以上もあり、さまざまなケースにきめ細かく対応できます。この引数のうち、主要なものを**表6.5**に示します。表6.5以外にも多くの引数がありますので、C言語などでローレベルコマンドを駆使してCSV読み込みプログラムを書く必要はほとんどないでしょう。また、read_csv関数はC言語で実装されているため[注17]、動作速度もC言語プログラムと遜色ありません。

CSV形式のようなテキストファイルを読み込むにあたり、実践的な処理を想定し、以下の流れでread_csv関数の動作制御設定をする場合を例に挙げて説明します。

- **エンコーディングの指定**
- **無視する行とヘッダ行（列ラベル行）の指定**
- **デリミタの指定**
- **欠損値として扱う文字列の指定**
- **列ラベルのリストを引数で指定**
- **行ラベルとして使いたいデータの列の指定**

読み込むファイルは「veldat.csv」として、以下のものを想定します。

```
# テストデータ 2016/1/10, encode=CP932
time;status;高度;速度
0;search;;125
0.1;search;1012.5; 128.3
0.2;lock;1035.3; 130.5987
0.3;lock;1068.365; 135.45
0.4;lock;1090.2; NaN
```

注17　read_csvはPythonによる実装もあり、引数にengine='python'と指定すると利用できます。

1行めはコメント行で、2行めは各列のデータのラベルです。データのデリミタは; (セミコロン)で、デリミタ以外にも意味のないスペースが所々に入っています。また、データが欠損しているところにはデータが何も入っていなかったり、「NaN」の文字が入っていたりします。欠損値に関するread_csv関数の処理については、後述します。文字列のエンコーディングは、CP932であるとします。

さて、このようなファイルを読み込む際に真っ先に指定しなければならないのがエンコーディングです。エンコーディングはデフォルトでUTF-8となっているため、UTF-8のファイルであれば指定しなくてもかまいません。今回の例ではCP932ですので、このエンコーディングを指定しないと読み込み時にエラーが発生します。したがって、read_csv関数を次のように呼び出します。

表6.5 関数read_csvのおもな引数

引数	説明
sepまたはdelimiter	データの区切りを示す文字列(正規表現も使えるが、C言語版の処理ライブラリが使えなくなるため非推奨)
dialect	文字列もしくはcsv.Dialectインスタンスによりファイルフォーマットを詳細に指定する
dtype	特定の列のデータ型を指定する
names	列ラベルのリストを指定する。データ読み込み時に任意に列ラベルを指定したい場合に使う。headerが指定してあっても列レベルはこの指定で上書きされる
header	列ラベルとして使う行の番号を指定する(最初の行が0)。namesを指定するとNoneがデフォルト値になる。それ以外は0がデフォルト
skiprows	指定の行数だけ先頭から読み飛ばす。もしくは、行番号(最初が0)のリストを指定してその行を読み飛ばす
index_col	行ラベルとして使う列の番号もしくは列ラベルを指定する。複数指定すれば階層型インデックスとなる
na_values	欠損値として解釈する文字列を指定する。デフォルトで設定されているもの以外を指定する場合に使う
parse_dates	デフォルトでFalse。Trueに設定すると全列でデータを日付として読み込もうとする。番号や列ラベルの指定で特定列だけに適用したり、複数列を結合して日付として読み込むように設定できる
date_parser	datetimeオブジェクトに変換する際に使う関数を指定する
thousands	3桁区切りのセパレータを指定する。多くの場合 , (カンマ)が使われる
skipinitialspace	デフォルトはFalse。Trueの場合、デリミタ直後のスペースは無視する
nrows	ファイル全体のうち、最初の何行を読み込むか指定する。大きなファイルの一部分だけ読み込む際に使う
converters	列ラベルとその列の全データに適用する関数を指定する
encoding	エンコーディング方式を指定する
usecols	リストとして指定した列(列番号もしくは列ラベルで指定)のデータだけを読み込んでデータを返す

```
In [34]: dat = pd.read_csv('veldat.csv', encoding='cp932')
```

どのようにデータが読み出されたのかは、SpyderのVariable explorer（3.2節を参照）の機能を使って確認してみましょう。**図6.2**は、読み込んだ結果のデータフレームの中身を表しています。これを見ると、日本語は正しく読めていますが、デリミタの解釈が間違っており正しく読み込めていないことがわかります。

次に、どこがコメント行で、どこがヘッダ行で、デリミタが何かを指定します。これにはそれぞれ「skiprows」、「header」および「sep」という引数を使います。「sep」の代わりに「delimiter」も使用できます。ヘッダ行がない場合はheader=Noneとしますが、今回の例ではヘッダ行がありますので以下のように指定します。

```
In [35]: dat = pd.read_csv('veldat.csv',
    ...:                   encoding='cp932',  # 文字コードはCP932
    ...:                   skiprows=1,   # 1行読み飛ばす
    ...:                   header=0,  # ヘッダ行は最初の行
    ...:                   sep=';')  # デリミタは；（セミコロン）
```

この例では、skiprows=1とheader=0の両方を指定していますが、header=0は、デフォルトなので省略できます。header=1とすると、最初の行は無視して2行めをヘッダ（列ラベル）として解釈するという意味になりますので、次のように指定してもまったく同じ結果を得られます。

```
In [36]: dat = pd.read_csv('veldat.csv',
    ...:                   encoding='cp932',
    ...:                   header=1,  # 2行めからヘッダ行である
    ...:                   sep=';')
```

図6.2 CSVファイルの読み込み結果（エンコーディングのみ指定後）

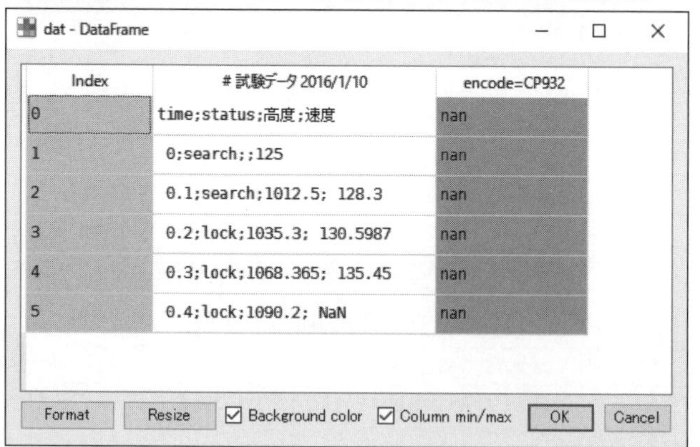

Index	# 試験データ 2016/1/10	encode=CP932
0	time;status;高度;速度	nan
1	0;search;;125	nan
2	0.1;search;1012.5; 128.3	nan
3	0.2;lock;1035.3; 130.5987	nan
4	0.3;lock;1068.365; 135.45	nan
5	0.4;lock;1090.2; NaN	nan

上記の指定によるデータが読み込み結果を、SpyderのVariable explorerで確認すると、**図6.3**のようになります。デリミタを;(セミコロン)に設定し、ヘッダ行も正しく設定できているので、意図したとおりに読めているように見えます。

この例では、欠損値は正しく非数値「NaN」として読み込まれていますが、よく見ると、図中の「速度」列の2つめ以降のデータの前にスペース(空白文字)が付いているように見えます。これは、デリミタとデータの間に余計なスペースが入っているためで、本来は数値データである「速度」列データは、スペースが付いた文字列として解釈されることでobject型になってしまいます。pandasでは読み込んだデータの型を自動的に推定して決定します。データ型を自分で指定したい場合には、引数**dtype**を使います。ここではdtypeについて詳細を説明しませんが、辞書型データを使って列ごとにデータ型を指定することができます。さて、pandasがデータ読み込み時に推定して決めたデータ型を表示させると、「速度」列データは、次のようにfloat64ではなくobject型になっていることが確認できます。

```
In [37]: dat.dtypes
Out[37]:
time      float64
status     object
高度        float64
速度       object
dtype: object
```

このような事態を避けるために指定する引数が、skipinitialspace=Trueです。この引数によって数値や文字列の前に付いているスペースを無視させることがで

図6.3 CSVファイルの読み込み結果(デリミタとヘッダ行指定後)

dat - DataFrame

Index	time	status	高度	速度
0	0	search	nan	125
1	0.1	search	1.01e+03	128.3
2	0.2	lock	1.04e+03	130.5987
3	0.3	lock	1.07e+03	135.45
4	0.4	lock	1.09e+03	NaN

Format　Resize　☑ Background color　☑ Column min/max　OK　Cancel

きます[注18]。この引数を次のように指定してデータを読み込むと、**図6.4**のように正しく読み込めます。

```
In [38]: dat = pd.read_csv('veldat.csv',
    ...:                   encoding='cp932',
    ...:                   header=1,
    ...:                   sep=';',
    ...:                   skipinitialspace=True)  # 数値や文字列の前のスペースを無視
```

なお、図6.4を見てわかるとおり、「速度」列の最後のデータは非数値「NaN」として正しく読み込まれています。テキストファイル中では「NaN」という文字でしたが、どのような文字列を欠損値として扱うかは、na_valuesおよびkeep_default_naの2つの引数で制御できます。ただし、デフォルトで設定されている欠損値は、`['-1.\#IND', '1.\#QNAN', '1.\#IND', '-1.\#QNAN', '\#N/A','N/A', 'NA', '\#NA', 'NULL', 'NaN', '-NaN', 'nan', '-nan']`のリストに含まれる文字列となっており、大抵は欠損値文字列を自分で設定する必要はありません。なお、この欠損値文字列に長さ`0`の文字列`''`は含まれていませんが、これも欠損値として扱われる設定になっています。

読み込み処理の詳細

さて、ここまででデータは正しく読み込めていますが、ここではさらにもう一歩踏み込んで読み込み処理の詳細を見ていきます。

はじめに、列ラベルの指定についてです。これまでに示した例では、列ラベル

注18　数値や文字列の後ろに付いているスペースは最初から無視されます。

図6.4　CSVファイルの読み込み結果（スペース無視指定後）

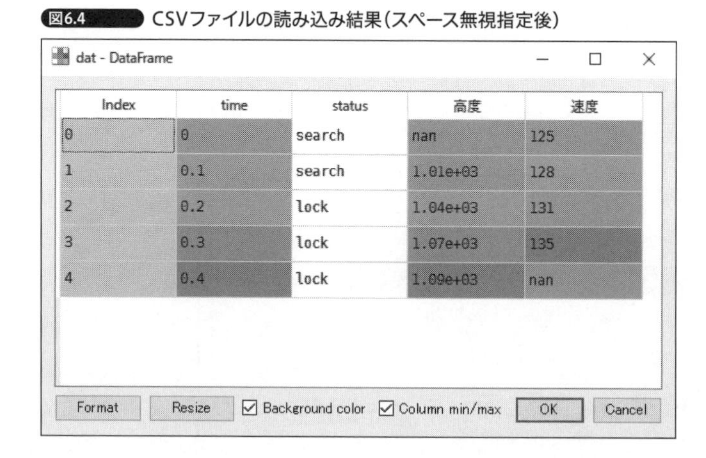

dat - DataFrame

Index	time	status	高度	速度
0	0	search	nan	125
1	0.1	search	1.01e+03	128
2	0.2	lock	1.04e+03	131
3	0.3	lock	1.07e+03	135
4	0.4	lock	1.09e+03	nan

Format　Resize　Background color　Column min/max　OK　Cancel

はテキストファイルのインデックス行から自動的に設定されました。しかし、このラベルには日本語が含まれており、後々の作業を考慮してすべてアルファベットにしておきたいと考えたとします。その場合、引数**names**を使います。また、同時に「t」列(元は「time」列)を行ラベルとして使う指定をしたいとします。これには、引数**index_col**を使います。これらの引数を指定した次の例を見てください。

```
In [39]: dat = pd.read_csv('veldat.csv',
    ...:                   encoding='cp932',
    ...:                   header=1,
    ...:                   sep=';',
    ...:                   skipinitialspace=True,
    ...:                   names=['t', 'stat', 'h', 'vel'],  # 各列に列ラベルを付ける
    ...:                   index_col='t')  # 列ラベル「t」の列を行ラベルにする
```

この指定で読み込まれたデータを、SpyderのVariable explorerで確認すると**図6.5**のようになります。これを見ると、意図したとおりに行ラベルと列ラベルの指定ができたことがわかります。

以上のように、pandasではファイル形式に合わせて設定を柔軟に変更しながら、データを読み込むことが可能です。

図6.5 CSVファイルの読み込み結果(列/行ラベル指定後)

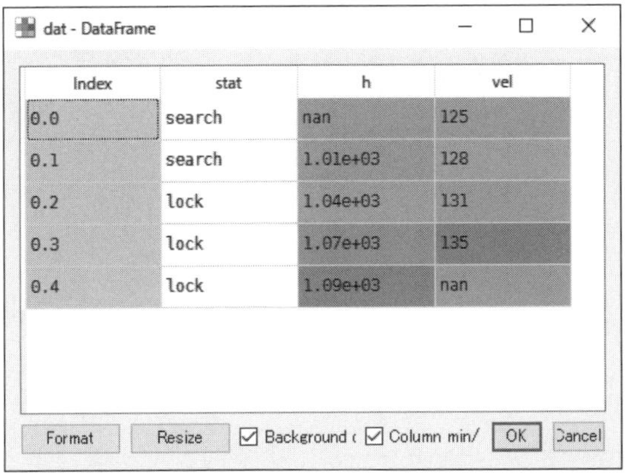

dat - DataFrame

Index	stat	h	vel
0.0	search	nan	125
0.1	search	1.01e+03	128
0.2	lock	1.04e+03	131
0.3	lock	1.07e+03	135
0.4	lock	1.09e+03	nan

Format　Resize　☑ Background (　☑ Column min/　OK　Cancel

6.5 Web入力

urllibパッケージを使えば、インターネット上のリソースを取得してプログラムに入力することができます。本節では、Web上からデータを取得する処理の基本について取り上げます[注19]。

urllibパッケージを用いたHTMLデータの読み出し

以下の例では、`http://python.org/`のHTMLデータを読み出しています。

```
import urllib.request

response = urllib.request.urlopen('http://python.org/')
html = response.read()
```

ここではこのようなごく基本的な例の紹介に留めますが、Pythonでは標準ライブラリとしてインターネットプロトコルを扱う機能が準備されており、そのうちの1つが**urllib**であるということを覚えておくとよいでしょう。

Python 2系とPython 3系のurllib関連情報

また、Python 2系ではurllib関連のモジュールが入り混じっており、機能も重複する部分がありました。しかし、Python 3系ではこれらのモジュールがurllibという1つのパッケージに統一されわかりやすくなっています。Web上でurllibについて検索すると、Python 2系の情報がたくさん出てくることから混乱するかもしれません。

以下の**表6.6**のような機能の対応になっていますので、Python 2系のプログラムからPython 3系のプログラムに書き換える際などに参考にしてください。

注19　本書では紙幅の都合もあり割愛しますが、データの取得だけではなく、データを送ることもできます。

表6.6 Python 2系とPython 3系におけるurllib関連パッケージの対応

Python 2系	Python 3系	機能
urllib	urllib.request、 urllib.parse、urllib.error	URLの取得、エンコーディング、 エラー処理
urllib2	urllib.request、urllib.error	URLの取得、エラー処理
urlparse	urllib.parse	エンコーディング
robotparser	urllib.robotparser	obots.txtのためのパーザ
urllib.FancyURLopener	urllib.request.FancyURLopener	HTTPレスポンスコード： 301、302、303、307、401 を取り扱う機能を提供
urllib.urlencode	urllib.parse.urlencode	URLエンコード処理
urllib2.Request	urllib.request.Request	URLリクエスト
urllib2.HTTPError	urllib.error.HTTPError	HTTPError例外の送出など

6.6 まとめ

本章では、データの入出力について、Pythonの標準機能だけでなく、サードパーティライブラリの機能も含めて簡単に紹介しました。プログラムの実行には、データの入出力を伴うことが多く、これらの機能の効率的な実現方法を知っておくことが大切です。本書では、紹介した関数について一部の機能しか紹介できていませんので、各関数のDocstringや公式ドキュメントなどを参照しながら、さらに学んでみてください。

Column

入力設定の試行錯誤

CSVファイルなどのテキストファイルから大きなサイズのデータを読み込む場合、そのデータに最適な読み込み設定を見つけるまでに、ある程度の試行錯誤が必要になることがあります。その際、実際のファイルを読み込ませて試行錯誤する方法では、非効率的な場合もあるでしょう。

そこでお勧めする方法が、テキストファイルの読み込み行数を限定する**nrows引数**の利用と、テキストI/Oストリームを生成できる**StringIOクラス**の利用です。

nrows引数では、read_csv関数の引数で読み込む行数を指定します。たとえば、`read_csv('myfile.csv', nrows=5)`などとするとファイルの最初の5行だけを読み込んで終了します。自分が想定したとおりにデータが読み込まれているかどうかは、大抵の場合、最初の数行を読み込めばわかりますので、動作確認を効率化できます。

また、StringIOを利用すると、テキストファイルを実際に読み込まなくても、特定の文字列の読み込み方法を確認できるので便利です。次の例を見てください。

```
# StringIOをインポート
In [40]: from io import StringIO

# ファイルの代わりに文字列を指定
In [41]: mystr = 'x, y, z\n1, 2, 3\n4, 5, 6'

# 指定した文字列の確認（このテキストの読み込みを想定）
In [42]: print(mystr)
x, y, z
1, 2, 3
4, 5, 6

# mystrをStringIOに与え、さらにそれをファイル名の代わりに指定
In [43]: data = pd.read_csv(StringIO(mystr))
```

このように、StringIOを使えばファイルの代わりに任意の文字列をcsv_readの入力に与えることが可能になり、読み取り処理の動作確認を効率化できます。

第7章

NumPy

科学技術計算の分野で用いるプログラミング言語には、「大規模データを効率良く扱えること」「配列の演算を高速にこなせること」の2点が必須の要件となります。

Python本体と標準ライブラリだけではこの点に弱さがありますが、**NumPy**はまさにそこを強化してくれる科学技術計算の基礎ライブラリです。そして、SciPy、Matplotlib、pandasなどのライブラリはNumPyに依存しており、多くの科学技術系ライブラリの礎となっています。NumPyは基本的な機能の提供に重点を置いており、高度な数学のアルゴリズムやデータ分析手法を提供するものではありません。高度な数学のアルゴリズムはSciPyが、高度なデータ分析手法はpandasが、分析結果の可視化はMatplotlibが補完してくれます。NumPyの基本を押さえることで、SciPy、pandas、Matplotlibの理解も進むでしょう。

本章では、NumPyの配列とその操作方法の基本を解説します。

7.1 NumPyとは

NumPyはどのようなライブラリなのか、本節ではその機能の全貌を概観し、NumPyがデータを速く処理できる理由を明らかにしていきます。

NumPyの機能全貌

NumPyは、**配列**の処理に特化したライブラリです。配列は、複数のデータを持ち、Pythonではリストやタプルで表現されます。リストやタプルは、ネストさせることで多次元配列を表現することも可能です。

しかし、リストやタプルを使った大規模データの処理には問題があります。処理速度の速さが、C言語などと比較して非常に遅いのです。NumPyは、その欠点を克服するためのライブラリであり、**配列演算**を高速に行うことができます。

この高速な配列演算の基礎となっているのが、多次元配列オブジェクト**ndarray**(後述)です。ndarrayは、Pythonに高速なデータ処理機能を提供する基礎となるものです。この他にも、NumPyは次のような重要な機能を提供します。

- **ユニバーサル関数(*universal function*)**
- **各種の関数群(数学関数/線形代数関数や統計処理関数など)**
- **他言語へのインタフェース**

ユニバーサル関数(7.4節を参照)は、ndarrayに対してその要素毎に処理を行った結果を返す関数です。ユニバーサル関数を使うことで、線形代数の計算式を、簡潔に、可読性が高い形式で記述することが可能になります。

また、NumPyは、次項およびAppendix Cで説明する多くの関数を備えています。それらの関数を使うことで、科学技術計算で用いる多くの処理を容易に実現できます。

さらに、他言語へのインタフェースとしては、C/C++およびFortranへのインタフェースを有しています。

図7.1に、NumPyの全体像を模式的に示しました。このように、NumPyには、ndarrayの機能を土台として、科学技術計算をさらに容易に実現させるための機能が備えられています。

NumPyの各種関数群

NumPyが提供する各種関数群(*routines*)は多岐にわたる機能を提供します。ここでは全体像を掴むために細部には立ち入らずに機能の一覧を示します[注1]。まずは重要な関数群の大項目を列挙してみます。以下の各関数群が持つ関数およびメソッドは、Appendix Cにまとめました。

- 配列(*array*)生成/操作
- 数学関数(*mathematical function*)
- 線形代数(*linear algebra*)
- ランダムサンプリング(*random sampling*)
- 統計関数(*statistics*)
- インデックス関連
- ソート/サーチ/カウント(*sorting/searching/counting*)
- 多項式計算(*polynomials*)
- データ入出力(I/O)
- 離散フーリエ変換(DFT、FFT)と窓関数

注1　NumPy 1.11の時点での情報を示します。最新版では一部変更されている可能性があります。

図7.1 NumPyの機能全体像

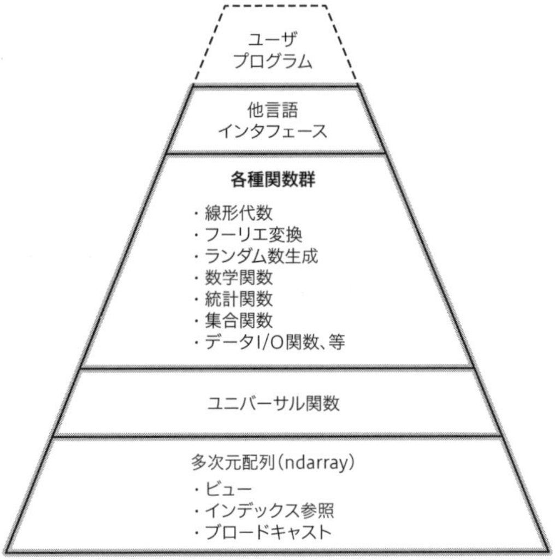

ユーザ
プログラム

他言語
インタフェース

各種関数群
・線形代数
・フーリエ変換
・ランダム数生成
・数学関数
・統計関数
・集合関数
・データI/O関数、等

ユニバーサル関数

多次元配列(ndarray)
・ビュー
・インデックス参照
・ブロードキャスト

NumPyは、上記以外にも以下のような機能に関連する関数群を持ちます。

- 行列(*matrix*)生成/操作
- データタイプ関連操作
- 浮動小数点数エラー対応
- 文字列操作
- 論理計算
- 集合計算
- バイナリ操作
- Masked Array操作
- C-Types外部関数インタフェース
- 日時(*datetime*)サポート
- 関数型プログラミング
- フィナンシャル(*financial*)
- ヘルプ関数
- テストサポート

多くの関数が用意されていますが、自分が必要とする機能について順次学んでいけば良いでしょう。大切なことは、どのような機能が準備されているのか、概要を把握しておくことです。Appendix Cも活用してみてください。

NumPyはなぜ速い?

NumPyが大規模データを高速に処理できる理由は、多次元配列オブジェクトのndarrayを基本的なデータ保持形式として利用しているからです。ndarrayは保持する「データ」と「メタデータ」(次元数、データ型など)と呼ばれる付随情報から成ります。ndarrayでは、このデータがシステムのメモリ(RAM)に隙間なく配置されています。Pythonの「リスト」のようなオブジェクトでは、リストの各要素がメモリのあちらこちらに分散して格納されます。このことは、id関数を使えばわかります[注2]。

分散してデータが配置されていると、それらのデータにアクセスする際にオーバーヘッドが生じてしまいます。ndarrayのようにデータがメモリの1つの領域にまとめて配置されていると、次のようなメリットがあります。

注2　正確には、id関数がオブジェクトのメモリアドレスを返す実装になっている場合にはわかります。CPythonなどが該当します。

- 配列演算をC言語のような低レベル言語で高速に実装できる
- データをCPUのレジスタ(*register*)にまとめて効率的に読み出せるため高速になる
- CPUのベクトル化演算[注3]の恩恵を受けられる

最後のベクトル化演算については、通常NumPyのコンパイル時にBLASやLAPACKのような高度に最適化された線形代数ライブラリにリンクされているため、意識しなくてもその並列化高速演算機能を利用できている場合があります。

注3 IntelのSSE(*Streaming SIMD Extensions*)やAVX(*Advanced Vector Extensions*)などのSIMD演算。

Column

線形代数の数値演算ライブラリ

NumPyは、CPUの能力を十分に生かして高速に線形代数演算を行うために、BLASと呼ばれる線形代数用数値演算ライブラリとリンクされています。BLASは、行列やベクトルの演算を行う基本的な関数の集まりですが、処理をさらに高速化した実装が多数存在します。たとえば、BLASを実装したものには、前述したOpenBLAS、ATLAS、LAPACK、Intel MKLや、GotoBLASなどがあります。LAPACKやIntel MKLは、BLASの固有機能以外にもさまざまな便利な機能が追加されています。

NumPyにリンクされるBLAS実装は、通常これらの高速化したライブラリです。どのライブラリがリンクされているのかは、以下のようにして調べることができます。

```
In [1]: np.__config__.show()  # 「np」は「numpy」の別名とする
openblas_lapack_info:
  NOT AVAILABLE
lapack_opt_info:
    define_macros = [('SCIPY_MKL_H', None), ('HAVE_CBLAS', None)]
    include_dirs = ['C:\\aroot\\stage\\Library\\include']
    libraries = ['mkl_lapack95', 'mkl_core_dll', 'mkl_intel_c_dll',
                                                'mkl_intel_thread_dll']
    library_dirs = ['C:\\aroot\\stage\\Library\\lib']
<以下略>
```

この例では、表示を途中で省略していますが、`libraries =`の行を見る限り、Intel MKLが使われていることがわかります。実は、このライブラリによってNumPyの処理速度は大きく変わります。たとえば、ATLASをリンクしたNumPyと、Intel MKLをリンクしたNumPyを比較すると、計算内容やCPUによっても変わりますが、Intel MKLの方が数倍速くなる場合があります。したがって、CPUバウンドな科学技術計算を行う場合には、自分が使っているNumPyが、どのBLAS実装ライブラリにリンクされているのかを意識しておく必要があります。

7.2 NumPyのデータ型

NumPyには、Pythonの組み込みデータ型とは別に、NumPy独自のデータ型が準備されています。NumPy独自のデータ型を使うことで、不必要なメモリの利用を回避し、効率の良い処理が可能になります。ここでは、NumPyにおいて指定できるデータ型について基本を学びます。

細分化されたデータ型

Pythonの組み込みデータ型を使う型指定では、たとえば整数型のビット数を指定することができません。このことは、データがどのような形式で保持されているのかを気にする必要がないプログラムでは、逆に便利だと言えます。煩雑な記述が不要になり、コーディングが楽になるからです。

しかし、コードの記述は簡単になりますが、メモリを無駄に消費してしまう可能性もあります。科学技術計算などで大量のデータを扱う際には、そのメモリ消費を気にしなくてはいけません。

たとえば、それぞれのデータは16 bitあれば十分に表現できるとわかっている時には、メモリ使用量削減の観点から32 bitや64 bitのデータ型は使いたくありません。そこでNumPyでは「16 bitの符号付整数を使う」とか、「64 bitの浮動小数点数を使う」ということを指定できるようになっています。

NumPyの組み込みデータ型

NumPyの組み込み型を、**表7.1**に示します。

この型名称は、関数名として使ってスカラーや配列(ndarray、後述)を生成する際に利用できます。たとえば、次のように利用します。

```
In [2]: a = np.uint16(34)  # 16 bit符号なし整数型
In [3]: b = np.complex128([3.2, 4.2+1.09j])  # 16 bit符号なし整数型のndarray
In [4]: a = np.array([2334.432, 2.23], dtype=np.single)  # 単精度浮動小数点数型の
                                                                         ndarray
```

NumPyのスカラー

NumPyのスカラーは、Pythonのスカラーとは完全に同じではなく、「配列スカ

ラー」(*array scalar*)と呼ばれます。配列スカラーは、NumPyの用語で、スカラーでありながら配列と同じ性質も持っていることを意味します。NumPyが、スカラーを配列スカラーとして扱うのには、Pythonに同じ型がないからだけでなく、スカラーと配列を統一した仕組みの中で扱いたいからです。

この呼称は、「Array」なのか「Scalar」なのかという点で初学者の方にとって紛らわしさがあると考え、本書では**NumPyのスカラー**、あるいは単に「スカラー」と呼ぶことにします。NumPyのスカラーに対しては、ndarrayと同じ属性[注4]が用意されています。したがって、以下の例のように、NumPyのスカラーに対してndarrayの属性の1つである**flags**を参照できます。

注4 「属性」は、前述のとおりPythonでは.(ドット)でつないで参照できるものすべてです。つまり、p.109の図4.5のオブジェクトのイメージで図示した、データもメソッドも「属性」です。しかし、NumPyでは「属性」を少し違う意味に使います。オブジェクトが持つ関数を「メソッド」と呼び、それ以外の特性や状態を示すデータを「属性」と呼びます。本書でも、NumPyの説明においてはNumPyの定義に従います。

表7.1 NumPyの組み込みデータ型

型名称	説明
bool_, bool8	Pythonのブール型と互換のブール型(TrueまたはFalse)
byte/short/intc/longlong	C言語のそれぞれchar/short/int/long longと互換の型
int_/uint	Pythonの整数型(C言語のlongと同じ、通常int32またはint64)
intp/uintp	符号あり/なし整数へのポインタ型
int8/int16/int32/int64	8/16/32/64 bitの符号付整数型
ubyte/ushort/uintc/ulonglong	byte/short/intc/long longの符号なしの型
uint8/uint16/uint32/uint64	8/16/32/64 bitの符号なし整数型
half/single/double	[半/単/倍]精度浮動小数点型
longdouble	C言語のdouble型と互換の型
float_	Pythonのfloat型と互換
float16/float32/float64	16/32/64 bitの浮動小数点数型
float96/float128	プラットフォーム依存(96/128 bitの浮動小数点数型)
csingle	単精度浮動小数点数で構成される複素数
complex_	倍精度浮動小数点数で構成される複素数
clongfloat	C言語のlong float型の浮動小数点数で構成される複素数
complex64/complex128	32/64 bitの浮動小数点数で構成される複素数
complex192/complex256	プラットフォーム依存(96/128 bitの浮動小数点数型で構成される複素数)
object_	Pythonオブジェクト型
str_	固定長文字列型
unicode_	固定長Unicode文字列型
void	Void型

```
In [5]: a = np.int64(33)  # aはNumPyのスカラー
Out[5]: a.flags   # ndarrayの属性のflagsを表示させる
  C_CONTIGUOUS : True
  F_CONTIGUOUS : True
  OWNDATA : True
  WRITEABLE : False
  ALIGNED : True
  UPDATEIFCOPY : False
```

また、NumPyのスカラーは**イミュータブル**(変更不能)です。この点は、Pythonにおける数値の型(p.113)と同じです。

7.3 多次元配列オブジェクトndarray

NumPyの機能の根幹を成しているのが多次元配列オブジェクトndarrayです。Pythonで配列を表現するのに使われるリストやタプルとは何が違うのか、しっかり押さえておきましょう。

配列と行列

はじめに、**配列**(*array*)と**行列**(*matrix*)という2つの用語の整理をしておきます。NumPyでは、多次元配列オブジェクトを扱うための仕組みとして、「配列」と「行列」の2種類が存在します。これらの用語は、NumPyに関する文脈で用いられる場合、NumPyの固有名詞であると考える必要があります。つまり、一般的に使われる配列および行列とは意味が違います。

NumPyの「配列」と「行列」は、どちらも一般的な意味での「配列」です。両者の違いは、行列積計算に使われる演算子が変わるだけです。このことを、例を示しながら説明します。

はじめに、NumPyの配列と行列の生成方法の一例を示します。

```
A = np.array([[1, 2], [3, 4]])  # 配列 (ndarray) の生成
B = np.matrix([[1, 2], [3, 4]])  # 行列の生成
```

NumPyでは、**配列**は**ndarray**と呼ばれるオブジェクトで表現します。ndarrayについては、次項以降で詳しく説明します。一方の行列は、計算式の可読性向上のために利用されることがあります。可読性向上の意味を、次の計算式を例にとって説明します。

$$S = (HVH^T)^{-1}$$

この式を、NumPyの配列であるndarrayを使って書くと次のようになります。

```
# 「inv」は「np.linalg.inv」（逆行列計算関数）を示すものとする
S = inv(H.dot(V.dot(H.T)))  # HとVは配列（ndarray）
```

上記の例のように、少々読みにくいプログラムになります。行列計算式が複雑で長くなると、非常に読みづらくなる場合があります。この問題を解消するため、**行列**というオブジェクトが考案されました。行列を使えば、以下のように行列積の計算を*演算子で表現できます。

```
S = inv(H * V * H.T)  # HとVは配列（ndarray）ではなく行列
```

ここで、H.TはHの転置行列です。このように、コードの可読性は改善しますが、メリットは行列積表現の簡素化だけと言って良いでしょう。逆にデメリットとして、配列と行列の混在により混乱を招く、という点に注意が必要です。また、多くのNumPyの関数は、返り値として配列を返すため、行列を使うと逐一変換が必要になります。

さらに、Python 3.5では、@演算子が加わりました。@演算子は、行列積の表現を簡素化するために導入されたものです。@演算子を使うと、配列のHとVを使って、先ほどの行列計算式を次のように表現できます。

```
S = inv(H @ V @ H.T)  # HとVは配列（ndarray）
```

行列を使った場合とまったく同じように、わかりやすい計算式となります。NumPyでは、@演算子にバージョン1.10から対応しており、pandas、Blaze、Theano（テアノ）[注5]なども対応することを表明しています(PEP 465を参照)。

以上のことから、NumPyの「行列」を利用する理由が特になくなりつつあり、今後使われなくなっていく可能性があります。したがって、本書で学習されている方も、配列(ndarray)と@演算子を使うようにしてください。本書でも、これ以降、すべて配列(ndarray)の利用を前提とします。

なお、2次元配列のことを「行列」と呼ぶのが一般的です。本書でもこれ以降、「2次元配列」の意味で「行列」という用語を用います。

注5　p.344のコラムでも言及しています。

ndarrayの生成

Python固有の機能により行列を表現する場合、**ネストしたリスト**[注6]を使います。たとえば、以下のように3×3の行列を表現できます。

```
In [6]: matA = [[3, 1, 9], [2, 5, 8], [4, 7, 6]]

In [7]: matA
Out[7]: [[3, 1, 9], [2, 5, 8], [4, 7, 6]]

In [8]: matA[0][2]
Out[8]: 9
```

この例では3つの整数を要素に持つリストが3つあり、それら3つのリストを要素に持つ(多重)リストmatAが定義されています。このようにして行列を定義しておけば、`matA[0][2]`のようにしてその行列の中の1行3列めの要素にアクセスできるようになります。

これに対して、NumPyでは大規模データを効率良く処理するために、上記のような2次元の行列を含めた多次元配列を表現するために**ndarray**というオブジェクトが準備されています。さっそくndarrayの生成方法を見ていきましょう。前出のmatAと同じデータを保持するndarrayの生成をしてみます。

```
In [9]: matB = np.array([[3, 1, 9], [2, 5, 8], [4, 7, 6]]) # リストからndarrayを作る

In [10]: matC = np.array(((3, 1, 9), (2, 5, 8), (4, 7, 6))) # タプルからndarrayを作る
```

この例では、matBとmatCはまったく同じものになります。np.array()の中にリストまたはタプルの形式でデータを指定します。ndarrayでは上記のPythonの多重リストの場合と比較して次のような特徴があります。

- **C言語やFortranの配列と同様にメモリの連続領域にデータが保持される**
- **基本的にすべて同じ型の要素で構成される**[注7]
- **各次元毎の要素数が等しくなければならない**
- **配列中の全要素、もしくは一部の要素に対し、特定の演算を高速に適用できる**

ndarrayでは、特に最初の2つの特徴により、処理の高速化が可能になります。つまり、同じ型のデータがメモリの連続領域に配置されることで、そうでない場

注6 「多重リスト」とも呼ばれます。

注7 頻繁に使う機能ではありませんが、構造化配列(*structured arrays*)とかレコード型配列(*record arrays*)と呼ばれる複雑なデータ構造を持つndarrayも存在します。必要に応じて「Structured Arrays」項を参照してください。 URL http://docs.scipy.org/doc/numpy/user/basics.rec.html

合と比べて、演算を行う時の処理のオーバーヘッド(メモリアクセスや関数呼び出しにかかる時間)が小さくなるのです。

Pythonの多重リストの場合では、リンクでセルを結合した形式でメモリ上に保持されるため、そのオブジェクトの構成を動的に変更可能ですが、ndarrayの形状変更(たとえば3×4の配列を2×6の配列にするなど)には、全体の削除および再生成が必要になります。

ndarrayを生成する関数には、arrayやarange、asarray、ones、zerosなどがあります。ndarrayを生成する関数は多数ありますので、Appendix Cの表AC.1を参照してください。ここでは、zerosとarangeの例を見ておきましょう。

```
In [11]: np.zeros((2,3))
Out[11]:
array([[ 0.,  0.,  0.],
       [ 0.,  0.,  0.]])

In [12]: np.arange(10, 20, 2)
Out[12]: array([10, 12, 14, 16, 18])
```

関数zerosは、タプルで指定したサイズで、全要素が0のndarrayを生成します。この例では、データ型の指定(オプション引数dtypeで指定)と、データのメモリ配置の順序(後述、7.3節を参照)の指定(オプション引数orderで指定)は省略しています。

また、以下のとおり、arangeは組み込み関数であるrange関数に似ています。

```
arange([start,] stop[, step,][, dtype])
```

startで指定した数からstopで指定した数まで、step間隔の数字列を生成します。startは省略可能で省略時には0から数字列が開始されます。startを省略した場合にはstepも同時に省略する必要があり、その場合はstep = 1として動作します。startは省略せずにstepだけを省略することも可能で、その場合もstep = 1として動作します。また、dtypeはデータの型を指定するもので(詳しくは後述)、指定しない場合にはstartやstopなどに指定した数値の型が自動判別されて設定されます。なお、stopの値は生成される数字列に含まないのが基本ですが、stopの値が浮動小数点数であった場合には、stopの値を含んでしまう場合があります[注8]ので注意が必要です。たとえば、以下のような場合です。

```
In [13]: np.arange(0.1, 0.4, 0.1)
Out[13]: array([ 0.1,  0.2,  0.3,  0.4]) # 0.4も含まれている
```

注8 補足しておくと、浮動小数点数は2進数で表現できる値しか保持できないので、それにより小さな誤差が生じて、stop値を含む場合と含まない場合があるものと推測されます。

```
In [14]: np.arange(1, 4, 1)
Out[14]: array([1, 2, 3])  # 4は含まれない
```

データ型の指定

ndarrayのデータ型(**dtype**)を指定するには、以下の複数の方法があります。

- **Generic Typeによる指定(表7.2)**
- **Pythonの組み込み型に対応する型の指定(表7.3)**
- **NumPyの組み込み型データ型による指定(前出の表7.1)**
- **文字列コード(*character code*)による指定(表7.4)**

これらの指定方法について例を見ておきます。はじめに、Generic Typeによる指定では表7.2のとおり、floatやuintなどの文字列によって型を指定できます。

表7.2 Generic Typeとdtypeの型指定文字列

Generic Type	型指定文字列
number、inexact、floating	float
complex floating	cfloat
integer、signed integer	int_
unsigned integer	uint
character	string
generic、flexible	void

表7.3 組み込み型による型指定

Python組み込み型	型指定文字列
int	int_
bool	bool_
float	float_
complex	cfloat
str	string
unicode	unicode_
buffer	void
その他	object_

表7.4 文字列コードによる型指定

型名称	文字列コード
bool_、bool8	?
byte/short/intc/longlong	b/h/i/q
int_/uint	l/L
intp/uintp	p/P
int8/int16/int32/int64	(i1/i2/i4/i8)
ubyte/ushort/uintc/ulonglong	B/H/I/Q
uint8/uint16/uint32/uint64	(u1/u2/u4/u8)
half/single/double	e/f/d
long double	g
float_	f
float16/float32/float64	(f2/f4/f8)
float96/float128	(f12/f16)
csingle	F
complex_	D
clongfloat	G
complex64/complex128	c8/c16
complex192/complex256	c24/c32
object_	O
str_	S# (#は数字)
unicode_	U# (#は数字)
void	V# (#は数字)

```
# dtypeオブジェクト（dtypeオプションに指定できるオブジェクト、次の例参照）指定の例
In [15]: dt = np.dtype('float')
# ndarray生成時のdtype指定の例（dtypeオブジェクトを使う場合）
In [16]: x = np.array([1.1, 2.1, 3.1], dtype=dt)
# ndarray生成時のdtype指定の例（直接文字列で指定する場合）
In [17]: x = np.array([1.1, 2.1, 3.1], dtype='float')
```

Pythonの組み込み型と同じ型の指定には、表7.3の型指定文字列を使って、次のようにdtypeを指定できます。この例では、Pythonのcomplex型と同じ型を指定しています。

```
In [18]: x = np.array([1.1+2.2j, 2.1-3.4j], dtype='cfloat')
```

NumPyの組み込みデータ型を使った指定方法、およびその型名称の短縮形である「文字列コード」による指定は、次のとおりとなります。

```
# dtypeオブジェクトの指定の例
In [19]: dt = np.dtype(np.int64)
In [20]: dt = np.dtype('i8')
# ndarray生成時のdtype指定の例
In [21]: x = np.array([1.1+2.2j, 2.1-3.4j], dtype='complex64')
In [22]: x = np.array([1.1+2.2j, 2.1-3.4j], dtype='c8')
```

ただし、表7.4のうち「complex256」などのプラットフォーム依存の型名は、使えない場合がありますので注意が必要です。

以上、最も使われそうなdtypeの型指定方法を見てきましたが、これ以外にも型の指定方法はいくつかの記法が存在するので、見慣れない記法を見つけた場合にはscipy.orgにあるNumPyのリファレンス[注9]を参照してみてください。

ndarrayの属性

前述のとおりNumPyでは、オブジェクトが持つ関数を「メソッド」と呼び、それ以外の特性や状態を示すデータを「属性」と呼びます。本書でも、NumPyの説明においてはNumPyの定義に従います。

ndarrayには、さまざまな属性があります。ndarrayのおもな属性一覧を**表7.5**に示します。通常これらは頻繁に使うものではないかもしれませんが、属性の全体像を把握しておけば役に立つ場面があるでしょう。なお、属性には**flags**や**size**のようにndarrayの特性を取得するためのものと、Tやshapeのように関数として

注9 URL http://docs.scipy.org/doc/numpy/reference/arrays.dtypes.html#arrays-dtypes-constructing

機能するものがあります。

これらの属性について、少し例を見ておきましょう。たとえば、shape属性の場合、以下のように配列のサイズを確認できます。

```
In [23]: matB = np.array([[3, 1, 9], [2, 5, 8], [4, 7, 6]])

In [24]: matB.shape
Out[24]: (3, 3)   # 配列のサイズが3×3であることがわかる
```

ndarrayの属性は、第3章でも紹介したIPythonのタブ補完機能を使えば簡単に確認できます。IPythonで、「matB.」などのように<ndarrayの変数名>.まで記述した段階でTabキーを押すと、属性およびメソッドの一覧が表示されます。

```
In [25]: matB.    # Tabキーを押すと候補（属性およびメソッド）が表示される
matB.T            matB.cumsum       matB.min           matB.shape
matB.all          matB.data         matB.nbytes        matB.size
matB.any          matB.diagonal     matB.ndim          matB.sort
matB.argmax       matB.dot          matB.newbyteorder  matB.squeeze
matB.argmin       matB.dtype        matB.nonzero       matB.std
matB.argpartition matB.dump         matB.partition     matB.strides
matB.argsort      matB.dumps        matB.prod          matB.sum
matB.astype       matB.fill         matB.ptp           matB.swapaxes
matB.base         matB.flags        matB.put           matB.take
matB.byteswap     matB.flat         matB.ravel         matB.tobytes
matB.choose       matB.flatten      matB.real          matB.tofile
matB.clip         matB.getfield     matB.repeat        matB.tolist
```

表7.5 ndarrayのおもな属性一覧

属性	説明
T	転置行列を返す（self.transpose()と同じ）
data	オブジェクトを参照する新しいメモリビューオブジェクトを生成
dtype	配列のデータタイプ
flags	配列のメモリレイアウトに関する情報
flat	1次元配列のように振る舞うイテレータオブジェクトを返す
imag	配列のデータの虚部
real	配列のデータの実部
size	全要素数
itemsize	各要素のサイズ（バイト数）
nbytes	全データのサイズ（バイト数）
ndim	配列の次元
shape	配列の形状を示すタプル。このタプルの再設定で形状変更可能
strides	配列内の隣接するデータ間の間隔（バイト数）
ctypes	ctypesモジュールを使う場合に使うオブジェクトを返す
base	データバッファとして使っているオブジェクト（またはNone）

```
matB.compress     matB.imag         matB.reshape      matB.tostring
matB.conj         matB.item         matB.resize       matB.trace
matB.conjugate    matB.itemset      matB.round        matB.transpose
matB.copy         matB.itemsize     matB.searchsorted matB.var
matB.ctypes       matB.max          matB.setfield     matB.view
matB.cumprod      matB.mean         matB.setflags
```

そのようにして表示されたものの中で、たとえばdtype属性について詳しく調べたい場合には、?を付けて、`matB.dtype?`などとすれば、その属性に関する詳しい情報を得られます。

```
In [26]: matB.dtype?  # 調べたい属性やメソッドに?を付ける
Type:            dtype
String form:     int32
Length:          0
File:            c:\python\anaconda3\lib\site-packages\numpy__init__.py
Docstring:       <no docstring>
Class docstring:
dtype(obj, align=False, copy=False)

Create a data type object.

A numpy array is homogeneous, and contains elements described by a
dtype object. A dtype object can be constructed from different
combinations of fundamental numeric types.
<以下略>

In [27]: matB.dtype    # matBのdtype属性を表示させる
Out[27]: dtype('int32')
```

どのような属性やメソッドが存在し、それがどのような意味を持つのかは、プログラムを記述しながらでも随時確認することが可能ですので、IPythonのタブ補完機能を使って調べる習慣をつけると良いでしょう。

ndarrayのメソッド

NumPyでは、ndarrayに対するさまざまなメソッドが用意されています。これらの「メソッド」のほとんどは、ndarray用の「関数」と呼んで差し支えないものです。実際、多くのメソッドはNumPyの関数としても定義されています。たとえば、xおよびyというndarrayがある場合に、メソッドのdotを使って`x.dot(y)`という計算をするのと、NumPyのdot関数を使って`np.dot(x, y)`という計算をするのはまったく同じです。

たとえば、以下に列挙したNumPyの関数は、ndarrayのメソッドとしても用意されています。これらは、ndarrayのメソッドとして用いても、NumPyの関数として用いても同じ結果を得られます。

```
all/any/argmax/argmin/argsort/conj/cumprod/cumsum/diagonal/dot/imag/
real/mean/std/var/prod/ravel/repeat/squeeze/reshape/std/var/trace/ndim/
squeeze
```

ndarrayによる行列計算

NumPyのような配列向けのライブラリにとって、線形代数計算で頻繁に使う**行列計算**は最重要機能の1つです。行列の積、行列の和、逆行列計算、行列式計算、固有値計算などさまざまな計算が必要となります。NumPyではndarrayで表現した行列に対して、これらの処理を行うメソッドや関数が用意されています(Appendix Cを参照)。

行列計算で注意すべき点は、ndarrayの*(積)、/(除算)、+(和)、-(差)、**(べき乗)、//(打ち切り除算)、%(剰余)は、要素同士の計算になるという点です。行列積を計算する場合は、**dot**メソッド(もしくはnp.dot関数)を使うか、Python 3.5以上(かつNumPy 1.10以上)の@演算子を使う必要があります。

ここではこれ以外に、行列の計算で頻繁に用いる、逆行列計算、行列式計算、ランク計算の例を見ておきましょう。

```
# 行列Aの逆行列計算
In [28]: np.linalg.inv(A)  # 「linalg」は線形代数計算のモジュール
Out[28]:
array([[-2. ,  1. ],
       [ 1.5, -0.5]])

# 行列Aの行列式計算
In [29]: np.linalg.det(A)
Out[29]: -2.0000000000000004

# 行列Aのランク計算
In [30]: np.linalg.matrix_rank(A)
Out[30]: 2
```

さらに、ベクトルの内積と外積の計算についても例を示します。

```
# ベクトルaとbの定義
In [31]: a, b = np.array([2, -4, 1]), np.array([3, 1, -2])

# ベクトルaとbの内積 (scalar product)
In [32]: np.inner(a,b)
Out[32]: 0
```

```
# ベクトルaとbの外積 (cross product)
In [33]: np.cross(a, b)
Out[33]: array([ 7,  7, 14])
```

計算でndarrayを使いこなすためには、ndarrayに適用できる「数学関数」と「線形代数関数」にどのような関数が準備されているのかを把握しておけると良いでしょう。それぞれAppendix Cの表AC.3、表AC.4にまとめましたので、参考にしてみてください。

ndarrayのインデキシング

ndarrayの一部の要素を取得するインデキシングには、いくつかのパターンがあります。ここでは、それらを**基本インデキシング**(*basic indexing*)と**応用インデキシング**(*fancy indexing* または *advanced indexing*)の2つに分けて説明します。ただし、スライシングを含めて、一部の要素を取得する処理を「インデキシング」と呼ぶことにします。

これらの2つに分けて説明するのには、意味があります。前者は、インデキシングにより**ビュー**(*view*)を生成する方法であり、後者は、元の配列のコピーを生成する方法だからです。ビューとは、4.5節で述べた**参照**のことです。NumPyやpandas(第10章)では「ビュー」という用語を使います。以下、これらの参照方法について詳しく見ていきます。

基本インデキシングによる参照

基本インデキシングでは、**ビュー**が生成されます。ビューとは、元のndarrayの一部分にアクセスするために生成した「参照」です。元のndarrayのコピーがメモリ上に作成されないので、大規模データを保持するndarrayのビューをたくさん生成しても、メモリの使用量はそのビューを保持するためだけの分しか増えないメリットがあります。ただし、そのビューの要素の一部を変更するとそれは元のndarrayを変更することになりますから、その変数がビューであるということをきちんと認識して利用しなくてはなりません。

NumPyに関する基本インデキシングには、以下の方法があります。

- インデキシング(4.3節)
- スライシング(4.3節)
- ndarrayに固有のインデキシングおよびスライシング

以下、それぞれについて見ていきましょう。はじめに、インデキシングとスライシングの例です。

```
In [34]: x2d = np.arange(12).reshape(3,4)

In [35]: x2d  # x2dの中身を確認
Out[35]:
array([[ 0,  1,  2,  3],
       [ 4,  5,  6,  7],
       [ 8,  9, 10, 11]])

In [36]: a = x2d[1][1:]; a   # 第1行の第1要素以降すべてを取り出す
Out[36]: array([5, 6, 7])  # aの中身の表示

In [37]: a[0] = -1  # aの一部の値を変更

In [38]: x2d  # aはビューだったのでx2dに変更が反映される
Out[38]:
array([[ 0,  1,  2,  3],
       [ 4, -1,  6,  7],
       [ 8,  9, 10, 11]])
```

この例では、まず2次元のndarrayの行列を作成し、インデキシングとスライシングを駆使して、第1行(第0行が最初の行)の第1要素以降すべてを取り出す処理を行っています。この処理で得たaは、x2dのビューとなります。したがって、aの一部を変更すると、それはx2dに反映されていることが確認できます。

次に、ndarrayに固有のインデキシングおよびスライシングの方法について見ていきます。「ndarrayに固有」とは、先に定義したx2dを使って説明すると、x2d[1, :]のような記法で、インデキシングおよびスライシングを行う方法です。Pythonでは、ネストしたリストなどでx2d[1, :]のような記法を用いるとエラーとなりますが、NumPyの場合はこのような方法による参照が可能です。

x2d[2, :]は、意味としてはx2d[2][:]と同じです。しかし、指定された要素へのアクセス方法が異なるため、データ読み出しにかかる時間が異なります。x2d[2, :]の方が一般には高速です注10ので、特に理由がない限りx2d[2, :]の記法を使いましょう。実際にいくつかの例を挙げて動作を確認しておきましょう。

```
In [39]: x2d[0, 2]
Out[39]: 2

In [40]: b = x2d[1:, 2:]; b  # ndarray固有の方法
Out[40]:
array([[ 6,  7],
       [10, 11]])
```

注10 実装によっても異なる可能性がありますし、今後も変わらないかどうかはわかりません。ただし、NumPy 1.11では、x2d[2, :]の記法の方が高速ですので、留意しておいた方が良いでしょう。

```
In [41]: b[:, :] = 20  # bはビューなのでx2dも変更されたはず

In [42]: x2d  # x2dの値を確認する
Out[42]:
array([[ 0,  1,  2,  3],
       [ 4,  5, 20, 20],
       [ 8,  9, 20, 20]])
```

この例では、x2d[0, 2]によって、x2d[0][2]と同じ結果が得られることを確認できます。また、これと同様にインデックスを , (カンマ)でつなぐ記法でb = x2d[1:, 2:]として、x2dの一部分を指すビューbを作成し、そのbを変更するとx2dにその変更が反映されている様子も確認できます。

応用インデキシングによる参照

次に、**応用インデキシング**について見ていきます。先に説明したように、応用インデキシングでは元のndarrayのビューが生成されるのではなく、コピーが生成されます。大規模データを保持するndarrayに対して用いる場合には、コピー生成のたびにメモリの使用増に対する意識を持つことが必要です。

応用インデキシングには、おもに以下の方法があります。

- **ブール値インデキシング**
- **整数配列インデキシング**
- **np.ix_関数を使ったインデキシング**

ここで、応用インデキシングの1つである**ブール値インデキシング**の例を見てください。

```
# データを準備
In [43]: dat = np.random.rand(2,3); dat
Out[43]:
array([[ 0.58598592,  0.01336708,  0.64210896],
       [ 0.82760051,  0.78408559,  0.34765915]])

# ブール値配列を作る
In [44]: bmask = dat > 0.5; bmask
Out[44]:
array([[ True, False,  True],
       [ True,  True, False]], dtype=bool)

# ブール値配列を使ってndarrrayのdatに対してインデキシングする
In [45]: highd = dat[bmask]; highd
Out[45]: array([ 0.58598592,  0.64210896,  0.82760051,  0.78408559])

# highdの一部を変更してdatへの影響を確認
```

```
In [46]: highd[0] = 10; highd
Out[46]: array([ 10.        ,  0.64210896,  0.82760051,  0.78408559])

# datにhighdの変更が反映されていないことがわかる➡highdはdatのコピー
In [47]: dat
Out[47]:
array([[ 0.58598592,  0.01336708,  0.64210896],
       [ 0.82760051,  0.78408559,  0.34765915]])
```

この例では、はじめにランダムに生成した0〜1の乱数を使って2行3列のndarrayを生成しています。このようなデータに対して、特定の条件を満たす要素だけを取り出すことを考えた場合、**ブール値インデキシング**を使うのが便利です。ブール値インデキシングとは、ブール値のndarrayを使ったインデキシングです。

上記の例では、bmask = dat > 0.5によってブール値のndarrayを作成しています。次に、そのブール値配列を使って最初に準備したdatのインデキシングを行うと、bmaskがTrueの位置の要素だけを取り出すことができます。この時、highdはdatの一部分の「コピー」として生成されますから、この例を見てもわかるとおり、highdの一部を変更してもdatには影響は及びません。

次に、整数配列インデキシングの例を見ていきます。整数配列を使ったndarrayのインデキシングと、スライシングによるインデキシングは異なりますので、注意して次の例を見てください。

```
# 1次元ndarrayを準備する
In [48]: nda = np.arange(10)  # 0〜10の整数ベクトル（ndarray）

# 基本インデキシングで説明した方法（ndbはビュー）
In [49]: ndb = nda[1:4]  # スライシングによる方法

# 整数配列インデキシング（ndcはコピー）
In [50]: ndc = nda[[1,2,3]]  # リストとしてインデックスを渡す

# ndbとndcの中身は同じ値を保持している
In [51]: ndb == ndc
Out[51]: array([ True,  True,  True], dtype=bool)
```

この例では、ndbは基本インデキシングによる方法を使っており、元データaのビューが作成されます。それに対し、ndcは整数配列によるインデキシングであり、元データaのコピーが作成されます。ndbとndcは同じ値を保持していますが、ndcはコピーですのでその一部の値を変更しても配列aには影響が及びません。

整数配列インデキシングでは、複数の配列を使う指定方法もあります。

```
# 2次元ndarray (3行4列) を準備する
In [52]: nda = np.arange(12).reshape((3,4))

In [53]: nda
Out[53]:
array([[ 0,  1,  2,  3],
       [ 4,  5,  6,  7],
       [ 8,  9, 10, 11]])

# 複数配列を指定するインデキシングの例
In [54]: ndb = nda[[0, 2, 1], [2, 0, 3]]

# (0,2)、(2,0)、(1,3)の位置の要素が取り出された
In [55]: ndb
Out[55]: array([2, 8, 7])
```

上記の例のように、2次元ndarrayのndaに対して、複数の整数配列を指定してインデキシングを行うと、その配列の要素を組み合わせてできるインデックス位置の要素を取り出すことができます。

なお、格子状に特定の列と行がクロスする位置の要素を取り出したい時には、次に示すように**np.ix_**関数を使うと便利です。

```
# 第0行および第2行と、第1列および第3列の交点の要素を取り出す
In [56]: nda[np.ix_([0, 2], [1, 3])]
Out[56]:
array([[ 1,  3],
       [ 9, 11]])
```

ビューとコピー

4.6節で、**浅いコピー**と**深いコピー**について学びました。また、4.5節で、単に「参照」を割り当てているだけの場合があることも学びました。

NumPyのndarrayにも、浅いコピーと深いコピーがあります。しかし、ndarrayのコピーが「浅い」のか「深い」のか、考慮する必要があるのは、ndarrayが**オブジェクト型**の配列になっている場合だけです。ここで言うオブジェクト型とは、たとえば、整数型と辞書型を1つにまとめた特殊なオブジェクトなどを指します。

前述の、**NumPyのスカラー**の型を要素に持つndarrayでは、配列の次元にかかわらず浅いコピーと深いコピーは同じです。つまり、コピー元とコピー先は、完全に独立して値の変更ができる状態となります。ndarrayは、ほとんどの場合、NumPyのスカラーを使って作成すると思いますので、浅いコピーか深いコピーかを意識する機会は多くありません。

では、これまでに説明したインデキシングや、ndarrayのメソッドによる操作によって、参照が生成されるのか、浅いコピーまたは深いコピーが生成されるのかを整理しておきましょう。

NumPyでは「ビュー」と呼ぶ「参照」が生成されるのは、次のような場合です。

- `b = a` (aはndarrayとする)
- `b = a[:]` (b = aと同じ)
- `b = a[1:]` (aの部分配列)
- `b = a.reshape((3, 2))` (reshapeメソッド)
- `b = np.reshape(a, (3, 2))` (reshape関数)
- `b = np.array(a, copy=false)` (`copy=false`によるビュー生成指定)

次に、浅いコピーが生成されるのは次のような場合です。前述のとおり、NumPyのスカラーの型を要素に持つndarrayでは深いコピーと同じです。

- `b = a[a > 10]` (ブール値による応用インデキシング)
- `b = a[[1, 2, 4]]` (整数配列による応用インデキシング)
- `b = a[np.ix_([0, 2], [3, 4])]` (ix_関数による応用インデキシング)
- `b = a.copy()` (コピーメソッド)
- `b = np.copy(a)` (コピー関数)
- `b = np.clip(a, -0.1, 0.1)` (clip関数)
- `b = a.flatten()` (flattenメソッド)

最後に、あまり使われることのない深いコピーについても簡単に例を示します。本書では詳しく説明しませんが、ndarrayは任意のオブジェクトに対して配列を生成する拡張性を備えています。そのため、オブジェクト型を使う次のようなケースでは、浅いコピーでは完全なデータのコピーが作成されません。

```
In [57]: a = np.array([-0.1, np.ones((3,))], 'O')  # オブジェクト型のndarray

In [58]: b = a.copy()  # copyメソッドでbに浅いコピー

In [59]: b[1][0] = 100  # bの一部を変更すると……

In [60]: a   # aを表示させると、bの変更が反映されていることがわかる
Out[60]: array([-0.1, array([ 100.,    1.,    1.])], dtype=object)
```

この例では、aをコピーしたbの一部を変更すると、その変更がaにも反映されてしまっていることがわかります。つまり、ndarrayのcopyメソッドでは深いコピーは作成されていないのです。そのため、リストなどの場合と同様に、深いコピーを作成したい場合には、次のように、copyモジュールのdeepcopy関数を使

います。

```
In [61]: import copy; c = copy.deepcopy(a)  # 上記aをcへ深いコピー

In [62]: c[1][0] = -1  # cの一部を変更すると……

In [63]: a  # aを表示させると、cの変更が反映されていないことがわかる
Out[63]: array([-0.1, array([ 100.,    1.,    1.])], dtype=object)
```

データとメモリの関係

前述のとおり、NumPyは同じ型のデータをメモリのまとまった領域に配置することで高速な処理を可能にしています。このデータの配置方法には、C言語と同じ**行方向優先**(*row major*)の配置方法と、Fortranと同じ**列方向優先**(*column major*)の配置方式があります。これらの2方式の概念図を、**図7.2**に示します。

図7.2の2方式のデータ配置方法のうち、デフォルトの方式、つまり特に指定しなかった場合に使われる方式はC言語と同じ行方向優先の配置方法です。どちらを使うかは、ndarrayを生成する関数のオプション引数(**order**)で、以下のように指定できます。

```
# Fortranと同じメモリ配置（列方向優先）を指定
In [64]: nda = np.arange(12).reshape(4, 3, order='F')
# C言語と同じメモリ配置（行方向優先）を指定
In [65]: ndb = np.zeros((3, 3), order='C')
```

図7.2 メモリ配置の2つの方法

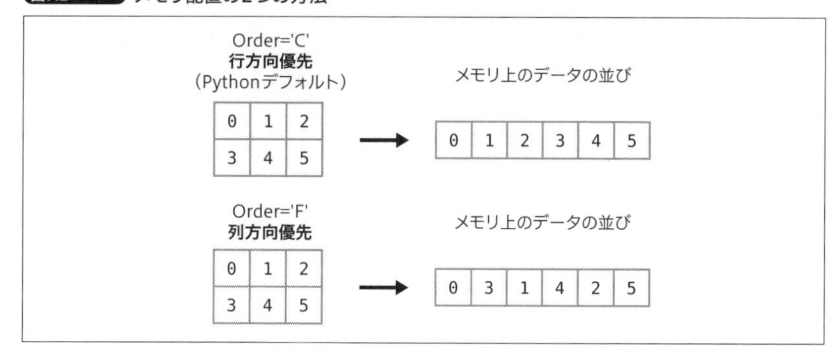

7.4 ユニバーサル関数

NumPyは、配列の処理に関しては豊富な機能を持つライブラリです。その中の1つに、配列の全要素に対して、要素毎に特定の関数を作用させて返す機能があります。これを、**ユニバーサル関数**と呼びます。本節では、このユニバーサル関数の機能と、ユニバーサル関数の作り方を学びます。

ユニバーサル関数「ufunc」の機能

ユニバーサル関数（*universal function*）とは、ndarrayに対して、その要素毎に処理を行った結果を返す関数です。一般的に、「universal function」を省略して**ufunc**と呼ばれます。ufuncの多くはC言語による実装がされており、高速に実行可能です。NumPyでは、おもに以下の分野の関数がufuncとして準備されています。

- 数学関数（Appendix Cの表AC.3の一部）
- ビット演算関数
- 比較用関数
- 浮動小数点数用関数

本書のAppendix Cに掲載のNumPy関数についても、ユニバーサル関数については、関数名の後にufuncを付けて区別してあります。この他、詳しくは、NumPyの公式ドキュメント注11を参照してください。

さて、ufuncの例を見てみましょう。

```
# 2行6列のndarrayを生成
In [66]: nda = np.arange(12).reshape(2,6)

In [67]: nda
Out[67]:
array([[ 0,  1,  2,  3,  4,  5],
[ 6,  7,  8,  9, 10, 11]])

# ndaに対してufuncを適用して要素毎に2乗
In [68]: np.square(nda)
Out[68]:
array([[  0,   1,   4,   9,  16,  25],
[ 36,  49,  64,  81, 100, 121]], dtype=int32)
```

注11 URL http://docs.scipy.org/doc/numpy/reference/ufuncs.html#available-ufuncs

この例では、2行6列のndarrayとしてndaを生成してから、そのndaの各要素を2乗する処理をufuncのsquareによって行っています。Python固有の機能では、for文やリスト内包表記を使わないとできない計算が、上記の例ではnp.square(nda)という記述で実現できています。

特定の関数がufuncかどうかを知るには、IPythonなどでたとえばsin関数のヘルプを表示させたい場合はnp.sin?などとして、各関数のヘルプを参照すればわかります。ユニバーサル関数の場合には、1行めにオブジェクトタイプがufuncであることが表示(「Type: ufunc」と表示)されます[注12]。

Python関数のufunc化

NumPyには、Pythonの関数からufuncを作る仕組みも用意されています。これには、**frompyfunc**という関数を用います。frompyfunc関数を使って、既存の関数をufunc化する例を以下に示します。

```
# hex関数をufunc化
In [69]: hex_array = np.frompyfunc(hex, 1, 1)

# ufunc化した関数を使ってndarrayの各要素を16進数に変換
In [70]: hex_array(np.array((10, 30, 100)))
Out[70]: array(['0xa', '0x1e', '0x64'], dtype=object)  # 結果❶

# 結果の比較用に、元のhex関数を使って同じndarrayを作ってみる
In [71]: np.array((hex(10), hex(30), hex(100)))
Out[71]:
array(['0xa', '0x1e', '0x64'], dtype='<U4')   # 結果❶と同じ
```

この例では、10、30、100の3つを要素に持つndarrayの各要素を16進数化しています。その際、hex関数をufunc化したhex_array関数を使う方法と、元のhex関数を1つ1つの要素に適用した場合を比較して、結果が同じであることを確認しています。

frompyfunc関数の第1引数には、ufunc化したいPython関数を、第2引数にはそのPython関数の引数の数を、第3引数にはufuncから戻されるオブジェクトの数を指定します。frompyfunc関数を使えば、自作の関数もufunc化できます。

注12　ユニバーサル関数の中には、オブジェクトタイプがufuncであることが表示されない場合もあります。

7.5 ブロードキャスティング

ブロードキャスティングは、処理の効率化のためにNumPyが備える配列演算の拡張ルールです。このルールがあることで、異なる形状の配列同士で計算を行うことが可能になる場合があります。少しわかりにくい部分もありますが、基本的な点はしっかり押さえておきましょう。

ブロードキャスティングの仕組み

+ - * / などの四則演算用の記号や、前項で説明したufuncを使ってndarray同士の演算を行う際に、異なるサイズの2つのndarrayを使った計算を行わなければならない場合があります。最も単純なものでは次のような例です。

```
In [72]: nda = np.array([1, 2, 3])

In [73]: nda + 1
Out[73]: array([2, 3, 4])
```

この例では、1行3列のndararyとスカラーの1の加算が行われています。要素毎に計算を行いたくても要素の数が異なるので、本来はこのままでは実行できません。NumPyにおいて、この計算を可能にしてくれる処理が**ブロードキャスティング**（*broadcasting*）です。ブロードキャスティングは、内部で自動的に行われます。上記の`nda + 1`の計算は、内部ではブロードキャスティングによって、`nda + np.array([1, 1, 1])`という計算に置き換わって実行されています。

ブロードキャスティングの仕組みは、次の3項目で説明されます。ただし、ndarrayの次元を**ndim**と呼び、ndarrayのサイズをタプル表現で`(k,m,n)`のように表します（ndim = 3の場合）。

❶計算に使われるndarrayのndimが最大のものに合うように、1を必要な数だけndimのタプル表現の前に加える。たとえば、最大のndimが3の時にサイズが`(2,3)`のndarrayがある場合には、1を前に足して`(1,2,3)`のサイズのndarrayだと考える

❷計算に使われるndarrayの、各軸のサイズの最大値によりndarrayの出力サイズが決まる

❸ブロードキャスティングにより計算が可能になるかどうかは、次のように決まる。高次の軸から順番に（ndim = 3ならば第2軸、第1軸、第0軸の順に）上記出力サイズと各ndarrayのサイズを比較していき、一致する軸が見つかった時に、それ以外の軸のサイズが「1」もしくは「出力サイズ」に一致していればブロードキャスティング可能。それ以外はブロードキャスティング不可能でエラーとなる

なお、ブロードキャスティングが発生した場合に、配列の要素数が1であった軸方向の**ストライド**（*stride*）は`0`になります。ストライドとは、その軸方向の次の要素までのバイト数です。ストライドが`0`になるということは、ブロードキャスティングが発生しても、内部でデータのコピーが発生しているわけではない、という意味になります。

ブロードキャスティングは言葉で表現すると、かなり難解です。特に、少し複雑な例になるとわかりづらいため、次項では具体的な例を挙げながら仕組みを確認します。

ブロードキャスティングの具体例

ここでは、3つのndarrayによる計算例を挙げて、ブロードキャスティングの仕組みについて確認していきましょう。

```
In [74]: nda = np.arange(24).reshape(4,3,2)

In [75]: ndb = np.arange(6).reshape(3,2)

In [76]: ndc = np.arange(3).reshape(3,1)

In [77]: nda + ndb - ndc  # この計算は実行可能
```

この例では、ndim = 3のnda（サイズは`(4,3,2)`）、ndim = 2のndb（サイズは`(3,2)`）、およびndim = 2のndc（サイズは`(3,1)`）の3つのndarrayの加減算が行われています。この計算におけるブロードキャスティングがそもそも可能なのかどうかは、**図7.3**に示したように考えていけばわかります。前項の説明の❶から❸に対応させて、図7.3の中にも番号を記しました。この例の場合には、**図7.4**のようにブロードキャスティングされた配列によって計算が実行されます。

注意したいのは、もしndcが`ndc = np.arange(3)`として与えられた場合は、サイズが`(3,)`となり、サイズが`(3,1)`の場合とは異なるという点です。次元に関する注意は、次項の例でさらに詳しく見ていきます。

次元に関する注意事項

ブロードキャスティングできない時に、次元の設定について注意すると簡単に解決することがあります。前述の、ブロードキャスティングの仕組みの❸に留意すれば良いのです。はじめに、次の例を見てください。

```
In [78]: nda = np.arange(12).reshape(3, 4)

In [79]: ndb = np.arange(4)  # サイズ(4,)の配列 (サイズ(4,1)ではない)

In [80]: nda + ndb  # ブロードキャスティングにより計算可能
Out[80]:
array([[ 0,  2,  4,  6],
[ 4,  6,  8, 10],
[ 8, 10, 12, 14]])

In [81]: ndb = np.arange(4).reshape(4, 1)

In [82]: nda + ndb  # これはエラーとなる
```

この例では、**図7.5**のようにブロードキャスティングが行われ計算が実行されます。ndbをサイズ(4,1)のndarrayにしてしまうと、どの軸方向にデータをブロードキャスティングしてもndaと同じサイズにならないため、ブロードキャスティングができずにエラーとなります。ndbをサイズ(1, 4)にした場合は、サイズ(4,)の場合と同じで、ブロードキャスティング可能です。つまり、ブロードキャスティングにおいては、サイズ(N,)の1次元ndarrayは、サイズ(1, N)の2次元ndarrayと同じ扱いになります。

このことは、次の例からも確認できます。この例では、サイズ(4, 3)の2次元

図7.3 ブロードキャスティングの考え方

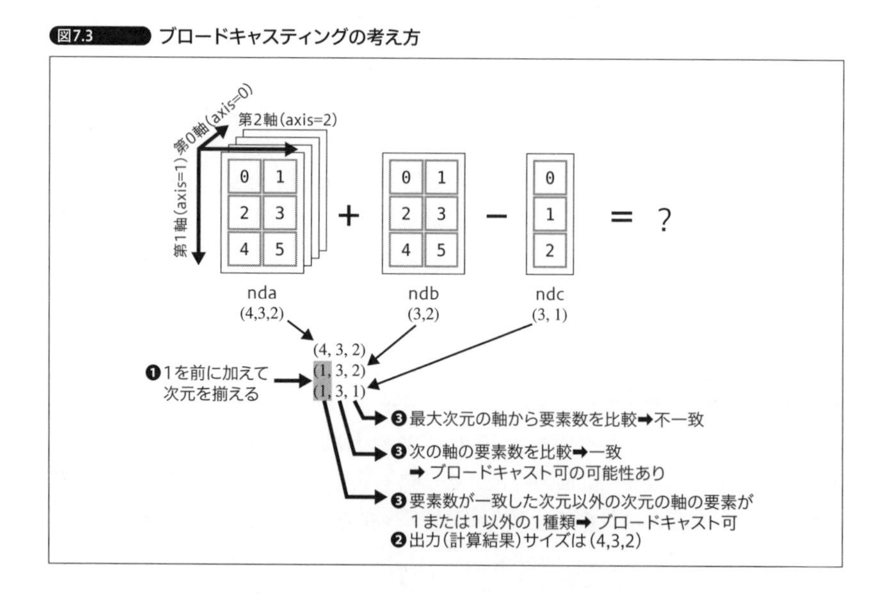

配列と、サイズ(4, 1)の2次元配列の計算の例です。**図7.6**に示したように、サイズ(4, 1)の配列がブロードキャスティングされて計算が成立します。この例では、先ほどの例とは異なり、ndbをサイズ(4,)のndarrayとして定義した場合には、ブロードキャスティングできずにエラーとなります。サイズ(4,)のndarrayは、サイズ(1, 4)のndarrayと同じ扱いとなり、それはどの軸方向にブロードキャスティングしてもサイズ(4, 3)にはならないからです。

```
In [83]: nda = np.arange(12).reshape(4, 3)

In [84]: ndb = np.arange(4).reshape(4, 1)  # サイズ(4,1)の配列

In [85]: nda + ndb  # ブロードキャスティングにより計算可能
Out[85]:
array([[ 0,  1,  2],
[ 4,  5,  6],
[ 8,  9, 10],
[12, 13, 14]]

In [86]: ndb = np.arange(4)

In [87]: nda + ndb  # これはエラーとなる
```

図7.4 ブロードキャスティングされた配列

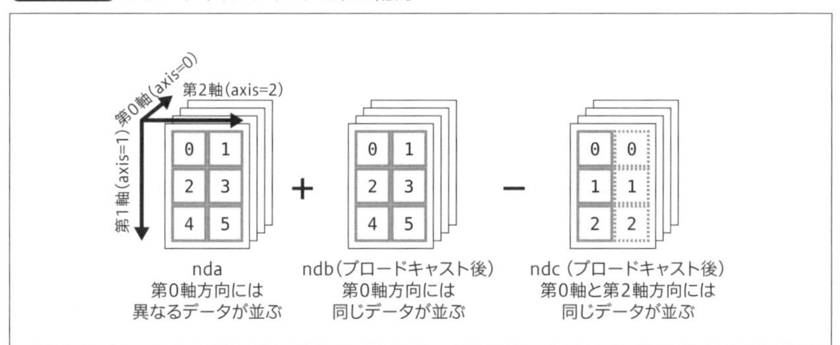

図7.5 ブロードキャスティングによる計算例(1次元配列を使う場合)

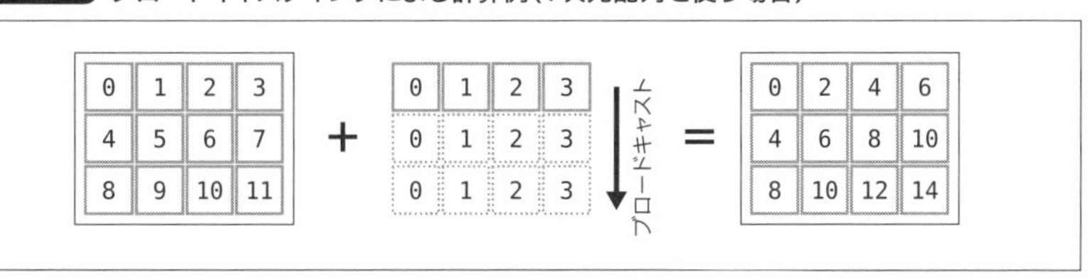

図7.6 ブロードキャスティングによる計算例（実質1次元の2次元配列を使う場合）

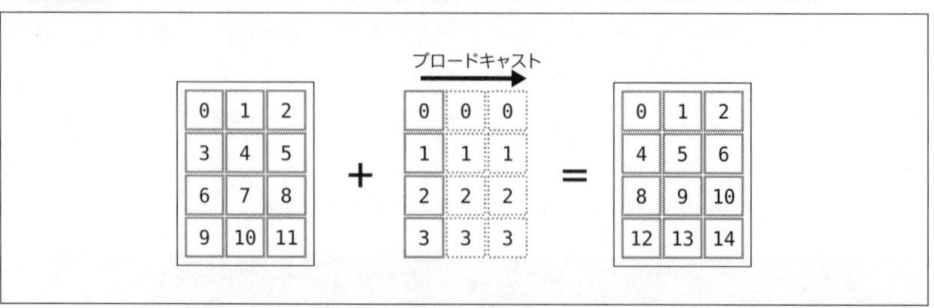

7.6 まとめ

科学技術計算の分野では、NumPyが他の多くのライブラリ（パッケージ）の基礎となっており、NumPyを基本的なレベルで使いこなし、その基礎を理解することは必須と言えます。NumPyでは、処理の高速化や他言語との接続を意識したメモリの利用方法が採用されており、無駄にデータのコピーを作らないように**ビュー**という概念が登場します。さらに、ユニバーサル関数やブロードキャスティングの概念も登場し、Pythonの機能を大幅に拡張しています。これらの概念に慣れることがプログラミングの効率を大幅に向上させることにつながりますので、本章で紹介した事項についてはしっかりと理解しておくことをお勧めします。

なお、NumPyではPythonの基本的な思想に反して、型指定の方法が何通りもあったり、NumPyの関数がndarrayのメソッドとしても定義されているなど少々混乱を招くような部分もあります。しかし、本書を活用しつつ全体の概要を把握しておけば、個々の詳細はその都度ヘルプやリファレンスドキュメントを参照することで対処できるようになるでしょう。

第 8 章

SciPy

第1章でも述べたように「SciPy」という言葉は、SciPy Stackのことを指す場合と、SciPy Libraryを指す場合があります。本章で説明するパッケージとしてのSciPyは後者を意味します。

NumPyは、Pythonに対して多くの機能拡張（ndarrayやufuncなど）を提供していますが、SciPyにはそのような機能拡張はありません。SciPyは、NumPyの拡張機能を利用して実装した、科学技術計算ルーチンの中核を成すライブラリ群です。多くの人が利用する関数は、すでにSciPyに含まれている可能性があります。そのことを意識して、SciPyを利用した効率的な開発を進めましょう。

本章では、SciPyの全体像を紹介した上で、ごく一部の関数について利用例を示します。利用例を参考にして実際に使ってみながら、SciPyの使い方に慣れていくと良いでしょう。

8.1 SciPyとは

本節では、**SciPy**の概要を取り上げます。SciPyとNumPyの関係や、SciPyが持つサブパッケージについて整理しておきましょう。

SciPyの概要

NumPyは、第7章で紹介したように、多次元配列を効率的に処理するndarrayや、ユニバーサル関数などの仕組みを提供すると共に、各種の有用な数学関数などを提供するパッケージでした。

一方、**SciPy**(*SciPy Library*)はNumPyの機能の上に構築された、さまざまな科学技術計算アルゴリズム(*scientific algorithms*)を提供するパッケージです。SciPyは、Fortranで記述されたコードをPythonから利用できるようにしたもので、現在のSciPyに含まれる多くの関数は、実はFortranのプログラムです。

SciPyは、ハイレベル[注1]な関数群をユーザに提供することで、Pythonのスクリプト言語としての機能を大幅に強化します。これにより、Pythonがデータ処理やシステムプロトタイプ設計においてMATLAB、IDL(*Interactive Data Language*)、Octave、およびScilabに匹敵するシステムとなり得るのです。

SciPyは、多くのサブパッケージ群(**表8.1**)から構成されています。本書では、これらのすべての機能を紹介することは紙幅の都合上できないため、次節でこれらの機能の一部を紹介するに留めます。これらの機能の詳細は、SciPy.org[注2]でSciPyの公式ドキュメントを閲覧するか、Pythonのインタラクティブシェルで、サブパッケージや関数のヘルプを表示させて読んでみると良いでしょう。

NumPyとの関係

SciPyとNumPyの関係については、あまり詳しく語られることが少ないですが、SciPyのDocstringを見ると明らかになることがあります。SciPyのDocstringには、「SciPyは、NumPyの名前空間からすべての関数をimportし、加えて以下の

注1 プログラミングにおいて、ハイレベル(*high level*)およびローレベル(*low level*)という言葉は、関数などに関する相対的な抽象度について述べる際に用いられます。「ハイレベル」はより抽象的な処理を指し、「ローレベル」はより細かい処理を指します。

注2 URL http://scipy.org/

サブパッケージを提供する」ということが書かれています注3。つまり、SciPyをimportすると、「基本的に」NumPyの関数はすべて使えるようになるのです。そのことを確認するために以下の例を見てください。

```
In [1]: import scipy as sp
In [2]: import numpy as np
# NumPyとSciPyのpolyfit関数は同じ実体を指すか調べる
In [3]: np.polyfit is sp.polyfit
Out[3]: True  # 同じ実体（関数）を指している
```

この例では、A is Bの構文で、AとBが同一のオブジェクトであることを確認しています注4。これにより、多項式関数のpolyfitという関数（Appendix Cの表AC.9を参照）がSciPyとNumPyのどちらにも存在し、それらが同じものであることを確認できます。他の関数についても、多くのNumPyの関数は、SciPyの関数としてアクセス可能です。つまり、SciPyだけをimportしておけば、NumPyを別途importしなくても両方の機能にアクセスできるのです。上記のように、実体が

注3 SciPyのDocstringは、sp.__doc__に格納されていますので、IPythonなどで表示させれば読むことができます。IPythonのマジックコマンドを使って、%pdoc spとしても読めます。もしくは、SciPyのインストールフォルダにある、__init__.pyというファイルを開けば直接読むことができます。

注4 一方、オブジェクトが同じ「値」であることを確認する場合には前述のとおり、==を使います。

表8.1 SciPyのサブパッケージ

サブパッケージ	説明
cluster	クラスタリングアルゴリズム
constants	物理／数学定数
fftpack	FFT（*Fast Fourier Transform*）の関数
integrate	積分と常微分方程式ソルバー
interpolate	内挿とスムージングスプライン
io	入出力
linalg	線形代数
ndimage	N次元画像処理
odr	直交距離回帰（*Orthogonal Distance Regression*）
optimize	最適化および解探索ルーチン
signal	信号処理
sparse	スパース行列と関連する関数
spatial	空間データ構造とアルゴリズム
special	特殊関数
stats	統計分布、統計関数
weave	C/C++統合

同じものであることが確認できる関数は、どちらのライブラリの関数として呼び出しても機能および性能は同じです。

最適化で一歩先を行くSciPy

NumPyからもSciPyからも、同じようにアクセスできる関数は多いのですが、SciPyの関数はNumPyの同一の関数よりも最適化されていたり、機能が拡張されていたりする場合があります。たとえば、離散フーリエ変換を計算する関数では、NumPyのfftサブパッケージに含まれるもの(numpy.fft.fft)と、SciPyのfftpackパッケージに含まれるもの(scipy.fftpack.fft)は、基本的な機能は同じですが別の関数です。このことは、次のようにして確認できます。

```
In [4]: np.fft.fft is sp.fftpack.fft
Out[4]: False  # 両者は異なる実体(関数)である
```

最初の例では、numpy.fft.fftとscipy.fftpack.fftが、別の実体(関数)であることがわかります。関数のDocstringを確認すればわかりますが、これらは取り得る引数の数も異なっており、まったく別の実装の関数です。

このように、複数の関数が存在する場合には、通常はSciPyにしか存在しない関数(この場合では、「scipy.fftpack.fft」)を優先的に用いる方が、計算速度の面で有利なことが多いです。この例では、%timeitマジックコマンドを使うことで、以下のようにscipy.fftpack.fftの方が、numpy.fft.fftよりも倍近くの速度で実行できることが確認できます[注5]。

```
In [5]: y = sp.randn(2**16)

In [6]: %timeit Y = np.fft.fft(y)
100 loops, best of 3: 2.65 ms per loop

In [7]: from scipy import fftpack

In [8]: %timeit Y = fftpack.fft(y)
1000 loops, best of 3: 1.41 ms per loop
```

SciPyとNumPyの差を調べる

どの関数が、NumPyとSciPyにおいて異なる実装の関数として準備されている

注5　実行環境によりますが、scipy.fftpack.fftの方が高速に処理できる点は変わらないでしょう。この例ではWindows 8.1、Intel Core i5-4200M、Continuum Analytics社のAnaconda (Python 3.4.1、IPython 3.2.1)の環境で実行しています。

のか、あるいは逆にどの関数が同じ実装の関数なのか、ということについては、SciPyをimportした際に読み込まれる`__init__.py`というファイル(SciPyのインストールフォルダの直下を参照)を参照すれば正確にわかります。たとえば、SciPyのバージョン0.17.1の`__init__.py`では、以下のような記述が見つかります(日本語部分は筆者コメント)。

```
<中略>
# Import numpy symbols to scipy name space
import numpy as _num
linalg = None
from numpy import *
from numpy.random import rand, randn  # numpy.random.randはscipy.randになる
from numpy.fft import fft, ifft
from numpy.lib.scimath import *

__all__ += _num.__all__
__all__ += ['randn', 'rand', 'fft', 'ifft']

del _num
# Remove the linalg imported from numpy so that the
# scipy.linalg package can be imported.
del linalg  # NumPyのlinalgはSciPyの名前空間から消す
__all__.remove('linalg')
<以下略>
```

この例では、numpy.random.randnはscipy.randnとして使えることがわかりますし、SciPyのサブパッケージであるlinalg(線形代数パッケージ)は、NumPyのサブパッケージのlinalgを読み込んだものではないことがわかります。

8.2 実践SciPy

SciPyで実現できる処理は多岐にわたります。本節では、SciPyの理解の一助となり、使ってみるきっかけとなるように、代表的な機能の一部を利用例と共に紹介します。

統計分布関数

scipy.statsには、多くの確率密度関数や統計関連の関数が用意されています。scipy.statsを利用するには、たとえば以下のようにします。

```
In [9]: from scipy import stats
```

この例では、「stats」を先頭に付ければstatsサブパッケージ以下の関数を呼び出せるようになります。statsサブパッケージに含まれる統計分布関数はクラスとして定義されており、その確率密度関数や累積密度関数などはメソッドとして呼び出せるようになっています。では、レイリー分布(*rayleigh distribution*)の場合を例に挙げて説明していきましょう。

レイリー分布の確率密度関数pdf(r)は次式で表されます。

$$\mathrm{pdf}(r) = \frac{r}{\sigma^2} \exp \frac{-r^2}{2\sigma^2}$$

この関数のσはレイリー分布における最頻値であり、statsに含まれるレイリー分布関数のデフォルト設定では$\sigma=1$となります。さて、レイリー分布関数**sp.stats.rayleigh**を使ってその分布に従うランダム変数をサンプリングし、その結果をヒストグラムとしてプロットしてみましょう。**リスト8.1**にその例を示します。

リスト8.1 レイリー分布関数の利用例

```
# ❶統計分布関数の設定（Freezeしておく）
rv = sp.stats.rayleigh(loc=1)

# ❷上記統計分布関数によるランダム変数の生成
r = rv.rvs(size=3000)

# ❸確率密度関数プロット用のパーセント点データ列
x = np.linspace(rv.ppf(0.01), rv.ppf(0.99), 100)

# 元の確率密度関数と一緒にサンプルしたデータの分布をプロットする
plt.figure(1)
plt.clf()
plt.plot(x, rv.pdf(x), 'k-', lw=2, label='確率密度関数')
plt.hist(r, normed=True, histtype='barstacked', alpha=0.5)
plt.xlabel('値')
plt.ylabel('分布度')
plt.show()
```

リスト8.1❶で利用する統計分布関数を設定します。統計分布関数は**一般形**(*general form*)と**凍結形**(*frozen form*)と呼ばれる2つの形式で利用可能です。一般形とは、分布を決める各種パラメータなどをその都度指定して使う方法です。一方、凍結形は分布の各種パラメータを指定の上、次からは一々そのパラメータを指定しなくても済むように「凍結」しておくやり方です。

リスト8.1の例では、レイリー分布関数**sp.stats.rayleigh**を必要なパラメータを指定して関数としてコールした上で、変数rvにその分布を凍結しています。こうすることで、その指定した分布に対する各種の処理を、あらかじめ準備されたメソッドを呼び出すことで実現できます。指定した統計分布に従うランダム変数の生成は、メソッド**rvs**によって実現できます(❷)。

また、メソッド**ppf**によって、特定の累積割合(0～1)になる点の値を取得できます。リスト8.1❸では、1パーセント点から99パーセント点までの間に等間隔に100個の点を取って変数xに代入しています。

リスト8.1を実行した結果[注6]として得られるプロットが、**図8.1**です。サンプリングしたレイリー分布に従うランダム変数は、図の中でヒストグラムとして分布が示されています(度数は正規化しています)。また、この図では、元のレイリー分布の確率密度関数が実線でプロットされており、両者がほぼ一致していることが確認できます。

ここでは、レイリー分布に関する説明を行いましたが、正規分布(**stats.norm**)やガンマ分布(**stats.gamma**)などの他の分布に対してもまったく同じような処理が行えます。SciPyの統計関数サブパッケージには80を超える連続分布関数が準備されていますので、何らかの分布に関する関数が必要になった際にはscipy.orgの公式リファレンス等を参照してみてください。

注6　リスト8.1では、import文やMatplotlibの各種設定(後述、9.2節を参照)は省略しています。

図8.1　**レイリー分布のサンプリング例**

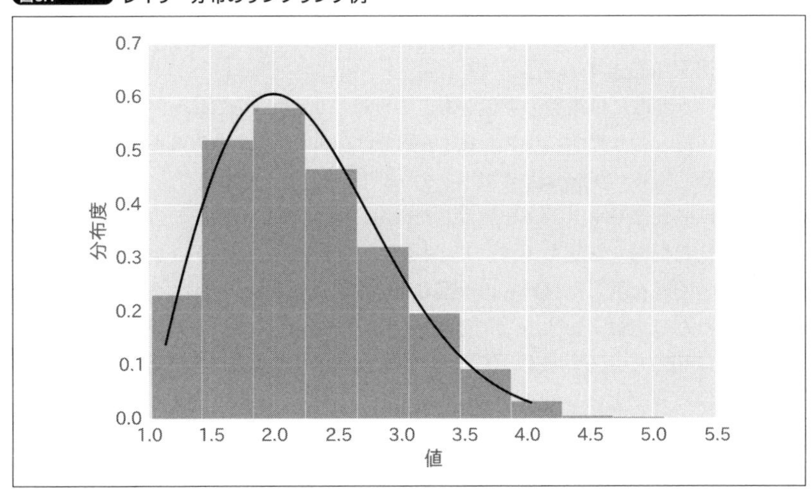

Column

Pythonの統計処理

Pythonを使った統計処理を行うには、たとえば以下の機能を使う方法があります。

- Pythonの標準ライブラリStatisticsを使う
- NumPyの統計処理関数を使う
- pandasの統計処理関数を使う
- SciPyのstatsサブパッケージを使う
- Statsmodels(サードパーティパッケージ)を利用する

これらのうち、最初に挙げた3つは平均、分散、中央値の計算などのごく基本的な機能に限定されていることから、本格的な統計処理を行うことを考えている方は、機能が不足していると感じることでしょう。一方、最後に挙げた2つは本格的な統計処理を可能にします。Statsmodelsは元々scipy.statsの中のmodelsモジュールでしたが、そこから分離して独立したパッケージとしてリリースされました。したがって、SciPyのstatsサブパッケージとは補完関係にあります。

分布関数や検定、回帰分析などの本格的な統計処理を実行したい方には、SciPyのstatsサブパッケージやStatsmodelsを推奨しますが、データ集計機能に優れるpandasとの連携も視野に入れて最適な方法を検討してみるのが良いでしょう。

離散フーリエ解析

離散フーリエ変換は、SciPyの中でもかなり使われることが多い機能の1つです。ここでは、SciPyの**fftpack**サブパッケージに含まれるFFT関数を使った周波数解析の例を示します。

FFTを行う関数には複数の実装があることは、8.1節内の「NumPyとの関係」で、すでに述べたとおりです。**リスト8.2**の例では、NumPyよりも高速なfft関数を使うため、❶でSciPyのfftpackサブパッケージをimportしています。次に、❷では、信号生成に必要なパラメータを設定したのち、変数yに、正弦波(30 Hz)にガウス雑音を加えた信号を設定します。この信号にFFTをかけて(❸)、対応する周波数とパワーの関係を示した(❹)ものが**図8.2**です。図8.2の、上段は元の時系列データで、これだけではどのような周波数成分が含まれているのかわかりません。一方、下段はFFTによる周波数解析結果であり、信号に30 Hzの成分が含まれていることがはっきりとわかります。

リスト8.2 FFTによる周波数解析の例

```
# ❶scipyとは別にimportが必要
from scipy.fftpack import fft

# ❷30 Hzの信号とノイズの合成信号yを生成
Fs = 500  # サンプリング周波数
T = 1/Fs  # サンプリング時間
L = 2**14  # 信号の長さ（サンプリング数）
t = sp.arange(L)*T  # 時間ベクトル
y = np.sin(2*np.pi*30*t) + 5*sp.randn(t.size)  # 信号生成

# ❸FFTを実行
Y = sp.fftpack.fft(y, L)/L
f = (Fs/L)*sp.arange(L/2 + 1)  # 周波数ベクトル取得

# ❹「元の時系列データ」と「FFTによる周波数解析結果」のプロット
plt.figure(1)
plt.subplot(2, 1, 1)
plt.plot(t, y)
plt.xlabel('時間 [s]')
plt.ylabel('値')
plt.subplot(2, 1, 2)
plt.plot(f, 2*abs(Y[:L/2 + 1]))
plt.xlabel('周波数 [Hz]')
plt.ylabel('|Y(f)|')
```

図8.2 FFTによる周波数解析結果

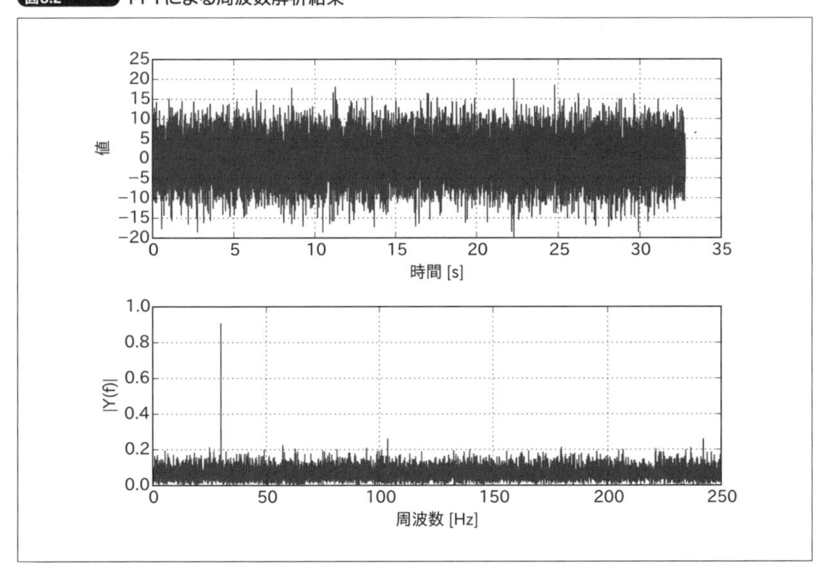

ボード線図

SciPyの**signal**サブパッケージには、畳み込み処理、スプライン関数、フィルタリング処理、フィルタ設計、窓関数、スペクトラル解析などのほかに、線形システムの簡単な解析関数が用意されています。線形システムを伝達関数モデル、状態空間モデルあるいは零点-極-ゲインモデル(*zero-pole-gain model*)で表現し、そのステップ応答、インパルス応答を確認したり、ボード線図を描画したりすることができます。フィードバック制御システムの本格的な設計には、Control Systems Library[注7]を別途インストールすることをお勧めしますが、簡単な線形システムの解析であればsignalサブパッケージだけでも可能です。

リスト8.3に、簡単な線形システムを定義して、そのボード線図を描画する例を示します。リスト8.3❶では、SciPyのsignalモジュールをimportしています(「sp.signal」ではアクセスできません)。❷では、ボード線図を描く線形システムを定義しています。signal.lti関数は引数の数によって線形システムの表現形式が異なります。リスト8.3の例のように、引数が2つの場合には伝達関数表現でシステムが定義されます。次に❸において、bode関数により位相特性と周波数特性を解析し、❹でその結果を**図8.3**のようにボード線図として描画しています。

このような、簡単な解析であれば、SciPyのsignalサブパッケージでも可能です。MATLABのControl System Toolbox相当の処理を行いたいのであれば、上記のとおりControl Systems Libraryを導入して使うのが良いでしょう。

リスト8.3 ボード線図の描画例

```
# ❶scipyとは別にimportが必要
from scipy import signal

# ❷線形システムの定義
s1 = sp.signal.lti([1], [1, 1])

# ❸bode関数による解析処理
w, mag, phase = sp.signal.bode(s1)

# ❹ボード線図の描画
plt.figure(1)
plt.subplot(2, 1, 1)
plt.semilogx(w, mag)    # Bode magnitude plot
plt.box('on')
plt.xlabel('周波数 [rad/s]')
plt.ylabel('ゲイン [dB]')
plt.title('ボード線図')
```

注7　Control Systems Libraryのページを参照してください。 URL https://sourceforge.net/projects/python-control/

```
plt.subplot(2, 1, 2)
plt.semilogx(w, phase)  # Bode phase plot
plt.xlabel('周波数 [rad/s]')
plt.ylabel('位相 [deg]')
plt.box('on')
plt.show()
```

データの内挿

SciPyの**interpolate**サブパッケージには、各種の内挿関数が用意されています。特定の点を通る関数を生成したり、スプライン補間関数を生成したり、1次元あるいは多次元の補間計算をするための関数があります。ここでは、1次元データの補間計算を行う**interpolate.interp1d**という関数について紹介します。interpolate.interp1dの書式は、以下のようになっています。

```
interp1d(x, y, kind='linear', axis=-1, copy=True,
         bounds_error=True, fill_value=nan, assume_sorted=False)
```

xとyのみが必須の引数で、それ以外はオプション引数です。また、それぞれの引数の意味あるいは定義は**表8.2**のとおりです。内挿補間の計算方式は線形補間（デフォルト）の他に、最近傍値を使う補間、0次ホールドによる補間、1/2/3次のスプライン補間が選択できます。

図8.3 ボード線図の描画結果

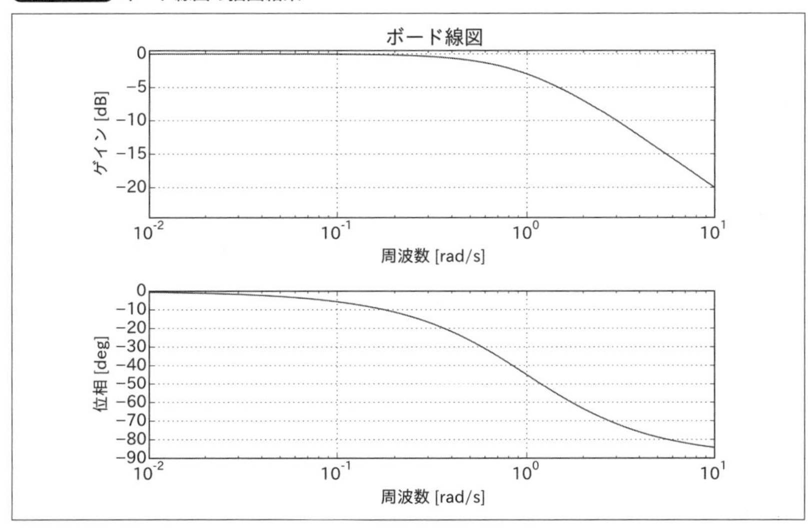

表8.2 interp1d関数の引数

引数	説明
x	サイズ(N,)の実数の1次元配列
y	サイズ(...,N,...)の実数のN次元配列(内挿軸の要素数がN)
kind	<数字>の指定：スプライン補間の次数、'linear'：線形補間、'nearest'：最近傍点値、'zero'：0次ホールド、'slinear'/'quadratic'/'cubic'：1/2/3次のスプライン補間
axis	補間するデータの軸を指定(デフォルト：yの最後の軸)
copy	True/False：xとyの内部コピーを作成するかどうか
bounds_error	True/False：Trueの場合、xの範囲外で値を取得しようとするとValueError例外を送出する。Falseの場合は範囲外の値をfill_valueの値にする
fill_value	bounds_error=Falseの場合に範囲外の値をここで設定した値にする(デフォルト：NaN)。'extrapolate'に設定すると外挿計算する
assume_sorted	Falseの場合、xはソートしてから使われる。Trueの場合、xの値は単調増加/減少である必要がある

では、さっそく計算例を見ていきます。**リスト8.4**は、内挿関数interp1dの利用例です。❶では、「scipy.interpolate」に短い別名の「ipl」でアクセスできるようにしています。❷では、正解として比較するための元データと、補間前のデータを生成するための関数を定義します。そして❸において、[0, 8]の区間で0.1刻みのベクトルxを設定し、そのxに対するf(x)を変数yに入れています。このyの値を、補間前の正しいデータと考えます。これに対し❹では、1刻みでx0を設定し、それに対応するf(x0)の値をy0として、補間前のデータとします。

ここで例を示す補間の方式は、線形補間と3次のスプライン補間としました。interp1dでは補間方式を指定しなければ線形補間が選択されます。❺で設定した補間関数に対して、データ(x0, y0)を元に、xの点で補間処理を行い、元データ(❸のy)と比較してその補間精度を検証します。元の関数値と、補間前および補間後のデータを重ねてプロットしたものが**図8.4**です(❻)。この結果を見ると、線形補間の結果は想定通り補間前のデータを直線でつなぐ結果となっており、3次のスプライン補間では元の関数形とほぼ一致する結果を得ています。元の関数形と補間前のデータにもよりますが、3次のスプライン補間では元の関数形を精度良く近似できる場合があります。

リスト8.4 内挿関数の利用例

```
## ❶名前が長いので別名を付ける
import scipy.interpolate as ipl

## ❷元の関数の定義
def f(x):
    return (x-7)*(x-2)*(x+0.2)*(x-4)
```

```
## ❸元データ生成（正解の値）
x = np.linspace(0, 8, 81)
y = np.array(list(map(f, x)))

## ❹補間前の間隔が広いデータ
x0 = np.arange(9)
y0 = np.array(list(map(f, x0)))

## ❺補間関数の設定（線形補間）
# 補間関数の設定（線形補間／3次スプライン）
f_linear = ipl.interp1d(x0, y0, bounds_error=False)
f_cubic = ipl.interp1d(x0, y0, kind='cubic', bounds_error=False)
# 補間処理の実行
y1 = f_linear(x)  # 線形補間
y2 = f_cubic(x)   # 3次スプライン補間

# ❻補間データと元データの比較プロット
plt.figure(1)
plt.clf()
plt.plot(x, y, 'k-', label='元の関数')
plt.plot(x0, y0, 'ko', label='補間前データ', markersize=10)
plt.plot(x, y1, 'k:', label='線形補間', linewidth=4)
plt.plot(x, y2, 'k--', label='3次スプライン補間', linewidth=4, alpha=0.7)
plt.legend(loc='best')
plt.xlabel('x')
plt.ylabel('y')
plt.grid('on')
```

図8.4 内挿関数の補間結果

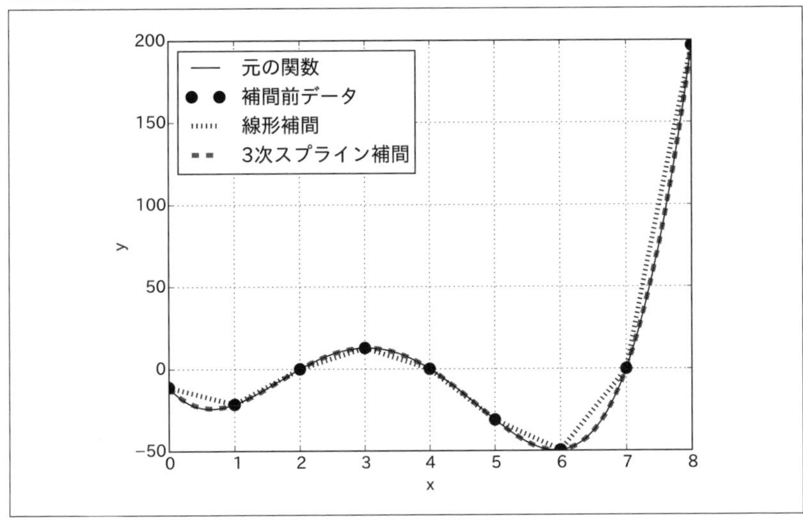

デジタル信号フィルタの設計

デジタル信号処理における**フィルタ**(*filter*)は、信号のノイズをカットしたり、特定の周波数成分だけを取り出したりする処理を行います。このようなデジタル信号フィルタは、大きく分けて、**finite impulse response**(FIR、有限インパルス応答)**filters**と、**infinite impulse response**(IIR、無限インパルス応答)**filters**の2つに分類されます。SciPyではこれらのどちらでも設計することが可能です。

IIRフィルタの設計では、**iirdesign**または**iirfilter**という2つの関数が利用できます。ここでは、関数iirfilterを使った設計例を見ていきます。**リスト8.5**は、一定の条件を満たす4次のIIRフィルタを設計している例です。

❶では、SciPyのsignalモジュールをimportして呼び出せるようにします。次に❷と❸において、ストップバンドの減衰を40 dB、クリティカル周波数(*critical frequency*)を0.2、通過帯域の最大リップルを5 dBとし、Chebyshev I型(チェビシエフィルタ第1種)**注8**とCauer/elliptic型(カウアー/楕円フィルタ)**注9**のIIRフィルタを自動的に設計させています。

それぞれの設計結果を、❹で図示した結果が**図8.5**です。このようにして得られた結果から、所望の性能に近い設計結果を採用して利用すればよいのです。信号処理に関しては、ここで紹介したフィルタ設計の他にも、SciPyの機能は非常に充実しています。自分がやりたい処理がすでに準備されていないかどうか、確認してみてください。

リスト8.5 IIRフィルタの設計例

```
# ❶scipyとは別にimportが必要
import scipy.signal as signal

# ❷Chebyshev I型のフィルタ設計
b1, a1 = signal.iirfilter(4, Wn=0.2, rp=5, rs=40,
                          btype='lowpass', ftype='cheby1')
w1, h1 = signal.freqz(b1, a1)

# ❸Cauer/elliptic型のフィルタ設計
b2, a2 = signal.iirfilter(4, Wn=0.2, rp=5, rs=40,
                          btype='lowpass', ftype='ellip')
w2, h2 = signal.freqz(b2, a2)

# ❹フィルタの周波数特性のプロット
plt.title('周波数特性')
```

注8 ローパスフィルタに用いられることが多く、通過帯域にリプル(*ripple*、ゲインの脈動成分)を設けることで、減衰特性を急峻(傾斜が急で険しい様子、読みは「きゅうしゅん」)にできる特徴があります。

注9 楕円関数を使って作られ、通過帯域と除去帯域の両方にリプルを持ちますが、減衰特性を非常に急峻にできる特徴があります。

```
plt.plot(w1, 20*np.log10(np.abs(h1)), 'k-', label='Chebyshev I')
plt.plot(w2, 20*np.log10(np.abs(h2)), 'k--', label='Cauer/elliptic')
plt.legend(loc='best')
plt.ylabel('振幅 [dB]')
plt.xlabel('周波数 [rad/sample]')
plt.show()
```

行列の分解

SciPyの**linalg**サブパッケージは、線形代数分野の各種関数を提供します。前述のとおり、NumPyのlinalgサブパッケージとは異なります。SciPyのlinalgは、NumPyのlinalgが提供する機能をほとんどカバーし、それ以外にも多くの機能を追加しています。NumPyとSciPyで、同じ名前の関数がある場合には、微妙に機能が異なることがありますので、それぞれのドキュメントを確認の上利用することが大切です。

SciPyのlinalgでは、逆行列計算や線形方程式を解くための関数のほか、固有値計算、行列の分解、行列の各種計算関数(行列の対数計算等)、特殊行列関数などが用意されています。ここでは、それらの中で行列の分解に使われる関数について紹介します。

IIRフィルタの設計例

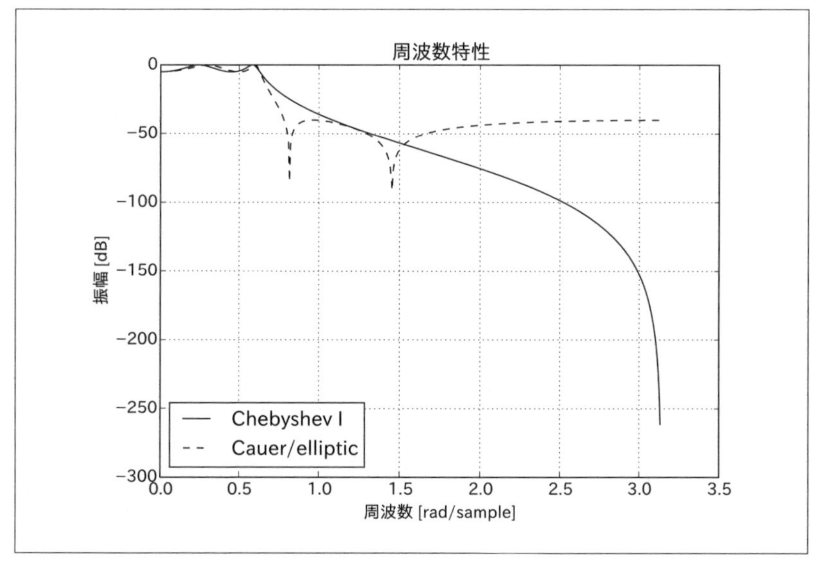

はじめに**QR分解**です。QR分解は元の行列Aを直行行列Qと上三角行列Rに分解する計算($A=QR$)です。直交行列とは、各成分が実数である正方行列(行と列の要素数が同じ行列)において、その逆行列と転置行列が一致するような行列です。また、上三角行列は、行列の対角成分より下側の成分がすべて0になっている行列です。では、例を見てみましょう。

```
In [10]: from scipy import random, linalg, allclose
    ...: A = random.randn(4, 4)  # ランダムな値を持つ4×4の行列Aを生成
    ...: Q, R = linalg.qr(A)  # 行列AをQR分解する
    ...: allclose(A, np.dot(Q, R))  # A == QRが成立するか確認
Out[10]: True  # A = QRが成立している

In [11]: R  # Rが上三角行列であることを確認する
Out[11]:
array([[ 2.07964084, -0.60418299, -1.32746188,  2.01655759],
       [ 0.        , -1.27510109, -0.00667444,  0.74098897],
       [ 0.        ,  0.        ,  2.07402884, -0.07894243],
       [ 0.        ,  0.        ,  0.        , -1.99028465]])
```

この例では、ランダムに生成した4×4の行列Aに対してQR分解を行っています。元の行列Aと、分解後の行列QとRを積算したものがほぼ一致していることがallclose関数によって確認されています。このallclose関数は、ごくわずかな数値計算誤差を除いて一致していることを検査できる関数です。また、上記のように実際にRが上三角行列となっていることもわかります。

次に、**LU分解**の方法を紹介します。前述のとおり、LU分解とは、正則行列Aを置換行列Pと、下三角行列Lおよび上三角行列Uの積に分解する($A=PLU$)処理です。例を見てみましょう。

```
In [12]: from scipy import random, linalg, allclose
    ...: A = random.randn(4, 4)  # ランダムな値を持つ4×4の行列Aを生成
    ...: P, L, U = linalg.lu(A)  # 行列AをLU分解する
    ...: allclose(A, P.dot(L.dot(U)))  # A == PLUが成立するか確認
Out[12]: True

In [13]: L  # Lが下三角行列であることを確認する
Out[13]:
array([[ 1.        ,  0.        ,  0.        ,  0.        ],
       [-0.28042042,  1.        ,  0.        ,  0.        ],
       [-0.61169277,  0.00396112,  1.        ,  0.        ],
       [ 0.31337762,  0.38550331,  0.10532301,  1.        ]])

In [14]: P  # 置換行列Pを確認
Out[14]:
array([[ 0.,  0.,  0.,  1.],
       [ 0.,  1.,  0.,  0.],
```

```
       [ 0.,  0.,  1.,  0.],
       [ 1.,  0.,  0.,  0.]])
```

この例でも、ランダムに生成した4×4の行列に対してLU分解を行っています。元の行列Aと分解後の行列P、L、Uを積算したものがほぼ一致していることがallclose関数によって確認されています。また、上記のように、実際にLが下三角行列となっていることも確認できます。

次に、**コレスキー分解**(*Cholesky decomposition*)について見てみます。コレスキー分解は、分解される行列Aが正定値エルミート行列[注10]であることを前提として、下三角行列LとLの共役転置(L^*と表す)の積に分解します。つまり、$A=LL^*$となるように分解します。実際に、例を見てみましょう。

```
In [15]: from scipy import array, linalg, dot
    ...: A = array([[3,-1.2j],[1.2j,1]])    # 正定値エルミート行列Aを設定
    ...: L = linalg.cholesky(A, lower=True)  # コレスキー分解を実施
    ...: allclose(A, dot(L, L.T.conj()))  # A == LL*となることを確認
Out[15]: True

In [16]: L  # 下三角行列Lを確認
Out[16]:
array([[ 1.73205081+0.j        ,  0.00000000+0.j ],
       [ 0.00000000+0.69282032j,  0.72111026+0.j ]])
```

この例では、正定値エルミート行列として設定したAをコレスキー分解して下三角行列Lを得ています。ここで、関数linalg.choleskyを呼び出す際に`lower=True`というオプションにより下三角行列に分解することが指定されています。これは関数linalg.choleskyが上三角行列Uに分解する($A=UU^*$)ことも可能で、その処理がデフォルトになっているためです。また、この例ではたしかに$A=LL^*$となっていることが確認されています。

ここで紹介した以外にも、特異値分解のlinalg.svd関数やRQ分解のlinalg.rq関数やQZ分解のlinalg.qzなどがあります。計算の効率化や数値計算の安定化などを目的に行列の分解処理を用いる際には、すでにSciPyに一通りの関数が用意されていますので、これらの関数を用いることを検討すると良いでしょう。

注10 随伴行列が元の行列と一致するような複素数要素を持つ正方行列のうち、固有値がすべて正になる行列を言います。

8.3 まとめ

SciPyは、NumPyの機能の上に構築されたさまざまな科学技術計算アルゴリズムを提供するパッケージです。多くのサブパッケージを抱える巨大なパッケージですので、すべてを詳しく知ることは困難かもしれません。したがって、SciPyにすでに実装されているのに、自分で実装してしまうということが起こりかねません。科学技術計算関連の処理の場合には、処理を実装する前に、SciPyですでに実装されていないかどうか、ぜひ確認してみてください。

本書では、SciPyの機能のほんの一部しか紹介できませんでしたが、BLASやLAPACKの関数にアクセスするためのローレベル関数も用意されているなど、奥が深いパッケージです。SciPyを使いこなすためには、scipy.orgで閲覧できるチュートリアルやリファレンスを参照しておくと良いでしょう。

第 9 章

Matplotlib

数値シミュレーションなどの結果を可視化するスキルは、その結果のデータの中に隠された真理を発見し、あるいは間違いを見極めていくために非常に重要です。数値だけを眺めていても、そこから結果全体に対する見通しを得ることは困難ですが、データを可視化すると注目すべき事実が隠されている場所がわかり、データの関係性が明確になります。

Matplotlibには、データの特性を認知し、関係性を把握するのに必要なプロット作成機能が豊富に用意されており、印刷物に使用できる品質で作成できます。プロット機能を提供するライブラリはたくさん存在しますが、最も普及しているMatplotlibは最重要ライブラリの1つです。Matplotlibによる基礎的作図能力を、本章でしっかり身に付けていきましょう。

9.1 Matplotlibとは

Matplotlibは、Python用のデータプロットツールとして最も普及しています。本節では、基本事項を一通り解説します。

Matplotlibの概要

Matplotlibは、2003年頃にオリジナルの開発が始まり、Python用のデータプロットツールとしては最も広く使われるツールの1つとなりました。Matplotlibが広く普及した理由の1つに、MATLABとの類似性が挙げられます。Matplotlibにはpylab(パイラボ)と呼ばれるMATLABに似たインタフェースがあり、MATLABからの乗り換えを促進する一助となりました。

Matplotlibは Python 3系にも対応しています。2016年8月現在、バージョン1.5が最新の安定版で、バージョン2の開発が進められています。バージョン2では、後方互換性を若干崩して、新しいプロットスタイルのデフォルトが提供される予定です。

Matplotlibでは、高品質のプロットを作成可能で、作図におけるきめ細かな調整機能が備わっています。ほとんど何でもできると言っても過言ではないのですが、そのために機能を使いこなすのが難しく感じられるかもしれません。デフォルト設定でも高品質のプロットを作成できますので、必要に応じて細かな調整機能を習得していけば良いでしょう。

なお、MatplotlibはBSDスタイルのmatplotlib licenseを採用しており、プロプライエタリなソフトウェアへの組み込み/改変も可能な制限の緩いライセンスとなっています。Pythonのサードパーティライブラリは、多くの場合このようなBSDスタイルのライセンス[注1]が採用されていることが多く、営利企業でも利用しやすいものとなっています。

Matplotlibのモジュール

Matplotlibには多くのモジュールが含まれています。数が多く、本書でそれをすべて説明することはできませんが、必要になった際にMatplotlibのモジュール

注1　他にはMIT Licenseなどがあります。

インデックス[注2]を参照してみると良いでしょう。

しかし、多くの一般的な利用範囲内においては、Matplotlibパッケージのトップレベルのimportと、Matplotlibのpyplotモジュールのimportのみで十分です。Matplotlibパッケージのトップレベルをimportすると、Matplotlibに関する各種設定コマンドにアクセスできるようになります。フォントを一部分だけ変更したい場合や、各種プロットスタイル変更のコマンドにアクセスする場合に、このMatplotlibパッケージのトップレベルのimportが必要になります。

pyplotモジュールは、作図に必要な各種コマンドを使うために必要になります。pyplotモジュールをimportすると、そこから他の多くのモジュールがimportされており、個別に他のモジュールをimportする必要はほとんどありません。

これらのモジュールは、本書では以下のようにimportすることを前提とします。別名の設定は、Matplotlibドキュメントの推奨形です。

```
import matplotlib as mpl  # パッケージのトップレベル
import matplotlib.pyplot as plt  # pyplotモジュール
```

Matplotlibのツールキット

Matplotlibは、**ツールキット**(*toolkits*)と呼ばれるアドオン(*add-on*)により機能拡張可能です。代表的なツールキットには、以下のものがあります。これらの多くはMatplotlibと一緒に配布されるものではありませんので、別途インストールする必要があります。

- 地図関連ツール(いずれも別途インストールが必要):Basemap、Cartopy(カートパイ)
- 一般ツールキット:mplot3d、AxesGrid(アキシズグリッド)、MplDataCursor(エムピーエルデータカーソル)(別途インストールが必要)、GTK (*GIMP Toolkit*) Tools、Excel Tools、Natgrid (別途インストールが必要)
- 高レベルプロット(いずれも別途インストールが必要):Seaborn(シーボーン)、ggplot、prettyplotlib

地図関連ツールは、Matplotlibに地図描画機能やその地図への投影の機能を追加するものです。BasemapとCartopyの2種類あり、地図と共に何かのデータを示したい場合に利用します。どちらも、豊富な地図のプロット機能を備えています[注3]。

一般ツールキットとして示した6つのツールのうち、4つはMatplotlibをインストールすると自動的にインストールされます。mplot3dは簡単な3次元プロットを作成するためのもので、AxesGridは複数の描画軸を配置する際などに役立つ補

注2 URL http://matplotlib.org/py-modindex.html

注3 本書執筆時点では、Cartopyはリファレンスの整備が進行中のようです。

助関数です。これらの2つのツールは、比較的利用頻度が高いかもしれません。それ以外では、MplDataCursorはデータの数値を吹き出し表示できる機能を提供し、GTK ToolsはPyGTK(パイジーティーケイ)(別途インストールが必要)を使ってGTK+を利用する機能を提供します。また、Excel Toolsはその名のとおりExcelと連携する機能を提供し、Natgridは自然近傍補間(*natural neighbor interpolation*)の機能を提供します。これらの機能については、利用する必要が生じた際に利用法を学ぶと良いでしょう。

次に、高レベルプロット機能を提供するツールキットについて説明します。Matplotlibは高レベルなプロットを作成できる機能が備わっていますが、MATLABの影響を受けたせいかデフォルト設定が今一つという評価をよく耳にします。ここで挙げたSeabornなどのツールキットは、この問題を解消してくれます。つまり、これらのツールキットが準備しているインタフェースを使ってプロットすれば、見た目が美しいプロットを作りやすくなります。また、これらのツールキットは、複雑なプロットを容易に作成できる機能も提供します。各ツールキットのWebページでプロット例の一覧だけでも眺めておくと参考になるでしょう。

pylabとpyplotとNumPyの関係

Matplotlibは、MATLAB互換の関数によりMATLABに非常に似た環境を構築する「pylab」というインタフェースを提供します。しかし、pylabはスターインポート(4.10節を参照)を使うため、現在では利用は推奨されていません[注4]。実際、pylab環境ではトップレベルの名前空間に多くの関数がimportされており、Pythonネイティブの関数の一部(sumやall)がNumPyの関数に置き換わっています。このような名前空間の「汚染」が気付かないうちにされている状況は、時に大きなミスを生みかねないため、本書でもpylabは利用しません。

pylabの代わりとしては、MatplotlibとNumPyをimportして利用するのが一般的です。具体的には、以下のimportによって代替できます。

```
import matplotlib as mpl
import matplotlib.pyplot as plt
import numpy as np
```

この場合、MATLABの「pi」(円周率π)は「np.pi」となり、MATLABの「plot」に対応するコマンドは「plt.plot」などとなりますが、少し記述が冗長になるだけでMATLABに似た環境を構築できることには変わりありません。

注4 URL http://matplotlib.org/faq/usage_faq.html?highlight=pylab#matplotlib-pyplot-and-pylab-how-are-they-related

なお、プログラムの可読性を上げるために「np.pi」を「pi」と記述したいのであれば、以下を追加することで可能になります。

```
from numpy import pi
```

このように、使いたい定数や関数、クラスのみを明示的にトップレベルの名前空間にimportすることで、間違いが起きにくくなりますし、プログラムの可読性も犠牲にせずに済みます。

9.2 Matplotlibの設定

Matplotlibで作図をする際に、日本語を表示したり細かなスタイルの調整をする必要が必ず出てきます。本節では日本語表示の設定方法と、作図スタイルの調整方法の基本を学びましょう。

2つの設定方法

Matplotlibの各種設定は、以下の方法があります。

- **プロット用のスクリプトファイル毎に設定用コマンドを記述する方法**
- **実行環境の共通設定としてあらかじめ環境設定ファイル(matplotlibrc)に記述しておく方法**

IPythonなどのインタラクティブシェルで設定をダイナミックに変更する場合も、前者と同じです。

設定の確認と、設定コマンドによる変更

ここでは、前者のプロット用のスクリプトファイルに設定用コマンドを記述する方法について見ていきましょう。Matplotlibで、図の軸や描画の線などを細かく制御するには、rc(*Run Command*)設定を変更します。rc設定とは、通常何かのプログラムを動かす際に最初に実行される設定コマンド群を意味し、Matplotlibでは、それらの設定が**mpl.rcParams**という辞書型に似たオブジェクトに格納されています。Matplotlibの設定を変更する前に、現在の設定を知る必要がありますので、次のようにして設定一覧を表示させてみましょう。

```
In [1]: import matplotlib as mpl
   ...: print(mpl.rcParams)
agg.path.chunksize: 0
animation.avconv_args: []
animation.avconv_path: avconv
animation.bitrate: -1
＜中略＞
ytick.minor.pad: 4.0
ytick.minor.size: 2.0
ytick.minor.width: 0.5
```

このように設定項目名を表示させると、どのような設定が可能なのか、項目名から大まかに推定可能です。逆に、その項目名から項目の意味について調べれば、自分がやりたいことを実現する方法に辿り着けることもあります。なお、上記のようにmpl.rcParamsの中身を直接表示させる方法の他に、mpl.rc_params()という関数を実行することでも同様に設定一覧を表示することが可能です。

設定項目名がわかったところで、**リスト9.1**のように設定して、プロットの調整を行います。リスト9.1❶では、プロット時の線幅の設定を行い、この場合は10 pointsとしています。また、❷では、線の種類を破線にしています。❸は、❶と❷と同じ設定を両方一度に行うことができる書き方を示しました(この場合、❶と❷で設定済みなので必要ありません)。

リスト9.1 Matplotlibの設定例

```
import numpy as np
import matplotlib as mpl
import matplotlib.pyplot as plt

mpl.rcParams['lines.linewidth'] = 10  # ❶線幅を10 pointsに設定
mpl.rcParams['lines.linestyle'] = '--'  # ❷線種を破線に設定
mpl.rc('lines', linewidth=10, linestyle='--')  # ❸（❶および❷と同じ）

t = np.arange(0, 2*np.pi, 0.1)
plt.figure(1)
plt.plot(t, np.sin(t))
plt.show()
```

リスト9.1のスクリプトを実行して、プロットを作成すると**図9.1**のようになります。設定のとおり、線幅が10 points、線種が破線となっています。

なお、mpl.rcdefaults()という関数を呼び出せばMatplotlibをデフォルト設定に戻すことができます。

設定ファイルへの記述

続いて、先ほど挙げたうち、後者の設定方法について見ていきましょう。Matplotlibの各種設定は、あらかじめ自分の環境設定ファイルに記述しておくことで、毎回設定する手間を省くこともできます。Matplotlibの環境設定ファイルは「matplotlibrc」という名前にします。このmatplotlibrcというファイルは複数の箇所に存在し、以下の順番で設定ファイルの有無がチェックされて、見つかり次第、その設定ファイルが使われます。

❶カレントフォルダ。現在のプロジェクトだけに設定したい場合などにそのプロジェクトフォルダに配置する

❷ホームフォルダの下にあるMatplotlibの設定保存用フォルダ。Linuxでは「.config/matplotlib/」に、それ以外では「.matplotlib/」に配置される

❸Matplotlibのインストールフォルダ直下のmpl-dataフォルダ。Matplotlibを更新するたびに上書きされるので設定を残しておきたい場合には、個人の設定用フォルダにコピーしておく必要がある

自分専用のmatplotlibrcは、カレントフォルダに配置するか、Matplotlibの設定保存用フォルダの下に配置します。その場所に、まだ自分でmatplotlibrcを置いていない場合には、Matplotlibのインストールフォルダ以下などに置いてありますので、それをコピーして配置すれば良いでしょう。

Matplotlibの自分の設定保存用フォルダや、自分の環境で実際に使われている

図9.1 MatplotlibのrcParamの設定変更とプロットへの反映

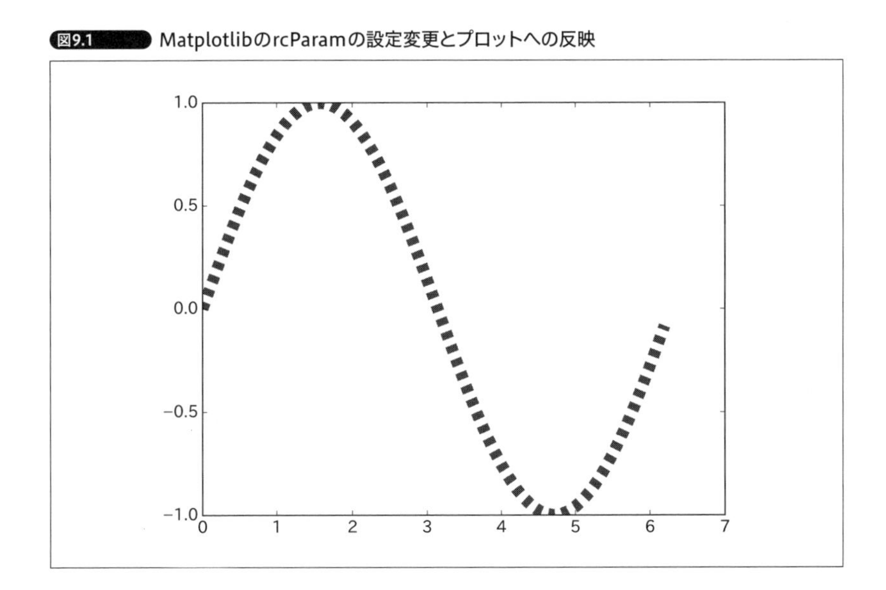

matplotlibrcの場所がわからない場合には、次のようにして調べられます[注5]。

```
In [2]: mpl.get_configdir()  # 設定保存用フォルダを表示
Out[2]: 'C:\\HOME\\.matplotlib'  # 環境変数HOMEが「C:\HOME」の場合
In [3]: mpl.matplotlib_fname()  # 設定ファイル名を表示
Out[3]: 'C:\\HOME\\.matplotlib\\matplotlibrc'
```

なお、Matplotlibのインストールフォルダ以下に準備されているmatplotlibrcファイルには、設定項目とその意味がコメントとして記入されていますので、必要な設定項目だけコメントアウトして利用してください。たとえば、グラフの線やマーカーに関する設定項目に関しては、以下のように記述されています。

```
### LINES
# See http://matplotlib.org/api/artist_api.html#module-matplotlib.lines for more
# information on line properties.
#lines.linewidth   : 1.0     # line width in points
#lines.linestyle   : -       # solid line
#lines.color       : blue    # has no affect on plot(); see axes.color_cycle
#lines.marker      : None    # the default marker
#lines.markeredgewidth  : 0.5     # the line width around the marker symbol
#lines.markersize  : 6            # markersize, in points
#lines.dash_joinstyle : miter        # miter|round|bevel
#lines.dash_capstyle : butt          # butt|round|projecting
#lines.solid_joinstyle : miter       # miter|round|bevel
#lines.solid_capstyle : projecting   # butt|round|projecting
#lines.antialiased : True         # render lines in antialised (no jaggies)
```

この例に関して、たとえばデフォルトのプロットの線の太さと、線の色を黒に変更したい場合、以下のようにすれば実現できます。

```
lines.linewidth   : 1.5    # line width in points
lines.color       : black  # has no affect on plot(); see axes.color_cycle
```

スタイルシート

前項で説明したように、プロットに使われる線やマーカーをはじめとして、背景の色などを細かく制御することで自分好みの高品質な図を作成することは可能なのですが、そのような細かな設定に多くの時間を費やしたくないと考える人がほとんどでしょう。そこで、Matplotlib 1.4以降[注6]では、プロットの諸設定を「スタイルシート」として保存し、それを呼び出して使えるようになりました。

また、Matplotlibにはあらかじめ用意されたスタイルシートもあり、それらの

注5　実行結果のフォルダパス表示(パス区切りが「\\」)は、Windowsで動作するSpyder(バージョン2.3.9)上のIPython(バージョン4.2.0)の例です。

注6　自分が使っているMatplotlibのバージョンを確認したい場合には`mpl.__version__`で確認できます。

利用可能なスタイルシートを調べるには次のようにします。

```
In [4]: print(plt.style.available)
['ggplot', 'fivethirtyeight', 'dark_background', 'grayscale', 'bmh']
```

この例では、5つのスタイルが準備されていることがわかります。自分で準備したスタイルファイルも表示されます。Seabornをインストールしている場合には、さらに多くのスタイルファイルが追加されます。利用するスタイルファイルは、次のように指定します。デフォルト設定でプロットした場合と、ggplotのスタイルを使ってプロットした場合の差を**図9.2**に示します[注7]。

```
In [5]: plt.style.use('ggplot')
```

次に、自分が作成したスタイルを保存しておいて再利用する方法について述べます。自作のスタイルファイルは、matplotlibrcに記載されるコマンドを集めたもので、たとえば次のように記載されます。

```
figure.autolayout : True
lines.linewidth   : 1.5
axes.grid : True
axes.titlesize : 16
axes.labelsize : 20
xtick.labelsize : 16
ytick.labelsize : 16
font.family : IPAexGothic
```

このような内容のファイルを、前述のMatplotlibの設定保存用フォルダ（自分用

注7　紙面の都合上、図はグレースケール（白/黒/灰色）の表示ですが、実際にはカラーの図です。

図9.2 デフォルト設定の図（左）とggplotスタイルの図（右）

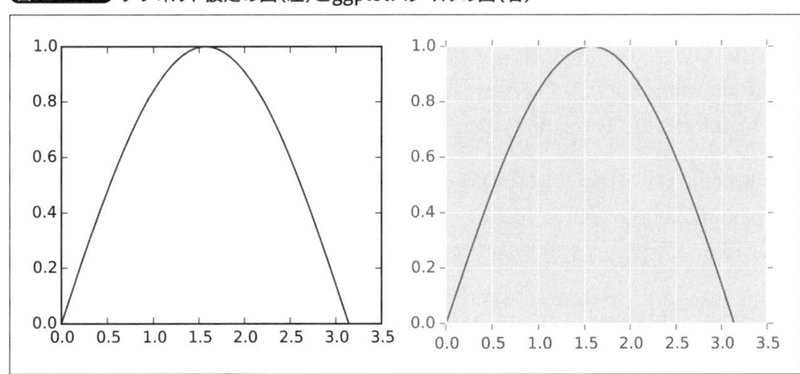

のmatplotlibrcが保存されているフォルダ)の直下に「stylelib」というフォルダを作成し、その下に「.mplstyle」という拡張子のスタイルファイルを保存しておきます。たとえば上記の設定を「mysty.mplstyle」として保存しておいたとします。この時、次のようにこのスタイルを呼び出すことで、この設定を使うことができます。

```
In [6]: plt.style.use('mysty')
```

また、次のように複数のスタイルファイルを指定して使うこともできます。設定が競合した場合は、先に指定したスタイルファイルの設定が優先されます。

```
In [7]: plt.style.use(['bmh', 'mysty'])
```

さらに、スタイルファイルを一時的に特定のコードブロックに対してのみ適用したい場合には、以下のように記述します。この書き方では、全体のスタイルには影響を及ぼすことはありません。

```
import numpy as np
import matplotlib.pyplot as plt

x = np.arange(0, np.pi, 0.01)
# withブロックの中にだけスタイルを適用する
with plt.style.context('dark_background'):
    plt.plot(x, np.sin(x))
```

グラフに日本語を使う

Matplotlibによるグラフに日本語を使う場合には、フォントに関する設定が必要となります。準備作業として、Matplotlibが使えるフォントを準備しておく必要があります。手順は次のとおりです。

- **TrueTypeフォントの準備(ダウンロード)**
- **TrueTypeフォントのインストールまたはフォントフォルダへの配置**
- **Matplotlibのフォントキャッシュの削除**

Matplotlibは、基本的にTrueTypeフォント(拡張子.ttf)を使います注8ので、Matplotlibが読める場所に使いたいTrueTypeフォントを準備します。OSのシステムフォントを使っても良いのですが、どのOS上でも同じフォントを使いたい

注8　筆者が把握している範囲で、MatplotlibはOpenTypeフォントは使えません。使えるのは、旧式の拡張子ttfのフォントです。

場合などは、オープンソースライセンス準拠のフォントを取得してインストールするのが良いでしょう。代表的なフォントとしては、IPA（独立行政法人情報処理推進機構）が配布している**IPAフォント**があります。また、このフォントをベースとしてUbuntu Japanese Teamが開発および保守を行っている**Takaoフォント**などもあります。必要に応じて、フォントを準備しておきましょう。

なお、Windowsの場合、OSにMSゴシックやMS明朝などのフォントがあらかじめインストールされていますが、TrueTypeコレクションフォントファイル（拡張子`.ttc`）という形式でインストールされている場合にはMatplotlibからうまく呼び出せないようです。

次に、用意した拡張子`.ttf`のTrueTypeフォントをOSにインストールするか、「INSTALL/mpl-data/fonts/ttf」にフォントのファイルを配置します。「INSTALL」はMatplotlibのインストールフォルダです。このフォルダにフォントを配置しておくメリットはadministrator権限（root権限、管理者権限）がなくても設定ができる場合があることや、環境のポータビリティを確保できるという点です。環境をポータブルにできれば、Pythonのインストールフォルダ以下をごっそり他のPCにコピーすれば同じ設定で使えます。

フォントの準備ができたら、次にMatplotlibのフォントキャッシュの削除をします。一旦フォントキャッシュを削除してからMatplotlibを使うと、先ほど準備したフォントが追加されたフォントキャッシュが新たに作成され、それらの追加フォントが使えるようになります。フォントキャッシュはMatplotlibの設定保存用フォルダ（LinuxやOS Xでは「~/.config/matplotlib/」や「~/.cache/matplotlib/」、それ以外では「.matplotlib/」）の直下に「fontList.cache」（Python 2系の場合）や「fontList.py3k.cache」（Python 3系の場合）の名前で保存されています。これらのファイルを一旦消去しましょう。

以上により日本語表示に必要な準備はできましたので、次にそれらの日本語フォントを使うことを図の描画時に指定します。日本語フォントの指定方法には大きく分けて次の3つの方法があります。

❶matplotlibrcの設定で日本語フォントを指定
❷Pythonスクリプトの中にrc設定用のコマンドを記述
❸フォントプロパティをその都度指定して特定の箇所だけ日本語フォントを指定

❶の方法は、matplotlibrcに記述する方法です。これはほぼ前述のとおりで、特に**font.family**の設定を変更すれば日本語表示が可能になります。すなわち、matplotlibrcに以下の記述を追加します。

```
font.family : IPAexGothic  # IPAのexゴシックフォントを指定
```

次に、❷のPythonスクリプト中にrc設定用コマンドを記述する方法の例を示します。

```
import matplotlib as mpl

mpl.rcParams['font.family'] = 'IPAexGothic'
mpl.rcParams['font.size'] = 16
```

このようにmpl.rcParams()関数を使って、先に説明した設定項目一覧に対応する設定値を記述するだけです。

最後に、❸のフォントプロパティをその都度指定する方法の例を示します。この方法は、特定の箇所だけフォントを変えたい場合などに使います。

リスト9.2の例では、「font_prop」という変数にフォント設定を保存し、それを日本語表記する箇所で**fontproperties**パラメータに渡します。font_pathにはフォントのフルPATHを指定します。コード例の中にコメントでも記載したとおり、Yラベルだけがfont_propの設定の影響を受けますから、**図9.3**に示されるように、X軸とY軸のラベルのフォントが異なっています。

リスト9.2 特定の箇所だけフォントを変える設定

```
import matplotlib as mpl
import matplotlib.pyplot as plt
import matplotlib.font_manager as fm

# (1) 日本語の基本設定（このスクリプト全体に影響）
mpl.rcParams['font.family'] = 'IPAexGothic'

# (2) 指定箇所のみ有効にする日本語設定
font_path = 'C:\Windows\Fonts\ipaexm.ttf'
font_prop = fm.FontProperties(fname=font_path)
font_prop.set_style('normal')
font_prop.set_size('16')

plt.figure(1)
plt.plot([1,2,3], [2,5,9])
# Xラベルは(1)の設定が有効
plt.xlabel('日本語のX軸ラベル')
# Yラベルは(2)の設定が有効
plt.ylabel('日本語のY軸ラベル', fontproperties=font_prop)
```

図9.3 日本語フォントを一部分だけ変更する例

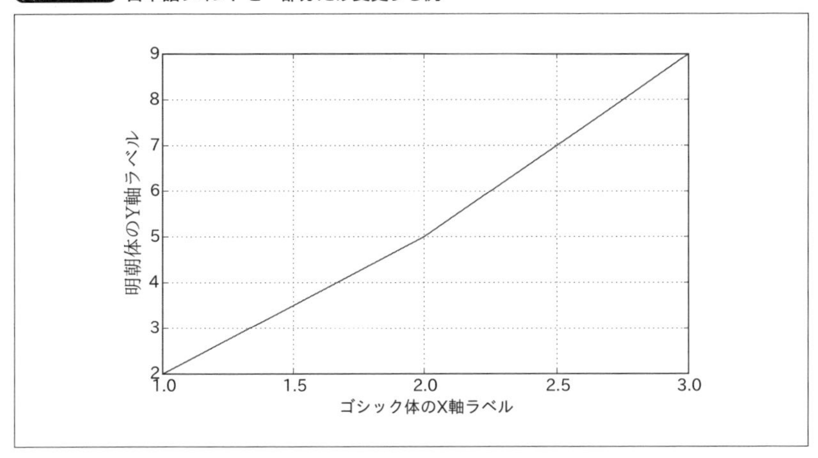

9.3 実践Matplotlib

ここからは、実際にMatplotlibを使ってみながら、グラフを作成する過程を学びます。Matplotlibは実に多種多様なグラフを作成することができます。本書で紹介できるのはそのごく一部ですが、非常に優れた作図性能とツールとしての柔軟性の一端を感じとってください。

基本の描画

はじめに、簡単な2次元プロットの例を説明します。これは2つの変数の間の対応を示すプロットになります。**リスト9.3**の例では、変数xと変数y1の関係および変数xと変数y2の関係をプロットします。まず❶で変数xに0.1刻みで$-\pi$から$+\pi$まで変化する配列を作ります。これに対して、そのxの正弦(サイン)と余弦(コサイン)を計算します。これらをプロットするコマンドはplt.plot()です。plt.plot()では、プロットに使う線の種類や色やマーカーを指定しない場合、デフォルト設定でプロットされていきます。本書ではカラーで図を示すことができませんが、デフォルト設定では「青の実線」「緑の実線」のように変化していき、その変化の順番は**表9.1**に記載の順と一致します(ただし、白は使われません)。

プロットに使う線やマーカー、およびその色を指定した場合には、指定されたものを使ってプロットが作成されます。線やマーカーの指定方法とその意味は、**表9.2**に示すとおりです。種類が豊富ですので、多くの線種やマーカーが必要になった時に表9.2を参照しながら作図すると良いでしょう。

また、リスト9.3では複数のプロットを重ねていますが、このような場合にはplt.plot()コマンドを複数並べることで実現できます。plt.plot()コマンドには各種の詳細設定用のオプションコマンドを指定できます。❷では`markersize=10`によってマーカーサイズを変更していますが、これ以外にも線の太さを設定する**linewidth**や、透明度を設定する**alpha**などの設定が頻繁に使われます。この他の詳細は、pyplotのAPIのマニュアル[注9]を参照してください。

複数のプロットを重ねた場合には、プロットとデータの内容の対応を示すための凡例を表示させることが多いと思います。凡例の表示には、plt.legend()関数を使います。凡例に表示されるラベルは、それぞれのプロットを作成する際に、

```
plt.plot(x, y1, label='正弦関数')」
```

のようにして、label引数を使って指定しても良いですし、後から、

```
plt.legend(('正弦関数', '余弦関数'), loc='best')
```

のように、文字列のタプルとしてラベルを指定する方法もあります。

最後に、❸ではplt.show()によって描画結果を表示させています。これは通常、Matplotlibのインタラクティブモードが False の場合に、グラフの描画結果を最後にまとめて表示させるためのものです。描画関係のコマンドを1つ実行するたびにグラフの描画結果に反映させたい場合には、インタラクティブモードをオン(**plt.ion**)にしておきます。

リスト9.3 単純な2次元プロットの例

```
import numpy as np
from numpy import sin, cos
import matplotlib.pyplot as plt

# ❶-πからπまで0.1刻みの配列をつくる
x = np.arange(-np.pi, np.pi, 0.1)
# 配列xに対してsin(x)を計算 (sin()はユニバーサル関数)
y1 = sin(x)
# 配列xに対してcos(x)を計算
y2 = cos(x)

plt.figure(1)
plt.clf()
```

注9 URL http://matplotlib.org/api/pyplot_api.html

```
# x、yを描画
plt.plot(x, y1, label='正弦関数')
plt.plot(x, y2, 'r*', markersize=10, label='余弦関数')  # ❷
# 軸ラベル設定
plt.xlabel('X軸')
plt.ylabel('Y軸')
# 凡例の描画
plt.legend(loc='best')
# ❸描画
plt.show()
```

サブプロット

複数のデータ（たとえば位置座標のX、Y、Zなど）をプロットする場合などには、複数の図を並べて表示したい場合があります。そのような場合には、サブプロットを利用します。**リスト9.4**の例を見てください。

表9.1 Built-inカラーの1文字指定

指定	色
b	blue（青）
g	green（緑）
r	red（赤）
c	cyan（シアン）
m	magenta（マゼンタ）
y	yellow（黄）
k	black（黒）
w	white（白）

表9.2 描画に使う線またはマーカーの種類の指定

指定文字列	線／マーカーの種類
'-'	実線
'--'	破線
'-.'	1点鎖線
':'	点線
'.'	点マーカー
','	ピクセルマーカー
'o'	円
'v' '^' '<' '>'	三角下/上/左/右向きマーカー
'1' '2' '3' '4'	三叉(Y字)下/上/左/右マーカー
's'	四角
'p'	五角形
'*'	星形
'h'	六角形-1
'H'	六角形-2
'+'	プラス印
'x'	バツ印
'D'	ダイヤモンド印
'd'	細いダイヤモンド印
'|'	垂直線マーカー
'_'	水平線マーカー

リスト9.4 2×3のサブプロット図枠を配置する例

```
import matplotlib.pyplot as plt

plt.figure(1), plt.clf()

plt.subplot(2, 3, 1), plt.xticks([]), plt.yticks([])
plt.text(0.5, 0.5, 'subplot(2,3,1)', ha='center', va='center', size=25)
plt.subplot(2, 3, 2), plt.xticks([]), plt.yticks([])
plt.text(0.5, 0.5, 'subplot(2,3,2)', ha='center', va='center', size=25)
plt.subplot(2, 3, 3), plt.xticks([]), plt.yticks([])
plt.text(0.5, 0.5, 'subplot(2,3,3)', ha='center', va='center', size=25)
plt.subplot(2, 3, 4), plt.xticks([]), plt.yticks([])
plt.text(0.5, 0.5, 'subplot(2,3,4)', ha='center', va='center', size=25)
plt.subplot(2, 3, 5), plt.xticks([]), plt.yticks([])
plt.text(0.5, 0.5, 'subplot(2,3,5)', ha='center', va='center', size=25)
plt.subplot(2, 3, 6), plt.xticks([]), plt.yticks([])
plt.text(0.5, 0.5, 'subplot(2,3,6)', ha='center', va='center', size=25)

# プロット全体の表示
plt.show()
```

この例では、2行3列にサブプロットを並べています注10。サブプロットを作成するには、pyplotのsubplot()関数を使います。たとえば、`plt.subplot(2, 3, 3)`は、全体を2行3列に区切ったパネル状の図枠のうち、3番めの図枠（*axis*）を使うことを指定するものです。つまり、`subplot(L, M, N)`と指定注11すると、L行M列に区切ったパネル状の図枠のうちN番めの図枠を使うという意味になります。N番めの位置は、**図9.4** **1**の丸数字の順に数えるルールになっています。すなわち一番上の行の図枠から順に数えるルールです。

基本的に、この方法を応用して2行1列や4行4列などに図枠を分割配置できますが、時には少々複雑な図枠配置が必要になる場合もあるでしょう。そのような場合に便利なのが、gridspecモジュールにあるGridSpec()関数です。次の、**リスト9.5**を見てください。

リスト9.5 GridSpecで複雑な図枠配置をする例

```
import matplotlib.pyplot as plt
import matplotlib.gridspec as gs
import numpy as np

G = gs.GridSpec(3, 3)            ← ❶
```

注10 このように，(カンマ)で区切って複数のコマンドを1行に並べることはあまりしませんが、ここではプログラムリストをコンパクトに示すためにこのように記述しています。

注11 subplot(233)のように，(カンマ)を省略する記法もあります。これはおそらくMATLABに存在する記法も受け付けるようにしたものと思われますが、意味の明確化の観点からは，(カンマ)を省略しない記法を使うことを推奨します。

```
axes_1 = plt.subplot(G[0, :]) ← ❷
plt.xticks([]), plt.yticks([])
plt.text(0.5, 0.5, '図枠1', ha='center', va='center', size=22)

axes_2 = plt.subplot(G[1, :-1])
x = np.arange(-np.pi, np.pi, 0.1)
y = np.sin(x)
plt.plot(x, y)
plt.text(-0.5, 0, '図枠2', ha='center', va='center', size=22)

axes_3 = plt.subplot(G[1:, -1])
plt.xticks([]), plt.yticks([])
plt.text(0.5, 0.5, '図枠3', ha='center', va='center', size=22)

axes_4 = plt.subplot(G[-1, 0])
plt.xticks([]), plt.yticks([])
plt.text(0.5, 0.5, '図枠4', ha='center', va='center', size=22)

axes_5 = plt.subplot(G[-1, -2])
plt.xticks([]), plt.yticks([])
plt.text(0.5, 0.5, '図枠5', ha='center', va='center', size=22)

plt.show()
```

この例では、**図9.5**のように配置されます。リスト9.5❶の`GridSpec(3, 3)`によって一旦3行3列のグリッドに区切った後、その後のsubplot()関数でそのグリッドのどの領域を使って図枠を設定するのかを指定しています。たとえば❷の`axes_1 = plt.subplot(G[0, :])`では3行3列のグリッドのうち、1行め(最初の行を1行めとした場合)のすべての列を1つの領域として図枠設定をする指定しています。

なお、各サブプロットの図枠の間隔などは、pyplotのsubplots_adjust()関数で調整できます。たとえば、前出のリスト9.4の例で、plt.show()の直前で`plt.`

図9.4 サブプロットの配置例(**1** 2×3の場合、**2** 2×32×3で図枠間隙間なし)

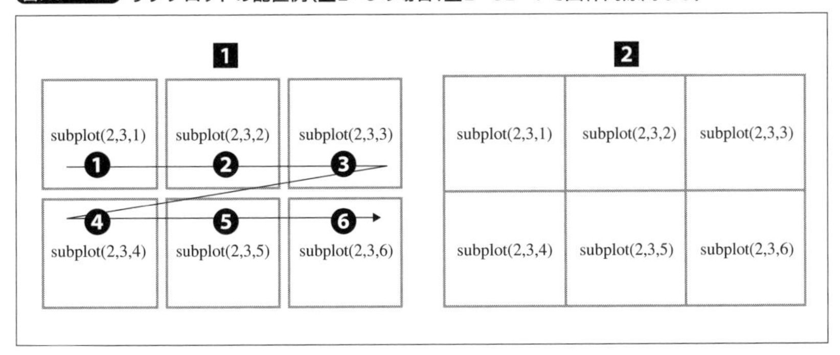

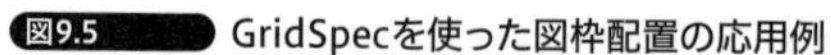
図9.5 GridSpecを使った図枠配置の応用例

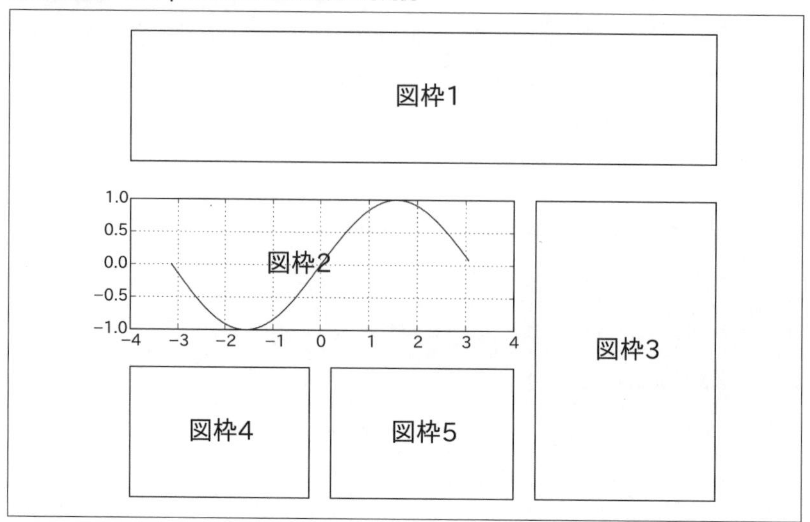

subplots_adjust(wspace=0, hspace=0)と指定すると、前出の図9.4 **2** のように図枠間の距離を0にできます。ただし、Matplotlibの設定で**figure.autolayout**をTrueに設定していると、このような隙間等の調整コマンドは無効になります。

最後に、サブプロットに関わる小技をもう1つ紹介します。**リスト9.6**の例では、サブプロットを2行1列に配置後、それらのサブプロットの図枠とは関係なく、もう1つの図枠を「plt.axes()」という関数で配置しています。この方法により、図の中に関連する図を配置したり、図の一部を拡大した図を配置したりできます。リスト9.6によってできる図は、**図9.6**に示します。

リスト9.6 図枠を図枠の中に配置する例

```
import matplotlib.pyplot as plt

# サブプロットを2つ並べる
plt.figure(1)
plt.subplot(2,1,1)
x = np.arange(-np.pi, np.pi, 0.1)
plt.plot(x, np.sin(x))
plt.subplot(2,1,2)
plt.plot(x, np.cos(x))

# 図枠の中に図枠を設定
plt.axes([0.55, 0.3, 0.3, 0.4])
plt.text(0.5,0.5, 'axes([0.55, 0.3, 0.3, 0.4])',ha='center',va='center')
plt.show()
```

図9.6 サブプロットとは別に任意の位置に図枠を配置する例

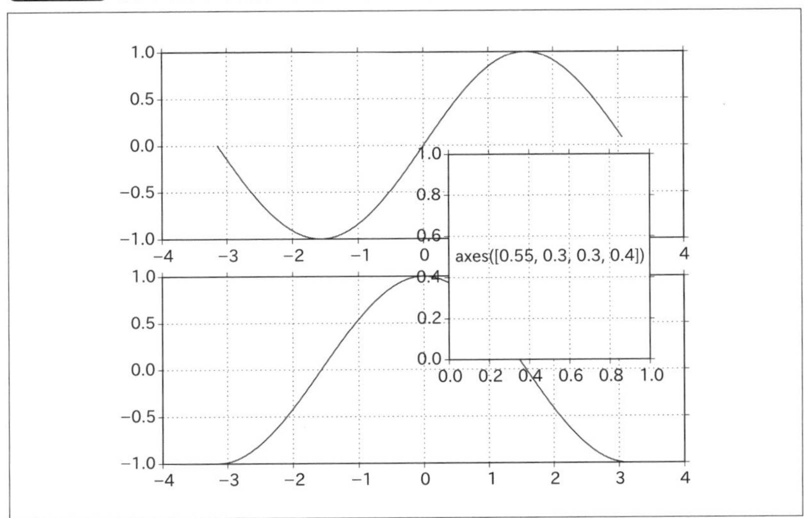

本項で示した方法で、ほとんどのパターンのサブプロット用図枠設定には対応できるはずです[注12]。

等高線図

土地の高低などの3次元的なデータを2次元平面上に表す方法として、等高線図(コンター図、*contour map*)があります。等高線図の基本的な例を**リスト9.7**に示します。リスト9.7の実行結果が**図9.7**です。

リスト9.7 等高線図の例

```
import numpy as np
import matplotlib.pyplot as plt
from matplotlib import cm
from matplotlib.mlab import bivariate_normal

# 2次元メッシュを作成
N = 200
x = np.linspace(-3.0, 3.0, N)
y = np.linspace(-2.0, 2.0, N)
X, Y = np.meshgrid(x, y)
# 2変量正規分布で2次元分布データを作成
z = 15 * (bivariate_normal(X, Y, 1.0, 1.0, 0.0, 0.0) -
```

注12 その他、細かな設定オプション等は以下を参照してください。URL http://matplotlib.org/contents.html

```
    bivariate_normal(X, Y, 1.5, 0.5, 1, 1))

# --- プロットを作成
plt.figure(1)
# ❶zの値を濃淡の画像として表示
im = plt.imshow(z, interpolation='bilinear', origin='lower',
                cmap=cm.gray, extent=(-3, 3, -2, 2))
# ❷等高線を表示
levels = np.arange(-3, 2.5, 0.5)
ctr = plt.contour(z, levels, colors='k', origin='lower',
                 linewidths=2, extent=(-3, 3, -2, 2))
# ❸等高線にラベルをインライン表示
plt.clabel(ctr, levels, inline=1, colors='black',
          fmt='%1.1f', fontsize=14)

plt.show()
```

リスト9.7の例では、まず2次元メッシュ(XおよびY)を生成し、そのメッシュに対応する値(z)を2変量正規分布の関数bivariate_normal()を使って生成しています。このzはあくまでも一例として生成しているだけのもので、特に意味があるデータではありません。

次に、zの値を濃淡画像として表示させます(リスト9.7❶)。カラーマップは紙幅の都合もありグレースケールとしました(cmap=cm.gray)。これだけでは値の変化を定量的に把握することが難しいため、等高線を追加します(リスト9.7❷)。これにより、値の変化の緩急が明確になります。しかし、これでも値そのものはわかりません。そこで、今度は等高線の値を示すラベルを追加します(リスト9.7❸)。以上により、視覚的に非常にわかりやすい等高線図になります。

図9.7 等高線図の例

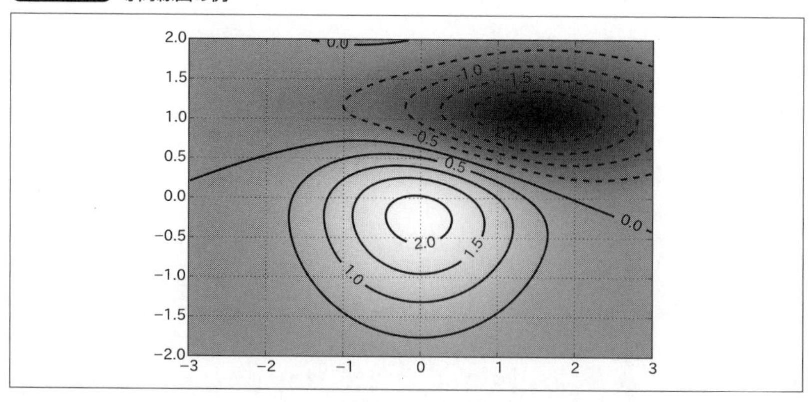

グレースケールではなくカラーを使える場合には、カラーマップを変えることでさらに視覚的にわかりやすい図にできます[注13]。

3次元プロット

前項で説明した等高線図は、3次元のデータをあえて平面で表すために使いました。当然のことながら、3次元データは3次元プロットとして作図した方がデータの特性を直観的に理解しやすい場合があります。そこで、前項で用いたデータをそのまま3次元プロットしてみます。3次元プロットには**mplot3d**というツー

注13 カラーマップについては、以下を参照してください。URL http://matplotlib.org/users/colormaps.html

Column

カラーマップについて

カラーマップと聞いて、どのような配色を思い浮かべるでしょうか。多くの方は、青から赤に変化するあの虹色の色変化を思い浮かべるでしょう。現在でも広く使われているそのカラーマップは、太陽光をプリズムに通して分解した7色の分布を模しており、MatplotlibやMATLABでは**jet**と呼ばれています。虹色であることから「レインボーカラーマップ」などとも呼ばれます。このレインボーカラーマップには問題があるため、Matplotlib 2.0からデフォルトのカラーマップがjetから**viridis**と呼ばれるものに変わります。レインボーカラーマップは、一般的には以下の問題があるとされています。

- **赤が最大で青が最小ということはわかるが、それ以外の色の順序がわかりづらい**
- **グレースケールで印刷するとわからなくなる**
- **緑からシアンの色の領域の変化がわかりづらく、微小な変化が見えにくい**
- **本当は存在しない特徴があるかのように見えてしまい、誤解してしまう場合がある**

これらの問題は広く認識されており、MATLABではMatplotlibに先行してバージョンR2014bから、デフォルトのカラーマップを、レインボーカラーマップのjetから、**parula**と呼ばれるものに変更しました[注a]。MatplotlibでもMATLABでも多くのカラーマップが用意されており、デフォルトのカラーマップが変わったとは言ってもjetを選択して使うことも可能です。また、用途によって最適なカラーマップは変わりますので、カラーマップを使う必要が生じた際には自分の作図用途に最も適したものを検討して選択すると良いでしょう。

注a 前述のviridisとは、配色がよく似ています。これは、別々に作成されているものの、基本的に同じ設計思想に基づいているためです。

ルキットを使います。mplot3dは前述のとおりMatplotlibと一緒に配布されており、別途インストールする必要はありません。

では、**リスト9.8**の例を見てください。リスト9.8によって生成された3次元プロットが**図9.8**です。リスト9.8では、はじめに必要なパッケージやモジュールをimportしたのち、リスト9.7と同じ3次元データを準備しています。次に❶で図を描くキャンバスを用意し、❷のadd_subplot()によって3次元プロットを描くための図枠を設定します。その際、add_subplot()に`projection='3d'`をオプションとして与え、mplot3dを使った3次元プロットを行うことを宣言します。これで3次元プロットをする準備ができましたので、あとは各種のプロット用メソッドを使って、実際に3次元データを描画します。リスト9.8の例では、サーフェスプロットをplot_surface()によって実現しました。この時、オプションのcmapを使ってカラーマップをグレースケールに設定しています。さらにzの値の分布と色の対応を明確にするため、plt.colorbar()によってカラーバーも示しました。

生成された図(図9.8)を見ると、やはりデータが示す形を把握するには3次元プロットの方が優れていることが実感できます。前項の等高線図の図9.7でこのような形状をイメージするのは、データが複雑になればなるほど困難になるでしょう。もちろん、ある種の判断をする上ではむしろ等高線図の方が便利な場合もありますし、3次元プロットでは隠れて見えなくなる部分が出てくるなどの問題もありますので、場合によって適切に使い分けると良いでしょう。

リスト9.8 3次元プロットの例

```
from mpl_toolkits.mplot3d.axes3d import Axes3D
import matplotlib.pyplot as plt
import numpy as np
from matplotlib import cm
from matplotlib.mlab import bivariate_normal

# 2次元メッシュを作成
N = 200
x = np.linspace(-3.0, 3.0, N)
y = np.linspace(-2.0, 2.0, N)
X, Y = np.meshgrid(x, y)
# 2変量正規分布で2次元分布データを作成
z = 15 * (bivariate_normal(X, Y, 1.0, 1.0, 0.0, 0.0) -
    bivariate_normal(X, Y, 1.5, 0.5, 1, 1))

# データを3次元プロットする
fig = plt.figure(1)  # ❶
ax = fig.add_subplot(111, projection='3d')  # ❷
surf = ax.plot_surface(X, Y, z, cmap=cm.gray)
ax.set_zlim3d(-3.01, 3.01)
plt.colorbar(surf, shrink=0.5, aspect=10)
```

9.4 その他の作図ツール

Matplotlib は Python の代表的な作図ツールですが、その他にも優れた作図ツールは存在します。本節ではそれらについて簡単に取り上げておきます。

Matplotlib以外のおもな作図ツール

Matplotlib以外の Python の作図ツールには、たとえば次のようなものがあります。これ以外にもたくさんあるのですが、ここでは代表例のみ紹介します。

- Chaco（チャコ）：Enthought社の2Dプロットツール（Python 3系では使えない。BSD License）
- MayaVi：Enthought社の3Dプロットツール（Python 3系では使えない。BSD License）
- Bokeh：Web向けインタラクティブプロットツール（3-clause BSD License）
- plotly（プロットリー）：Web向けインタラクティブプロットツール（一部有償）

本書では、Python 3系を使うことを前提とし、また読者にもそれを推奨していますが、ここで紹介する Chaco と MayaVi は本書の執筆時点（2016年8月）ではまだ Python 3系に対応していませんし、これからも対応しないのではないかと思わ

図9.8 3次元プロットの例

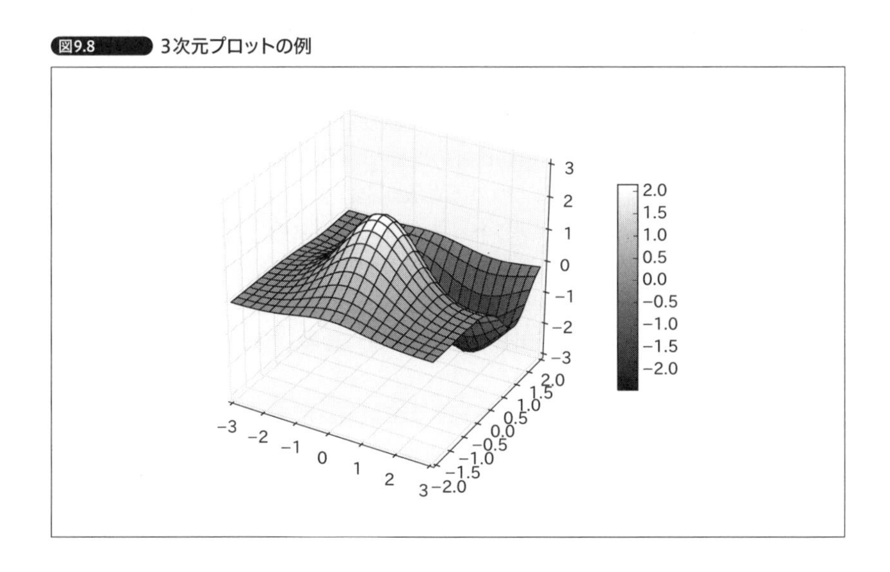

れます。ただし、非常に完成度が高い作図ツールですのでPython 2系のユーザには推奨できるツールであると考えています。chacoとMayaViはいずれもEnthought社が開発した作図ツールで、BSD Licenseで利用上の制約はほとんどありません。chacoは2次元プロットツール、MayaViは3次元プロットツールです。Matplotlibの完成度が高いことから、Matplotlibを使いこなせれば、あえてchacoやMayaViを使う理由はないかもしれません。

Matplotlibにある程度習熟できた読者は、Bokehやplotlyといった Webブラウザ向けインタラクティブプロットについて興味を持ってみると良いかもしれません。Jupyter Notebookとの親和性が高く、プレゼンテーションやデータレビューなどに活用できますし、ビッグデータを扱うことを前提に作られている点は多くのエンジニアにとって利点となり得ます。

BokehはPython向けに作成されているデータ可視化ツールですが、plotlyは実はクラウドにデータをストリーム配信するための無償のプラットフォームです。そこにデータを可視化するためのAPIが用意されており、Pythonを含むさまざまな言語から利用できるようになっています。

無償で、しかもローカル環境だけで利用できる点ではBokehの方がplotlyよりも優れていますが、IoT（*Internet of Things*）が進んでさまざまなデータがクラウドに流し込まれる時代になると、plotlyのようなデータ可視化ツールが活躍することになるのかもしれません。

9.5 まとめ

以上、Matplotlibについて、その概要と各種設定方法および基本的な作図方法を紹介しました。特に、pylabとpyplotの関係や、日本語をグラフに使う方法など、初心者がつまずきやすい点についても取り上げました。

Matplotlib 1.4からは、スタイルシートが使えるようになったことで、あらかじめ用意された設定を読み込み、手軽に高品質な図を作成しやすくなりました。今後はさまざまな設定のスタイルシートが充実していくと考えられますし、自分で設定したスタイルシートも呼び出して使えますので、ますます便利に使えるようになるでしょう。

Matplotlibは、作図の初心者から熟練者まで気軽に使えて、ほとんどすべての人のニーズを満たしてくれます。知れば知るほどいろいろなことができることを発見することになると思いますので、余力のある人はぜひMatplotlibの奥深い世界に踏み入れてみてください。

第10章

pandas

pandasは洗練されたデータ構造とツール群を持ち、Pythonの他のライブラリとの機能連携によって有用性を大いに高めてきたデータ解析ツールです。時系列データや、階層インデックス構造の扱いに優れ、NumPyとうまく連携し、Matplotlibをバックエンドとして利用した可視化ツールを持ち、計算の高速化も考慮して設計されています。統計的な処理も基本的な機能を備えた上で、応用的な処理関数をStatsmodelsと連携することで提供します。機能が豊富なゆえに、pandasの説明だけで分厚い専門書が1冊できてしまうほどです。

本章では、pandasを使ったデータ解析をスタートさせたい方に向けて必要なポイントに焦点を絞り込みつつ、極力全体像をカバーできるように紹介していきます。

10.1 pandasとは

6.4節で少し取り上げたpandasですが、決して単独の閉じたツールとして存在しているのではなく、他のツールとの連携をうまく行っています。そのことで、Pythonのエコシステムの中で存在感を高めています。本節では、pandasの全体像を概説していきます。

pandasの概要

pandasは、データ解析を容易にする機能を提供するPythonのサードパーティライブラリです。**データフレーム**(**DataFrame**)などのpandas独自のデータ構造を提供し、そのデータ構造に対してさまざまな処理を施す機能を提供します。ほかのライブラリをバックエンドとして利用して連携して動作できることや、データに対する豊富な処理機能を備えていることから、高度なデータ解析に欠かせないツールとして位置付けられつつあります。NumPyのように、C言語実装により配列演算の高速化が図られている点も、大規模データの扱いを考慮すると魅力の1つです。

PyData

PyData[注1]とは、Pythonによるデータ管理/分析ツールのユーザと開発者のコミュニティです。PyDataで話題とされるPythonツールは非常に多いのですが、それらのツール群を総称して**PyData Stack**などと呼びます。PyData Stackの例を**図10.1**に示します。pandasがデータの管理/分析において中心的な役割を果たしているという観点で、pandasを中心にPyData Stackを図に示しました。

pandasで何ができる?

ここまで、pandasについてかなり大括りの説明をしてきましたが、結局pandasを使って何ができるのかと言うと、以下に、pandasが提供する仕組みや機能を列挙してみます。

注1 URL http://pydata.org/

図10.1 PyData Stack(代表的なツールのみ)

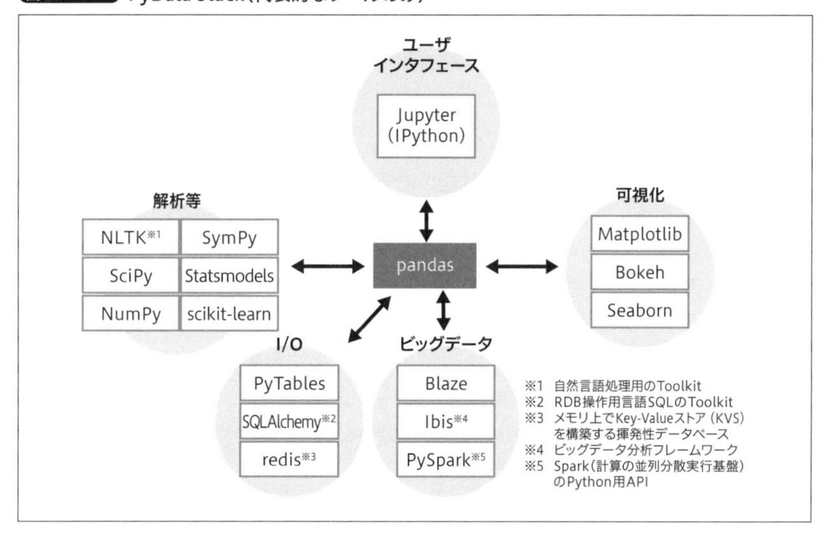

- データを入出力する機能(CSV、Excel、RDB/*Relational DataBase*、HDF5など)
- データを高効率かつ高速に処理できる形式でデータを格納
- データのNaN(*Not a Number*、欠損値)処理
- データの一部取り出しや結合
- データの柔軟な変更やピボット(*pivot*)処理
- データに対する統計処理や回帰処理等
- データの集約とグループ演算

このようにpandasは、さまざまな形式で保存されたデータにアクセスし、効率的にそのデータを分析あるいは処理し、その結果を可視化したり保存したりできるツールなのです。

10.2 pandasのデータ型

pandasにはプログラムで作成したデータや外部から読み込んだデータを保持しておくデータ構造として**シリーズ**、**データフレーム**、**パネル**の3つの形式があります。これらのデータ構造について学びましょう。

基本のデータ型

pandasは、NumPyをベースとして構築されており、NumPyのndarrayとの親和性が良い3つのデータ型でデータを保持します。その3つのデータ型はそれぞれ1次元、2次元、3次元データの格納に適した形になっており、それぞれ**シリーズ**、**データフレーム**、**パネル**と呼ばれています。ただし、データフレームには多次元データをうまく2次元データフィールドに格納するための仕組みが備わっているため、あえてパネルを使う場面は少ないようです。本書では、パネルについて基本的な説明は行いますが、データ処理の実例を示す場面では、おもにシリーズとデータフィールドに対する処理を示します。

さて、これらのデータ型の違いを、簡単な模式図で説明しましょう。**図10.2**は3つのデータ型の構造を示しています。データ本体の他に、そのデータの位置または属性を表現するために使われる**行ラベル**(*index*)や**列ラベル**(*columns*)、**アイテム名**(*items*)といったラベルを設定できるようになっています。

なお、Panel4DおよびPanelNDという、4次元およびN次元のデータ型も実験的に作られています[注2]。今後、このような新しいデータ型が使われるようになるかもしれませんが、ほとんどの課題に対してシリーズとデータフレームだけで対処可能ですので、その2つについてしっかり学んでおくことをお勧めします。

以下、本節では上記の3つの主要なデータ型について解説します。

注2　原稿執筆時点(2016年8月)の最新版はバージョン0.18.1で、これらはExperimentalとの説明があります。

図10.2 pandasのデータ型

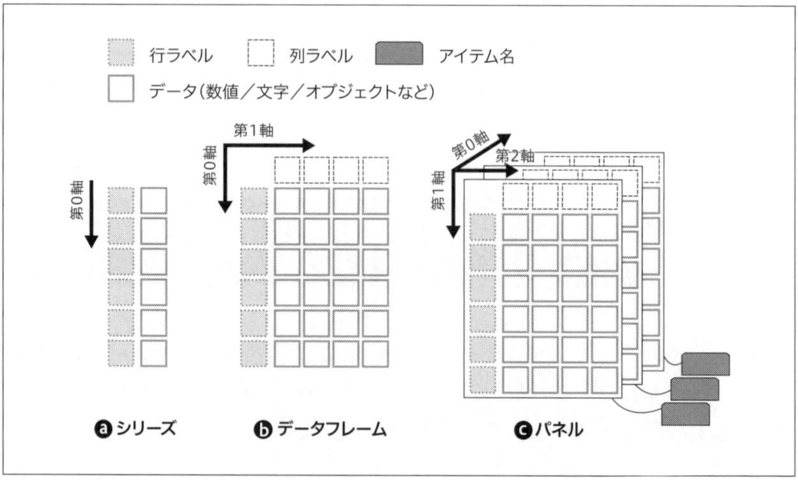

シリーズ

シリーズ(*series*)は1次元データ保存用のデータ構造です。データとしては、整数、文字列、浮動小数点数、Pythonオブジェクトなど、どのような型の1次元配列でもかまいません。簡単な例を見てみましょう。

```
In [1]: dat = pd.Series([1, 3, 6, 12])

In [2]: dat
Out[2]:
0     1   # 出力の左側の列は自動的に付けられた行ラベル
1     3   # 出力の右側の列はシリーズのデータ
2     6
3    12
dtype: int64  # データの型も表示される
```

この例では、整数のリストを、pandasの1次元データ格納用のデータ構造であるシリーズに変換しています。上記のように、datの中身を表示させてみるとわかりますが、データの行ラベルを指定しなかった場合には、自動的に0から始まる整数が割り振られます。上記のように、シリーズ形式に格納されたデータの中身はvalues属性を使って以下のように確認できます。

```
In [3]: dat.values
Out[3]: array([ 1,  3,  6, 12], dtype=int64)
```

データは、先に述べたように文字列や、浮動小数点数などさまざまなオブジェクトを取り得ます。必ずしもすべての要素が同じデータ型である必要はなく、以下のような例も可能です。

```
In [4]: dat2 = pd.Series(np.array([1, 3, np.nan, 12]))

In [5]: dat3 = pd.Series(['aa', 'bb', 'c', 'd'])

In [6]: dat4 = pd.Series([1, 'aa', 2.34, 'd'])
```

最初のdat2の例では、ndarrayを引数にしてシリーズを生成しています。この例のように、pandasではNumPyのndarrayのデータを容易に取り込めるようになっています。データとして、NaN[注3]を指定することもできます。また、dat3のように文字列をデータとして持たせたり、dat4のように異なる型のデータを持つリストを引数にしてシリーズのオブジェクトを作成したりすることもできます。

注3　pandasでは、NaNはデータ型にかかわらず浮動小数点数型のNaNで表します。

ここまでは、行ラベルを指定せずにシリーズを生成する例を見てきましたが、行ラベルを指定してシリーズオブジェクトを生成するには、生成時に引数としてindexを指定するか、辞書型変数(またはリテラル)をシリーズに渡します。以下の例を見てください。

```
In [7]: dat5 = pd.Series([1, 3, 6, 12], index=[1, 10, 20, 33])

In [8]: dat6 = pd.Series([1, 3, 6, 12], index=['a', 'b', 'c', 'a'])

In [9]: dat7 = pd.Series({'a': 1, 'b': 3, 'c': 6, 'd': 12})
```

この例では、dat5を生成する際に整数の行ラベルを与えていますが、行ラベルは1ずつインクリメントする必要はありませんし、この例のように単調増加の数値でなくてもかまいません。また、dat6の例のように、文字列を行ラベルに指定することもできますし、行ラベルには重複するものがあってもかまいません。dat7では、辞書型リテラルをシリーズ生成時に与えています。この例では、行ラベルがa、b、c、dで、データが4つの整数です。

なお、上記のように行ラベルは「index」という引数をpd.Series関数に渡して生成することからもわかるように、「index」という名前の属性で割り当てられていますので、`dat7.index`のようにして行ラベルの値を参照することができますし、次の例のように上書き変更することもできます。

```
In [10]: dat8.index = ['un', 'due', 'trois', 'quatre']
Out[10]: dat8
un         1
due        3
trois    NaN
quatre    12
dtype: float64
```

ここまでで見てきたように、シリーズ形式とはデータ(*values*)とそれに対応する行ラベル(*index*)を持つ1次元データ構造であり、辞書型とは違ってデータには順番があります。順番があることで、上記のdat6のように行ラベルに重複がある場合でも、`0`からカウントアップする**順序インデックス**を指定すればデータを取り出すことが可能です。

以下の例では、dat6の4番めのデータ(＝12)を取り出すために、ilocプロパティ(後述)を使って順序インデックスに3を指定し、データを取り出しています。

```
In [11]: dat6.iloc[3]    # ilocプロパティで順序インデックス指定
Out[11]: 12
```

データフレーム

データフレーム(*dataframe*)は、2次元のラベル付きデータ構造で、pandasの中で最も使われることが多いデータタイプです。スプレッドシートや、SQLテーブルをイメージするとわかりやすいでしょう。シリーズと同様に、さまざまな型のデータを保持できます。NumPyからは、2次元のndarrayをそのまま入力することができます。シリーズでは行ラベル(*index*)を指定できたように、2次元データ構造のデータフレームでは、行ラベル(*index*)と列ラベル(*columns*)を指定することができます。2次元データなので、各行と各列にラベルを付けられるというわけです。シリーズでは、行ラベルをindex属性で参照できることを説明しました。これはデータフレームでも同じで、列ラベルはcolumns属性を使えば参照できます。以下の例では、モモ、イチゴ、リンゴの収穫量が3位までの都道府県のデータをデータフレームに格納しています。

```
# 辞書型としてデータを格納（キー：列ラベル、値：各列のデータをリストで）
In [12]: fruit_dat = {'c_都道府県': ['山梨', '福島', '長野', '栃木', '福岡', '熊 本',
    ...:                             '青森', '長野', '岩手'],
    ...:              'a_果物': ['モモ', 'モモ', 'モモ', 'イチゴ', 'イチゴ', 'イ チゴ',
    ...:                         'リンゴ', 'リンゴ', 'リンゴ'],
    ...:              'b_収穫量順位': [1, 2, 3, 1, 2, 3, 1, 2, 3]}

In [13]: d = pd.DataFrame(fruit_dat)  # 辞書型からデータフレームに変換

In [14]: d.columns  # 列ラベルを確認：辞書型の「キー」が列ラベルになっている
Out[14]: Index(['a_果物', 'b_収穫量順位', 'c_都道府県'], dtype='object')
```

このように、リスト型のデータを持つ辞書型を、pd.DataFrame関数に与えると、データフレームを生成することができます。

データの列の順序は、列ラベルによって自動的にソートされます。自動的にソートされて順序が変わるため、データを与えた時の順序と変わる可能性があることに注意が必要です。上記の例でも、与えたデータとデータフレームに格納後の順序が違っています。ただし、以下の例のように、columns引数によって列の順序を指定すると、そのとおりに作成されます。

```
In [15]: d2 = pd.DataFrame(fruit_dat, columns = ['a_果物', 'c_都道府県', 'b_収穫量順位'])

In [16]: d2
Out[16]:
a_果物 c_都道府県  b_収穫量順位
0   モモ      山梨        1
1   モモ      福島        2
2   モモ      長野        3
```

```
3  イチゴ     栃木        1
4  イチゴ     福岡        2
5  イチゴ     熊本        3
6  リンゴ     青森        1
7  リンゴ     長野        2
8  リンゴ     岩手        3
```

また、データフレーム生成時に対応するデータを持っていない場合は、そのデータ列に対してNaNが割り当てられます。

```
In [17]: d3 = pd.DataFrame(fruit_dat,
    ...:           columns = ['a_果物', 'c_都道府県', 'b_収穫量順位', 'd_収穫量割合'])
In [18]: d3
Out[18]:
a_果物 c_都道府県  b_収穫量順位 d_収穫量割合
0    モモ      山梨        1      NaN
1    モモ      福島        2      NaN
2    モモ      長野        3      NaN
3  イチゴ      栃木        1      NaN
4  イチゴ      福岡        2      NaN
5  イチゴ      熊本        3      NaN
6  リンゴ      青森        1      NaN
7  リンゴ      長野        2      NaN
8  リンゴ      岩手        3      NaN
```

次のように、データフレームのデータ列から1つの列を取り出してシリーズに変換することもできます。

```
In [19]: s1 = d['c_都道府県']    # 列ラベル='c_都道府県'の列を取り出す

In [20]: s1?
Type:        Series  # s1はシリーズになっている
String form:
0    山梨
1    福島
2    長野
<以下略>
```

これとは逆に、シリーズを要素に持つ辞書型やリストからもデータフレームを生成することが可能です。

データフレームは、さまざまなデータから生成可能であり、本書ですべてを示すのは紙幅の都合上難しいため、**表10.1**にデータフレーム生成時に指定することができる(データフレームのコンストラクタに渡すことができる)データ型についてまとめました。これを参考に、必要になった時点で適宜やり方を調べると良いでしょう。

最後に、**階層型インデックス**(*hierarchical indexing*)について説明します。これまで、行ラベルでも列ラベルでも1次元データを各ラベルに設定する例しか示してきませんでした。多くの場合は、そのような基本的なラベル設定で事足りるのですが、本来は3次元以上のデータを2次元データ形式のデータフレームで扱うために、行ラベルや列ラベルを複数階層のデータにする必要がある場合があります。逆に言うと、3次元以上のデータを2次元のデータフレーム形式に変換するために、ここで紹介する階層型インデックスを利用できるのです。前述のとおり、この階層型インデックスがあるために、次節で紹介するパネルというデータ形式は、利用頻度があまり高くないのが実情です。

では、階層型インデックスの設定方法を見ていきましょう。次の例では、行ラベルを複数階層にしています。

```
In [21]: df = pd.DataFrame(np.random.rand(4,4),
    ...:                   index = [['x', 'x', 'y', 'y'],
    ...:                            [0, 1, 0, 1]],  # 多重リストで2階層の行ラベルを指定
    ...:                   columns = ['Time_a', 'Time_b', 'Vel_a', 'Vel_b'])
                                                    # 1階層の列ラベルを指定
    ...: df  # dfの中身を表示させる
Out[21]:
       Time_a    Time_b     Vel_a     Vel_b
x 0  0.656211  0.036310  0.118645  0.068947
  1  0.356922  0.193960  0.498810  0.312961
y 0  0.401531  0.815408  0.920784  0.665418
  1  0.700066  0.743626  0.373428  0.900125
```

この例では、2階層の行ラベルと1階層の列ラベルを付けています。このように、複数階層のインデックスを設定しておくと、データの部分集合を抽出する際に利用することができます。この例では、ランダムに生成した4×4の行列データに対して、2次元リストによる行ラベル(index)指定により、xとyで区別される階層と0と1で区別される階層の2階層の行ラベルが付けられています。

表10.1 データフレーム生成時に指定できるデータの型

データ型	概要説明
辞書型	辞書型の値としてリスト／タプル／シーケンスデータ／シリーズ／辞書型を値に持つもの
リスト	辞書型、シリーズ、リストまたはタプルのリスト
別のデータフレーム	データフレームの浅いコピーが作成される
NumPyの2次元ndarray もしくはMaskedArray	データフレームの場合は2次元なので、2次元配列を受け付ける

このデータフレームを用いて、行ラベル(axis=0)の2階層め(level=1)が0のデータを抽出する例を示します。

```
# データフレームのxsメソッドを使って、特定のラベル値のデータを抜き出す
In [22]: a = df.xs(0, level=1, axis=0); a
    ...:
Out[22]:
     Time_a    Time_b     Vel_a     Vel_b
x  0.656211  0.036310  0.118645  0.068947
y  0.401531  0.815408  0.920784  0.665418
```

また、ラベルを特定のルールに則って書いておくことで、後から階層型インデックスに変換することもできます。次の例では、列ラベルを_(アンダースコア)で分割して多階層化しています。

```
In [23]: df.columns = pd.MultiIndex.from_tuples(
    ...:     [tuple(c.split('_')) for c in df.columns])
    ...: df  # 変更後のdfを表示させる
    ...:
Out[23]:
         Time                Vel
            a         b         a         b
x 0  0.656211  0.036310  0.118645  0.068947
  1  0.356922  0.193960  0.498810  0.312961
y 0  0.401531  0.815408  0.920784  0.665418
  1  0.700066  0.743626  0.373428  0.900125
```

上記のような少し応用的な例について詳しく知りたい方は、pandasの公式ドキュメント[注4]などを参照してください。

パネル

3次元データの格納用に、**パネル**(*panel*)というデータ構造も準備されています。パネルのデータ構造は、大雑把に言ってしまえば同じサイズのデータフレームを複数束ねたものです。イメージは前出の図10.2に示しました。データフレームよりも次元が1つ増えるため、items(アイテム名)という属性が1つ増えています。

さっそくパネルを生成してみましょう。

```
# 辞書を準備 (キー:アイテム名、値:データフレーム)
In [24]: data = {'Item1': pd.DataFrame(np.random.randn(3, 2)),
    ...:         'Item2': pd.DataFrame(np.random.randn(3, 2))}
```

注4 URL http://pandas.pydata.org/pandas-docs/stable/cookbook.html#cookbook-multi-index

```
# 上記の辞書でパネルを生成して、生成したパネルを表示
In [25]: pp1 = pd.Panel(data); pp1
Out[25]:
<class 'pandas.core.panel.Panel'>
Dimensions: 2 (items) x 3 (major_axis) x 2 (minor_axis)
Items axis: Item1 to Item2
Major_axis axis: 0 to 2
Minor_axis axis: 0 to 1

In [26]: pp1.Item1  # アイテム名='item1'（データフレームに相当）を表示
Out[26]:
          0         1
0  0.360775  0.884339
1 -1.153374 -1.142643
2  0.175682  0.138071
```

この例では、まずデータフレームを要素に持つ辞書型変数dataを作成し、それを引数としてパネルを生成する関数pd.Panel()で、pp1というパネルを生成しています。辞書型変数dataのItem1とItem2が、パネルのアイテム名となっています。そのため、そのアイテム名を使えばpp1.Item1などのようにしてアイテム名に対応するデータフレームにアクセスできます。

パネルにおいて1つ注意すべき点は、シリーズやデータフレームでindex属性およびcolumns属性でアクセスしていたもの、すなわち行ラベルと列ラベルが異なる属性名に割り当てられているという点です。パネルでは、indexを**major_axis**、columnsを**minor_axis**と呼びます。すなわち、パネルを構成するデータフレームの中の行ラベルと列ラベルの呼び方がmajor_axisとminor_axisに変わっているのです。そのため、行ラベルと列ラベルを指定してパネルを生成する場合には、次の例のようになります。

```
In [27]: pp2 = pd.Panel(np.random.randn(2, 4, 3), items=['Item1', 'Item2'],
    ...:                major_axis=pd.date_range('2/1/2016', periods=4),
    ...:                minor_axis=['one', 'two', 'three'])
In [28]: pp2
Out[28]:
<class 'pandas.core.panel.Panel'>
Dimensions: 2 (items) x 4 (major_axis) x 3 (minor_axis)
Items axis: Item1 to Item2
Major_axis axis: 2016-02-01 00:00:00 to 2016-02-04 00:00:00
Minor_axis axis: one to three
```

「パネルpp2のmajor_axis」は「パネルpp2の中のデータフレームのindex」ですから、pp2.major_axisとpp2.Item1.indexは同じであり、それは次のように確認できます。

```
In [29]: pp2.major_axis
Out[29]: DatetimeIndex(['2016-02-01', '2016-02-02', '2016-02-03', '2016-02-04'],
                       dtype='datetime64[ns]', freq='D')

In [30]: pp2.Item1.index
Out[30]: DatetimeIndex(['2016-02-01', '2016-02-02', '2016-02-03', '2016-02-04'],
                       dtype='datetime64[ns]', freq='D')

In [31]: pp2.major_axis is pp2.Item1.index
Out[31]: True
```

また、データフレームからパネルを生成したり、その逆の処理も可能です。本書ではパネルの説明は以上ですが、パネルについて詳しく知る必要が生じた場合には、pandasの公式ドキュメント注5を参照すると良いでしょう。

10.3 データの処理

本書ではここまで、pandasがデータを保持する形式、すなわちデータ型と、データの入出力関数について解説し、データを処理する準備ができました。本節では、おもに最も利用頻度が高いデータフレームに対する処理の基本について述べ、pandasの利便性を垣間見ていきたいと思います。データフレームに対して適用できるルールの多くは、シリーズなどにも同様に適用可能な場合が多いため、必要に応じて確認しておきましょう。

pandasのAPI

pandasには、データ処理/解析向けにさまざまな便利な機能が実装されています。それらの機能にアクセスする窓口となっている関数やメソッドなどを**API**(*Application Programming Interface*)と呼びます。

pandasのAPIは、公式ドキュメントのAPI Reference注6にまとめられていますので、利用しようとしている関数やメソッドの詳しい仕様を知りたい場合に活用してください。はじめに大雑把ではありますが、pandasの機能構成を**図10.3**にまとめました。図10.3に示されているように、まずpandas固有のデータ型(シリーズ、データフレーム、パネル)の定義が中心にあります。

注5 URL http://pandas.pydata.org/pandas-docs/stable/dsintro.html#panel
注6 URL http://pandas.pydata.org/pandas-docs/stable/api.html

また、APIとしてpandasの関数と、pandasのデータ型のメソッドがあります。これらのAPIには、

- データ入出力関数（p.206の表6.3のpandasのデータ読み込み関数）
- データ操作関連の関数（melt、pivot、crosstab、mergeなど）
- 移動窓関数（Standard moving window functions、Standard expanding window functions、Exponentially-weighted moving window functions）

などが存在します。

Numexpr（後述、12.2項）やbottleneck（ndarray用の高速関数実装）、Cythonは高速化のためにpandasが利用しています。また、Matplotlibや、Excel（.xlsx）への書き込み機能を提供するXlsxWriterなどのライブラリは、pandasの機能拡張に使われています。

pandasのデータ型メソッドの分類と、代表的なメソッドの例を**表10.2**に示します。この表では一部しか示せませんが、次項以降に重要なメソッドの利用例を示します。さらに、pandasは外部のライブラリを取り込んで、機能を拡張したり、高速化に利用したりしています。

なお、表10.2には、メソッドではなく**プロパティ**（*property*）も若干含まれています。ixやlocなどがそのプロパティの例で、インスタンスの属性を取り出したり設定したりするのに用いられます。プロパティは、属性に直接アクセスしないで、何らかの処理を経由して属性にアクセスする仕組みです。ちょうど、辞書型において、キーを使って値にアクセスするのに似ています。

図10.3 pandasの機能構成

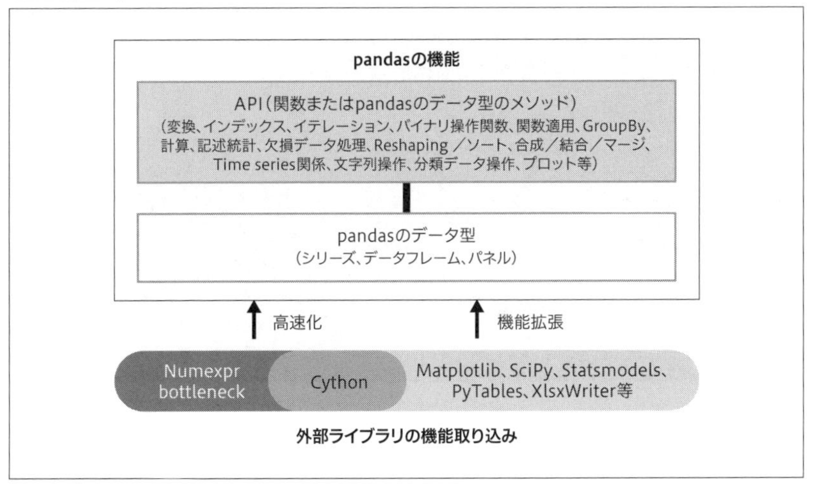

表10.2 pandasのメソッド分類とメソッド例

メソッドの分類	代表的な関数
インデックス、イテレーション	get、at、iat、ix、loc、ilocなど
バイナリ操作関数	add、sub、mul、div、round、lt、gtなど
関数適用、GroupBy	apply、map、groupby
計算、記述統計	abs、any、cummax、max、stdなど
インデックス変更/選択/ラベル操作	drop、first、head、tail、reindexなど
欠損データ処理	dropna、fillna、interpolate
Reshaping/ソート	argsort、sort_values、swaplevelなど
合成/結合/マージ	append、replace、update
Time series関係	asfreq、asof、shift、tz_convertなど
Datetimelikeプロパティ	date、time、yearなど
文字列操作	capitalize、cat、join、lowerなど
分類データ操作	cat.categories、cat.rename_categoriesなど
プロット	plot、plot.bar、plot.histなど
スパース行列	to_coo、from_coo

NumPyとの連携機能 ユニバーサル関数、データ型の変換

pandasは、前述のとおりNumPyをベースに構築されている経緯もあり、NumPyとの親和性を考慮して設計されています。その1つの例が、NumPyの**ユニバーサル関数**[注7]がそのまま適用できるという点です。以下の例では、データフレームに対してNumPyの関数のうち、絶対値を返す関数fabsを適用しています。

```
In [32]: df = pd.DataFrame(np.random.randn(3,4))

In [33]: df
Out[33]:
          0         1         2         3
0  0.858590 -0.435052  0.059384  0.560302
1 -1.067781 -0.354851  0.880719 -0.782097
2  0.621438 -0.467053  0.691153  0.248725

In [34]: np.fabs(df)
Out[34]:
          0         1         2         3
0  0.858590  0.435052  0.059384  0.560302
1  1.067781  0.354851  0.880719  0.782097
2  0.621438  0.467053  0.691153  0.248725
```

注7 第7章で解説したufunc。たとえばexp、log、sqrtなど。

上記に示したように、データフレームのインスタンスに対してfabsが問題なく適用できていることがわかります。

また、NumPyとpandasの間の**データ型の変換**も簡単に行えます。上記の例では、NumPyのndarray(`np.random.randn(3,4)`)からデータフレームを生成していますし、逆にデータフレームからndarrayに変換することも次のように簡単にできます。

```
In [35]: na = np.array(df)
```

この例では、データフレームをndarrayに変換していますが、シリーズやパネルも同様にndarrayに変換可能です。

部分データを取り出す

pandasでデータを処理するにあたって、**部分データを取り出す処理**は基本です。そこで本項では、インデックス参照(第4章を参照)による部分データの選択方法について学びます。はじめに、インデックス参照に使われるプロパティ[注8]について**表10.3**に示します。表10.3の説明欄はデータフレームに対応したものになっていますが、シリーズやパネルについてもほぼ同様です。

さて、表10.3のプロパティの使い方について、実際の例を使って確認しておきます。まずは、扱うデータを以下のとおり定義します。行と列に対しては、わかりやすいように短いラベルを付けました。

注8　いわゆる「関数」や、クラスの「メソッド」とは異なるため、( )を付けて呼び出すスタイルではなく、[ ]の中に引数を指定するスタイルとなります。

表10.3 インデックス参照に使われるプロパティ

プロパティ	説明
at	行ラベルと列ラベルによりスカラー値(1つのデータ)への参照を得る。locより高速
iat	行番号と列番号によりスカラー値(1つのデータ)への参照を得る。locより高速
loc	行ラベルと列ラベルによりベクトル(複数データ)まはたスカラー値(1つのデータ)への参照を得る
iloc	行番号と列番号によりベクトル(複数データ)まはたスカラー値(1つのデータ)への参照を得る
ix	通常はlocのように機能するが、ラベルが指定されていない場合はilocのように機能する

```
In [36]: df = pd.DataFrame(np.arange(12).reshape((3,4)),
    ...:                   index=list('xyz'),
    ...:                   columns=list('abcd'))
In [37]: df
Out[37]:
   a  b   c   d
x  0  1   2   3
y  4  5   6   7
z  8  9  10  11
```

このデータフレームに対して、表10.3のプロパティを使ったインデックス参照の例を、**表10.4**に示します。ラベルによるスライシングの場合には、終端ポイント(たとえば、df.loc['x':'y', 'b']の例では'y'行)が含まれる点には、注意してください。この点はPythonのスライシングとは考え方が異なります。

また、これらのインデックス参照では、値を**参照**(*get*)することも、その参照ポイントに値を**設定**(*set*)することもできます。値を設定したい場合には下記のようにします。

```
In [38]: df.at['y', 'b'] = 10
```

なお、同じデータを参照する方法が複数ありますが、処理速度に差がある場合があります。使っているOS等や、pandasの実装の改善によっても変わる可能性があるので、自分の環境で調査した上で、使用するプロパティを選択すれば良いでしょう。IPythonのtimeitマジックコマンドを使えば、簡単に調べることができます。以下の例では、%timeitを使ってatとixの速度を比較した結果です[注9]。

```
In [39]: %timeit df.at['x', 'a']
The slowest run took 5.78 times longer than the fastest.
This could mean that an intermediate result is being cached
100000 loops, best of 3: 11.5 us per loop

In [40]: %timeit df.ix['x', 'a']
The slowest run took 7.50 times longer than the fastest.
This could mean that an intermediate result is being cached
100000 loops, best of 3: 8.02 us per loop
```

ここまでは、プロパティを使う例を見てきましたが、最後にプロパティなどを使わず直接インデックス参照を行う例を見てみます。**表10.5**にその例を示します。表10.5のように、列を指定することも、行を指定することもできますし、ある列のデータが特定の条件を満たす行を取り出すこともできます。

注9　実行環境は、Windows 8.1 (64 bit)、Python 3.5.1、pandas 0.18.1です。

表10.4 データフレームのインデックス参照(プロパティ使用)

参照方法	参照される値	説明
df.at['y', 'b']	5	'y'行かつ'b'列の値
df.loc['y', 'b']	5	'y'行かつ'b'列の値
df.loc['x':'y', 'b']	x 1 y 5 Name: b, dtype: int32	「'x'行から'y'行('y'行含む)」かつ「'b'列」の値
df.loc[:'y', :]	a b c d x 0 1 2 3 y 4 5 6 7	「最初の行から'y'行('y'行含む)」かつ「'b'列」の値
df.iat[0, 1]	1	0行1列の値(1行め、かつ2列め)
df.iloc[1, 1]	5	1行1列の値(2行め、かつ2列め)
df.iloc[0:2, -2:]	c d x 2 3 y 6 7	0〜1行かつ最後の2列の値
df.iloc[:1, :]	a b c d x 0 1 2 3	0行全列
df.ix['x', ['a', 'd']]	a 0 d 3 Name: x, dtype: int32	「'x'行」かつ「'a'列または'd'列」 (結果はシリーズ)
df.ix['x']	a 0 b 1 c 2 d 3 Name: x, dtype: int32	'x'行を取り出し(結果はシリーズ)
df.ix['x']['a']	0	'x'行かつ'a'列
df.ix[:, 'a']	x 0 y 4 z 8 Name: a, dtype: int32	'a'列を取り出し(結果はシリーズ)
df.ix[df.d > 6, :2]	a b y 4 5 z 8 9	「'd'列が6より大の行」かつ「最初の2列」

表10.5 データフレームに対する直接インデックス参照

参照方法	参照される値	説明
df['a']	x 0 y 4 z 8 Name: a, dtype: int32	列ラベル'a'の列
df[['a', 'c']]	a c x 0 2 y 4 6 z 8 10	列ラベル'a'と'c'の列
df[:2]	a b c d x 0 1 2 3 y 4 5 6 7	0行めと1行め
df[df['d'] > 6]	a b c d y 4 5 6 7 z 8 9 10 11	列ラベル'd'の列の値が6より大の行の行全体

基本的な演算規則

シリーズやデータフレームなどに対する四則演算は、次のように、単純な加減乗除の記号+ - * /によって実現する方法と、メソッドを使って行う方法があります。次の例を見てください。

```
In [41]: ser1 = pd.Series(np.arange(4), index=list('abcd'))
    ...: ser2 = pd.Series(np.arange(10, 14), index=list('abcd'))

In [42]: ser_a1 = ser1 + ser2  # 足し算
    ...: ser_s1 = ser1 - ser2  # 引き算
    ...: ser_m1 = ser1 * ser2  # 掛け算
    ...: ser_d1 = ser1 / ser2  # 割り算

In [43]: ser_a2 = ser1.add(ser2)
    ...: ser_s2 = ser1.sub(ser2)
    ...: ser_m2 = ser1.mul(ser2)
    ...: ser_d2 = ser1.div(ser2)
```

この例では、同じ行ラベルを持つシリーズの四則演算を行っています。この演算によって、要素毎の演算が行われます。メソッドを使う方法(ser1.add(ser2)など)では、そのインスタンス(ser1)のデータが変更されるものではありません。したがって、ser1とser2の加算結果をser1に入れたい場合にはser1 = ser1.add(ser2)のようにする必要があります。

また、数学的にはNaNを含む式の計算はすべてNaNとなりますが、これらのメソッドを使った計算では、NaNを特定の値を置き換えて計算できる利点があります。

```
In [44]: ser1 = pd.Series([1, 2, np.nan, 4])
     ...: ser2 = pd.Series([10, np.nan, 30, 40])

In [45]: ser1 + ser2
Out[45]:
0    11
1   NaN  # 2 + NaN = NaN
2   NaN  # NaN + 30 = 30
3    44
dtype: float64

In [46]: ser1.add(ser2, fill_value=0)
Out[46]: # fill_value=0によりNaNは0に置き換わる
0    11  # 1 + 10 = 10
1     2  # 2 + 0 = 2
2    30  # 0 + 30 = 30
3    44  # 4 + 40 = 44
```

```
dtype: float64
```

上記の例では、NaNを持つ2つのシリーズの和を計算しています。和の演算子+を用いて計算した結果は、2つのシリーズのどちらかにNaNがある要素はNaNとなっていますが、メソッドを用いた例では、引数`fill_value=0`によりNaNを`0`に置き換えているため、計算結果にはNaNが含まれません。NaNの処理の詳細については、後述します。

なお、ここまでの例では、インデックスが共通している場合の例だけを示しましたが、インデックスが異なる2つのシリーズの場合、次のようになります。

```
In [47]: ser1 = pd.Series([1, 2, np.nan, 4])
    ...: ser2 = pd.Series([10, np.nan, 30, 40], index=list('abcd'))

In [48]: ser1 + ser2
Out[48]: # 加算相手がない場合の演算結果はNaN
0   NaN  # 1 + NaN = NaN
1   NaN  # 2 + NaN = NaN(以下同様)
2   NaN
3   NaN
a   NaN  # NaN + 10 = NaN (以下同様)
b   NaN
c   NaN
d   NaN
dtype: float64

In [49]: ser1.add(ser2, fill_value=0)
Out[49]: # fill_value=0の指定で、加算相手が無い場合のNaNだけが0に置き換わる
0     1  # 1 + 0 = 1
1     2  # 2 + 0 = 2
2   NaN  # NaN + 0 = NaN (ser1のNaNが0に置き換わっていない)
3     4  # 4 + 0 = 4
a    10  # 0 + 10 = 10
b   NaN  # 0 + NaN = NaN (ser2のNaNが0に置き換わっていない)
c    30  # 0 + 30 = 30
d    40  # 0 + 40 = 40
dtype: float64
```

このように、インデックスが異なる場合には、インデックスが異なるデータ同士の加算はしてくれません。そして、上記の例では加算によってインデックスの数が倍に増えます。さらに厄介なことに、加算相手がいない場合はすべてNaNになってしまいます。これを避けるために、上記のように`fill_value=0`を付けて、加算相手がいない場合の挙動を変えることができます。ただし、元のデータのNaNが置き換わらないのは非常にわかりづらい仕様です。

インデックスが異なっていても、とにかくデータ同士で加算を行ってしまいた

い場合には、次のように中身のデータをvaluesプロパティで取り出してから加算します。

```
In [50]: ser1.add(ser2.values, fill_value=0)
Out[50]:
w    11
x     2
y    30
z    44
dtype: float64
```

以上、シリーズのデータを使って説明しましたが、ここで示したルールはデータフレームでも同じです。次の結果を見ると、挙動がまったく同じことが確認できます。

```
In [51]: df1 = pd.DataFrame(np.arange(6).reshape(2, 3), columns=list('xyz'))
    ...: df2 = pd.DataFrame(np.arange(12).reshape(3, 4), columns=list('wxyz'))
    ...:
# 生成されたdf1とdf2はそれぞれ以下のとおり
#df1               df2
#   x  y  z           w  x   y   z
#0  0  1  2        0  0  1   2   3
#1  3  4  5        1  4  5   6   7
#                  2  8  9  10  11

In [52]: df1 + df2
Out[52]:
    w   x   y   z   #対応する要素がないところはNaNになる
0 NaN   1   3   5
1 NaN   8  10  12
2 NaN NaN NaN NaN

In [53]: df1.add(df2, fill_value=0)
Out[53]:
   w  x   y   z   # NaNを0に置き換えてから計算
0  0  1   3   5
1  4  8  10  12
2  8  9  10  11
```

なお、データフレームとシリーズの間で四則演算を行う場合は、ブロードキャストによって計算が実現されます。ブロードキャストを列方向に行う場合には、メソッドを使う必要があるなど少々注意が必要です。それほど利用する機会は多くない使い方になりますので、必要になった際にpandasの公式ドキュメントなどを参照すると良いでしょう。

比較演算

シリーズ、データフレームおよびパネルには、メソッドとして比較演算子が準備されています。比較演算子を**表10.6**に示します。比較結果は、要素毎にブール値(True/False)で示され、NaNとの比較になった場合はFalseが返されます。また、インデックス(行ラベルおよび列ラベル)が異なるため、比較されなかった要素についてもFalseが返されます。

実際の計算例を見ていきましょう。

```
In [54]: df1.lt(df2) # ❶
Out[54]:
       w      x      y      z
0  False   True   True   True
1  False   True   True   True
2  False  False  False  False

In [55]: df1.lt([1,2,3], axis='columns')  # ❷
Out[55]:
       x      y      z
0   True   True   True
1  False  False  False

In [56]: df1.lt(4)  # ❸
Out[56]:
      x      y      z
0  True   True   True
1  True  False  False

In [57]: df1[df1.lt(4)]  # ❹
Out[57]:
   x   y   z
0  0   1   2
1  3 NaN NaN
```

上記の❶の例では、dfのサイズが異なり、インデックスが一部分しか一致しません。そのため、その一致する部分だけで比較演算が行われ、それ以外の部分は

表10.6 比較演算子

メソッド	説明(d1.lt(d2)のように用いた場合)
lt	d1 < d2の比較結果(要素毎)
gt	d1 > d2の比較結果(要素毎)
le	d1 ≦ d2の比較結果(要素毎)
ge	d1 ≧ d2の比較結果(要素毎)
eq	d1 = d2の比較結果(要素毎)
ne	d1 ≠ d2の比較結果(要素毎)

Falseが返されます。❶の例で返されるデータフレームは、df1とdf2のインデックス(行ラベルと列ラベル)に基づく和集合のサイズになります。

❷の例では、リスト[1, 2, 3]をdf1の各行と比較しています。引数のaxisによって、df1との比較の仕方を決めています。この例では、axis='columns'でないとエラーになるのですが、df1が3×3のデータ(正方行列データ)を持つ場合などには、引数axisに注意する必要があります。デフォルトでは、axis='columns'となっているため、指定されたリストを列が並ぶ方向(横方向)に並べて、それをブロードキャストすることで比較対象のdf1のデータと同じサイズにしてから比較します。

❸の例では、スカラー値とdf1との各要素との比較になります。指定のスカラー値がdf1のサイズにブロードキャストされて、要素毎に比較が行われます。

❹の例では、df1.lt(4)によって生成されたブール値のデータフレームを使って、df1の中から一部のデータを取り出しています。df1.lt(4)がTrueの要素だけが取り出され、それ以外の要素はNaNとなります。

基礎的な統計関数

pandasには、基礎的な統計関数や、データのブール値を調べる関数が用意されています。**表10.7**に、それらの関数を示します。

表10.7のメソッドの多くは、データフレームやパネルに適用する場合、計算を適用する軸の方向をパラメータ指定(axis=0など)できるようになっています。また、デフォルト設定ではNaNは除外して計算しますが、NaNが含まれる場合にあえて計算結果をNaNとするようにパラメータを指定(skipna=False)することもできます。

また、ここで示した統計関連の関数のうち「不偏推定量」と書かれているものは正規化計算において、データ数がNの時に(N-1)で正規化(割り算)する処理がされています。不偏推定量とは、母集団から抽出した標本から計算される統計推定値が母集団のそれと一致するように計算された量を言います。データ数がNの時にNで割りたい場合には、**ddof**というパラメータによって変更できます。

```
In [58]: ser = pd.Series(np.random.rand(5)*10, dtype=int)

In [59]: ser  # サンプルデータを確認
Out[59]:
0    3
1    1
2    9
3    8
4    2
dtype: int32
```

```
In [60]: m = ser.mean()  # 平均値計算

In [61]: m  # 平均値を確認
Out[61]: 4.6

In [62]: ((3-m)**2+(1-m)**2+(9-m)**2+(8-m)**2+(2-m)**2)/4
Out[62]: 13.299999999999999  # 分散（不偏推定量）

In [63]: ((3-m)**2+(1-m)**2+(9-m)**2+(8-m)**2+(2-m)**2)/5
Out[63]: 10.639999999999999  # 分散（自由度=0）

In [64]: ser.var()  # 分散計算
Out[64]: 13.299999999999999  # 分散の不偏推定量に一致

In [65]: ser.var(ddof=0)  # 分散計算（自由度指定）
Out[65]: 10.639999999999999  # 自由度0の分散に一致
```

表10.7 基礎的な統計関数などの例

メソッド	説明
any	特定の軸方向にTrueが存在するか調べる
all	特定の軸方向の全データがTrueか調べる
count	NaNではないデータの数を数える
cov	共分散
cummax／cummin	累積最大値／累積最小値
cumprod	累積の積
cumsum	累積和
describe	いくつかの簡単な統計値を出力
diff	隣の要素との差
kurt	尖度（せんど）（*kurtosis*、4次モーメント、不偏推定量）
mad	平均値からの平均絶対偏差
max／min	最大値／最小値
mean	平均値
median	中央値
pct_change	パーセント変化
prod	特定の軸方向への積
quantile	$0 \leqq q \leqq 1$に対しq分位数（分布をq：1-qに分割する値）を返す
round	指定の小数点桁数まで数値を丸める
sem	平均値の標準誤差（不偏推定量）
skew	歪度（わいど）（*skewness*、3次モーメント、不偏推定量）
sum	合計値
std	標準偏差（不偏推定量）
var	分散（不偏推定量）

この例では、5つの整数データをシリーズとして準備し、そのデータに対する分散の計算を手計算とvarメソッドで行って比較しています。データ数が5なので、デフォルトの設定では分散計算時に4で割って正規化しますが、自由度を指定するパラメータ(ddof)を0に設定することで、分散計算時に5で割った結果を得ることもできます。

関数の適用

pandasのオブジェクトに特定の関数を作用させたい場合、前述のようにNumPyの関数を使うか、pandasで用意されている関数やメソッドを使うか、外部関数(pandas、NumPyで準備された関数以外)を適用するためのメソッドを利用します。本項では、外部関数、つまり一般に定義した関数(lambda式を含む)やPythonの関数を、pandasのオブジェクトに適用する方法を説明します。

pandasのオブジェクトに外部関数を適用するには、**表10.8**のメソッドを使います。

これらのメソッドは、大きく分けて、ベクトルデータ(シリーズやデータフレームの列全体など)に対して作用させるためのメソッドと、1つ1つの要素に作用させるためのメソッドに分かれます。ベクトルデータには**apply**メソッドを、1つ1つの要素への適用には**map**(シリーズに使用)または**applymap**(データフレームに使用)を使います[注10]。

では、実際に例を見てみましょう。以下は、シリーズに対して辞書型変数を適用して値を置き換える例です。

```
In [66]: s = pd.Series(np.arange(4), index=['zero', 'one', 'two', 'three'])
    ...: dic = {1: 10, 2: 20, 3: 30}
    ...: print(s)
zero     0
one      1
two      2
three    3
dtype: int32

In [67]: s.map(dic)
Out[67]:
zero    NaN
one     10
two     20
three   30
dtype: float64
```

注10 パネルに対して使えるmapやapplymapに対応する関数はありません。

表10.8 関数を適用するためのメソッド

メソッド	説明
apply	シリーズもしくはデータフレームの、各行または各列に関数を適用
map	シリーズの各要素に対し、辞書型変数／シリーズ／関数を使って、対応出力を計算
applymap	データフレームの各要素に作用する関数を適用

この例では、1を10に、2を20に、3を20に置き換えるという対応が辞書型変数dicに定義され、そのルールがシリーズsに対してメソッド**map**を使って適用されています。その結果、シリーズsの値0に対しては変換ルールがないのでNaNになります。その他は、ルール通りに値が変換されていることがわかります。なお、`s.map(dic)`によってシリーズsのデータは書き換えられることはありません。変換したデータでsのデータを書き換えたい場合には、`s = s.map(dic)`のように代入(再定義)する必要があります。

次に、シリーズによって規定した変換ルールをメソッドmapでシリーズに対して適用する例です。

```
In [68]: s = pd.Series(np.arange(4), index=['zero', 'one', 'two', 'three'])
    ...: map_rule = pd.Series(['even', 'odd', 'even', 'odd'])
    ...: s.map(map_rule)
    ...:
Out[68]: # ↓s.map(map_rule)の結果
zero     even
one       odd
two      even
three     odd
dtype: object

In [69]: s  # 元のsを表示
Out[69]:
zero     0  # 下記のmap_ruleにより0→even（上記の結果を参照）
one      1
two      2
three    3
dtype: int32

In [70]: map_rule  # シリーズで表現した変換ルール
Out[70]:
0    even  # 0をevenで置き換え
1     odd  # 1をoddで置き換え（以下同様）
2    even
3     odd
dtype: object
```

この例では、map_ruleにおいて0と2を文字列evenに、また1と3はoddに変換するルールが規定されていると解釈できます。このルールに則って、シリーズsの値(s.values)が置き換えられているのです。この時、行ラベルも変換ルールの規定に関与しているので注意が必要です。実際、次のように変換ルールを規定するシリーズ(map_rule)を変更すると、変換がうまく行かなくなります。

```
In [71]: map_rule = pd.Series(['even', 'odd', 'even', 'odd'], index=list('abcd'))
    ...: s.map(map_rule)
    ...:
Out[71]: # 0、1、2、3を置き換えるルールがないのでNaNとなる
zero     NaN
one      NaN
two      NaN
three    NaN
dtype: object
```

次に、シリーズに対してメソッドmapを使って、関数を適用する例を見てみましょう。

```
In [72]: def f(x):
    ...:     return np.exp(x+1) + 2*x
    ...:
    ...:

In [73]: s.map(f)
Out[73]:
zero      2.718282
one       9.389056
two      24.085537
three    60.598150
dtype: float64

In [74]: s.map(lambda x: np.exp(x+1) + 2*x)
Out[74]:
zero      2.718282
one       9.389056
two      24.085537
three    60.598150
dtype: float64
```

この例では、前述のシリーズsを使って、関数fとlambda式を適用しています。簡単な関数であれば、lambda式をmapメソッドの引数として与えてしまえば記述が簡素化できます。

次に、データフレームに対して、**apply**および**applymap**メソッドを適用する例を見ておきます。メソッド適用前後の値を比較することで、どのように関数が適用されているか確認しておきましょう。

```
In [75]: def fn(x):
    ...:     return np.fabs(x.min())
    ...:
    ...: df = pd.DataFrame(np.random.randn(3, 4),
    ...:                   index=['zero', 'one', 'two'],
    ...:                   columns=list('abcd'))

In [76]: df  # 処理前のデータフレームを確認
Out[76]:
            a         b         c         d
zero  1.944639 -0.284457 -1.462794  0.478029
one   1.687483  1.668009  0.113207  1.428134
two   0.022353  1.489002  0.669892  0.215205

In [77]: df.apply(fn, axis=1)  # 各行に関数fnを適用
Out[77]:
zero    1.462794
one     0.113207
two     0.022353
dtype: float64

In [78]: df.applymap(lambda x: np.exp(x+1) + 2*x)
Out[78]: # データフレームの各要素にlambda式を適用
             a          b         c          d
zero  22.893074   1.476383 -2.296066   5.340355
one   18.069602  17.747263  3.270520  14.193973
two    2.824436  15.027251  6.651375   3.801393
```

NaNの処理

pandasのようなデータ処理ライブラリにおいて、NaN(欠損値)の扱いがしやすいことは非常に重要です。pandasではこの点において注意深く設計されており、極力シンプルなAPIとなるように設計されています。pandasでNaNを扱うメソッドには、**表10.9**に示すものがあります。

では、これらのメソッドを使った具体的な例を見ておきましょう。はじめに**dropna**の例です。

表10.9 NaNを扱うメソッド

メソッド	説明
dropna	指定の軸方向にデータ列を見て、NaNの有無に関して指定の条件を満たす場合、そのデータ列を削除する
fillna	NaNを指定の値もしくは指定の方法(NaNの前後の値を使うなど)で穴埋めする
isnull	データの要素毎にNaNはTrue、それ以外をFalseとして、元のデータと同じサイズのオブジェクトを返す
notnull	isnullとは逆のブール値を返す

```
In [79]: df = pd.DataFrame({'int': [2, 4, 9, np.nan],
    ...:                    'flt': [1.25, -3.51, np.nan, 0.269],
    ...:                    'str': [np.nan, 'apple', 'peach', 'melon']})
    ...:

# dfの構成を確認
In [80]: df
Out[80]:
     flt  int    str
0  1.250    2    NaN
1 -3.510    4  apple
2    NaN    9  peach
3  0.269  NaN  melon

# 'flt'列にNaNがある行を削除
In [81]: df.dropna(subset=['flt'])
Out[81]:
     flt  int    str
0  1.250    2    NaN
1 -3.510    4  apple
3  0.269  NaN  melon

# NaNがある行をすべて削除
In [82]: df.dropna()
Out[82]:
    flt  int    str
1 -3.51    4  apple

# 2行めまたは3行めにNaNがある列を削除
In [83]: df.dropna(axis=1, subset=[2, 3])
Out[83]:
     str
0    NaN
1  apple
2  peach
3  melon
```

このように、指定の列だけを対象に処理するなど、きめ細かな動作制御ができることがわかります。この例では、NaNを除去したデータフレームが示されていますが、元データのdf自体を変更しているわけではありません。dropnaメソッドに引数inplace=Trueを追加することで、df自体を変更することもできます。

次に、**fillna**を使ってNaNを穴埋めする例を見てみましょう。行っている処理は、下記の実行例の中に記載のコメントのとおりです。データの埋め方を細かく制御できることがわかります。

```
In [84]: df = pd.DataFrame(np.random.rand(5, 3))
    ...: df.iloc[1:, 0] = np.nan
    ...: df.iloc[1:4, 2] = np.nan
    ...:

In [85]: df  # 準備したデータの確認
Out[85]:
          0         1         2
0  0.983085  0.410955  0.553515
1       NaN  0.186531       NaN
2       NaN  0.222294       NaN
3       NaN  0.915242       NaN
4       NaN  0.707848  0.074234

In [86]: df.fillna(0)  # NaNを全部0に置換する
Out[86]:
          0         1         2
0  0.983085  0.410955  0.553515
1  0.000000  0.186531  0.000000
2  0.000000  0.222294  0.000000
3  0.000000  0.915242  0.000000
4  0.000000  0.707848  0.074234

# 各列で連続2つまでは前のデータを使ってNaNを埋める
In [87]: df.fillna(method='ffill', limit=2)
Out[87]:
          0         1         2
0  0.983085  0.410955  0.553515
1  0.983085  0.186531  0.553515
2  0.983085  0.222294  0.553515
3       NaN  0.915242       NaN
4       NaN  0.707848  0.074234

# 各列で後ろのデータを使ってNaNを埋める
In [88]: df.fillna(method='bfill')
Out[88]:
          0         1         2
0  0.983085  0.410955  0.553515
1       NaN  0.186531  0.074234
2       NaN  0.222294  0.074234
3       NaN  0.915242  0.074234
4       NaN  0.707848  0.074234
```

最後に、**isnull**および**notnull**メソッドの動作を示します。先に定義したデータフレームdfを使って動作を確認すると、以下のようになります。

```
# df各成分に対応し、NaNの位置をTrueとしたブール値のデータフレームを返す
In [89]: df.isnull()
Out[89]:
       0      1      2
```

```
0  False  False  False
1   True  False   True
2   True  False   True
3   True  False   True
4   True  False  False

In [90]: df.notnull()  # isnullメソッドとTrue/Falseが逆の処理
Out[90]:
       0     1      2
0   True  True   True
1  False  True  False
2  False  True  False
3  False  True  False
4  False  True   True
```

これらのメソッドは、他のメソッドと組み合わせて利用することが多いと思います。たとえば、以下のようにすれば、どの列がNaNを含んでいるのかを調べることができます。

```
In [91]: df.isnull().any(axis=0)
Out[91]:
0     True
1    False
2     True
dtype: bool
```

プロット機能

pandasには、Matplotlibをバックエンドとして利用してプロットを作成する機能があります。もちろん、Matplotlibをそのまま使っても良いのですが、Matplotlibは非常に細かなところまで作図を制御できるようになっているため、かなりローレベルなコマンドを駆使する必要性が生じることがあります。一方、pandasでは作図のために必要なラベル情報などがすでにデータ構造の中に含まれているため、Matplotlibを直接使う場合よりは簡潔な文によってグラフを作成できる場合があります。そこに着目して、pandasでは簡潔な文でプロットを作成できるハイレベルプロットメソッドが準備されています。

はじめに、pandasのメソッドを使ってプロットを作成する例を**リスト10.1**に示します。この例では、lineプロットとbarプロットを1つずつ作成しています。それぞれデータフレームdfとdf2に対して、**plot**メソッドを使って作図しており、plotメソッドでkind引数を指定すると、lineプロット以外の図形式を選択できます(kindが無指定の場合はlineプロット)。

kind引数に指定できる図の種類は、**表10.10**に示したとおりです。また、リスト10.1によって作成された図を、それぞれ**図10.4**と**図10.5**に示します。これらの図を見ると、行ラベルがX軸に自動的に表示され、列ラベルが凡例に示されています。pandasのplotメソッドでは、ある程度まで自動的に図を仕上げてくれるメリットがあります。

pandasによる作図機能は日々進歩しており、最新の情報は公式ドキュメント[注11]を確認する必要があります。日常的に作成する機会が多い図は、pandasのメソッドによって簡単に作図できるようになりつつあります。

リスト10.1 pandasのメソッドによるプロットの例

```
plt.style.use('ggplot')

# %% line plot
df = pd.DataFrame(np.random.randn(500, 3), columns=list('XYZ'),
                  index=pd.date_range('1/1/2016', periods=500))

df = df.cumsum()
ax = df.plot(colormap='gray', fontsize=14)
ax.set_ylabel('Value', fontsize=14)

# %% bar plot
df2 = pd.DataFrame(np.random.rand(5, 3),
                   columns=['a', 'b', 'c'])

df2.plot(kind='bar', stacked=True, colormap='gray', fontsize=14)
```

注11 URL http://pandas.pydata.org/pandas-docs/stable/visualization.html

表10.10 plotメソッドで図の種類を指定するkind変数

kind	プロットの説明
lineまたは指定なし	lineプロット(線グラフ、図10.4参照)
bar/barh	barプロット(棒グラフ、図10.5参照)
hist	ヒストグラム
box	boxプロット(箱ヒゲ図)
kde	密度関数プロット
area	エリアプロット
scatter	分散図
hexbin	六角形エリアの分布密度プロット
pie	パイチャート

図10.4 pandasのplotメソッドによるlineプロット

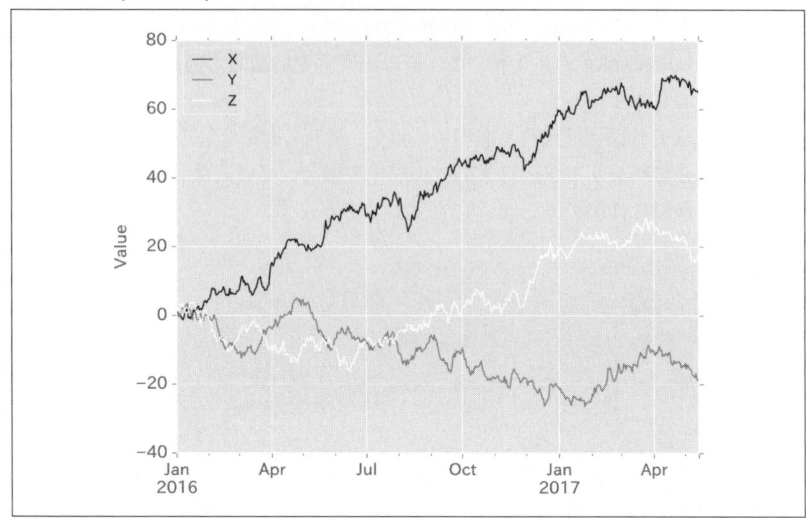

図10.5 pandasのplotメソッドによるbarプロット

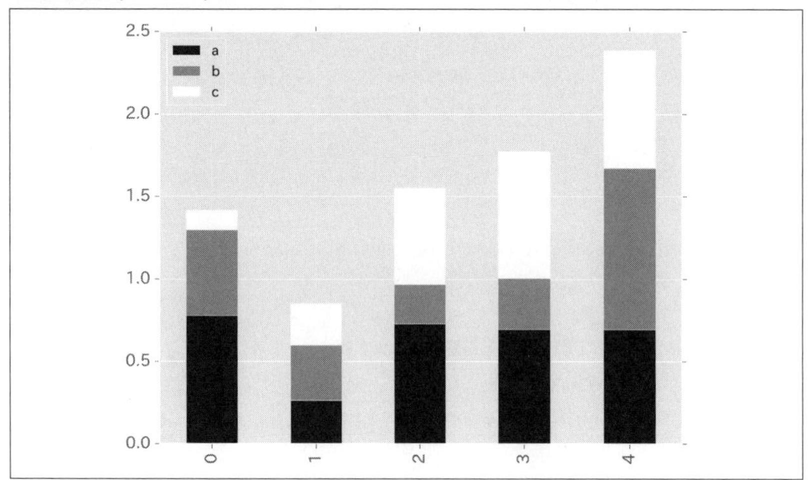

ビューとコピー

pandasにおけるさまざまな処理において、どのような場合に**ビュー**もしくは**コピー**が生成されるのかを確認しておきましょう。ビューとは、7.3節で説明したように、元のデータ構造の全部まはた一部分にアクセスするために生成した**参照**です。コピーとは、元データの実体がメモリの別の領域にもう1つ複写されて、それらは別の変数として処理できるようになることを意味します。

コピーが生成される明確な例は、pandasのオブジェクトに対して**copy**メソッドが使われた場合です。dfをデータフレームオブジェクトとして、次のようにするとdfのコピーが生成されます。

```
In [92]: df2 = df.copy()
```

このcopyメソッドには**deep**という引数があり、デフォルトでは`deep=True`です。この引数は、4.6節で解説した深いコピーと浅いコピーのどちらの動作を行うかを規定します。`df2 = df1.copy(deep=False)`のようにすれば浅いコピーを作成できるのですが、浅いコピーを作らなくてはいけない場面は多くないですし、予期せぬ動作を招く原因にもなるので、内部の動作を理解して意図的に使う場合以外は用いない方が良いでしょう。

さて上記以外の場合で、pandas固有のデータ型オブジェクトに対して、インデキシングやスライシングを行うと[注12]、ビューが生成されるのかコピーが生成されるのか、さらにインスタンスメソッドを使った場合にはどうなのかを意識しておくことは、意図した処理を確実に実現する意味で重要です。ビューかコピーかという観点では、基本的に以下のルールが適用されます。

- 基本的にすべてのメソッドはコピーを生成する
- 上記で`inplace=True`が引数に与えられると、元の変数の実体に変更が加えられる。ただし、この引数を使えるメソッドは少ない
- `.loc`/`.ix`/`.iloc`/`.iat`/`.at`(プロパティ)などを使ったデータの一部変更は、元データに対して行われる(つまり参照時点でビューが生成されていると考えることができる)
- プロパティなどを使って単一データタイプのデータ配列の一部を参照する場合には、基本的にビューが生成される。ただし、メモリレイアウトによってはこの限りではない
- プロパティなどを使って複数データタイプのデータ配列の一部を参照する場合には、常にコピーが生成される

ここで示したルールの記述は、曖昧であると言わざるを得ない部分もあります

注12　インデキシングやスライシングの用語の意味は4.3節を参照。

が、複雑なデータ構造と複雑なデータコピー処理等を駆使するようなpandasのプログラムを設計する際は慎重に処理結果を確認する必要がありますので、その際には上記ルールも参考に検討/確認してみてください。

10.4 まとめ

本章では、pandasのデータ型とそのデータ型に対する処理について理解を深められるように、具体例を挙げて説明しました。本章で学んだことで、pandasの概要を把握し、pandasを使うデータ解析の準備ができたはずです。

紙幅の都合もあり、ごく基本的な事項の説明に限られ、説明できなかった機能もたくさんあります。特に、データの集約とグループ演算(GroupByの仕組みなど)の機能や、時系列データの扱いに関する便利な機能などは本書では紹介できていません。これらの機能を含めてpandasの詳細を知りたい方は、pandasの公式ドキュメント[注13]や、pandasの作者による解説本『Pythonによるデータ分析入門――NumPy、pandasを使ったデータ処理』(Wes McKinney著、小林 儀匡／鈴木 宏尚／瀬戸山 雅人／滝口 開資／野上 大介訳、オライリー・ジャパン、2013)を参照してください。

注13 URL http://pandas.pydata.org/pandas-docs/stable/

第 11 章

プログラムの高速化

高速なプログラムを作成するには、それなりのコスト（手間）が必要です。利用するハードウェアを調べ、それに合った特別なスキルを駆使してプログラムを構成する必要があるからです。Pythonでは、NumPyを使うことで数値計算の高速化が図れます。しかし、それでは不十分な場合には、それ以外のさまざまな高速化手法の中から、自分のプログラムに合った最適な手法を選択していく必要があります。本章では、どのような考え方でプログラムの高速化に取り組めば良いのか大まかな方針を示した上で、それぞれの高速化手法の詳細について紹介します。

11.1 プログラムの高速化の基本

Pythonによる数値計算(科学技術計算)プログラムを高速化するには、どのような視点が必要かについては、利用するハードウェアによって方針が大きく異なります。本書では、一般的に入手できるレベルのPCを想定し、そのCPU利用における高速化の考え方を示します。

高速化への4つのアプローチ

CPUのうち、一般的に入手可能なもの(たとえば、Intel Core i7などのプロセッサ)だけを使う場合を想定し、作成したプログラムを高速に動作させるためのアプローチについて説明します。以下に、プログラムの高速化に必要なアプローチを列挙しました。

❶ボトルネックの解消
- コーディング方法による高速化
- メモリ利用の効率化
- プロファイラの有効活用

❷処理の並列化
- SIMDの利用
- マルチスレッド化
- マルチプロセス利用

❸高速ライブラリ(他言語)の活用
- Cythonによる高速化
- C/C++ライブラリの活用(ctypes)

❹JITコンパイラ利用
- Numba
- Numexpr

本章では、これらの4つのアプローチのうち、❶❷について説明し、❸❹については、次章で詳しく説明します。

11.2 ボトルネックの解消

前節では、プログラムを高速化するための4つの視点を示しました。これらの視点のうち、プログラミングの基礎であるボトルネックの解消の技術から解説していきます。ボトルネックを解消するには、処理が速くなるソースコードの記述方法の基礎知識と、プログラムのボトルネック(処理時間が長い部分)をプロファイリングで発見する技術が必要になります。本節ではこれらの技術を学んでいきましょう。

ボトルネックの解消

はじめに、最も重要な**ボトルネックの解消**について、ボトルネックを意識するという点から考えていきましょう。プログラムは、処理が一番遅い部分によって全体の実行速度が制限されてしまいます。その処理が一番遅い部分はプログラムのボトルネックと呼ばれます。

ボトルネックを意識する上では、単純に演算に時間がかかる部分を意識して改善していくということだけでなく、CPUの演算装置と主記憶装置(メモリ)や補助記憶装置(ハードディスクなど)などの間でデータがやり取りされる際の遅延時間(レイテンシ、*latency*)を考えることが重要です。**図11.1**に装置間の関係とデータの流れを示します。

図11.1の太い矢印で示される「データの流れ」のうち、どこかがボトルネックになっていないか、ということを意識することが大切です。続いて、ボトルネックの発見と解消に関して例を交えて見ていきましょう。

図11.1 PC内部のデータの流れ

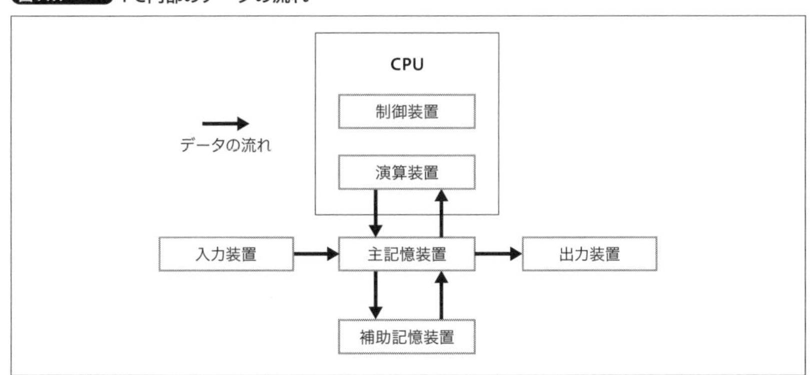

コーディング方法による高速化

1つの処理の実現方法は、必ずしも1つではありませんので、Pythonのコーディング方法によって処理速度が変換します。高速なPythonプログラムを作成するための指針を、大まかに列挙すると以下のとおりです。

❶(先入観を持たずに)試してみる
❷極力Pythonの組み込み関数や標準ライブラリを使う
❸ループ計算(for、while)を極力避ける

先入観を持たずに試してみる

以下の例では、xを2倍する計算を3つの方法で行い処理時間を計算しています。

```
In [1]: %timeit x = 1213; x = x * 2
10000000 loops, best of 3: 111 ns per loop

In [2]: %timeit x = 1213; x = x << 1
10000000 loops, best of 3: 125 ns per loop

In [3]: %timeit x = 1213; x = x + x
10000000 loops, best of 3: 97.7 ns per loop
```

この例に示されるように、Pythonではビットシフト演算によって2倍するよりもxを2つ加算した方が高速になっています。C言語では、コンパイラによってどの方式でも同じ機械語にコンパイルされて処理時間は変わらないことが期待できますが、Pythonでは必ずしも同じことを期待できません。複数のコーディング方法があって、どれが一番高速に動作するのか疑問に思ったら、先入観に惑わされずに試してみることが大切です。

極力Pythonの組み込み関数や標準ライブラリを使う

自分で定義した関数の実行時オーバーヘッド(関数呼び出しにかかる時間)は、Pythonの組み込み関数(abs、any、sumなど)と比べて大きくなります。Pythonの組み込み関数で処理できるなら、組み込み関数を使うべきです。

Pythonの組み込み関数や標準ライブラリを使うことは、車輪の再発明をしないという意味でも大切です。Pythonの組み込み関数や標準ライブラリ関数は、最適化されており、C言語で実装されて高速化されているものも多数あります。そのため、何かの処理を行う関数が必要な時は、まずそれが組み込み関数や標準ライブラリ関数の中にないかどうかを十分に確認しましょう。

ループ計算(for、while)を極力避ける

同じ関数をforループで何度も呼び出すよりも、データをまとめて関数に渡してその関数の内部でループ処理する方が速く処理できます。NumPyでは、そのような仕組みが**ufunc**として実現されています。自作の関数をforループで繰り返し呼び出す前に、ndarrayとufuncの組み合わせで、forループの使用を回避できないか考えましょう。

また、繰り返し処理をリスト内包表記(4.3節を参照)やジェネレータ(4.9節を参照)で実現できる場合もあります。forループと、リスト内包表記の計算速度差を、具体的な例で見てみましょう。

リスト11.1 forループとリスト内包表記の計算速度比較

```
def list_by_for(x, y):
    z = []
    append = z.append
    for k in range(len(x)):
        append(x[k]*y[k] + 0.1*y[k])
    return z

def list_by_lc(x, y):
    return [a*b + 0.1*b for a, b in zip(x, y)]

if __name__ == '__main__':
    N1 = 1000000
    x = list(range(N1, 0, -1))
    y = list(range(N1))
    z1 = list_by_for(x, y)  # 実際はこの処理の時間を計測する
    z2 = list_by_lc(x, y)   # 実際はこの処理の時間を計測する
```

リスト11.1を実行して、list_by_for関数と、list_by_lc関数の実行時間を計測すると、それぞれ0.745秒と0.541秒になります。このようにforループやwhileループを使う場合には、計算速度の観点で最適とは言えないプログラムになる可能性があるので注意が必要です。計算速度に関して、forループおよびwhileループを使う際の一般的な留意点を以下にまとめておきますので、参考にしてください。

❶実証されたスピード上のボトルネックがある場合のみ最適化し、一番内側のループだけ最適化する

❷組み込みオペレータや組み込み関数による暗黙のループ処理に置き換える方がforループより速い。ループカウンタとwhileによるループは遅いので注意

❸forループの中で自作のPython関数(lambda式を含む)を呼ばない。自分でインライン展開してしまう方がずっと速く動作する

❹ローカル変数はグローバル変数よりも速い。グローバル定数をループの中で使っている場合には、ローカル変数にコピーしてから使う方が良い

❺ forループの処理をmap()、filer()、functools.reduce()で置き換える。ただし、組み込み関数と共に使えない場合は注意(速くなるかどうかは定かでない)

❻ ループ数が少ない時は、アルゴリズムの改善に時間を使わなくても良い

❼ 処理速度をきちんと計測する。Pythonの実装やバージョンによっては勝手に最適化されて速く動作する可能性があるし、予想とは異なる結果になる場合がある

メモリ利用の効率化

プログラム高速化に関する留意点のうち、**メモリ利用の効率化**に関して説明します。プログラムを実行すると、プログラム自体と、そのプログラムが使うデータはメモリ上に展開されます。メモリ上に展開すると、CPUから速くアクセスできるからですが、メモリ上のデータの読み書きはCPUの演算速度と比較すると非常に低速です。そのため、その速度差を緩和するための仕組みとしてCPUコアとメモリの間にキャッシュを置き、CPUの演算処理が低速なメモリに極力待たされないようにしています。

しかし、キャッシュがあったとしても大きなサイズのデータを処理する際にはメモリの読み書きがボトルネックとなる可能性があり、プログラムを記述する時には「メモリの読み書きは遅い」ということを念頭においておくべきです。

メモリのマネジメント

Pythonでは、C言語などと違って、プログラマー自身がメモリのマネジメントを行いません。Pythonでは、あるサイズのメモリ利用を宣言したり、そのメモリを解放したりということを明示的にプログラミングする必要はないのです。

Pythonには**ガベージコレクション**(*garbage collection*、GC)という仕組みがあり、参照されなくなったと判断されたメモリ領域は自動的に解放されます。この仕組みにより大抵は速やかにメモリが解放されますが、使用が終了した変数のデータが基本オブジェクト(*primitive object*)の場合には値を保持しているメモリ領域をキャッシュとしてしばらく取っておく場合があります。後で、同じ値の変数が生成された時にそのキャッシュしておいたメモリ領域を割り当てて高速に変数の生成を完了させるためです。このため、メモリが思ったほどには解放されていないということも起こり得ます。これに対してできることはあまりないのですが、メモリサイズが問題になるようなプログラムでは次の2つを意識しておくと良いでしょう。

- 大きなデータを保持した変数をdel文で削除する
- 大きなメモリを利用する処理は関数の中で行い、関数を抜け出たら自動的に削除されるようにする

ndarrayに関する省メモリ化

科学技術計算で大きなndarrayを利用する場合を想定して、ndarrayで不要なコピーを発生させない方法を確認しておきます。結論から言えば、ビュー(参照)を生成するのは問題ないが、コピーが生成されるのは極力防止したい、ということです。そのための指針には、次のようなものが挙げられます。

❶置き換え演算子(*in-place oprators*)を使う
❷配列の変形(reshape)や転置による暗黙のコピーをできるだけ避ける
❸flattenとravelではravelを優先して使う
❹コピーを生成する応用インデキシングは極力使わない

❶は、通常の演算子と置き換え演算子の動作の差に基づくものです。aをndarrayとしてその各要素を2倍したい場合、通常の演算子を使うと`a = a * 2`となりますが、置き換え演算子を使ってこれを書くと、`a *= 2`となります。前者では`a * 2`というコピーが発生しそれがもう一度aに代入される形になりますが、後者ではコピーを発生させません。以下の例で確認してみましょう。

```
In [4]: import time

In [5]: a = np.random.randn(100000)
   ...: print('originanl identity : %s' % id(a))
   ...:
originanl identity : 191522080

In [6]: ts = time.clock()  # 置き換え演算子を使った計算
   ...: a *= 2
   ...: te = time.clock()
   ...: print('inplalce: identity = %s, 処理時間 = %.5f [s]' % (id(a), (te - ts)))
   ...:
inplalce: identity = 191522080, 処理時間 = 0.00024 [s]

In [7]: ts = time.clock()  # 置き換え演算子を使わない計算
   ...: a = a * 2
   ...: te = time.clock()
   ...: print('normal: identity = %s, 処理時間 = %.5f [s]' % (id(a), (te - ts)))
   ...:
normal: identity = 192057280, 処理時間 = 0.00061 [s]
```

この例でわかるように、置き換え演算子ではデータのコピーが発生しておらず、そのため処理時間も半分程度で済んでいます。

次に、❷の配列(ndarray)の変形や転置についてです。これは、p.239の図7.2に示したメモリ上のデータ配置の順番が関係してきます。ndarrayの変形や転置の処理によって、メモリ上のデータの順番が変わらないのであればデータのコピーは生成されません。その場合はメモリが節約できますし、処理も高速になります。これについても、次の例で確認しおきましょう。

```
In [8]: a = np.arange(100).reshape(10, 10)
   ...: b = a.reshape((1, -1))  # メモリ上のデータ順は変わらない
   ...: c = a.T.reshape((1, -1))  # メモリ上のデータの順序が変わる
   ...: print('aとbが同じデータを保持 : %s' % arrays_share_data(a, b))
   ...: print('aとcが同じデータを保持 : %s' % arrays_share_data(a, c))
   ...:
aとbが同じデータを保持 : True
aとcが同じデータを保持 : False

In [9]: %timeit a.reshape((1, -1))
The slowest run took 18.52 times longer than the fastest.
This could mean that an intermediate result is being cached
1000000 loops, best of 3: 771 ns per loop

In [10]: %timeit a.T.reshape((1, -1))
The slowest run took 9.59 times longer than the fastest.
This could mean that an intermediate result is being cached
100000 loops, best of 3: 2.05 us per loop
```

ここで、形状を変更しても同じデータを参照しているのかどうかを判定するため、以下のとおりarrays_share_data関数を導入しました。上記の結果を見ると、メモリ上のデータの順番が変わるような処理を行うと、新たなメモリ領域にデータをコピーしていることがわかります。

```
In [11]: def get_data_base(arr):
    ...:     """ ndarrayの実データを保持するbase arrayを返す """
    ...:     base = arr
    ...:     while isinstance(base.base, np.ndarray):
    ...:         base = base.base
    ...:     return base

In [12]: def arrays_share_data(x, y):
    ...:     return get_data_base(x) is get_data_base(y)
```

❸「flattenとravelでは**ravel**を優先して使う」について、これも簡単な例で確認しましょう。どちらも行列の1次元化に用いることができますが、flattenはコピーを生成し、ravelは必要がない限りコピーを生成しません。

```
In [13]: d = a.flatten()
    ...: e = a.ravel()
    ...: print('aとdが同じデータを保持 : %s' % arrays_share_data(a, d))
    ...: print('aとeが同じデータを保持 : %s' % arrays_share_data(a, e))
aとdが同じデータを保持 : False
aとeが同じデータを保持 : True

In [14]: %timeit a.flatten()

The slowest run took 14.44 times longer than the fastest.
This could mean that an intermediate result is being cached
1000000 loops, best of 3: 1.36 us per loop

In [15]: %timeit a.ravel()

The slowest run took 10.70 times longer than the fastest.
This could mean that an intermediate result is being cached
1000000 loops, best of 3: 476 ns per loop
```

❹「応用インデキシングを極力使わない」について、次の例を見てみましょう。応用インデキシングでは配列のコピーが生成されます。

```
In [16]: n, d = 1000, 100
    ...: a = np.random.random_sample((n, d))
    ...: b1 = a[::10]  # スライシング
    ...: b2 = a[np.arange(0, n, 10)]  # 応用インデキシング
    ...: print("b1 is b2 ? : %s" % np.array_equal(b1, b2))
    ...: print("aとb1は同じデータを共有? : %s" % arrays_share_data(a, b1))
    ...: print("aとb2は同じデータを共有? : %s" % arrays_share_data(a, b2))
    ...:
b1 is b2 ? : True
aとb1は同じデータを共有? : True
aとb2は同じデータを共有? : False

In [17]: %timeit a[::10]
The slowest run took 18.42 times longer than the fastest.
This could mean that an intermediate result is being cached
1000000 loops, best of 3: 461 ns per loop

In [18]: %timeit a[np.arange(0, n, 10)]
The slowest run took 4.91 times longer than the fastest.
This could mean that an intermediate result is being cached
100000 loops, best of 3: 17.2 us per loop
```

この例では、b1はaの一部分を参照するビューですが、b2はaの一部をコピーしたものとなっています。そのため、データを参照するスピードが1桁以上変わってきます。

配列のサイズが大きくなるとプログラムのメモリ使用量と実行速度に大きく影響を与えることになりますので、この4つの指針は、しっかり押さえておきましょう。

プロファイラの有効活用

前述のとおり、**プロファイラ**とは、プログラムの各部分が呼ばれた回数や実行にかかった時間などを計測し統計情報として示すためのツールです。本章冒頭で取り上げた、ボトルネックの解消において、特に重要なのがプロファイラの有効活用です。あらかじめプログラムのどの部分が問題になっていそうなのか判断ができない限り、プログラム高速化に向けた方策を検討することもできません。

IPython上におけるプロファイラの利用方法は、すでに3.1節で詳しく紹介しましたので、ここでは少し発展的な内容として、以下について学びます。

- IPythonを使わない関数プロファイリング
- プロファイリング結果のグラフィカル表示(snakevis)
- IPythonを使わないラインプロファイリング

IPythonを使わない関数プロファイリング

IPythonを使わずに、プロファイリングして結果を確認する例を見ていきます。**リスト11.2**の例では、main()関数の中で処理負荷の大きいtask1()と、処理負荷の軽いtask2()を実行します。そして、そのmain()関数を実行する際にプロファイラから呼び出して実行することで、プロファイリング結果を得ます。このプログラムの中では、はじめに`import cProfile`によってcProfileのモジュールを読み込んでおき、`cProfile.run("main()", filename='main.prof')`によって、cProfileからmain()関数を呼び出して実行しています。また、結果を「main.prof」というテキストファイルに書き出すように指定しています。

その上で、テキストファイルに保存したプロファイリング結果をpstatsという標準ライブラリを使って表示させます。`import pstats`によってpstatsライブラリを読み込み、プロファイリング結果ファイルを`sts = pstats.Stats('main.prof')`で読み込みます。その上で、`sts.strip_dirs().sort_stats('cumulative').print_stats()`によって、出力情報からパス名を取り除き(表示を見やすくする効果)、累積実行時間の長い順にソートしコンソールに表示しています。

リスト11.2 プロファイリングを行うプログラムの例(spd_profile.py)

```
import cProfile
import numpy as np
import pstats

def is_prime(a):
    ''' 素数判定プログラム（フェルマーの小定理） '''
    a = abs(a)
    if a == 2:
        return True
    if a < 2 or a & 1 == 0:
        return False
    return pow(2, a-1, a) == 1

def mysum(N):
    ''' 1からNまでの整数の和を計算する '''
    return np.arange(1, N+1).sum()

def task1(N):
    """ 次の2つの処理を行う
       ❶1からNまでの整数の中から素数を探す
       ❷1からNまでの整数の和を計算する
    """
    # ❶
    out = []
    append = out.append
    for k in range(1, N+1):
        if is_prime(k):
            append(k)
    # ❷
    a = mysum(N)
    return [out, a]

def task2(N):
    ''' 1からNまでのsqrt()を計算する '''
    return np.sqrt(np.arange(1, N+1))

def main():
    task1(10000)  # 重い処理
    task2(10000)  # 軽い処理

if __name__ == '__main__':  # ❸
    cProfile.run('main()', filename='main.prof')
    sts = pstats.Stats('main.prof')
    sts.strip_dirs().sort_stats('cumulative').print_stats()
```

コンソールに表示される結果は、次のとおりです。表示される各項目を**表11.1**に示します。

```
C:\code>python spd_profile.py  # pythonを起動してspd_profile.pyを実行
Sat Feb 20 23:36:23 2016    main.prof

         259681 function calls in 0.349 seconds

   Ordered by: cumulative time

   ncalls  tottime  percall  cumtime  percall filename:lineno(function)
        1    0.000    0.000    0.349    0.349 {built-in method builtins.exec}
        1    0.000    0.000    0.349    0.349 <string>:1(<module>)
        1    0.000    0.000    0.349    0.349 spd_profile.py:47(main)
        1    0.031    0.031    0.348    0.348 spd_profile.py:26(task1)
   100000    0.077    0.000    0.313    0.000 spd_profile.py:11(is_prime)
    49999    0.228    0.000    0.228    0.000 {built-in method builtins.pow}
   100000    0.008    0.000    0.008    0.000 {built-in method builtins.abs}
     9670    0.003    0.000    0.003    0.000 {method 'append' of 'list' objects}
        1    0.001    0.001    0.001    0.001 spd_profile.py:42(task2)
        1    0.000    0.000    0.001    0.001 spd_profile.py:21(mysum)
        1    0.000    0.000    0.000    0.000 {method 'sum' of 'numpy.ndarray'
                                                                    objects}
        2    0.000    0.000    0.000    0.000 {built-in method numpy.core.
                                                          multiarray.arange}
        1    0.000    0.000    0.000    0.000 _methods.py:31(_sum)
        1    0.000    0.000    0.000    0.000 {method 'reduce' of 'numpy.ufunc'
                                                                    objects}
        1    0.000    0.000    0.000    0.000 {method 'disable' of '_lsprof.
                                                          Profiler' objects}
```

この結果からは、task1とtask2がそれぞれ0.348秒と0.001秒で実行できており、task1の処理時間の多くはis_prime関数によって消費されていることがわかります。また、ncallsの列を見ると、それぞれの関数が呼ばれている回数がわかります。この回数を見ることで想定外の動作をしていることが判明することもありますので、各項目を注意深く見ておきましょう。

表11.1 プロファイリング結果のコンソール出力表示内容

項目	説明
ncalls	呼び出し回数
tottime	その関数で消費された合計時間(そのサブ関数で消費された時間は除く)
percall	tottimeをncallsで割った値
cumtime	その関数とすべてのサブ関数で消費された累積時間
percall	cumtimeをプリミティブな呼び出し回数で割った値
filename:lineno(function)	その関数のファイル名／行番号／関数名

プロファイリング結果のグラフィカル表示

プロファイリング結果を、グラフィカルに表示してくれる**snakevis**注1というツールを紹介します。snakevisは、一種のWebアプリケーションとして機能し、プロファイリング結果を可視化してブラウザに表示します。

このツールは、Anacondaの場合、condaコマンドで`conda install snakevis`としてインストールできますし、それ以外の場合でもpipコマンドで`pip install snakevis`としてインストールすることもできます注2。

使い方は簡単で、上記のように作成したプロファイリング結果（上記の例ではmain.prof）を使い、次のようにシェル（Windowsではコマンドプロンプト）で、snakevisのプログラムを実行します。

```
C:\python-book\code> snakevis main.prof
```

このようにすると、**図11.2**のような結果がブラウザに表示されます。グラフィカル表示は、円の中心側が呼び出し元の関数を示しており、円弧の大きさが処理時間割合を示します。カーソルを円弧の上に置くとその円弧に対応する関数の情報が左上に表示されますので、カーソルを図の上で動かしながら**コールスタック**（関数の呼び出し関係）と処理時間割合を視覚的に確認することができます。

IPythonを使わないラインプロファイリング

ここまでのプロファイリングでは、関数レベルで処理時間割合を把握してきましたが、次は、関数の中のどの処理が高い負荷となっているのかラインプロファイラで分析してみましょう。第3章では、IPythonを使ってラインプロフィリングする場合は、`%lprun`マジックコマンドを使うと説明しましたが、ここでは、IPythonを使わずに実現する方法を見ていきます。

前出のリスト11.2の例では、is_prime関数が高負荷であることがわかっていますので、この関数を分析してみます。それには、line_profilerモジュールをインストール（3.1節を参照）してから、リスト11.2❸の`if __name__ == '__main__':`以下を、次のように書き換えて実行します。

```
if __name__ == '__main__':
    from line_profiler import LineProfiler
    prf = LineProfiler()
    prf.add_function(is_prime)
    prf.runcall(is_prime, 999)
    prf.print_stats()
```

注1 URL https://jiffyclub.github.io/snakeviz/

注2 依存関係が解決できずにインストールできないケースがありますが、Anacondaであればほぼ問題なくインストールできるでしょう。

図11.2　snakevisによるプロファイリング結果表示例

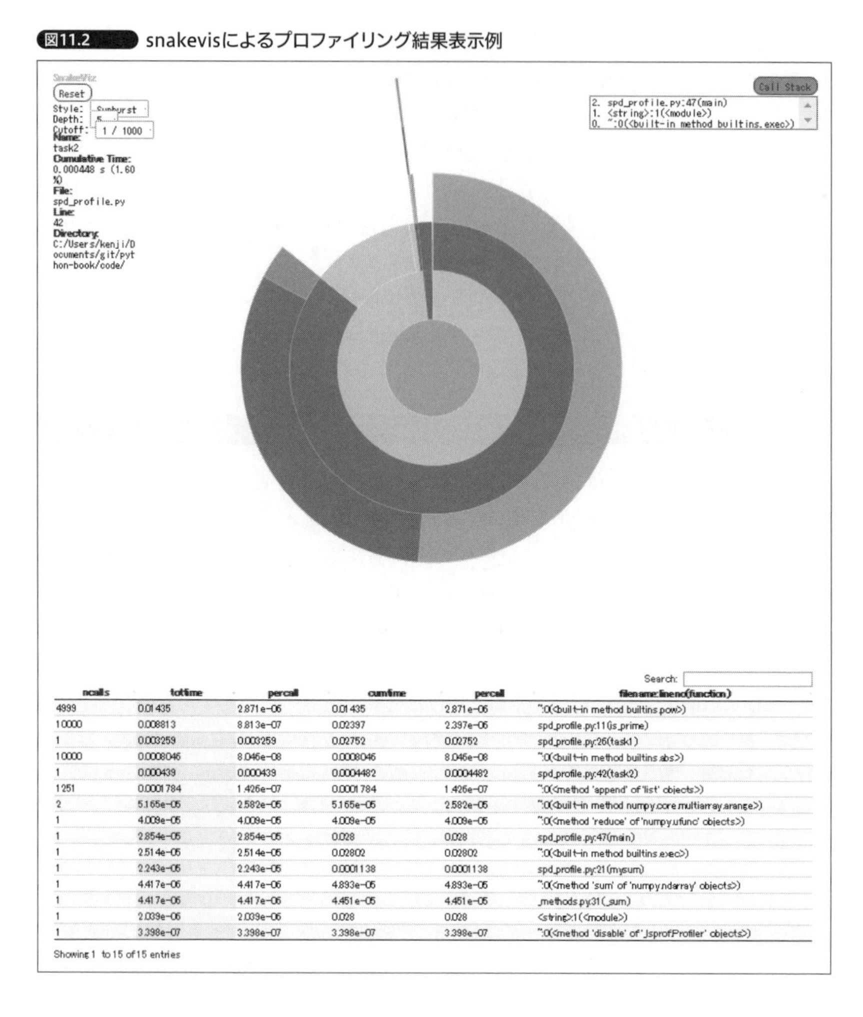

ncalls	tottime	percall	cumtime	percall	filename:lineno(function)
4999	0.01435	2.871e-06	0.01435	2.871e-06	~:0(<built-in method builtins.pow>)
10000	0.008813	8.813e-07	0.02397	2.397e-06	spd_profile.py:11(is_prime)
1	0.003259	0.003259	0.02752	0.02752	spd_profile.py:26(task1)
10000	0.0008046	8.046e-08	0.0008046	8.046e-08	~:0(<built-in method builtins.abs>)
1	0.000439	0.000439	0.0004482	0.0004482	spd_profile.py:42(task2)
1251	0.0001784	1.426e-07	0.0001784	1.426e-07	~:0(<method 'append' of 'list' objects>)
2	5.165e-05	2.582e-05	5.165e-05	2.582e-05	~:0(<built-in method numpy.core.multiarray.arange>)
1	4.009e-05	4.009e-05	4.009e-05	4.009e-05	~:0(<method 'reduce' of 'numpy.ufunc' objects>)
1	2.854e-05	2.854e-05	0.028	0.028	spd_profile.py:47(main)
1	2.514e-05	2.514e-05	0.02802	0.02802	~:0(<built-in method builtins.exec>)
1	2.243e-05	2.243e-05	0.0001138	0.0001138	spd_profile.py:21(mysum)
1	4.417e-06	4.417e-06	4.893e-05	4.893e-05	~:0(<method 'sum' of 'numpy.ndarray' objects>)
1	4.417e-06	4.417e-06	4.451e-05	4.451e-05	_methods.py:31(_sum)
1	2.039e-06	2.039e-06	0.028	0.028	<string>:1(<module>)
1	3.398e-07	3.398e-07	3.398e-07	3.398e-07	~:0(<method 'disable' of '_lsprof.Profiler' objects>)

　実行した結果は次のとおりです。この結果から、どの行が何回実行されどれくらいの実行時間が掛かったのかを把握できます。この例では、pow()関数の実行に3.39783e-07秒の20倍の時間を要しており、最も計算負荷の高い部分となっていることがわかります。

```
C:\code>python spd_profile2.py  # pythonを起動してspd_profile2.pyを実行
Timer unit: 3.39783e-07 s

Total time: 1.22322e-05 s
File: spd_profile2.py
Function: is_prime at line 11
```

```
Line #      Hits         Time  Per Hit   % Time  Line Contents
==============================================================
    11                                           def is_prime(a):
    12                                               ''' 素数判定プログラム
                                                         (フェルマーの小定理) '''
    13         1            7      7.0     19.4      a = abs(a)
    14         1            4      4.0     11.1      if a == 2:
    15                                                   return True
    16         1            5      5.0     13.9      if a < 2 or a & 1 == 0:
    17                                                   return False
    18         1           20     20.0     55.6      return pow(2, a-1, a) == 1
```

11.3 処理の並列化

プログラムの高速化において、**処理の並列化**が効果的な場合が多々あります。本節では並列化手法について、具体的な活用の方法を考察します。

CPUの性能向上

CPUの処理能力は、年々指数関数的に向上してきました。CPUの高性能化に関しては、ムーアの法則とアムダールの法則が言及されることが多いでしょう。

ムーアの法則とは、要点だけ述べれば「集積回路上のトランジスタ数は18ヵ月毎に倍になる」というものです。そして、その結果として「PCのCPUは1.5年毎に性能が倍になる」という言い方(あるいは捉えられ方)がされることもあります。近年では、集積度の向上やクロック周波数の向上は頭打ちになりつつありますが、その代わりにCPUのマルチコア(*multi-core*)化[注3]と、並列演算器[注4]の実装が進み、現在でも概ねムーアの法則が当てはまる結果となっています。

しかしながら、CPUのマルチコア化と並列演算器の実装が、プログラムの計算速度向上に必ず直結するわけではありません。この点を指摘したのが**アムダールの法則**です。プログラムには並列化できない部分と、並列化できる部分があります。そのため、並列実行ができる演算器が増えても単純にプログラムの実行速度が速くなるわけではありません。

注3 たとえばIntel Xeon Processor E7-4850 v3ではコア数は14あります。一般に、コア数が非常に多くなると、「メニーコア」(*many core*)という言い方もします。

注4 Intel社のSIMD演算器(次項参照)などがあります。

Column

Intel Xeon Phi

科学技術計算を高速化するメニーコアプロセッサは、GPUだけではありません。Intel社は、**Intel Xeon Phi**コプロセッサというPCI Express拡張カードとして展開される超並列演算デバイスを販売しています。x86互換のマルチプロセッサアーキテクチャを採用しており、従来のx86向けのプログラムを概ねそのまま利用できるという利点があります。

Intel社の資料によれば、ピーク性能では倍精度浮動小数点演算で1〜2TFLOPS(テラフロップス)程度(Xeon Phi Coprocessor 7120Pの場合)[注a]で、GPUに匹敵するレベルの性能があります。Xeon Phiプロセッサもスーパーコンピュータに利用されており、今後科学技術計算の分野でも利用が進んでいくでしょう。

Pythonでは、pyMICというPythonモジュールから利用ができるようになっています[注b]。pyMICはNumPyのndarrayとうまく共存できるように設計されており、ndarrayにデータを割り当てて、**pyMICインタフェース**を介してXeon Phiコプロセッサにそのデータを転送し、Pythonから呼び出されるC/C++コード領域でそのデータを処理するというような複雑なこともできるようになっています[注c]。

注a URL http://www.mullet.se/dokument/xeon-phi-product-family-performance-brief.pdf
注b URL http://www.isus.jp/article/mic-article/pymic-python-offload-module-for-xeon-phi/
注c 詳しく知りたい方は以下を参照してください。
URL http://www.isus.jp/wp-content/uploads/pdf/pyhpc2014_submission_8_JP.pdf

GIL

C言語によるPythonのリファレンス実装であるCPythonでは、**GIL**(*Global Interpreter Lock*)と呼ばれる仕組みが存在します。これは、同時に複数のスレッド(後述)が実行されないようにするものです。

CPythonでは、メモリマネジメントなどに関する、ローレベル処理の実装をシンプルにするために、この仕組みが採用されました。スレッドは、複数が**並行**して存在してもかまいませんが、スレッド内部における処理は**並列**に、すなわち「同時に実行」されることが禁止されています。

GILは、スレッドレベルの並列化を妨げますが、処理の並列化手段が他にないわけではありません。前述のとおり、NumPyを使えば処理が並列化されていますし、次項で説明するSIMDを使えば、シングルスレッド内でデータ処理を並列化できます。また、次章で紹介する方法でもGILを回避可能な場合があります。

SIMD

SIMD（*Single Instruction Multiple Data*、シムド/シムディー）とは、1つの演算子を複数のデータに並列適用する手法を指します。多くのCPUは、SIMD演算を行うための演算器を持っています。

図11.3を見てください。通常の計算ではA_0とB_0を加算してC_0に代入し、次にA_1とB_1を加算してC_1に代入、というように、処理がシーケンシャルに実施されていきます。これがSIMD演算の場合では、レジスタに代入したA_0〜A_3の4つのデータとB_0〜B_3の4つのデータが単一の命令で一度にベクトル的に加算され、結果がC_0〜C_3に格納されます。この時、元のメモリ領域からSIMD演算用のレジスタ領域にデータを転送して結果を戻す、という処理が必要になりますが、この時に発生する処理のオーバーヘッドは、パイプライン処理によって隠ぺいされてしまうのであまり処理速度には影響しません。図11.3の例では、4つのデータを並列に処理できるようになったことで処理の高速化が期待できます。

IntelのSIMD拡張命令

Intel社のCPUの種類と、SIMD拡張命令への対応を**表11.2**に示します。近年、AVX2（*Advanced Vector Extensions 2*）や、FMA（*Fused Multiply-Add*）のSIMD拡張命令を搭載したCPUが普及してきており、AVX2では、256 bit長データの演算を一度に実行できます。つまり、AVX2を使えば、64 bit浮動小数点数の場合、4つの浮動小数点数に対して同時に演算を行うことができることになります。したがっ

図11.3 SIMD計算の概念

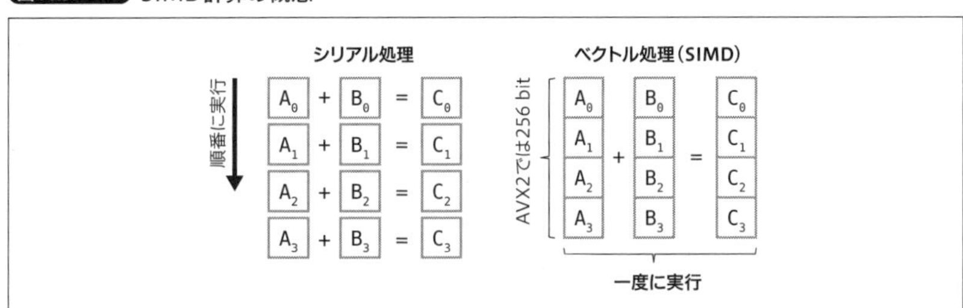

表11.2 IntelのSIMD拡張命令

CPU種類	拡張命令セット	単精度 FLOPs/サイクル
Nehalem	SSE（128 bit）	8
Sandy Bridge	AVX（256 bit）	16
Haswell	AVX2/FMA（256 bit）	32

て、大きなデータを処理する際には、SIMD拡張命令を使う利点は大変大きくなります。

Pythonにおける SIMD活用

PythonにおいてSIMDの活用を考える時、具体的にはどのようにすれば良いのでしょうか。C/C++などでは、アセンブラやコンパイラ固有の組み込み関数(*intrinsic*)などを使ってSIMD演算器を利用するプログラムを書くのですが、Pythonではそのようなローレベルの記述方法を直接的にはサポートしていません。

しかし、Pythonでは、基本的にNumPyやSciPyがSIMD対応になっている場合が多く、気づかぬうちにSIMD演算をしている可能性があります。NumPyとSciPyにリンクされているライブラリにもよりますので、その点を注意してみてください。通常はIntel MKLやATLASなどがリンクされていると思います。

科学技術計算プログラムでは大きなデータを扱ったり、行列計算を行うことが多いため、通常はNumPyやSciPyを利用することが多いと思います。したがって、SIMDとマルチスレッドの利用はこれらのライブラリに任せてしまうのが賢明でしょう。

Column

Intel MKL

2015年9月から、Intel MKLの利用が商用も含めてロイヤリティフリー(*royalty free*)となった[注a]こともあり、PythonディストリビューションパッケージのAnacondaでは、Intel MKLにリンクしたNumPyやSciPyが無償で配布されるようになりました[注b]。これらを利用すれば、結果として多くの計算でSIMDによる高速化が図られます。IntelのCPUを搭載したPCを使う方には朗報だと思います。

C/C++では、難しいローレベル関数を駆使し、さらに正しく記述しないと最大の性能を発揮できなかったSIMD利用が、Pythonではあまり意識しなくてもできてしまうのです。Anacondaの場合、NumPyとSciPyの他、Numexprとscikit-learnでIntel MKLとリンクされたパッケージを利用することができます。

注a URL https://software.intel.com/en-us/articles/free_mkl
注b URL https://www.continuum.io/blog/developer-blog/anaconda-25-release-now-mkl-optimizations

スレッドとマルチスレッド化

スレッド(*thread*)とは、プログラムの実行単位の1つです。アプリケーションが実行されると、1つのプロセスが生成され、そのプロセスが(多くの場合は)複数のスレッドを生成して、処理をそれらのスレッドに割り振ります。同一プロセスに属するスレッドは、メモリ上に展開されたデータやヒープ、ライブラリなどの情報を共有することが可能で、複数のスレッドが協調動作します(**図11.4**)。

Pythonにおいては、外部プログラムを読み込んで実行したり、スレッドを明示的に生成したりしなければ、スレッドは1つしか生成されません。しかし、プログラムで複数スレッドを生成する、いわゆる**マルチスレッド化**は、Pythonの場合でも恩恵をもたらす場合があります。以下、マルチスレッド化の恩恵を得られる場合と得られない場合について見ていきましょう。

マルチスレッドのプログラム

はじめに、マルチスレッド化したPythonプログラムの実行時の動作イメージを説明します。

複数コアを備えたCPUでは、実行準備ができたスレッドからコアに割り当てられて実行されます。CPUのコア数よりも、実行待ちのスレッドの数が多い場合には、細かく時間を区切って順番に実行させるよう、OSがタスクスケジューリングします。シングルスレッドとマルチスレッドのプログラムの処理実行のイメージを**図11.5**に示します。

図11.5ではA、B、Cの3つの処理実行パターンが示してあります。単一CPUコアでシングルスレッドプログラムを実行した場合のイメージがAに、単一CPUコアで複数スレッドプログラムを実行した場合のイメージをBに示しました。こ

図11.4 スレッドとメモリおよびCPUコアの関係

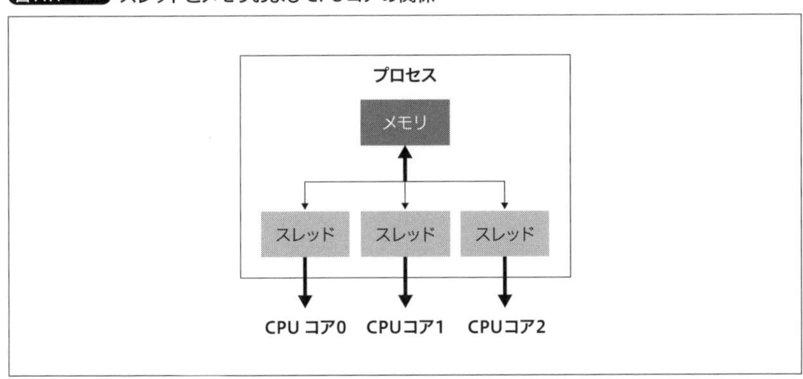

れらの図に示したように、「計算X」と「計算Y」が複数スレッドプログラムとして動作しても、使えるCPUコア数が増えなければ、処理時間は減るどころかむしろ増えてしまいます。Cに示したように、複数のCPUコアで並列に複数スレッドのプログラムが処理される場合に、はじめてプログラムが高速化できるのです。またこの時、計算Xと計算Yは、それぞれ独立に実行できる処理でなくてはなりません。

並行だが並列じゃない

C言語実装のPythonインタープリタであるCPythonでは、GILによってマルチスレッド化による高速化の恩恵が、無効化される場合があることを先に述べました。マルチコアCPU上で、CPUバウンドな2つのスレッドを生成するPythonプログラムを実行した場合、**図11.6**のような動作になります。これが、まさにスレッドが**並行**して存在するが、スレッドの処理は**並列**に実行されていない状態です。この場合、マルチスレッド処理による処理速度向上はありません。

図11.5　マルチスレッド処理のイメージ

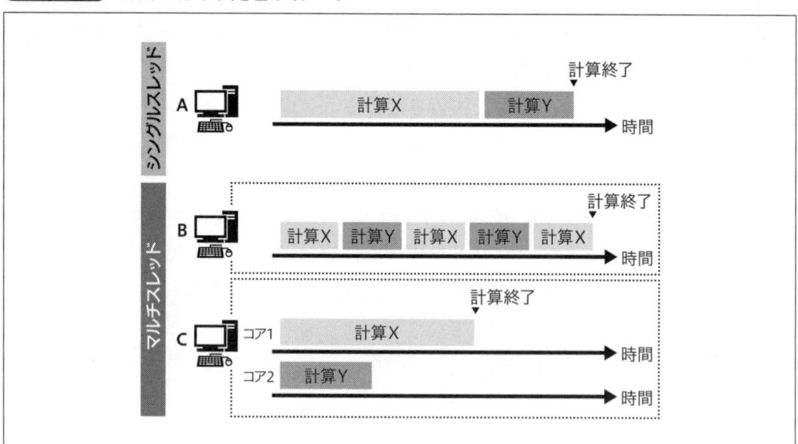

図11.6　GILによるマルチスレッド処理の実質無効化

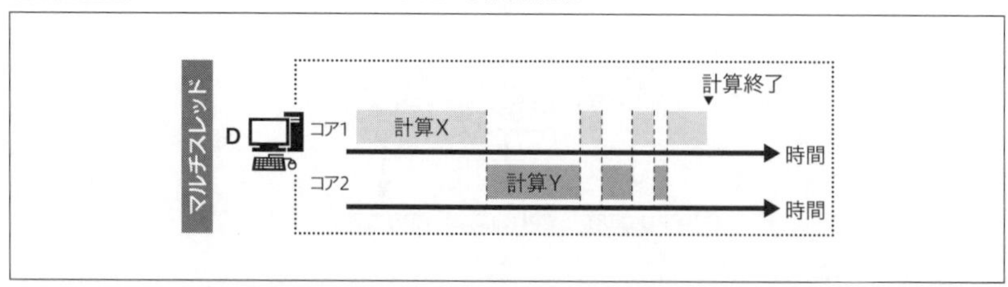

マルチスレッド化による処理速度向上について

マルチスレッド化は、いつも処理速度向上に効果がないわけではありません。外部記憶装置上のファイルからのデータ読み込みや、ネットワークソケット(ネットワーク通信で用いるファイル記述子)への書き込みなどのように、比較的待ち時間が長いI/O処理をマルチスレッド化すると、**図11.7**の下側に示したように、待ち時間を減らして全体の処理時間を短縮できます。

このことから、いわゆる**I/Oバウンド**なプログラムの場合、すなわちI/O処理の時間によって全体の実行時間が決まるようなプログラムの場合には、マルチスレッド化による非同期プログラミングの手法を活用してみると良いでしょう。

なお、本書では、CPUバウンドな科学技術計算を行う読者を想定していることから、この話題について詳細は割愛しますが、関心のある方は、Python標準ライブラリのasyncioおよびthreading、サードパーティライブラリのgeventおよびTornado、などの活用について調べてみてください。SIMDの項でも説明しましたが、科学技術計算を行う場合にはNumPyやSciPyを利用することでマルチスレッド化の恩恵をいつの間にか受けることができます。それ以上にマルチコアCPUの性能を生かし切るための処置が必要な方は、次項で説明するC言語ライブラリとの接続や、JITコンパイラ利用などを検討してみると良いでしょう。

マルチプロセス利用

プロセス(*process*)とはプログラムの実行単位です。Windowsの場合、拡張子.exeのファイルを実行すると、そのファイル1つに対して1つのプロセスが起動します。プロセスは、タスクの実行に必要なあらゆるリソースを確保します。プロセス間のメモリ共有は、MPI(*Message Passing Interface*)などの仕組みを使わないとできません。プロセスとメモリ、CPUコアの関係を**図11.8**に示します。

図11.7 シリアル実行と並行実行の比較

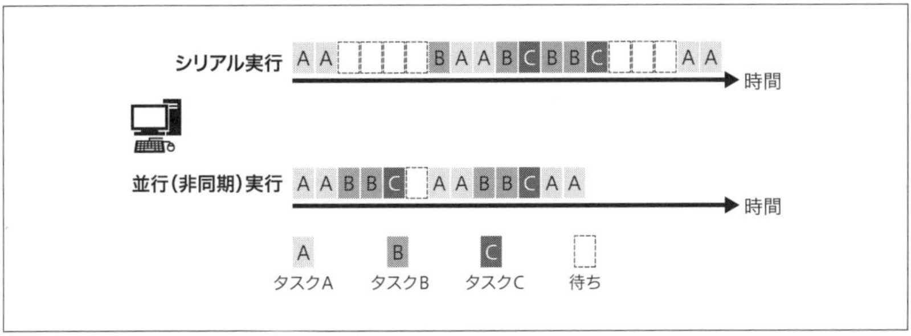

Column

注目を集めるGPU

CPUが並列処理に対応して進化を遂げる中、科学技術計算の分野で注目を浴びているのがGPUです。GPUは3DCG(*Three-Dimensions Computer Graphics*)などで、データを並列高速処理することを目的として進化を遂げました。機能が限定された単純な構造のプロセッサを多数集積し、CPUと比べるとコア数を圧倒的に大きくしています。CPUではコア数がせいぜい十数個程度なのに対し、GPUでは数千個です。

GPUを使えば、単純なスループット(*throughput*、単位時間あたりの演算処理量)で言うと数TFLOPSという驚異的な演算能力を実現できます。これがどの程度の演算能力なのか、**図C11.1**に示す1993年以降の最速スーパーコンピュータの性能データを参考に見てみましょう。これを見ると、数TFLOPSという性能はちょうど2000年頃の最速スーパーコンピュータの性能に匹敵することがわかります。PCにGPUカードを1枚加えるだけで、それほどの高性能な計算能力を得られるという点で驚きです。

さらに近年、研究が盛り上がりを見せる機械学習やディープラーニングの分野でも、GPU利用が注目を集めています。GPUを利用することで、ニューラルネットワークの学習にかかる時間が大幅に短縮できるなどの理由があるからです。これらの分野でもPythonはよく使われる言語であり、**TensorFlow**[注a]、**Theano**[注b]、**scikit-learn**[注c]、**caffe**[注d]、**chainer**[注e]などの開発用フレームワークを通してGPUを利用できます。

注a 機械学習やディープラーニングに使われる、Google社のオープンソースライブラリ。
URL https://www.tensorflow.org/

注b ディープラーニングのアルゴリズム実装に使える数値計算ライブラリ。
URL https://github.com/Theano/Theano

注c 機械学習等に使えるオープンソースライブラリ。 URL http://scikit-learn.org/stable/

注d ディープラーニング用のフレームワーク。 URL http://caffe.berkeleyvision.org/

注e Preferred Networks社のディープラーニング用オープンソースライブラリ。
URL http://chainer.org/

図C11.1 最速スーパーコンピュータの性能の変遷※

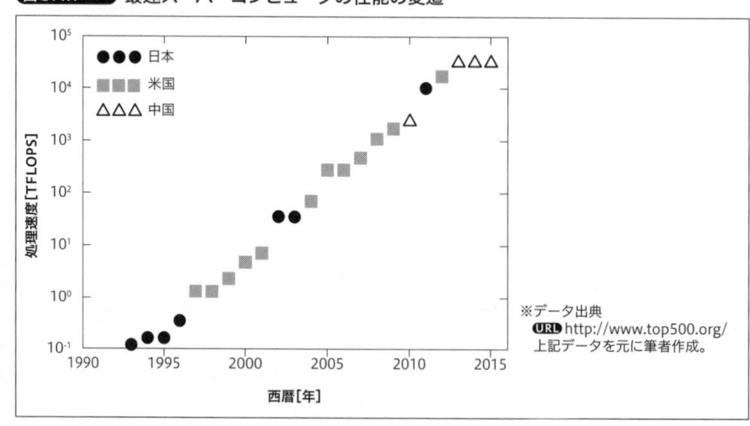

マルチプロセス利用の利点

最初に起動したプロセスから、別のプロセスを立ち上げて、そこで実行させた計算結果を元のプロセスに戻すことが可能であれば、並列処理の恩恵を得ることができます。ただし、プロセスの起動に伴うオーバーヘッドを考慮すると、粒度の大きな処理でないと効果が低くなったり逆効果になったりするということに留意しておく必要があります。

Pythonの標準ライブラリの**multiprocessing**は、複数のプロセス生成をサポートするパッケージです。複数のプロセスを生成するということは、複数のPythonインタープリタが起動されることを意味します。

multiprocessingの他にも、concurrent.futuresモジュールと呼ばれる非同期実行用の高水準のインタフェースがPythonの標準ライブラリとして提供されています。concurrent.futuresモジュールでは、マルチスレッド処理とマルチプロセス処理がほぼ同じAPIで実現できます。

ProcessPoolExecutor

マルチプロセス処理の実例として、**ProcessPoolExecutor**を用いる例を紹介します。ProcessPoolExecutorは、プロセスプールを使って非同期呼び出しを実施するExecutorオブジェクトのサブクラスです。内部では、multiprocessingモジュールを利用しており、GILを回避できます。

さて、ProcessPoolExecutorを使ってマルチプロセス処理を行う例を、**リスト11.3**に示します。この例では、「PRIMES」というリストに含まれる大きな数が素数かどうかを判定します。

図11.8 プロセスとメモリおよびCPUコアの関係

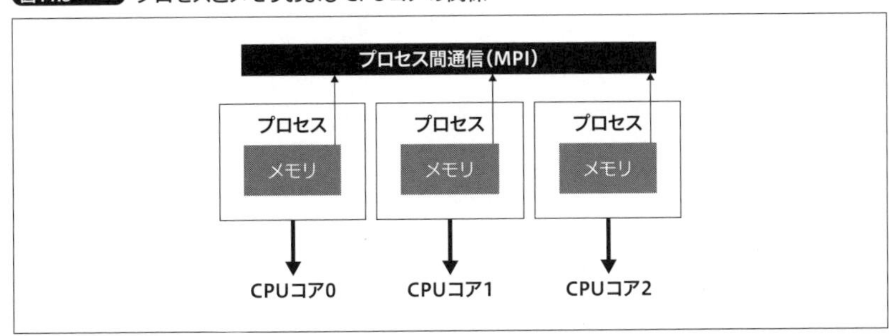

リスト11.3 ProcessPoolExecutorの利用例※

```
import concurrent.futures
import math
import time

PRIMES = [
    112272535095293,
    112582705942171,
    112272535095293,
    115280095190773,
    115797848077099,
    1099726899285419]

def is_prime(n):
    if n % 2 == 0:
        return False

    sqrt_n = int(math.floor(math.sqrt(n)))
    for i in range(3, sqrt_n + 1, 2):
        if n % i == 0:
            return False
    return True

def main1():
    """ マルチプロセス処理で素数判定 """
    ts = time.clock()
    with concurrent.futures.ProcessPoolExecutor() as executor:
        ans = list(executor.map(is_prime, PRIMES))
    print('マルチプロセス処理の時間: {0:.3f}[s])'.format(time.clock() - ts))
    print(ans)

def main2():
    """ シングルプロセス処理で素数判定 """
    ts = time.clock()
    ans = list(map(is_prime, PRIMES))  # python 3ではlist化により計算が実行される
    print('シングルプロセス処理の時間: {0:.3f}[s])'.format(time.clock() - ts))
    print(ans)

if __name__ == '__main__':
    main1()
    main2()
```

※ リスト11.3は、Pythonの公式ドキュメントの以下の例を元に、シングルプロセス処理の場合と処理速度を比較できるように変更を加えた。
URL http://docs.python.jp/3/library/concurrent.futures.html

関数main1()の処理は、クラスProcessPoolExecutor()を使ってリスト「PRIMES」に含まれる6つの大きな数が素数かどうか判定する関数です。関数main2()は、同じ処理をシングルプロセスで実行します。プログラムのソースコードを見てわかるとおり、通常のmap関数の代わりにクラスProcessPoolExecutor()の関数map()

に置き換えるだけでマルチプロセス処理が行えるため、非常に簡単にマルチプロセス処理を記述できます。このプログラムをCPUのコア数が2個(かつ論理プロセッサ数も2個)のWindows PCで実行してみると、次のように高速化が実現できたことがわかります。

```
In [19]: %run spd_multip2.py
マルチプロセス処理の時間: 6.238[s])
[True, True, True, True, True, False]
シングルプロセス処理の時間: 9.476[s])
[True, True, True, True, True, False]
```

Column

Blazeエコシステム

大規模データの操作と、その処理の並列実行に関して**Blazeエコシステム**というライブラリ群の開発が進められ注目を集めています。これらはオープンソースプロジェクトで、おもに次の5つのライブラリで構成されます。

- Blaze：さまざまなデータ蓄積システムからデータを取得するインタフェース
- Dask：タスクスケジューリングとBlock Algorithmによる並列計算
- Datashape：データ記述言語
- DyND：動的／多次元配列用のC++ライブラリ
- Odo：さまざまなデータストレージ間のデータ移植

これらのBlazeエコシステムのライブラリは、今後ますます増えていく各種のビッグデータや、気象／天文などの大量の観測データなどの扱いを容易にします。また、NumPyやpandasと類似のインタフェースを使って、メモリサイズ以上のデータを扱えるようにした点が注目されています。NumPyやpandasでは、扱うデータはメモリに格納できるサイズであることが、言うまでもなく当然の前提であったからです。

NumPyとpandasとのデータ形式変換も容易にできますので、NumPyとpandasを使って処理を進める中で、大規模データの並列処理が必要な部分だけDaskを利用する、という使い方などが想定されます。また、Daskはタスクスケジューラを持ち、PC上のシングルプロセスでの動作から、100のノードを持つクラスタでの分散コンピューティングまで、柔軟なスケーリングをする能力を持っています[注a]。プログラムがこのようなスケーラビリティを持つという点は非常に魅力的であり、今後の発展から目が離せません。

注a　これに関しては、次のURLを参照してください。
URL http://dask.pydata.org/en/latest/
URL http://blaze.pydata.org/blog/2016/02/17/dask-distributed-1/

11.4 まとめ

Pythonで大規模データを扱う場合、処理方法の選択を誤ると、C言語などと比べて桁違いに動作の遅いプログラムができてしまいます。そのようなプログラムには、本章で紹介した高速化へのアプローチを適用し、そこからさらに改善の方法を考えてみると良いでしょう。「高速ライブラリ（他言語）の活用」と「JITコンパイラ利用」については、次章で詳しく説明しますので本章と合わせて参考にしてください。

なお、ある程度高速なプログラムが書けるようになったら、さらなる高速化のために極端に時間を費やし過ぎないことも大切です。目的を達成するまでの時間を最短にすることがベストなのであって、プログラムの高速化自体が目的ではありません。また、もし高速化のために複雑な手法を駆使すれば、他の人にとってそのプログラムを理解することが困難になってくる場合もあります。特にチームで仕事をする場合には、お互いにプログラムの可読性に配慮することも必要です。

第12章

プログラム高速化の応用例

前述のとおり、Pythonは、他の言語のプログラムを統合することができるグルー言語であると言われます。実際、C/C++やFortranのライブラリを活用しているPython用のパッケージが多数存在します。それらは、一般的には純粋にPythonのみで書かれたプログラムよりも高速に動作するため、処理の高速化の観点で重宝されます。もちろん自作のC/C++プログラムをコンパイルしてPythonから利用することもできます。

高速化には、他の方法もあります。1つは**Cython**を使う方法です。Cythonを使えばPythonプログラムに少しのアノテーション（修飾子）を加えるだけで、PythonプログラムをC言語などに変換し、それをコンパイルしてPythonプログラムから呼び出せるのです。これも1つの他言語利用の形態と言えるでしょう。その他の方法として、**JIT**コンパイラを使うための拡張機能を提供する**Numba**や**Numexpr**なども高速化に大いに役立つ場合があります。本章では、これらの方法について概要を見ていきます。

12.1 高速ライブラリ(他言語)の活用

本節では、Pythonからの他言語活用について解説します。冒頭で、他言語ライブラリのパッケージを概観してから、Cythonの基本と活用、そして自作のC言語ライブラリの活用方法を見ていきましょう。

他言語ライブラリのパッケージ

Pythonのパッケージには、実は元々他の言語のライブラリであったものが多数存在します。いわゆるラッパープログラムによってPythonでも利用できるようにしているのです。

実は、本書でも解説したNumPyやSciPyも、C/C++やFortranで記述されたプログラムを利用して高速な処理速度を実現しています。このように、Pythonラッパーを使ってC/C++やFortranのプログラムをPython用のパッケージにしたものは数多くあります。

たとえば、次のような科学技術計算でもよく使われるライブラリはすべてPython用のパッケージが準備されています。

- GNU Scientific Library(C/C++の科学技術計算用数値計算ライブラリ)
- Boost(C++の先進的な機能を取り入れたさまざまな処理のライブラリ)
- FFTW(離散フーリエ変換のライブラリ)
- OpenGL(CG/*Computer Graphics*用のライブラリ)

このように、Pythonでは他言語ライブラリを利用することはごく普通のことであるため、有名なライブラリはすでに他の誰かがPythonラッパーを用意してPythonから呼び出せるパッケージにしてくれている場合が多々あります。

したがって、他言語ライブラリの利用にあたっては、すでにPythonパッケージとして準備されていないかどうか確認し、極力既存のパッケージの活用を模索するのが良いでしょう。

Cython Cythonは拡張言語

Cythonは、PythonとC/C++の静的型システムを融合したプログラミング言語です。Pythonプログラムに特定のアノテーション(修飾子)を加える拡張言語であるという言い方もできます。Pythonプログラムを記述するのと同じ感じで、C言語の性能にアクセスできる長所があります。CythonはCythonのソースコードをC言語またはC++のソースコードに変換し、Pythonの拡張モジュールや独立した実行ファイルにコンパイルできます。それによって、PythonにC/C++のパワー、つまり、実行速度の速さを加えることができるのです。なお、前述のとおり、CPythonはC言語によるPythonの参照実装のことで、CythonとCPythonはまったく別のものなので注意してください。

Cythonの機能

Cythonのパッケージを、簡潔に説明すると以下の2つに集約されます。

- **Cythonプログラムを C/C++に変換**
- **C/C++ライブラリの呼び出し**

Cythonは、プログラムをC/C++に書き換えて、Pythonプログラムから呼び出せるようにする機能を持つわけですから、この2つの機能を持つのはある意味当たり前のことです。C/C++に書き換えられたプログラムをコンパイルする作業だけは、別途用意したコンパイラに任せます注1。したがって、コンパイル作業の前後をCythonで実現するわけです。なお、コンパイラを起動する処理自体は、distutilsの機能やCythonに付属するpyximportモジュールの機能を使って実現されます。

さて、PythonプログラムをC言語化するには、Pythonの動的型付け言語としての特徴を捨てて、静的に型付けを行う必要があります。静的に型付けを行うと、コンパイル時に型チェックが可能となり、さらにその型に最適な高速マシンコードを生成できるメリットがあります。

Pythonのような動的型付け言語では、プログラムの実行時に使うべきデータ型を判断し、それに対応するローレベル関数を選択するという処理が必要です。このような処理を「動的ディスパッチ」(*dynamic dispatch*)と呼び、実行時に多くの処理時間を費やしています。Cythonが高速化できる理由は、この動的ディスパッチ処理の時間を削減し、あらかじめ用意された高速で最適なマシン語命令を利用するからなのです。

Cythonの使い方

Cythonプログラムの記述方法を具体的に説明する前に、Cythonの使い方全般について概要を説明します。はじめに、Cythonプログラムの利用における全体の

注1 Windows環境におけるC/C++コンパイラのインストール方法等については、本書のWebサポートページを参照してください(p.vi)。

流れは、次のとおりです。

❶Cythonプログラムのファイルに.pyxという拡張子を付ける
❷Pythonプログラムに、後述の静的型宣言などを加え、Cythonプログラムに変更
❸Cythonの機能(cythonize)を使って拡張子.cのC言語プログラムに変換[注2]
❹C言語化されたソースコードを、コンパイルして拡張子.pyd(Windowsの場合)、または.so(Linux/OS Xの場合)のライブラリファイルに変換
❺コンパイル済みのライブラリが、Pythonからimportされて利用される

Cythonコード作成からコンパイルまで

このコンパイルによるライブラリの生成には、以下の2つの標準的な方法が使われます。

- Python標準ライブラリのdistutilsとCythonのcythonizeを使う方法
- pyximportによる実行時コンパイル

ここでは、前者から説明をします。**リスト12.1**のCythonコードをコンパイルするものとします。これは、指定した数だけ小さい順に素数を見つけて返す関数primes()です。

これまでのPythonプログラムと異なり、入力変数のkmaxや、関数内部で使われるローカル変数n、k、iなどに静的型宣言が付けられているのがわかります。純粋なPythonプログラムに、このcdefによる静的型宣言を加えて、Cythonのコードにしています。

リスト12.1 Cythonコードの例(関数primes()、cython_1.pyx)※

```
def primes(int kmax):
    cdef int n, k, i
    cdef int p[1000]
    result = []
    if kmax > 1000:
        kmax = 1000
    k = 0
    n = 2
    while k < kmax:
        i = 0
        while i < k and n % p[i] != 0:
            i = i + 1
        if i == k:
```

注2 cythonizeを利用する際に、オプションとしてlanguage="c++"を指定するとC++に変換します。

```
            p[k] = n
            k = k + 1
            result.append(n)
        n = n + 1
    return result
```

出典： URL http://docs.cython.org/src/tutorial/cython_tutorial.html

次に、リスト12.1の関数を、**cythonize**の機能を使ってC言語化し、コンパイルしてライブラリファイルにします。これには、Python標準ライブラリの**distutils**を使います。はじめに、distutilsの機能を使うために、**リスト12.2**のsetupファイルを用意します。ファイル名はこの例では「setup_cy1.py」としました。

リスト12.2 distutilsのsetupファイル(setup_cy1.py)

```
from distutils.core import setup
from Cython.Build import cythonize

setup(
    ext_modules = cythonize("cython_1.pyx")
)
```

C言語コンパイラの準備ができていれば、これで準備完了です。次のコマンドによってC言語化とコンパイルを実行しましょう。

```
In [1]: !python setup_cy1.py build_ext --inplace
Compiling cython_1.pyx because it changed.
[1/1] Cythonizing cython_1.pyx
running build_ext
building 'cython_1' extension
＜中略＞
コード生成しています。
コード生成が終了しました。
```

IPythonで!を付けて実行すると、シェル(Windowsではコマンドプロンプト)で実行するのと同じです。コンパイルが完了すると、後は以下のように、通常のPythonモジュールとしてimportして使うだけです。

```
In [2]: import cython_1

In [3]: cython_1.primes(10)
Out[3]: [2, 3, 5, 7, 11, 13, 17, 19, 23, 29]
```

Cythonコードの実行時コンパイル

次に、**pyximport**による実行時コンパイルの方法を説明します。pyximportを使うと、その名のとおり拡張子.pyxのCythonファイルをそのままimportして使うことができます。もちろん、必要に応じてimportされるCythonファイルがコンパイルされることになります。Cythonファイルの変更後、最初のpyximport実行時に、コンパイルが実行されます。また、特に何も指定しないでコンパイルするわけですから、この手法が使えるのは外部ライブラリへの接続や、詳細なコンパイラへの指定が不要な場合に限ります。さて、実際の例を見てみましょう。先ほどのcython_1.pyxをインポートして使うには次のようにします。

```
In [4]: import pyximport; pyximport.install()
Out[4]: (None, <pyximport.pyximport.PyxImporter at 0xc1be850>)

In [5]: import cython_1

In [6]: cython_1.primes(5)
Out[6]: [2, 3, 5, 7, 11]
```

この例の`import pyximport; pyximport.install()`によってpyximportによる自動コンパイルを指定したことになります。後は、普通にimportして使うだけです。最初の1行さえ覚えてしまえば、簡単で便利です。

Cythonによる並列プログラミング例　NumPyプログラムのCythonコード化から

Cythonを使うことで特に高速化できるプログラムは、for文やwhile文などでループ処理を行っているプログラムです。先ほどのリスト12.1は、このような例の1つです。

リスト12.1では、入力変数と関数内部で使われるローカル変数に対する静的な型付けを行うことで高速化しました。しかし、リスト12.1はそもそもNumPyのプログラムではないため、科学技術計算を行う方にはあまり参考になる例とは言えません。そこで、**リスト12.3**に示すNumPyのndarrayを使う関数の例で考えていきましょう。

リスト12.3　ndarrayを使う関数のCythonプログラム例（cython_2.pyx）

```
""" NumPyのndarrayを使う関数のCythonプログラム例 """

cimport numpy as np
from cython.parallel import prange

N = 10000000
```

```
def matrix_cal_cy(np.ndarray[double, ndim=1] X,
                  np.ndarray[double, ndim=1] Y, double a):
    cdef int i
    for i in prange(N, nogil=True):
        if Y[i] < 0:
            Y[i] += 10.0 +  1e-7*i
    return (a*X + np.exp(Y))
```

この例では、matrix_cal_cyがCythonで記述された関数です。内部でNumPyを参照するためにimportの代わりにcimportを使ってNumPyをインポートします。また、関数matric_cal_cy()の入力引数の指定において、double型の1次元ndarrayが渡されることを示しています。さらに、この関数では関数range()の代わりに関数prange()が使われています。関数prange()は、OpenMP[注3] APIを使って実装されており、for文との組み合わせでしか使えません。関数prange()をfor文に使うことで、コンパイラのOpenMPオプションを有効にできれば、for文の処理を並列化できます。

さらに、関数prange()にnogil=Trueオプションを付けることで、GILの制約から解放することも可能です[注4]。

setupスクリプトの作成例

このCythonプログラムをコンパイルするためのdistutils用のsetupスクリプトは、**リスト12.4**のようになります。

リスト12.4 distutilsのsetupファイル(setup_cy2.py)

```
from distutils.core import setup
from distutils.extension import Extension
from Cython.Build import cythonize  # cythonizeを使う
import numpy as np

extensions = [
    Extension("cython_2", ["cython_2.c"],
              include_dirs=[np.get_include()],
              libraries=['npymath'],  # NumPyのライブラリに接続
              library_dirs=['C:/Anaconda3/Lib/site-packages/numpy/core/lib'],
              extra_compile_args=['/openmp'],  # OpenMPオプションを有効にする
              extra_link_args=['/openmp']),  # OpenMPオプションを有効にする
]
```

注3　C/C++、Fortranなどで使われる、共有メモリ型並列プログラミングのフレームワークで、マルチプラットフォームに対応しています。URL http://openmp.org/wp/

注4　環境によっては、これらのオプションの効果が得られないこともあります。

```
setup(
    name="My matrix calc",
    ext_modules=cythonize(extensions),
    include_dirs=[np.get_include()]
)
```

リスト12.3の例では、NumPyの機能にアクセスすることからNumPyのヘッダファイルをインクルードするためにinclude_dirs=[np.get_include()]でインクルードパスを指定しています。また、ライブラリ名とそのパスも与えています。その上で、次のコマンドによりコンパイルを実行します。

```
In [7]: !python setup_cy2.py build_ext --inplace
running build_ext
building 'cython_2' extension
<中略>
コード生成しています。
コード生成が終了しました。
```

高速化の効果検証

次に、ここでコンパイルした関数と、元のPython版関数との速度差を計測してみます。**リスト12.5**はPython/NumPyで書かれたオリジナルの関数matrix_cal()と、Cython版の関数matrix_cal_cy()の速度を比べるものです。

リスト12.5 ndarrayを使うCython関数の時間計測(cython_3.py)

```
import cython_2
import numpy as np
import time

N = 1000000

# cython_2.pyの関数のPythonオリジナル
def matrix_cal(X, Y, a):
    for i in range(N):
        if Y[i] < 0:
            Y[i] += 10.0 + 1e-7*i
    return (a*X + np.exp(Y))

if __name__ == '__main__':
    # 計算に使うndarrayを生成
    a = 3.4
    X = np.random.randn(N)
    Y = np.random.randn(N)
    # Cython版で計算
    ts = time.clock()
    Z = cython_2.matrix_cal_cy(X, Y, a)
```

```
    print('Cython版の処理の時間: {0:.3f}[s]'.format(time.clock() - ts))
    # オリジナルのmatrix_calで計算
    ts = time.clock()
    Z = matrix_cal(X, Y, a)
    print('オリジナル版の処理の時間: {0:.3f}[s]'.format(time.clock() - ts))
```

リスト12.5を実行すると、次のような結果を得られます。

```
In [8]: %run cython_3.py
Cython版の処理の時間: 0.608[s]
オリジナル版の処理の時間: 6.057[s]
```

このように、大幅な高速化が図られています。今回の例では、高速化の効果が表れやすいfor文を含むCythonプログラムの例を示しましたが、元々NumPyのベクトル計算だけで実現できる処理に関しては、Cythonによる大幅な高速化は難しいかもしれません。そのような場合には、後述のNumexprを試してみると効果がある場合があります。

自作のC/C++ライブラリの活用

PythonのプログラムからC/C++ライブラリを呼び出すには、以下の機能もしくはパッケージを使う方法があります。

❶PythonのC言語API URL http://docs.python.jp/3/c-api/index.html

❷Cython URL http://docs.cython.org/src/tutorial/clibraries.html

❸ctypes URL http://docs.python.jp/contrib/ctypes/tutorial_jp.html

❹cffi URL http://cffi.readthedocs.org/en/latest/index.html

❺SWIG URL http://www.swig.org/Doc1.3/Python.html#Python_nn13

はじめに、❶のPythonのC言語APIを使う方法を簡単に紹介します。この方法で使われるC言語ソースコードの例を、**リスト12.6**に示します。このように、Python用に仕様を拡張したC言語で記述する形になるため、すでに存在するライブラリをそのまま活用することができません。そのため、現有資産を極力そのまま活用したい場合には、他の方法が良さそうです。

リスト12.6 C言語APIを利用する例

```
#include <Python.h>

static PyObject *
fact(PyObject *self, PyObject *args)
{
    int n;
    int i;
    int ret=1;

    if (!PyArg_ParseTuple(args, "i", &n))
        return NULL;

    for (i=n; i>0; i--) ret *= i;

    return Py_BuildValue("i", ret);
}
```

次に、前述した❷Cythonは、あらゆるタイプのC/C++関数に対応できる仕様の柔軟性がありますので、慣れれば既存ライブラリの読み込みのラッパーとして用いても良いのですが、比較的簡単にC/C++関数にアクセスできるのは他言語ライブラリの呼び出し専門ツールである❸ctypes、❹cffi、それに❺SWIGです。

❸のctypesは、Pythonの標準ライブラリとなっており、関数の呼び出し規約の違いにも簡単に対応できます。呼び出し規約とは、関数などを呼び出す際の手順の決まり事です。cdecl呼び出し規約を使っている場合にはcdllオブジェクトで、stdcall呼び出し規約を使っているライブラリにはwindllおよびoledllオブジェクトで対応できます。ここではイメージを掴めるように、簡単な例を示します。ctypesについて詳しくは、前出のURLのドキュメントを参照してください。

自作C/C++ライブラリのコンパイル

まずは、ごく簡単な次の関数の例を見てください。ファイル名は「myfunc_cdelc.c」としました。

```
/* myfunc_cdelc.c */
int myadd(int x, int y) {
    return x + y;
}
```

これを、たとえばWindowsで、gccによってコンパイルする場合[注5]、次のようにします。

注5 MinGW(*Minimalist GNU for Windows*)を利用しました。

```
In [9]: !gcc -c -DBUILD_DLL myfunc_cdecl.c

In [10]: !gcc -shared -o myfunc_cdecl.dll myfunc_cdecl.o
```

これで、**myfunc_cdecl.dll**という名前のDLL(*Dynamic Link Library*)が生成されます。この場合、呼び出し規約はcdeclとなります。

次に、stdcall呼び出し規約のDLLも作成してみます。その場合、次のように関数の宣言にstdcallであることを明記します。

```
/* myfunc_stdcall.c */
#define EXPORT __declspec(dllexport) __stdcall

EXPORT int myadd(int x, int y) {
    return x + y;
}
```

これを、同様にgccでコンパイルしてDLLを作成するには、次のようにします。

```
In [11]: !gcc -c -DBUILD_DLL myfunc_stdcall.c

In [12]: !gcc -shared -o myfunc_stdcall.dll -Wl,--kill-at myfunc_stdcall.o
```

これで、**myfunc_stdcall.dll**という名前のDLLが作成されますが、ここでリンカに渡すオプションとして-Wと--kill-atを加えている点に注意してください。これにより、stdcallでは通常必要となる呼び出し時の引数サイズ指定が不要になります。

ライブラリのimport方法

以上のように作成されたDLLは、Windowsの場合、次のような呼び出し方法で利用できます。

```
In [13]: import ctypes
    ...:
    ...: lib_windll = ctypes.windll.LoadLibrary('myfunc_stdcall.dll')
    ...: lib_cdecl = ctypes.CDLL('myfunc_cdecl.dll')
    ...:
    ...: print(lib_windll.myadd(3, 6))
    ...: print(lib_cdecl.myadd(3, 2))
9  # 3 + 6の答え
5  # 3 + 2の答え
```

ctypes.windll.LoadLibrary関数での呼び出しは、stdcall呼び出し規約を使ったDLLに使います。一方、ctypes.CDLL関数での呼び出しは、cdecl呼び出し規約を使ったDLLに用います。上記の例では、どちらの方法で呼び出したライブラリについても、関数のmyaddを正常に利用できています。

ここでは、簡単な関数定義の場合でしたが、参照渡しのポインタを使って関数の出力を受け取る場合なども、比較的簡単にPythonから呼び出して利用できますので、詳しくはctypesのドキュメントを確認してみてください。

12.2 JITコンパイラ利用

本章では、JITコンパイラを利用して高速化を図る、2つのフレームワークNumbaとNumexprを紹介します。これらのフレームワークの大切な点は、ほんの少し記述を加えたり変更したりするだけで高速化が実現できるという点です。Cythonなどと比べると利用するのが容易で覚えるべきことが少ないという点で、手軽に利用できる高速化手法であると言えるでしょう。CPUバウンドなプログラムでは、これらの手法を使うことで思いがけず処理速度が数倍以上になることもありますので、試してみる価値が十分にあります。

Numba

Numbaは、Continuum Analytics社がオープンソースプロジェクトとして開発を進めています[注6]。Pythonで書かれたプログラムにデコレータを加えるだけで、配列を使った数値計算中心のプログラムが高速化できる特徴があります。たとえば、**@jit**というデコレータを関数定義の前に付け加えて、その関数をNumbaの機能で高速化するといった具合です。デコレータが加えられたプログラムは実行時にJITコンパイラ(*Just-In-Time compiler*)によって実行プラットフォーム用の機械語にコンパイルされ、C/C++やFortranにも匹敵する計算性能が出せるようになります。この際、LLVM(*Low Level Virtual Machine*)と呼ばれるコンパイラ基盤が使われます。

従来、「NumbaPro」というプロジェクトも存在し、有償パッケージとして販売されていましたが、現在ではNumbaProとしての開発は終了し、機能のおもな部分は**Numba**に、CUDAライブラリ関連の関数は**Accelerate**という有償パッケー

注6　本書ではNumba 0.27.0の時点の情報に基づきます。

ジに引き継がれました。

Numbaは、CPUとGPUのどちらで動作するプログラムにもコンパイル可能です。GPU向けにコンパイルする際には、今のところある程度の制約があることは頭に入れておく必要があります。CUDA対応はかなり進んでいるようですが、HSA (*Heterogeneous System Architecture*)のAPU (*Accelerated Processing Unit*)向けの対応はまだごく一部のみで、NVIDIA社のGPUには対応しているものの、AMD社のGPUにはまだ少ししか対応していない(2016年8月現在)という状況です。とは言え、GPU上でもプログラムの一部を動作させることができるポテンシャルを持っているという点は注目に値します。

Column

Julia

LLVMコンパイラを用いる言語の1つに**Julia**(ジュリア)と呼ばれる言語があります。2009年から開発が開始され2012年にオープンソースプロジェクトとして公開された、比較的新しい言語です。MATLABのようなプログラムの書きやすさを追求したスクリプト言語でありながら、C言語のような実行速度の速さが特徴の言語です。次のような要求を満たす言語を作ろうと、開発が行われています。

- **C言語の速度とRubyの動的プログラミングの特性**
- **Lispのような真のマクロとメタプログラミングの手法が使える言語**
- **MATLABの線形代数機能とわかりやすい数式の記述**
- **Pythonの汎用性**
- **R言語の統計処理機能**
- **Perlの文字列処理**
- **ハッカーが満足できるコンパイル可能なインタラクティブ言語**

言語のパラダイムとしては、オブジェクト指向の他に並列処理に強い関数型プログラミングの手法も使えるマルチパラダイムとなっています。また、C言語の関数をラッパー関数や特別なAPIを使わずに直接呼び出せるようになっていたり、PyCallパッケージを使ってPythonの関数も呼び出せるようになっており、過去の資産を活用できるグルー言語としての特徴も持っています。

何より、並列処理や分散コンピューティング向けに設計されているという点は特筆すべきでしょう。Pythonでは、NumPyやSciPyを使ってある程度の処理の並列性を獲得し、CythonやNumbaを使ってさらに並列性を高めることが可能ですが、Juliaでは最初からこのような並列処理が実現できる言語仕様となっているのです。ますます開発環境が充実していくと思われますので、今後が楽しみな言語です。

――基本的な使い方

Numbaは、Pythonのスクリプトファイル全体の高速化を行うわけではありません。スクリプトファイル内の関数やクラスに対してデコレータを付けることで、その関数やクラスがJITコンパイラによってコンパイルされて高速化されるものです。

さっそく例を見てみましょう。**リスト12.7**に**@jit**というデコレータを使って高速化する例を示します。関数mult_abs_basicは、複素数1次元配列xとyについて、要素毎に積を計算し、その積の絶対値を返す関数です。これに対して、関数mult_abs_numpyは、同じ計算をNumPyの機能で計算し、関数mult_abs_numbaは、`@jit`というデコレータを付けてJITコンパイラでコンパイルすることを指定しています。Numbaは関数定義の前に`@jit`デコレータを付けるだけで処理の高速化を実現できるのです。

ただし、この例ではndarrayを入力としていることから、入出力データの型について明記しています。さらに、`nopython=True`を付けることで、実行時にPython C APIにアクセスしないようにコンパイルします。これを**nopythonモード**と呼び、このオプションを付けなかった場合の**objectモード**よりも、高速な実行ファイルが生成されます。

リスト12.7　@jitデコレータによる高速化例（spd_numba1.py）

```
from numba import jit
import numpy as np
import time

def mult_abs_basic(N, x, y):
    r = []
    for i in range(N):
        r.append(abs(x[i] * y[i]))
    return r

def mult_abs_numpy(x, y):
    return np.abs(x*y)

# @jitデコレータで高速化を図る
@jit('f8[:](i8, c16[:], c16[:])', nopython=True)
def mult_abs_numba(N, x, y):
    r = np.zeros(N)
    for i in range(N):
        r[i] = abs(x[i] * y[i])
    return r

if __name__ == "__main__":
    # %% 処理するデータを生成
    N = 1000000
```

```
    x_np = (np.random.rand(N) - 0.5) + 1J * (np.random.rand(N) - 0.5)
    y_np = (np.random.rand(N) - 0.5) + 1J * (np.random.rand(N) - 0.5)
    x = list(x_np)
    y = list(y_np)

    # %% 処理時間比較
    ts = time.clock()
    b1 = mult_abs_basic(N, x, y)
    print('Pythonの計算時間 : {0:0.3f}[s]'.format(time.clock() - ts))
    ts = time.clock()
    b1 = mult_abs_numpy(x_np, y_np)
    print('NumPyの計算時間 : {0:0.3f}[s]'.format(time.clock() - ts))
    ts = time.clock()
    b1 = mult_abs_numba(N, x_np, y_np)
    print('Numbaの計算時間 : {0:0.3f}[s]'.format(time.clock() - ts))
```

実行結果は以下のとおりです。

```
In [14]: %run numba_jit.py
Pythonの計算時間 : 0.675[s]
NumPyの計算時間 : 0.200[s]
Numbaの計算時間 : 0.026[s]
```

この結果によると、Pythonのforループを使って計算する関数mult_abs_basicに比べて、関数mult_abs_numbaは26倍も高速化されています。さらに注目したいのは、NumPyよりも10倍近く速くなっていることです。これは大きな差です。@jitデコレータを付けるだけで、これだけの高速化が実現できました。

どのようなプログラムに使えるか

Numbaは、純粋なPythonプログラムだけでなく、NumPyを使って書かれたプログラムにも極力すべて対応できるように設計されています。Numbaの公式ドキュメントによれば、Numbaは「NumPyとのシームレスな統合」を目指しているのです。

とは言え、どんなPython/NumPyプログラムにも対応できるというわけではありません。たとえば、Pythonの次の要素はNumbaによってコンパイルされる関数の中で利用することはできません[注7]。

- **関数／クラスの定義**
- **例外処理**(try .. except、try .. finally)

注7　Numbaがコンパイルできるpythonの機能は、公式ドキュメントで確認できます。急速に発展を遂げているNumbaは改変が激しいため、最新の情報は公式ドキュメントで確認してみてください。

- コンテキストマネジメント(with文)
- 内包表記(リスト、辞書型、集合型、ジェネレータ)
- ジェネレータの委譲(yeild from)

また、関数呼び出しでは可変長引数`*args`はリストではなくタプルで渡す必要があり、キーワード(可変長)引数`**kwargs`はサポートされていません。

ジェネレータ関数は前述のobject modeとnopython modeの両方でサポートされます。Numbaが返すジェネレータはNumbaによってコンパイルされたコードからも、通常のPythonコードからも利用できます。ただし、ジェネレータの機能のうちコルーチン関連のメソッド(generator.send()、generator.throw()、generator.close())は利用できません。

Pythonの組み込み型(int、bool、float、complex、タプル、リスト、None、bytes、bytearray、memoryview)や、組み込み関数(abs()、len()、min()、max()、print()など)も多くのものが利用可能です。

Pythonの標準ライブラリはarray、cmath、math、collections、ctypes、operator、randomの一部の関数などがサポートされており、サードパーティライブラリではcffiがサポートされています。

NumPyについても多くの標準的な機能がNumbaによってサポートされていますが、NumPyのスカラーに関しては以下のものは非対応です。

- 任意の(自分で設計した) Pythonオブジェクト
- 半精度(16 bit)および拡張精度(128 bit)の浮動小数点数(float)および複素数(complex)
- ネスト構造のスカラー

これらのごく一部の例外を除けば、多くのオブジェクトやメソッドおよび関数に対応していますので、前述の例のように、NumPyの機能を利用する自作の関数はNumbaで高速化を図ることができる可能性があります。詳しくは「サポートされるNumPyの機能」について説明するNumbaの公式ドキュメント注8を参照してください。

Numbaのデコレータ

前述のとおり、Numbaの機能を利用するには、デコレータと呼ばれる@で始まるデコレータを使います。**表12.1**におもなデコレータの例を示します。この表では`from numba import jit`などのインポート文を前提としており、`@numba.jit`

注8　URL http://numba.pydata.org/numba-doc/latest/reference/numpysupported.html

表12.1 Numbaのデコレータ

デコレータ	説明
@jit	関数をJITコンパイラで高速化する
@jitclass	クラスをJITコンパイラで高速化する
@property	クラスのプロパティ定義に付けるデコレータ
@vectorize	NumPyのユニバーサル関数を作成する
@guvectorize	任意の要素数の入力変数に対して機能するユニバーサル関数を作成する
@cuda.jit	CUDAでGPU計算をするコードを生成し高速化する
@reduce	Reduceクラスのインスタンスを生成する

を@jitと省略して記載しています。

これらのデコレータで関数などを修飾すれば、Numbaによる高速化の恩恵を受けられるわけですが、デコレータに入出力変数の型の情報やオプション引数などを加えることで動作を細かく制御することができます。

Numbaの利用例(@jitclass)

次に、@jitclassデコレータの利用例を紹介します。**リスト12.8**では簡単なクラスの定義に@jitclassデコレータを適用した例です。クラスの属性(seizeとarr)の型は、このクラス定義だけを見てもわからない部分がありますので、specというタプルのリストを定義して、クラスの属性とその型の関係を@jitclassデコレータに与えています。

リスト12.8 @jitclassデコレータの利用例(spd_numba2.py)

```
import numpy as np
import time
from numba import jitclass  # import jitclass decorator
from numba import int32, float64  # 型名称をimport

# クラスの属性の型を規定
spec = [
    ('size', int32),
    ('arr', float64[:]),
]

@jitclass(spec)
class RandomCode(object):

    def __init__(self, size):
        self.size = size
        self.arr = np.random.randn(size)

    def bit_code(self):
```

```
        for i in range(self.size):
            if self.arr[i] >= 0.5:
                self.arr[i] = 1
            else:
                self.arr[i] = -1
        return self.arr

if __name__ == '__main__':
    a = RandomCode(1000000)
    ts = time.clock()
    cdat = a.bit_code()
    print('コード生成所要時間 : {0:.3f}[s]'.format(time.clock() - ts))
```

リスト12.8を実行すると、次のような結果となります。

```
In [15]: %run numba_classjit.py  # @jitclassデコレータが無効な場合
コード生成所要時間 : 0.452[s]
In [16]: %run numba_classjit.py  # @jitclassデコレータが有効な場合
コード生成所要時間 : 0.118[s]  # 4倍近くの高速化
```

Numbaの利用例（ufunc作成）

Numbaを使うと、次の例のようにしてユニバーサル関数**ufunc**を作成できます[注9]。

```
from numba import vectorize, float64

@vectorize([float64(float64, float64)], nopython=True, target='parallel')
def f(x, y):
    return x + y
```

この例では、@vectorizeデコレータを2つのスカラー変数を取る関数fに対して付けています。また、nopython=TrueでPython APIを使わないnopythonモードのコードへのコンパイルを指示し、target='parallel'によってマルチコアCPU向けにマルチスレッドを使うコードの生成を指示しています。NumPyのndarrayの加算ではこのような関数を作成する必要はありませんが、ufuncの作成方法として覚えておきましょう。

Numbaの利用例（マルチスレッド化）

最後に、Numbaでマルチスレッドプログラムを作成する例を示します。PythonによるマルチスレッドプログラムはGILの制限によって、結局のところ同時に実行できるのは1つのスレッドだけであることを前述しました。しかし、Numbaは

注9　7.4節で紹介したとおり、NumPyでも自作の関数をufunc化できます。

この制限を回避し、GILの制約を受けずに複数のスレッドを並列して同時に実行できるプログラムを書くことができます。そのような例を次に示します。

リスト12.9は、積和演算と指数関数計算を組み合わせた関数inner_func_nb()を、GILを回避できるプログラムにする例です。

この例では、オプションnogil=Trueによって、マルチスレッド時にGILを解除して動作できるようにしています。また、動作検証環境が2コアのCPUのため、スレッド数を2に変更しました。

リスト12.9 @jitclassデコレータの利用例(spd_numba4.py)※

```
nthreads = 2  # 2コアのCPUで検証するのでスレッド数を2にする
size = 10000000

# これが高速化する前の関数
def func_np(a, b):
    return np.exp(2.1 * a + 3.2 * b)

# Numbaで高速化した関数
@jit('void(double[:], double[:], double[:])', nopython=True, nogil=True)
def inner_func_nb(result, a, b):
    for i in range(len(result)):
        result[i] = np.exp(2.1 * a[i] + 3.2 * b[i])
```

※出典：URL http://numba.pydata.org/numba-doc/latest/user/examples.html
上記を元に一部改変して掲載(日本語コメントは筆者)。

リスト12.9を実行すると、次のような結果を得られます。

```
In [17]: %run spd_numba4.py
numpy (1 thread)       1545 ms
numba (1 thread)        789 ms
numba (2 threads)       534 ms
```

GILの制約を受けずに実行できているため、スレッド数を2にした効果が表れています。ただし、スレッドに渡す処理の粒度が大きくないと、この例のようなマルチスレッド化の効果は表れません。むしろ処理が遅くなる可能性もありますので注意が必要です。とは言え、Numbaを使ってマルチコアCPUのパワーをフルに生かすことができる可能性がある点は注目したい特徴と言えるでしょう。

本項に示した例以外にも、GPUを利用できる@cuda.jitデコレータなどもあります。NumPyのデータをCUDAカーネルに転送する仕組みが整備されるなど、NumPyとの連携を考慮して設計されています。計算機のGPUを利用してみたい方は、Numbaの公式ドキュメントを参照してください。

Numexpr

Numexpr[注10]は、Numbaと同じようにPythonコードをJITコンパイラによって動的にコンパイルする方式を使って処理を高速化します。Numexprは利用が簡単で、特に複雑な利用方法を覚える必要もありません。複雑な配列式の評価において、NumPyでは計算の途中経過を保存する一時配列の生成等が足かせとなって処理速度が低下してしまう場合がありますが、NumexprはそのNumPyの弱点を補う効果があります。

Numexprの利用例から見てみましょう。**リスト12.10**の例では、大きなNumPy配列に対する三角関数計算と積和演算を行って、その速さを計測しています。まずは`import numexpr as ne`としてNumexprをインポートします。次に、大きな配列のndarrayデータをnp.random.randn()関数を使って生成します。次に、NumPyの機能だけで三角関数計算と積和計算を実行してその実行時間をtime.clock()関数を使って計測します。また、まったく同じ計算をNumexprのevaluate()関数を使って実行し、その処理時間も計測します。evaluate()には計算式を文字列として渡します。

リスト12.10 Numexprの利用例(spd_numexpr.py)

```
import time
import numexpr as ne
import numpy as np

# 大きなNumPyの配列を作る
N = 10000000
a = np.random.randn(N)
b = np.random.randn(N)

# NumPyに三角関数計算と積和演算をさせて時間を計測
ts1 = time.clock()
c1 = (a * np.sin(b)).sum()
te1 = time.clock()
print('NumPy : %.6f [s]' % (te1 - ts1))

# Numexprに上記と同じ計算をさせて時間を計測
ts2 = time.clock()
c2 = ne.evaluate('sum(a * sin(b))')
te2 = time.clock()
print('Numexpr : %.6f [s]' % (te2 - ts2))

# どれくらい高速化できたか評価する
print('%.3f[%] 速く処理できました。' % (100-100*(te2-ts2)/(te1-ts1)))
```

注10 URL https://github.com/pydata/numexpr

リスト12.10の実行結果は、以下のとおりです。この結果では、Numexprの方が3倍近く高速に実行できる結果となりました。

```
In [18]: %run spd_numexpr.py
NumPy : 0.520845 [s]
Numexpr : 0.183893 [s]
64.693[%] 速く処理できました。
```

なお、Numexprにできる計算には制約があり、扱えるデータの型は次に示すものだけです。

- 8 bitブール値(bool)
- 32 bit符号付整数(int/int32)
- 64 bit符号付整数(long/int64)
- 32 bit単精度浮動小数点数(float/float32)
- 64 bit倍精度浮動小数点数(double/float64)
- 2x64 bit複素数の倍精度浮動小数点数(complex/complex128)
- バイトのRaw文字列(str)

サポートされる演算子は、次のとおりです。

- 論理演算子：`& | ~`
- 比較演算子：`< <= == != >= >`
- 単項算術演算子：`-`
- 2項演算子：`+ - * / ** % << >>`

Numexprのevaluate()関数に渡す評価式の中では、以下の関数がサポートされています。

- `where(bool, number1, number2)`：boolがTrue/Falseならnumber1/number2を返す
- `{sin,cos,tan}(float|complex)`：三角関数(正弦/余弦/正接)
- `{arcsin,arccos,arctan}(float|complex)`：三角関数(正弦/余弦/正接)の逆関数
- `arctan2(float1, float2)`：逆正接(arctangent2)
- `{sinh,cosh,tanh}(float|complex)`：双曲線(正弦/余弦/正接)関数
- `{arcsinh,arccosh,arctanh}(float|complex)`：双曲線(正弦/余弦/正接)逆関数
- `{log,log10,log1p}(float|complex)`：自然対数、常用対数、log(1+x)
- `{exp,expm1}(float|complex)`：指数関数、(指数関数-1)
- `sqrt(float|complex)`：平方根

- abs(float|complex)：絶対値
- conj(complex)：複素共役
- {real,imag}(complex)：複素数の実部と虚部を取り出す
- complex(float, float)：実部と虚部を指定して複素数を生成
- contains(str, str)：文字列の包含判定

Numexprでは、どのような計算式でも高速化できるわけではありませんが、大量のデータに対してここに示した演算を行うような場合には、有効に活用してみてください。

12.3 まとめ

本章では、前章で示したプログラム高速化の4つのアプローチのうち、「高速ライブラリ（他言語）の活用」と「JITコンパイラ利用」について説明しました。

高速ライブラリ（他言語）の活用では、Cythonの活用方法と、自作のC言語ライブラリの活用方法について説明し、JITコンパイラ利用については、NumbaとNumexprの機能概要を説明しました。また、それぞれ具体的な例でプログラムが高速化されることを確認しました。これらの手法を活用できると、プログラミングの幅が広がり、さまざまなケースで高速なプログラムを作成できるようになるでしょう。前章および本章の解説をきっかけに、さらなるプログラムの高速化に挑戦してみてください。

Appendix

Appendix A 参考文献&学習リソース

本書では、科学技術計算でPythonを使う初学者の方々が必要な知識を得られるように一通りの基礎知識を解説してきました。ここでは、参考文献と、言語仕様や周辺知識を今後さらに学んでいくにあたって参考になる書籍等を紹介します。

学習リソース

本書で学んだ後に、さらに学習を進めたい方が参考にできる学習リソースには次のようなものがあります。日本語と英語のリソースがありますが、英語の方が圧倒的に数が多く、英語でしか手に入らない情報も多く存在します。最新の情報を入手したい方は、英語のリソースから情報を入手することをお勧めします。

各種公式サイト

- Python URL http://docs.python.jp/
- IPython URL https://ipython.org/
- Spyder URL https://pythonhosted.org/spyder/
- SciPy Stack (SciPy.org) URL https://www.scipy.org/
  SciPy Stack (NumPy、SciPy、Matplotlib、IPython、pandas等)の公式サイト。各ライブラリのドキュメントをここから辿れる

書籍/ドキュメント

- 『Python Essential Reference, Forth Edition』(David M. Beazley著、Addison-Wesley、2009)
- 『みんなのPython 第3版』(柴田 淳著、SBクリエイティブ、2012)
- 『Pythonによるデータ分析入門 —— NumPy、pandasを使ったデータ処理』(Wes McKinney著、小林 儀匡/鈴木 宏尚/瀬戸山 雅人/滝口 開資/野上 大介訳、オライリー・ジャパン、2014)
- 『Cython —— Cとの融合によるPythonの高速化』(Kurt W. Smith著、中田 秀基監訳、長尾 高弘訳、オライリー・ジャパン、2015)
- 『IPythonデータサイエンスクックブック —— 対話型コンピューティングと可視化のためのレシピ集』(Cyrille Rossant著、菊池 彰訳、オライリー・ジャパン、2015)
- 「DIVE INTO PYTHON 3」(日本語版、Mark Pilgrim著、Fukada, Fujimoto訳)
  URL http://diveintopython3-ja.rdy.jp/
  特にPython 2系とPython 3系の違いなど参考になる
- 『ハイパフォーマンスPython』、Micha Gorelick/Ian Ozsvald著、相川 愛三訳、オライリー・ジャパン、2015)

- 「Think Python：コンピュータサイエンティストのように考えてみよう」(日本語版PDF／無償、Allen Downey著、相川 利樹訳)
  URL http://www.cauldron.sakura.ne.jp/thinkpython/
- 『Python Cookbook, 3rd Edition』(英語、David Beazley／Brian K. Jones著、O'Reilly Media、2013)
  以下に、無償版が公開されている。「OnlineProgrammingBooks.com」内の「Free Python Books」コーナー
  URL http://www.onlineprogrammingbooks.com/python/

Jupyter Notebook(IPython Notebook)やPythonのサンプル

- 「SciPy CookBook」 URL http://scipy-cookbook.readthedocs.io/
  SciPyスタックのライブラリのレシピ集。GitHubリポジトリへのリンクを辿ると、サンプルコードを入手可能
- URL https://github.com/chrisalbon/code_py
  Chris Albonによる、おもにデータサイエンス関係のコード片をJupyter Notebookとしてまとめたもの
- URL https://github.com/dabeaz/python-cookbook
  上記で紹介した『Python Cookbook, 3rd Edition』のコード例

バージョン管理システムGit

- サルでもわかるGit入門 URL https://www.backlog.jp/git-guide/
- Pro Git book日本語訳 URL https://git-scm.com/book/ja/v2

動画

- URL https://www.youtube.com/user/PyConJP
  PyCon JPのチャンネル。日本で開催されているカンファレンスであるPyCon JPの過去の発表を見ることができる
- URL https://www.youtube.com/user/EnthoughtMedia
  Enthoughtのチャンネル。各種イベントにおけるEnghought社員の発表を見ることができる
- URL https://www.youtube.com/user/PyDataTV
  データツール関連のコミュニティおよびそのカンファレンス「PyData」のチャンネル。ビッグデータ、データ可視化、機械学習、データマイニング等の話題を扱うPyDataの過去の発表を見ることができる
- URL https://www.youtube.com/channel/UCND4vKhJssAtK8p1Blfj14Q
  ディストリビューションパッケージAnacondaを配布しているContinuum Analytics社のチャンネル

その他

- URL http://software-carpentry.org/
  Software Carpentryのサイトで、Pythonを含むプログラミング言語の教材が多数ある
- 「SciPy Lecture Notes」(日本語訳)
  URL http://www.turbare.net/transl/scipy-lecture-notes/index.html

- 「Python実習マニュアル」 URL http://tutorial.jp/prog/python/python.pdf
- 上記のほか、PyData.Tokyo(http://pydatatokyo.connpass.com/)のような勉強会も開催されていて、機械学習、ディープラーニング、自然言語処理、画像処理などのテーマに興味がある方々が交流している

ディストリビューションパッケージ

英語のサイトになりますが、ぜひチェックしておきたいのはディストリビューションパッケージのサイトです。

ディストリビューションパッケージから得られるメリット

ディストリビューションパッケージのサイトは、Pythonユーザにとって有益な情報が多く含まれています。たとえば以下の観点で役に立ちます。

- Pythonのエコシステム全体を把握できる
- 新規ライブラリ等の最新情報が得られる
- 類似ライブラリがある場合、どのライブラリが広く受け入れられているのか推測できる
- Web上のセミナー(Webinar)等の参考資料へのリンクがある

代表的なディストリビューションパッケージについて

代表的なディストリビューションパッケージは以下のとおりです。

- Anaconda URL https://www.continuum.io/
- Enthought Canopy URL https://www.enthought.com/products/canopy/
- WinPython URL http://winpython.github.io/
- Python(x,y) URL http://python-xy.github.io/

ディストリビューションパッケージではありませんが、上記の他にWindows用のバイナリを配布しているサイト(http://www.lfd.uci.edu/~gohlke/pythonlibs/)も同様の理由で参考になります。

もちろん、Windowsを利用している方がディストリビューションパッケージには含まれていないパッケージを探す際にも役に立つでしょう。

Appendix B 組み込み関数と標準ライブラリ

本編で説明したとおり、Pythonは、多くの組み込み関数と、広範囲な処理を行える強力な標準ライブラリを備えており、「Battery Included」(バッテリー内蔵)などと表現されます。組み込み関数はPython本体の機能ですし、Pythonのインストーラにはほとんどの標準ライブラリが含まれていますので、インストールの直後からさまざまな課題への標準的な解決策として、これらの機能を使うことができます。ここでは、組み込み関数とPythonの標準ライブラリを概説します。

組み込み関数

Pythonにはあらかじめ用意された関数、いわゆる**組み込み関数**があります。これらは、import文によってパッケージやモジュールを呼び出さなくても使えます。

Python 3.5の組み込み関数一覧を**表AB.1**に示します。これらは、重要な関数ばかりですので、一通り内容を確認しておくと良いでしょう。Python 2系とは組み込み関数の構成は若干変わっています。表AB.1は、2016年8月時点の最新の組み込み関数一覧表です[注1]。

これらはいずれも重要ですが、特に知っておきたいのはhelp関数です。help関数を使えば他の関数の使い方などを次のように調べることができます。

```
In [1]: help(min)
Help on built-in function min in module builtins:

min(...)
    min(iterable[, key=func]) -> value
    min(a, b, c, ...[, key=func]) -> value

    With a single iterable argument, return its smallest item.
    With two or more arguments, return the smallest argument.
```

注1　次のURLで確認できます。URL http://docs.python.jp/3/library/functions.html

表AB.1 Python 3.5の組み込み関数一覧

関数	説明
abs(x)	数の絶対値を返す
all(iterable)	イテレータオブジェクトiterableのすべての要素が真ならば(もしくはiterableが空ならば) Trueを返す
any(iterable)	iterableのいずれかの要素が真ならばTrueを返す
ascii(object)	repr()と同様、オブジェクトの印字可能な表現を含む文字列を返す。非ASCII文字は\x、\u、\Uエスケープを使ってエスケープされる
bin(x)	整数を2進文字列に変換する
bool(x)	xについて判定し、ブール値、すなわちTrueまたはFalseのどちらかを返す
bytearray()	新しいバイト配列を作成する
bytes()	新しいバイトを作成する
callable(object)	object引数が、呼び出し可能オブジェクトであればTrueを、そうでなければFalseを返す
chr(i)	整数iに対応するUnicodeコードポイント(*code point*、符号位置)の文字を返す
classmethod(function)	functionのクラスメソッドを返す
compile(*args)	指定したソースコードをコードオブジェクト、もしくはAST (*Abstract Syntax Tree*、抽象構文木)オブジェクトにコンパイルする
complex()	文字列や数を複素数に変換する
delattr(object, name)	オブジェクトが許すなら、指名された属性を削除する
dict()	新しい辞書を作成する
dir()	引数がない場合、現在のローカルスコープにある名前のリストを返す。引数がある場合、その引数が示すオブジェクトの有効な属性のリストを返そうと試みる
divmod(a, b)	2つの(複素数でない)数を引数として取り、整数の除算を行った時の商と剰余の対を返す
enumerate(iterable)	カウント値と、順次取り出したiterableの値を含むタプルを返す
eval(expression)	expressioniをPython式として評価した結果を返す
exec(object)	objectとして文字列かコードオブジェクトを渡し、Python文として解析実行する
filter(function, iterable)	iterableの要素のうちfunctionが真を返す要素を使って、iterableなfilterオブジェクトを返す
float([x])	数または文字列xから生成された浮動小数点数を返す
format()	書式化された表現に変換する
frozenset()	凍結集合型を生成する
getattr(object, name)	objectの指名された属性の値を返す
globals()	現在のグローバル名前空間を表す辞書を返す
hasattr(object, name)	nameがobjectの属性の1つであった場合Trueを、そうでない場合Falseを返す
hash(object)	objectのハッシュ値(整数)を返す
help()	組み込みヘルプシステムを起動する。引数が指定されると、その指定した引数に関するヘルプを表示する
hex(x)	10進数の数値xを16進数文字列に変換する
id(object)	objectのidentityを返す
input()	(引数を指定すると、それを標準出力に表示後)入力から1行を読み込み、文字列に変換して返す
int()	数値または文字列xから生成された整数を返す
isinstance(object, classinfo)	objectがclassinfo引数のインスタンスであるか、(直接、間接、または仮想)サブクラスのインスタンスの場合にTrueを返す
issubclass(class, classinfo)	classがclassinfoの(直接、間接、または仮想)サブクラスであればTrueを返す
iter(object)	objectを使って、イテレータオブジェクトを返す
len(s)	コンテナ型オブジェクトsの長さ(要素の数)を返す

list()	リスト型を作成して返す
locals()	ローカル名前空間を表す辞書を返す
map(function, iterable, ...)	functionを、結果を返しながらiterableのすべての要素に適用するイテレータを返す
max()	最大値を返す
memoryview(object)	与えられたobjectから作られたメモリビューオブジェクトを返す。詳しくは、Python公式ドキュメントを参照。URL http://docs.python.jp/3/library/stdtypes.html#typememoryview
min()	最小値を返す
next()	iteratorの次の要素を取得する
object	特徴を持たない新しいオブジェクトを返す。すべてのクラスの基底クラス
oct()	整数を8進文字列に変換する
open(file, ...)	fileを開く(6.2節を参照)
ord(c)	文字cを対応するUnicodeコードポイントを表す整数に変換
pow(x, y)	xのy乗を返す
print()	整形した文字列を標準出力に表示する
property()	プロパティ属性(*property attribute*)を設定するためのクラス
range()	ループ処理などに利用する連続する整数を返すイテレータオブジェクト
repr(object)	objectの印字可能な表現を含む文字列を返す
reversed(seq)	要素を逆順に取り出すiteratorを返す
round(number[, ndigits])	numberを数点以下ndigits桁に丸めた浮動小数点数の値を返す。ndigitsを省略すると、最近傍整数を返す
set()	集合型を作成する
setattr(object, name, value)	objectのname属性にvalueを設定する
slice()	スライシングに使うスライスオブジェクトを返す
sorted(iterable)	iterableの要素をソートして並べ替えた新たなリストを返す
staticmethod(function)	functionの静的メソッドを返す
str(object)	objectを文字列に置き換えたものを返す
sum(iterable)	iterableの要素の合計
super([type [, object-or-type])	メソッドの呼び出しをtypeの親または兄弟クラスに委譲するプロキシオブジェクトを返す
tuple()	タプルを作成する
type()	引数が1つだけの場合、その引数の型を返す。引数が3つの場合、新しい型オブジェクトを返す
vars()	__dict__属性を持つオブジェクトの、__dict__属性を返す。引数がなければ、locals()と同じ動作となる
zip(*iterable)	複数のiterableを引数とし、それらから要素を集めたイテレータを作成する
__import__(name, ...)	import文に呼び出される関数。import文の動作を変えるのに利用できるが、この関数を使うことは推奨されていない

標準ライブラリ

Pythonの標準ライブラリの公式ドキュメントは、以下のとおりです。

- **「Python標準ライブラリ・リファレンスマニュアル(日本語訳)」**
  URL http://docs.python.jp/3/library/

Pythonは使われるプラットフォームも様々ですが、その差異を吸収できるように標準ライブラリのAPIが設計されています。そのことで、Pythonプログラムの移植性を高めています。

標準モジュールにはC言語で書かれているものと、Pythonで書かれているものがあります。C言語で書かれているものは、コンパイルされPythonインタープリタに組み込まれています。一方、Pythonで書かれているものはソースコード形式で取り込まれます。

機能によって標準ライブラリを分類すると、概ね次の4つに分類できます。

❶言語仕様を構成するもの(組み込みの関数、定数、型、例外等)
❷各種情報(テキスト、構造化データ、バイナリ)の操作
❸システムへのアクセス機能や処理の制御機能
❹開発支援ツール

❶の言語仕様を構成するものには、数値型やリスト型のような、言語仕様の核となるデータ型も含まれています。組み込み関数と例外も含まれており、これらの言語仕様の核とみなされるものは、import文を使わずに利用できます。

❷の各種情報の操作用ライブラリは、テキストデータを読んだり、バイナリデータを保存したり、htmlやxmlで記述されたデータを操作したりできます。

❸のシステムへのアクセス制御や処理の制御機能は、ファイルとフォルダ/ディレクトリへアクセスする際に用いたり、並行実行を制御したり、Windows固有の機能にアクセスしたりできます。

❹の開発支援ツールは、デバッガや単体テストフレームワーク、GUIの開発用APIなどを提供します。

上記分類を以下、「大分類」と称して標準ライブラリの機能項目を整理すると、**表AB.2**のようになります。機能項目を列挙するだけでもかなりの数になります。表中の中分類の中にもさまざまモジュールが含まれていますので、すべての機能を把握するのは難しいと思いますが、どのような機能が含まれているのか全体像を掴んでおくことが大切です。その上で、必要になった時に上記のリファレンスマニュアル等を参照すると良いでしょう。

表AB.2 標準ライブラリの機能項目（Python 3.5.1時点）

大分類	中分類	例
❶	組み込みの関数／定数／型／例外	any、and、int、raise
	数値と数学モジュール	math、statistics
	関数型プログラミング用モジュール	itertools、functools
	Python ランタイムサービス	sys、traceback
	カスタム Python インタープリタ	code、codeop
	モジュールのインポート	zipimport、pkgutil
	Python 言語サービス	parser、token
	各種サービス	formatter
❷	テキスト処理サービス	string、re、readline
	バイナリデータ処理	struct、codecs
	特別なデータ型	datetime、pprint
	データの永続化	pickle、shelve
	データ圧縮とアーカイブ	gzip、tarfile
	ファイルフォーマット	csv、netrc
	暗号関連のサービス	hashlib、hmac
	インターネット上のデータの操作	email、json、base64
	構造化マークアップツール	html、xml
	インターネットプロトコルとサポート	cgi、urllib
	マルチメディアサービス	wave、imghdr
	国際化	gettext、locale
❸	ファイルとフォルダ／ディレクトリへのアクセス	os.path、filecmp
	汎用OSサービス	os、io、time
	並行実行	threading、multiprocessing
	プロセス間通信とネットワーク	socket、asyncio
	Windows 固有のサービス	mailib、msvcrt
	Unix 固有のサービス	posix、tty
❹	プログラムのフレームワーク	turtle、cmd
	Tk を使う GUI	tkinter
	開発ツール	doctest、unittest
	デバッグとプロファイリング	pdb、timeit
	ソフトウェアパッケージと配布	distutils、venv

Appendix C NumPyの関数リファレンス

NumPyには、多くの機能を提供する関数が準備されています。準備されている関数群の概要を把握しておくと役立ちます。

機能項目

NumPyの機能項目一覧と、その中で比較的重要な機能項目についてはその関数(メソッドやオペレータを含む)一覧を示します。第7章でも説明したように、NumPyの機能は多岐にわたります。機能項目を列挙すると、以下のとおりです。

- 配列(*array*)生成/操作:表AC.1、表AC.2
- 数学関数(*mathematical function*):表AC.3
- 線形代数(*linear algebra*):表AC.4
- ランダムサンプリング(*random sampling*):表AC.5
- 統計関数(*statistics*):表AC.6
- インデックス関連:表AC.7
- ソート/サーチ/カウント(*sorting/searching/counting*):表AC.8
- 多項式計算(*polynomials*):表AC.9
- データ入出力(I/O):表AC.10
- 離散フーリエ変換(DFT、FFT)と窓関数:表AC.11
- 行列(*matrix*)生成/操作
- データタイプ関連操作
- 浮動小数点数エラー対応
- 文字列操作
- 論理計算
- 集合計算
- バイナリ操作
- Masked Array操作
- C-Types外部関数インタフェース
- 日時(*datetime*)サポート
- 関数型プログラミング

- フィナンシャル(*financial*)
- ヘルプ関数
- テストサポート

関数一覧

上記の機能項目のうち、重要な機能項目について、以下に**表AC.1**から**表AC.11**として関数一覧表を付けました。本書のimport方法に従えば、これらの表の関数名をnp.の後に付ければ、その関数を利用できます。関数名がlinalg.inv(a)などと、.(ドット)でつないだ記法になっているものは、モジュール名を.(ドット)の前に指定しないとアクセスできない関数です。また、表のヘッダ部分に「関数名(numpy.randomモジュール)」のように記載されている場合も、それがNumPyのrandomモジュール配下の関数であることを意味しますから、それに応じた記法(例:np.random.rand())でアクセスする必要があります。なお、表中の関数名の後の ufunc は、その関数がユニバーサル関数(ufunc)であることを示します。

本書では、NumPy 1.11のリファレンスマニュアルを参考にしています。また、最新の公式ドキュメントはSciPyの公式サイト(http://docs.scipy.org/doc/)を参照してください。

表AC.1 配列生成の関数群

関数名/メソッド/クラス/オペレータ	説明
Ones and Zeros	
empty(shape[, dtype, order])	指定の形状(*shape*)とデータ型(*type*)の新規配列を初期化せずに生成
empty_like(a[, dtype, order, subok]) ufunc	所与の配列の形状の新規配列を初期化せずに生成
eye(N[, M, k, dtype])	単位行列相当の2次元配列を生成(応用版)
identity(n[, dtype])	単位行列相当の2次元配列を生成
ones(shape[, dtype, order])	指定の形状(*shape*)とデータ型(*type*)の新規配列を全要素を1に初期化して生成
ones_like(a[, dtype, order, subok]) ufunc	所与の配列の形状の新規配列を全要素を1に初期化して生成
zeros(shape[, dtype, order])	指定の形状(*shape*)とデータ型(*type*)の新規配列を全要素を0に初期化して生成
zeros_like(a[, dtype, order, subok]) ufunc	所与の配列の形状の新規配列を全要素を0に初期化して生成
full(shape, fill_value[, dtype, order])	指定の形状(*shape*)とデータ型(*type*)の新規配列を全要素を指定の値(*fill_value*)に初期化して生成
full_like(a, fill_value[, dtype, order, subok]) ufunc	所与の配列の形状の新規配列を全要素を指定の値(*fill_value*)に初期化して生成
既存データから配列生成	
array(object[, dtype, copy, order, subok, ndmin])	配列(*ndarray*)を生成
ascontiguousarray(a[, dtype])	メモリの連続領域(Cオーダー)に配置した配列を生成
copy(a[, order])	入力オブジェクトのコピー配列を生成

frombuffer(buffer[, dtype, count, offset])	バッファのデータを1次元配列として解釈
fromfile(file[, dtype, count, sep])	テキストまたはバイナリファイルからデータを読んで配列を生成
fromfunction(function, shape, **kwargs)	各座標で関数を実行して配列を生成
fromiter(iterable, dtype[, count])	イテレート可能オブジェクトから1次元配列を生成
fromstring(string[, dtype, count, sep])	Rawバイナリまたはテキストデータから1次元配列を生成
loadtxt(fname[, dtype, comments, delimiter, ...])	テキストファイルからデータを読み込み
レコード配列生成	
rec.array(obj[, dtype, shape, ...])	さまざまなオブジェクトからレコード配列を生成する
rec.fromarrays(arrayList[, dtype, ...])	配列のリストからレコード配列を生成する
rec.fromrecords(recList[, dtype, ...])	テキスト形式のレコードリストからレコード配列を生成する
rec.fromstring(datastring[, dtype, ...])	バイナリデータから(read-onlyの)レコード配列を生成する
rec.fromfile(fd[, dtype, shape, ...])	バイナリデータファイルからレコード配列を生成する
数値範囲	
arange([start,] stop[, step,][, dtype])	等間隔の値の配列を生成
linspace(start, stop[, num, endpoint, ...])	等間隔の値の配列を生成
logspace(start, stop[, num, endpoint, base, ...])	ログスケールで等間隔の配列を生成
meshgrid(*xi, **kwargs)	座標ベクトルから座標行列を生成
mgrid	密な多次元メッシュグリッドを生成
ogrid	オープンな多次元メッシュグリッドを生成
行列形成	
diag(v[, k])	指定の配列から対角成分を抽出するか、指定の対角成分を持つ配列を生成
diagflat(v[, k])	平坦化した配列の要素を対角成分に持つ配列を生成
tri(N[, M, k, dtype])	指定の対角列以下がすべて1でそれ以外は0の配列を生成
tril(m[, k])	配列の下三角行列を取り出し
triu(m[, k])	配列の上三角行列を取り出し
vander(x[, N, increasing])	Vandermonde行列を生成
文字列配列(*chararray*)生成	
char.array(obj[, itemsize, ...])	文字列配列(*chararray*)を生成
char.asarray(obj[, itemsize, ...])	入力値を文字列配列に変換する(必要な場合のみデータをコピー)
Matrixクラス	
mat(data[, dtype])	入力データを行列として解釈する
bmat(obj[, ldict, gdict])	文字列で書かれたデータなどから行列を作成する

表AC.2　配列操作の関数群

関数名/メソッド/クラス/オペレータ	説明
基本操作	
copyto(dst, src[, casting, where])	配列のコピー(必要に応じてブロードキャスティングする)
配列形状の変更	
reshape(a, newshape[, order])	配列の形状を変更する(データの変更はなし)
ravel(a[, order])	平坦化した配列を返す
ndarray.flat	1次元に平坦化したnumpy.flatiterインスタンスを返す
ndarray.flatten([order])	1次元に平坦化した配列のコピーを返す
転置関連操作	
rollaxis(a, axis[, start])	特定の軸を(所与の位置に来るまで)後ろにロールする
swapaxes(a, axis1, axis2)	配列の2つの軸の位置を交換する
ndarray.T	転置行列を返す

transpose(a[, axes])	行列の次元の順序を変える
次元を変更	
atleast_1d(*arys)	入力データを最低1次元の配列に変換する
atleast_2d(*arys)	入力データを最低2次元の配列として参照する
atleast_3d(*arys)	入力データを最低3次元の配列として参照する
broadcast	ブロードキャスティングを真似るオブジェクトを生成する
broadcast_arrays(*args)	配列を相互にブロードキャストさせる
expand_dims(a, axis)	配列の形状(次元)を拡張する
squeeze(a[, axis])	長さ1の次元を配列の形状(次元)から取り除く
配列の種類変更	
asarray(a[, dtype, order])	入力を配列に変換
asanyarray(a[, dtype, order])	入力を配列に変換。ただし配列(*ndarray*)のサブクラスはそのまま
asmatrix(data[, dtype])	入力を行列として解釈
asfarray(a[, dtype])	floatにデータが型変換された配列を返す
asfortranarray(a[, dtype])	Fortranのメモリ上のデータ配置順の配列を作成
asarray_chkfinite(a[, dtype, order])	NaN(*Not a Number*)とInf(無限大)を確認しながら入力を配列に変換する
asscalar(a)	サイズ1の配列をスカラーに変換する
require(a[, dtype, requirements])	指定の型と要求事項を満たす配列を作成する
配列の結合	
column_stack(tup)	1次元配列を列として重ねて2次元配列を生成
concatenate((a1, a2, ...)[, axis])	配列の結合
dstack(tup)	第3軸(*depth wise*)方向に配列を重ねて結合する
hstack(tup)	水平方向(*column wise*)に配列を重ねて結合する
vstack(tup)	垂直方向(*row wise*)に配列を重ねて結合する
配列の分割	
array_split(ary, indices_or_sections[, axis])	配列を複数のサブ配列に分割する
dsplit(ary, indices_or_sections)	配列を第3軸(*depth wise*)方向に複数のサブ配列に分割する
hsplit(ary, indices_or_sections)	配列を水平(*column wise*)方向に複数のサブ配列に分割する
split(ary, indices_or_sections[, axis])	配列を複数のサブ配列に分割する
vsplit(ary, indices_or_sections)	配列を垂直(*row wise*)方向に複数のサブ配列に分割する
配列のタイル状複製	
tile(A, reps)	与えられた配列を指定の方向に繰り返し並べて配列を作成する
repeat(a, repeats[, axis])	配列の要素を指定の回数繰り返して新たな配列を作成する
要素を加える/削除する	
delete(arr, obj[, axis])	配列から指定の軸方向の指定の要素を削除して新たな配列を作成する
insert(arr, obj, values[, axis])	配列に新たな要素を追加して新たな配列を作成する
append(arr, values[, axis])	配列に要素を付け加える
resize(a, new_shape)	配列の形状を変更する
trim_zeros(filt[, trim])	1次元配列の先頭および最後の0を削除する
unique(ar[, return_index, return_inverse, ...])	配列から重複しない要素を取り出す
配列要素のアレンジ	
fliplr(m)	配列の左右の向きを入れ替える
flipud(m)	配列の上下の向きを入れ替える
reshape(a, newshape[, order])	データを変えずに配列の形状だけを変更する
roll(a, shift[, axis])	配列の要素を特定の軸方向にロールさせる
rot90(m[, k])	配列の要素を反時計周りに90度回転させる

表AC.3 数学関連の関数群

関数名／メソッド／クラス／オペレータ	説明
三角関数等	
sin(x[, out]) ufunc	要素毎に正弦(*sine*)を計算
cos(x[, out]) ufunc	要素毎に余弦(*cosine*)を計算
tan(x[, out]) ufunc	要素毎に正接(*tangent*)を計算
arcsin(x[, out]) ufunc	要素毎に逆正弦(*arcsine*)を計算
arccos(x[, out]) ufunc	要素毎に逆余弦(*arccosine*)を計算
arctan(x[, out]) ufunc	要素毎に逆正接(*arctangent*)を計算
hypot(x1, x2[, out]) ufunc	直角を挟む2辺の長さを与えられたとして対応する斜辺の長さを計算する(要素毎)
arctan2(x1, x2[, out]) ufunc	要素毎に4象限逆正接(*arctangent*)を計算
degrees(x[, out]) ufunc	radianからdegreeへの単位変換
radians(x[, out]) ufunc	degreeからradianへの単位変換
unwrap(p[, discont, axis])	入力データ列の隣り合うデータの差分が2πを超えないようにunwrapする
deg2rad(x[, out]) ufunc	degreeからradianへの単位変換
rad2deg(x[, out]) ufunc	radianからdegreeへの単位変換
双曲線関数	
sinh(x[, out]) ufunc	要素毎に双曲線正弦(*hyperbolic sine*)を計算
cosh(x[, out]) ufunc	要素毎に双曲線余弦(*hyperbolic cosine*)を計算
tanh(x[, out]) ufunc	要素毎に双曲線正接(*hyperbolic tangent*)を計算
arcsinh(x[, out]) ufunc	要素毎に双曲線逆正弦(*hyperbolic arcsine*)を計算
arccosh(x[, out]) ufunc	要素毎に双曲線逆余弦(*hyperbolic arccosine*)を計算
arctanh(x[, out]) ufunc	要素毎に双曲線逆正接(*hyperbolic arctangent*)を計算
数値の丸め	
around(a[, decimals, out]) ufunc	指定の桁数まで数値を丸める
round_(a[, decimals, out]) ufunc	指定の桁数まで数値を丸める
rint(x[, out]) ufunc	最も近い整数に数値を丸める
fix(x[, y]) ufunc	0方向に最も近い整数に丸める
floor(x[, out]) ufunc	小さい方への数値の丸め(要素毎)
ceil(x[, out]) ufunc	大きい方への数値の丸め(要素毎)
trunc(x[, out]) ufunc	小数点以下を切り捨てて数値を丸める
和／積／差分	
prod(a[, axis, dtype, out, keepdims])	特定の軸方向に要素の積を計算
sum(a[, axis, dtype, out, keepdims])	特定の軸方向に要素の和を計算
nansum(a[, axis, dtype, out, keepdims])	特定の軸方向に要素の和を計算(非数値NaNは0として扱う)
cumprod(a[, axis, dtype, out])	特定の軸方向に累積「積」を計算する
cumsum(a[, axis, dtype, out])	特定の軸方向に累積「和」を計算する
diff(a[, n, axis])	特定の軸方向にn次の差分を計算する
ediff1d(ary[, to_end, to_begin])	1次元配列の隣接要素の差分を計算する
gradient(f, *varargs, **kwargs)	配列の要素の勾配を計算する
cross(a, b[, axisa, axisb, axisc, axis])	与えられた2つのベクトル(配列)の外積計算を行う
trapz(y[, x, dx, axis])	合成台形積分法による積分計算
指数関数／対数関数	
exp(x[, out]) ufunc	入力配列の各要素のexonential計算
expm1(x[, out]) ufunc	入力配列の各要素のexonential計算結果から1を引く
exp2(x[, out]) ufunc	入力配列の各要素に対して2の累乗を計算する
log(x[, out]) ufunc	自然対数計算
log10(x[, out]) ufunc	基数10の対数計算
log2(x[, out]) ufunc	基数2の対数計算
log1p(x[, out]) ufunc	入力配列の各要素に1を加えて自然対数計算

logaddexp(x1, x2[, out]) ufunc	log(exp(x1) + exp(x2))(入力要素のexponential計算の和の自然対数)
logaddexp2(x1, x2[, out]) ufunc	log2(2**x1 + 2**x2)(入力要素の2のべき乗の和の基数2の対数計算)
浮動小数点数関数	
signbit(x[, out]) ufunc	サインビットが1の場合(負の数の場合)にTrueを返す
copysign(x1, x2[, out]) ufunc	x1の符号をx2の符号に変更する(要素毎)
frexp(x[, out1, out2]) ufunc	入力値の仮数部と指数部を返す
ldexp(x1, x2[, out]) ufunc	(x1 * 2**x2)を返す(要素毎)
算術関数	
add(x1, x2[, out]) ufunc	加算(要素毎)
reciprocal(x[, out]) ufunc	逆数(要素毎)
negative(x[, out]) ufunc	符号反転(要素毎)
multiply(x1, x2[, out]) ufunc	積(要素毎)
divide(x1, x2[, out]) ufunc	割り算(要素毎)
power(x1, x2[, out]) ufunc	累乗(要素毎)
subtract(x1, x2[, out]) ufunc	引き算(要素毎)
true_divide(x1, x2[, out]) ufunc	割り算(要素毎、Python 3系では/による割り算と同じ)
floor_divide(x1, x2[, out]) ufunc	割り算の商(要素毎、Python 3系では//による割り算と同じ)
fmod(x1, x2[, out]) ufunc	割り算の余りを返す
mod(x1, x2[, out]) ufunc	割り算の余りを返す
modf(x[, out1, out2]) ufunc	整数部と小数部に分けて返す
remainder(x1, x2[, out]) ufunc	割り算の余りを返す
複素数計算	
angle(z[, deg]) ufunc	複素数の偏角を返す
real(val) ufunc	複素数の実部を返す
imag(val) ufunc	複素数の虚部を返す
conj(x[, out]) ufunc	複素数の複素共役を返す
その他	
convolve(a, v[, mode])	2つの1次元データの畳み込み計算を行う
clip(a, a_min, a_max[, out]) ufunc	入力値に対するリミット計算(最小、最大)
sqrt(x[, out]) ufunc	平方根計算
square(x[, out]) ufunc	2乗計算
absolute(x[, out]) ufunc	絶対値計算
fabs(x[, out]) ufunc	絶対値計算
sign(x[, out]) ufunc	入力配列の符号を返す
maximum(x1, x2[, out]) ufunc	配列の最大値計算
minimum(x1, x2[, out]) ufunc	配列の最小値計算
fmax(x1, x2[, out]) ufunc	配列の最大値計算
fmin(x1, x2[, out]) ufunc	配列の最小値計算
nan_to_num(x) ufunc	NaNを0に、無限大を有限数に変換する
real_if_close(a[, tol]) ufunc	0に近い入力値を実数として返す
interp(x, xp, fp[, left, right])	1次元の線形内挿関数
i0(x)	第1種変形ベッセル関数の計算
sinc(x) ufunc	sinc関数の計算

表AC.4 線形代数の関数群

関数名／メソッド／クラス／オペレータ	説明
行列／ベクトル計算	
dot(a, b[, out])	ベクトルの場合は内積、行列の場合は行列積、3次元以上→NumPyのリファレンスドキュメントを参照
vdot(a, b)	2つのベクトルの内積（aの複素共役を使う）
inner(a, b)	1次元配列の内積
outer(a, b[, out])	2つのベクトルの外積
tensordot(a, b[, axes])	テンソル積計算
einsum(subscripts, *operands[, out, dtype, ...])	被演算子のアインシュタインの縮約記法を評価
linalg.matrix_power(M, n)	正方行列Mのn乗
kron(a, b)	2つの配列のクロネッカー積を計算
Decomposition	
linalg.cholesky(a)	コレスキー分解
linalg.qr(a[, mode])	QR分解
linalg.svd(a[, full_matrices, compute_uv])	特異値分解
行列固有値	
linalg.eig(a)	正方行列の固有値と右固有ベクトルを計算
linalg.eigh(a[, UPLO])	Hermitian/Symmetric行列の固有値と固有ベクトルを計算
linalg.eigvals(a)	行列の固有値を計算
linalg.eigvalsh(a[, UPLO])	Hermitian行列もしくは実対称行列の固有値を計算
ノルム計算等	
linalg.norm(x[, ord, axis])	行列またはベクトルのノルム
linalg.cond(x[, p])	行列の条件数を計算
linalg.det(a)	行列式計算
linalg.matrix_rank(M[, tol])	特異値分解法で行列のランクを計算
linalg.slogdet(a)	行列式の符号と対数を計算
trace(a[, offset, axis1, axis2, dtype, out])	行列の対角成分の和を計算
方程式解法／逆行列	
linalg.solve(a, b)	線形方程式を解く
linalg.tensorsolve(a, b[, axes])	テンソル方程式を解く
linalg.lstsq(a, b[, rcond])	線形方程式の最小2乗解を求める
linalg.inv(a)	逆行列計算
linalg.pinv(a[, rcond])	疑似逆行列計算
linalg.tensorinv(a[, ind])	逆テンソル計算

表AC.5 ランダム数生成器の関数群

関数名（numpy.randomモジュール）	説明
シンプルランダムデータ	
rand(d0, d1, ..., dn)	ランダム値を指定の形状（サイズ）で生成
randn(d0, d1, ..., dn)	ランダム値（標準分布）を指定の形状（サイズ）で生成
randint(low[, high, size])	指定範囲内で整数をランダムに生成
random_integers(low[, high, size])	指定範囲内で整数をランダムに生成
random_sample([size])	[0.0, 1.0) の範囲で浮動小数点数をランダムに生成
random([size])	[0.0, 1.0) の範囲で浮動小数点数をランダムに生成
ranf([size])	[0.0, 1.0) の範囲で浮動小数点数をランダムに生成
sample([size])	[0.0, 1.0) の範囲で浮動小数点数をランダムに生成
choice(a[, size, replace, p])	1次元配列からランダムにサンプルを生成
bytes(length)	ランダムバイトを生成
順序変更	
shuffle(x)	中身をシャッフルして順番を変える

permutation(x)	ランダムに順序を変えるか、range(連続数)を順序を変えて返す
分布	
beta(a, b[, size])	[0, 1]の範囲のベータ分布
binomial(n, p[, size])	2項分布からサンプルを生成
chisquare(df[, size])	カイ2乗分布からサンプルを生成
dirichlet(alpha[, size])	ディリクレ分布からサンプルを生成
exponential([scale, size])	指数分布からサンプルを生成
f(dfnum, dfden[, size])	F分布からサンプルを生成
gamma(shape[, scale, size])	ガンマ分布からサンプルを生成
geometric(p[, size])	幾何分布からサンプルを生成
gumbel([loc, scale, size])	ガンベル分布からサンプルを生成
hypergeometric(ngood, nbad, nsample[, size])	超幾何分布からサンプルを生成
laplace([loc, scale, size])	ラプラス分布もしくは二重指数分布からサンプルを生成
logistic([loc, scale, size])	Logistic分布からサンプルを生成
lognormal([mean, sigma, size])	対数正規分布からサンプルを生成
logseries(p[, size])	対数級数分布からサンプルを生成
multinomial(n, pvals[, size])	多項分布からサンプルを生成
multivariate_normal(mean, cov[, size])	多変量正規分布からサンプルを生成
negative_binomial(n, p[, size])	負の2項分布からサンプルを生成
noncentral_chisquare(df, nonc[, size])	非心カイ2乗分布からサンプルを生成
noncentral_f(dfnum, dfden, nonc[, size])	非心F分布からサンプルを生成
normal([loc, scale, size])	正規分布からサンプルを生成
pareto(a[, size])	パレートII分布もしくはロマックス分布からサンプルを生成
poisson([lam, size])	ポアソン分布からサンプルを生成
power(a[, size])	正の指数(a-1)のべき乗分布から[0, 1]の範囲でサンプルを生成
rayleigh([scale, size])	レイリー分布からサンプルを生成
standard_cauchy([size])	モード=0の標準コーシー分布からサンプルを生成
standard_exponential([size])	標準指数分布からサンプルを生成
standard_gamma(shape[, size])	標準ガンマ分布からサンプルを生成
standard_normal([size])	平均=0、標準偏差=1の標準分布からサンプルを生成
standard_t(df[, size])	自由度dfのスチューデントのT分布の標準形からサンプルを生成
triangular(left, mode, right[, size])	三角分布からサンプルを生成
uniform([low, high, size])	一様分布からサンプルを生成
vonmises(mu, kappa[, size])	フォン・ミーゼス分布からサンプルを生成
wald(mean, scale[, size])	ワルド分布または逆ガウス分布からサンプルを生成
weibull(a[, size])	ワイブル分布からサンプルを生成
zipf(a[, size])	Zipf分布からサンプルを生成
ランダム生成器	
RandomState	Mersenne Twister疑似ランダム数生成器のコンテナ
seed([seed])	ランダム生成器にシードを設定
get_state()	ランダム生成器の内部状態を表すタプルを返す
set_state(state)	タプルでランダム生成器の内部状態をセットする

表AC.6 統計関連の関数群

関数名/メソッド/クラス/オペレータ	説明
順序統計	
amin(a[, axis, out, keepdims])	配列の最小値もしくは配列の特定の軸方向の最小値を返す
amax(a[, axis, out, keepdims])	配列の最大値もしくは配列の特定の軸方向の最大値を返す
nanmin(a[, axis, out, keepdims])	配列の最小値もしくは配列の特定の軸方向の最小値を返す(NaNは無視)
nanmax(a[, axis, out, keepdims])	配列の最大値もしくは配列の特定の軸方向の最大値を返す(NaNは無視)
ptp(a[, axis, out])	特定の軸方向における値の範囲を返す
percentile(a, q[, axis, out, ...])	指定のパーセンタイルを計算
平均と分散	
median(a[, axis, out, overwrite_input, keepdims])	メディアンを計算
average(a[, axis, weights, returned])	荷重平均を計算
mean(a[, axis, dtype, out, keepdims])	平均を計算
std(a[, axis, dtype, out, ddof, keepdims])	標準偏差を計算
var(a[, axis, dtype, out, ddof, keepdims])	分散を計算
nanmean(a[, axis, dtype, out, keepdims])	平均を計算(NaNは無視)
nanstd(a[, axis, dtype, out, ddof, keepdims])	標準偏差を計算(NaNは無視)
nanvar(a[, axis, dtype, out, ddof, keepdims])	分散を計算(NaNは無視)
相関	
corrcoef(x[, y, rowvar, bias, ddof])	相関係数計算
correlate(a, v[, mode, old_behavior])	2つの1次元シーケンスの相互相関を計算
cov(m[, y, rowvar, bias, ddof])	所与のデータの分散行列を推算
ヒストグラム	
histogram(a[, bins, range, normed, weights, ...])	1つのデータセットのヒストグラムの値を計算
histogram2d(x, y[, bins, range, normed, weights])	2つのデータセットの2次元ヒストグラムの値を計算
histogramdd(sample[, bins, range, normed, ...])	多次元ヒストグラム計算
bincount(x[, weights, minlength])	指定の幅の中に入る数値をカウント
digitize(x, bins[, right])	与えられた値が指定のbinの中のどこに入るのかインデックス番号を返す

表AC.7 インデックス関連の関数群

関数名/メソッド/クラス/オペレータ	説明
インデックス配列生成	
c_	第2軸(*column*)方向に配列を結合
r_	第1軸(*row*)方向に配列を結合
s_	配列用のインデックスタプル作成関数
nonzero(a)	非0要素のインデックスを返す
where(condition, [x, y])	条件に応じてxまたはyを返す
indices(dimensions[, dtype])	グリッドのインデックスを表す配列を返す
ix_(*args)	グリッドのインデックスを表す配列を複数のシーケンスから作成
ogrid	多次元メッシュグリッドの配列(*nd_grid instance*)を作成
ravel_multi_index(multi_index, dims[, mode, ...])	インデックス配列のタプルをflatインデックスの配列に変換
unravel_index(indices, dims[, order])	flatインデックスを座標配列のタプルに変換
diag_indices(n[, ndim])	配列の主対角成分にアクセスするインデックスを返す
diag_indices_from(arr)	配列の主対角成分にアクセスするインデックスを返す
mask_indices(n, mask_func[, k])	所与のマスク関数で表されるインデックスを返す
tril_indices(n[, k, m])	下半分行列のインデックスを返す
tril_indices_from(arr[, k])	下半分行列のインデックスを返す

triu_indices(n[, k, m])	上半分行列のインデックスを返す
triu_indices_from(arr[, k])	上半分行列のインデックスを返す
インデキシング関係操作	
take(a, indices[, axis, out, mode])	ある軸に沿って要素を取り出す
choose(a, choices[, out, mode])	インデックス配列で指定される配列要素を取り出しで配列を作成する
compress(condition, a[, axis, out])	所与の軸に沿って選択されたスライスの配列を返す
diag(v[, k])	対角成分または対角成分配列を抽出する
diagonal(a[, offset, axis1, axis2])	指定の対角項を返す
select(condlist, choicelist[, default])	条件に応じてchoicelistの中の要素から配列を抽出する
配列にデータを挿入	
place(arr, mask, vals)	配列の成分を変更する
put(a, ind, v[, mode])	特定の値に特定の配列要素を入れ替える
putmask(a, mask, values)	特定の値に特定の配列要素を入れ替える
fill_diagonal(a, val[, wrap])	配列の対角成分を特定の値にすべて置き換える
配列成分に繰り返し適用	
nditer	効率的な多次元イテレータオブジェクトを返す
ndenumerate(arr)	多次元インデックスイテレータ
ndindex(*shape)	インデックス配列のN次元イテレータオブジェクトを返す
flatiter	配列全体にわたってイテレートするためのイテレータオブジェクトを返す

表AC.8 ソート／サーチ／カウント関連の関数群

関数名／メソッド／クラス／オペレータ	説明
ソート	
sort(a[, axis, kind, order])	ソートした配列のコピーを返す
lexsort(keys[, axis])	keysのシーケンスを使って間接的なソートを行う
argsort(a[, axis, kind, order])	配列をソートできるインデックスを返す
ndarray.sort([axis, kind, order])	配列を(*in-place*)ソートする
msort(a)	第1軸(*row*)方向にソートした配列のコピーを返す
sort_complex(a)	複素数をソートする(最初は実部で、次に虚部で)
partition(a, kth[, axis, kind, order])	特定番目のソート位置が正しくなるように部分的にソートしてそのコピーを返す
argpartition(a, kth[, axis, kind, order])	関数partitionのソートができるインデックス番号を返す
サーチ	
argmax(a[, axis])	最大値のインデックスを返す
nanargmax(a[, axis])	最大値のインデックスを返す(NaNは無視)
argmin(a[, axis])	最小値のインデックスを返す
nanargmin(a[, axis])	最小値のインデックスを返す(NaNは無視)
argwhere(a)	非0要素のインデックス配列を返す
nonzero(a)	非0要素のインデックスを返す
flatnonzero(a)	入力を1次元化してその非0要素のインデックスを返す
where(condition, [x, y])	条件に基づいてxまたはyを返す。もしくは条件を満たすインデックスをタプルで返す
searchsorted(a, v[, side, sorter])	要素vがソートされた配列aのどの位置に入るべきかソート順のインデックスを返す
extract(condition, arr)	特定の条件を満たす配列要素を返す
カウント	
count_nonzero(a)	非0要素の数を数える

表AC.9 多項式関連の関数群

モジュール名または関数名	説明
多項式モジュール(含まれる関数／クラス／定数の説明は省略)	
numpy.polynomial.polynomial	多項式操作用のモジュール
numpy.polynomial.chebyshev	チェビシェフ多項式のモジュール
numpy.polynomial.legendre	ルジャンドル多項式のモジュール
numpy.polynomial.laguerre	ラゲール多項式のモジュール
numpy.polynomial.hermite	エルミート多項式(物理学向け)のモジュール
numpy.polynomial.hermite_e	エルミートE多項式(確率論向け)のモジュール
1次元多項式(基本関数)	
poly1d(c_or_r[, r, variable])	1次元多項式クラス
polyval(p, x)	多項式を特定の値で評価する
poly(seq_of_zeros)	根を与えて多項式の係数を得る
roots(p)	多項式の根を返す
1次元多項式(フィッティング関数)	
polyfit(x, y, deg[, rcond, full, w, cov])	最小2乗多項式近似
1次元多項式(微積分関数)	
polyder(p[, m])	多項式の微分計算
polyint(p[, m, k])	多項式の積分計算
1次元多項式(各種演算関数)	
polyadd(a1, a2)	多項式の和
polydiv(u, v)	多項式の除算
polymul(a1, a2)	多項式の積
polysub(a1, a2)	多項式の差

表AC.10 データI/O関連の関数群

関数名／メソッド／クラス／オペレータ	説明
NPZファイル	
load(file[, mmap_mode])	.npyまたは.npzまたはpickleファイルから配列やpickleオブジェクトを読み出す
save(file, arr)	1つの配列を.npy形式のバイナリファイルへ保存する
savez(file, *args, **kwds)	複数の配列を非圧縮.npz形式のバイナリファイルへ保存する
savez_compressed(file, *args, **kwds)	複数の配列を圧縮.npz形式のバイナリファイルへ保存する
テキストファイル	
loadtxt(fname[, dtype, comments, delimiter, ...])	テキストファイルからデータを読み出す
savetxt(fname, X[, fmt, delimiter, newline, ...])	テキストファイルへデータを保存する
genfromtxt(fname[, dtype, comments, ...])	テキストファイルからデータを読み出す(欠損データに対しては指定の処理を実施)
fromregex(file, regexp, dtype)	テキストファイルから読み出して配列を構成する(正規表現を処理)
fromstring(string[, dtype, count, sep])	バイナリデータもしくは文字列テキストデータから1次元配列を作成
ndarray.tofile(fid[, sep, format])	テキストもしくはバイナリとして配列データをファイルに書き出す
ndarray.tolist()	配列をリストとして返す
Rawバイナリ	
fromfile(file[, dtype, count, sep])	テキストもしくはバイナリファイルから配列を生成
ndarray.tofile(fid[, sep, format])	配列をテキストもしくはバイナリのファイルに書き出す
文字列フォーマット	
array_repr(arr[, max_line_width, precision, ...])	配列の文字列表現を返す(配列の種類とデータタイプの情報も含む)

array_str(a[, max_line_width, precision, ...])	配列の文字列表現を返す
メモリマッピングファイル	
memmap(filename, ...)	バイナリファイルに保存された配列へのメモリマップを生成する
テキストフォーマットオプション	
set_printoptions([precision, threshold, ...])	プリントオプションを設定
get_printoptions()	現在のプリントオプションを返す
set_string_function(f[, repr])	配列の整形表示時に使うPython関数を設定
N進数表現	
binary_repr(num[, width])	入力数値を2進数表現のテキストで返す
base_repr(number[, base, padding])	所与の進数表現文字列で入力数値を返す
データソース	
DataSource([destpath])	一般化データ源の指定

表AC.11 離散フーリエ変換関連の関数群

関数名(numpy.fftモジュール)	説明
標準FFT	
fft(a[, n, axis])	1次元の離散フーリエ変換を計算
ifft(a[, n, axis])	1次元の逆離散フーリエ変換を計算
fft2(a[, s, axes])	2次元の離散フーリエ変換を計算
ifft2(a[, s, axes])	2次元の逆離散フーリエ変換を計算
fftn(a[, s, axes])	N次元の離散フーリエ変換を計算
ifftn(a[, s, axes])	N次元の逆離散フーリエ変換を計算
実数用FFT	
rfft(a[, n, axis])	1次元の離散フーリエ変換を計算(実数データ用)
irfft(a[, n, axis])	1次元の逆離散フーリエ変換を計算(実数データ用)
rfft2(a[, s, axes])	2次元の離散フーリエ変換を計算(実数データ用)
irfft2(a[, s, axes])	2次元の逆離散フーリエ変換を計算(実数データ用)
rfftn(a[, s, axes])	N次元の離散フーリエ変換を計算(実数データ用)
irfftn(a[, s, axes])	N次元の逆離散フーリエ変換を計算(実数データ用)
Hermitian FFT	
hfft(a[, n, axis])	エルミート対称性を持つ信号のFFT計算
ihfft(a[, n, axis])	エルミート対称性を持つ信号の逆FFT計算
Helper関数	
fftfreq(n[, d])	FFTサンプル周波数を返す
rfftfreq(n[, d])	FFTサンプル周波数を返す
fftshift(x[, axes])	0周波数成分をスペクトラムの中心にずらす
ifftshift(x[, axes])	fftshiftの逆
窓関数(以下、numpy名前空間に存在)	
bartlett(M)	バーレット窓
blackman(M)	ブラックマン窓
hamming(M)	ハミング窓
hanning(M)	ハニング窓
kaiser(M, beta)	カイザー窓

索引

記号／数字

⌘ + I(アイ) 97
Ctrl + Enter 96
Ctrl + I(アイ) 97
Ctrl + n 78
Ctrl + p 78
Ctrl + r 78
F5 96
F8 45
F9 96
Shift + F12 56
Shift + Enter 96
Tab 78, 94, 230
! 353
!= 140
'' 104, 116, 151
""" 104, 116, 151
' 116
%%(#の直後にスペース) 96
#%% 96
%(パーセント) 74, 141
%% 74
%alias 77
%cd 77
%debug 75, 80
%env 76, 77
%history 75, 77
%lprun 86, 88, 335
%ls 77
%%memit 86
%memit 86, 89
%%mprun 86
%mprun 86, 90
%pdoc 75, 249
%%prun 86
%prun 75, 86
%pwd 77
%quickref 75
%reset 75
%run 75, 79
%run -p 86
%time 75, 84
%%timeit 123
%timeit 75, 84, 250
%who 75
%who_ls 75
%whos 75
%xdel 75
& 142
* 73, 110, 141
** 141
+ 117, 141
,(カンマ) 280
-(ハイフン) 141
.(ドット) 122, 160, 163, 172, 223
.exe 343
.NET framework 8
/(スラッシュ) 189, 141
// 141
< 140
<< 142
<= 140
== 140, 249
> 140
>= 140
>> 142
>>>(Docstring) 49
>>>(Pythonシェルのプロンプト) 47, 71
? 72, 151
?? 73
@(アットマーク) 156, 364
@演算子 225, 232
@classmethod 180
@cuda.jit 365, 367
@guvectorize 365
@jit 362, 365
@jitclass 365
@profile 91
@reduce 365
@staticmethod 179
@vectorize 365, 366
[ ](角括弧) 114, 303
\(バックスラッシュ) 117
¥(円記号) 117
\\ 272
^(ハット) 142
_(アンダースコア) 77, 110, 181, 298
__ 77, 181
___ 77
__del__ 176
__init__ 176
__init__.py 160, 249, 251
__str__ 177
_*/__*/__*__ 110
_<n>/_oh/_i/_ih/_ii/_iii/_i<n> 77
|(バーティカルバー、縦棒) 142
{ }(波括弧) 116
~(チルダ) 142
0(整数型) 139
2次元プロット 19, 277
2乗 241
3-clause BSD License 196, 287
3次元プロット 19, 267, 285, 286
32 bit CPU 8
32 bit OS 113, 128
4次元 292
64 bit CPU 8
64 bit OS 15, 16, 113

アルファベット

ABC 8
Accelerate 360
add 116
administrator権限 275
alpha 278
Amoeba 8
Anaconda 8, 12, 20, 47, 92, 335, 340, 373, 374
API 300, 361
append 122
apply 312, 313
applymap 312, 313
APU 361
arange 227
array 227
asarray 227
ASCII 189
assert(文) 50
astropy 12, 17
asyncio 343
at 303
ATLAS 25, 221, 340
AttributeError 148
automagic 74
AVX 221
AVX2 339
AxesGrid 267
Basemap 40, 267
BDFL 13
BLAS 25, 221
Blaze 20, 225, 347
　～エコシステム 347
Bokeh 11, 20, 287
bool/bool8_ 223
Boolean 111
Boost 350
bottleneck 301

break(文) 146
BSD License 13, 196, 287
byte 114, 223
bytearray 111, 114
bytes 111
C(言語) 2, 9, 10, 22, 61, 63, 128, 130, 204, 205, 226, 290, 324, 361
～API 357
C++ 3, 10, 61, 324
caffe 344
Can I Use Python 3? 14
Carpentry 373
Cartopy 267
CAS 19
Cauer/elliptic型 260
cdecl 359
CentOS 4
cffi 357
Chaco 19, 287
chainer 344
Chebyshev I型 260
Chrome 70
cimport 355
class(文) 111, 172
clongfloat 223
closeメソッド 191
complex 111, 113
complex_/complex64/complex128/complex192/complex256 223
Computer Science 5
concurrent.futures 345
conda 12, 47, 335
continue(文) 145
Continuum Analytics 20, 360, 373
Control Systems Library 256
copy 135, 321
CP932 190
cProfile 87, 332
CPU 221, 324, 328, 344
～コア 343
～性能 15
～バウンド 15, 221, 342, 343, 360
CPython 6, 7, 13, 109, 342
csingle 223
csv(標準モジュール) 194
csv.reader 194
CSV 98, 192, 193, 207, 291
ctypes 357
CUDA 360
CWI 7
Cython 16, 19, 301, 324, 350, 357
cythonize 353
Dask 347
DataFrame 290
Datashape 347
Dead Code 44
Debian GNU/Linux 4
deep 321
deepcopy 138, 238
def(文) 111, 151
del(文) 329
DFT 219
dict 111, 115, 126, 135
distutils 352, 355
DLL 359
Docstring 47, 49, 72, 92, 96, 104, 105, 151, 173
SciPyの～ 248
doctest 47
dotメソッド 232
double(型) 27, 223
Dropbox 9
dropna 315
dtype 211, 227, 228
DyND 347
elif(文) 143
else(文) 143, 145, 147
Enthought 20, 373
Enthought Canopy 20, 374
EPICS 21
Excel 192, 193, 207, 291, 301
Excel Tools 267
except(文) 148
Executor 345
fabs 302
False 111, 139
FFT 11, 219, 254
fftpack(SciPy) 250, 254
FFTW 350
figure.autolayout 282
File explorer 94
filer 328
fillna 315
filter 154
finally 148
finite impulse response filters 260
FIR 260
Firefox 70
flags 223, 229
flatten 329
float 111, 113
float_/float16/float32/float64/float96/float128 223
FMA 339
for(文) 145, 354, 327
forループ 327
Fortran 10, 61, 226, 239, 248
frompyfunc 241
frozen sets 115
functools.reduce 328
GC →ガベージコレクション 参照
Generic Type 228
genfromtxt 195
gevent 343
ggplot 267, 273
GIL 338, 342, 355, 366
Git 30, 54, 373
global(文) 167
GNU Radio 21
GNU Scientific Library 350
Go 68
Google 9, 146, 344
GotoBLAS 221
GPU 63, 344, 367
GridSpec 280
GTK/GTK Tools 267
GUI 17
Guido van Rossum 7
h5py 19
half 223
Haskell 68
HDF5 99, 192, 193, 202, 204, 207, 291
Hello World 9
hex 241
hex_array 241
history 77
HSA 361
HTML 206
～データの読み出し 214
iat 303
id 128, 131, 164, 220
IDE 92
identity 109, 128, 131, 137
IDL 248
IEEE Spectrum 2
IEEE Xplore 3
if(文) 110, 143

IIR 260
iloc 303
import 34, 35, 73, 99, 107, 159, 160, 249, 267, 381
　パッケージの〜 163
　モジュールの〜 161
ImportError 148
index_col 213
infinite impulse response filters 260
input関数 188
int 111, 113
int_/int8/int16/int32/int64/intc 223
Intel MKL 25, 221, 340
Intel Xeon Phi 338
interp1d 257
interpolateサブパッケージ(SciPy) 257
interpolate.interp1d 257
intp 223
I/Oバウンド 343
IOError 148
io.loadmat 204
io.savemat 204
IoT 288
IPAフォント 275
IPython 11, 13, 19, 66, 372
　カーネル 69
　シェル 66
IPython Notebook 11, 68
IronPython 7
is/is not 140
isnull 315
items 298
ix 303
ix_関数を使ったインデキシング 235
Java 2, 9
JavaScript 68
jet 285
JIT 7
　JITコンパイラ 63, 324, 360, 368
JSON 98, 206
Julia 361
Jupyter 68
JupyterHub 68
Jupyter Notebook 11, 66, 68, 288, 373
Jupyter QtConsole 66
Jython 7, 112
kind(変数) 319
lambda式 154, 312, 327
laodtxt 195
LAPACK 25, 221
linalg(NumPy) 261
linalg(SciPy) 74
linalgサブパッケージ(SciPy) 251, 261
line_profiler 335
linewidth 278
Linux 4, 12, 67
Lisp 361
list 111, 114, 135
LLVM 360, 361
loc 303
longdouble 223
longlong 223
LU分解 74, 262
Lua 68
main 50, 106
major_axis 299
malloc 27
map 154, 312, 313, 328
Markdown記法 96
MAT-file 98, 192, 193, 203
MATLAB 3, 30, 92, 159, 189, 192, 199, 205, 248, 256, 266, 280, 361
Matplotlib 10, 11, 13, 18, 19, 266, 301, 372
　matplotlib license 13, 266
　matplotlibrc 269, 271
MatRockSim 30
MayaVi 11, 19, 287
MemoryError 148
memory_profiler 89
minor_axis 299
MIT License 13, 196, 266
Monty Python 8
MPI 343
MplDataCursor 267
mplot3d 267, 285
mpl.rcParams 269
multiprocessing 345
NameError例外 166
names 213
NaN 211, 291, 293, 296, 306, 315
NASA 21
Natgrid 267
NCSA 204
ndarray 195, 218, 224, 226, 293
　〜に関する省メモリ化 329
　〜による行列計算 232
　〜のインデキシング 233
ndim 242
None 111, 139
nonlocal(文) 168
nopythonモード 362
nose 19, 47, 52
nosetests 52
notnull 315
npy 192, 202
npz 192, 202
nrows 216
Numba 20, 63, 324, 360
Numexpr 63, 301, 324, 340, 357, 360, 368
NumPy 4, 10, 13, 18, 19, 22, 195, 218, 254, 290, 302, 327, 340, 368, 372
　〜の関数リファレンス 380
　〜の組み込み型データ型 228
　〜のスカラー 222, 223, 237, 364
　NumPyバイナリ 193
N次元 292
N次元配列 195
object_ 223
Object Inspector 94, 96
objectクラス 174, 177
objectモード 362
Octave 248
odeint 61
odepack(Fortranライブラリ) 61
Odo 347
ones 227
OOXML 196
OpenBLAS 25, 221
OpenGL 350
OpenMP API 355
openpyxl 196
open関数 189
order 239
OS X 4, 12, 67
p 57
pandas 10, 11, 13, 18, 19, 205, 225, 254, 290, 372
　〜のデータ入出力関数 205
Panel4D 292
PanelND 292
parula 285

pdb 53, 79
PEP 104
PEP 257 104, 151
PEP 3131 110
PEP 465 225
PEP 8 9, 44, 84, 94, 102, 104, 146
pep8 44
Perl 68, 205, 361
pickle 192, 193, 199
pickle file 98
Pillow 11
ping 76
pip 13, 47, 335
plot 319
plotly 287
polyfit 249
Preferred Networks 344
prettyplotlib 267
print 164
Processing 3
ProcessPoolExecutor 345
prun 74
PSF 7
PSFL 7, 13
pstats 332
PyCall 361
PyCharm 44
PyCon 21
PyCon JP 21, 373
PyData 21, 290, 373
PyData Stack 290
Pyflakes 44
PyGTK 268
pylab 266, 268
Pylint 44
pyMIC 338
PyPI 4, 12
pyplotモジュール(Matplotlib) 267
PyPy 7
PyRockSim 30
PyTables 19
Python 13, 19, 22, 372
Python 2系 13, 14
Python 3系 13, 14
Python 3系の新機能 13
～の組み込み型 228
～のライセンス 13
PYTHONPATH 163
Python(x,y) 92, 374
pyximport 354
QR分解 262
Qt 17, 66
R(言語) 3, 204, 361
RAM 26, 220
ravel 329, 330
raw_input関数 188
Raw文字列 118
rc 269
RDB 291
read 191
read_csv 205, 206, 208
read_fwf 206, 208
readline/readlines 191
read_table 206, 208
Red Hat Enterprise Linux 4
remove 122
reshape 329
root権限 275
RPython 7
Ruby 68, 361
Safari 70
save(MATLAB) 199
savetxt 196
Scala 68
scikit-image 11
scikit-learn 11, 340, 344
SciKits 19
Scilab 248
SciPy 4, 10, 11, 13, 18, 61, 74, 248, 340, 372, 373
SciPy Conference 20
SciPy Library 18, 19
SciPy Stack 18, 372
SciPy.org 372
scipy.stats 251
Seaborn 267, 273
self 174, 178
set 116
sets 111, 115, 124
setUp 50
shelve 202
Shift_JIS 190
short 223
short-circuit演算子 139
signalサブパッケージ(SciPy) 256
SIMD 25, 63, 339
SIMD拡張命令 339
single 223
size 229
snakevis 332, 335
sorted 154
sp.__doc__ 249
Spyder 13, 44, 56, 92, 210, 372
Spyder data file 98
SQL 206, 207
SQLite 207
square 241
SSE 221
Stata 206
Statistics 254
Statsmodels 11, 254
statsサブパッケージ(SciPy) 254
stdcall 359
STDOUT 71
str_ 223
string 111, 113
StringIO 216
subplot 280
subplots_adjust 281
SunPy 21
SWIG 357
SymPy 11, 18, 19
SyntaxError 55
sys.maxsize 113
Takaoフォント 275
tearDown 50
TensorFlow 344
Theano 225, 344
threading 343
TIOBE Index 2
Tkinter 17
to_csv 206
Top Programming Languages 2
Tornado 343
Traceback 55
True 111, 139
TrueTypeフォント 274
try(文) 147
tuple 111, 114
TypeError例外 152
Ubuntu 4
ubyte 223
ufunc 240, 327, 366
uint/uint8/uint16/uint32/uint64/uintc/uintp/ulonglong 223
UMD 99
unicode_ 223
Unicode文字列 117
United Space Alliance 21
unittest 47, 50

urllib ... 214
USENET ... 8
ushort ... 223
UTF-8 ... 102, 105, 190
V字モデル ... 46
var ... 312
Variable explorer ... 94, 97, 210
viridis ... 285
VisPy ... 11
void ... 223
Web入力 ... 214
Webブラウザ向け
　インタラクティブプロット ... 288
while(文) ... 110, 147, 327, 354
Windows ... 4, 12, 67, 343, 353, 358
WinPython ... 8, 12, 92, 374
with(文) ... 149, 191, 364
write ... 191
x64 ... 8
x86 ... 8, 338
x86-64 ... 8
xlrd ... 196
XLS ... 196
XlsxWriter ... 301
xlwt ... 196
yield(文) ... 155
　yield from ... 364
　～される ... 156
zeros ... 227

かな

アイテム名 ... 292, 298
アウトプット ... 71
浅いコピー ... 135, 237
値 ... 115, 249
アッパーキャメルケース ... 173
アドオン ... 267
アノテーション ... 350
アムダールの法則 ... 337
医学 ... 15
依存関係 ... 16, 335
一貫性 ... 9
　言語仕様の～ ... 13
一般形 ... 252
イテレータ ... 155, 158
イテレータオブジェクト ... 123, 145
遺伝子配列解析 ... 15
イミュータブル ... 111, 112, 224
インスタンス ... 39, 109, 173
　～化 ... 173
　～属性 ... 174, 182
　～メソッド ... 174
インタープリタ言語 ... 8, 9
インタラクティブプロット ... 288
インタラクティブモード(Matplotlib) ... 278
インタラクティブモード(シェル) ... 189
インデキシング ... 119, 120, 135, 233, 321
インデキシング(ndarray) ... 233
インデックス ... 111
インデックス関連の関数群 ... 388
インデックス参照 ... 120, 303
インデント ... 9, 103, 146, 173
インライン展開 ... 327
打ち切り除算 ... 141
エイリアス ... 190
エコシステム ... 8, 10
エスケープシーケンス ... 117
エンコーディング ... 102, 105, 189, 190, 208
演算子 ... 139
円周率 ... 268
オイラー法 ... 36
応用インデキシング ... 233, 235, 329, 331
置き換え演算子 ... 329
オーバーヘッド ... 339
　演算を行う時の処理の～ ... 227
オーバーライド ... 177
オブジェクト ... 108, 126, 164
　～型 ... 237
　基本オブジェクト ... 328
　同一の～ ... 249
オブジェクト指向 ... 158, 361
オプションパラメータ ... 152
オープンソース ... 6, 19, 20
回帰処理 ... 291
解析的手法 ... 15
階層型インデックス ... 297
カウアー/楕円フィルタ ... 260
カウント ... 219
科学技術計算 ... 15
　～アルゴリズム ... 248
確率密度関数 ... 252
可視化 ... 15
画像解析 ... 15
画像処理 ... 11, 374
画像ファイル ... 99
型 ... 226
可読性 ... 5, 8, 9, 17, 44
カプセル化 ... 181
ガベージコレクション ... 328
可変長引数 ... 154
カラーマップ ... 285
空の集合 ... 116
空の文字列／リスト／タプル／辞書 ... 139
カレントフォルダ ... 53, 189
環境変数 ... 76, 163
関数 ... 108, 151, 363
　～の適用(pandas) ... 312
　関数名 ... 152
関数型プログラミング ... 158, 361
関数プロファイリング ... 332
ガンマ分布 ... 253
管理者権限 ... 275
偽 ... 139
キー ... 115
機械学習 ... 11, 344, 373, 374
気象 ... 347
気象予報 ... 63
基礎的統計関数 ... 310
既存ライブラリ ... 33
基底クラス ... 172, 177
機能分割 ... 31, 32
基本インデキシング ... 233
逆正接 ... 369
キャッシュ ... 328
教育用言語 ... 5
行方向優先 ... 239
行ラベル ... 208, 292, 295
行列 ... 19, 224
　行列計算(ndarray) ... 232
　行列の分解 ... 261
虚数 ... 119
キーワード引数 ... 154
空白文字 ... 146
クォータニオン ... 32
組み込み演算子 ... 139
組み込み(データ)型 ... 111, 222, 228, 364
　NumPyの～ ... 228
組み込み関数 ... 326, 364, 375, 376
組み込み名前空間 ... 164, 166
組み込み例外 ... 149
クラウド ... 69, 288

クラス........................ 39, 108, 150, 363
〜属性........................ 175, 182
〜定義........................ 172
〜名........................ 173, 174
〜メソッド........................ 180
グルー言語........................ 8, 10, 21
グループ演算........................ 291
グレースケール........................ 284, 285, 286
クロージャ........................ 168
グローバルスコープ........................ 166
グローバル名前空間........................ 107, 164, 166
グローバル変数........................ 166
計算時間/計算精度........................ 37
継承........................ 172, 176
欠損値........................ 208, 211
高エネルギー加速器研究機構........................ 21
工学設計........................ 15
構造化配列........................ 226
高速演算ライブラリ........................ 15
高速フーリエ変換........................ 11
後方互換性........................ 13
誤差........................ 62
コーディング........................ 31, 34
コーディング規約........................ 102, 146
コードは書くよりも
読まれることの方が多い........................ 9
コードブロック........................ 9, 166, 173
コールスタック........................ 335
コピー........................ 135, 235, 237, 321
暗黙の〜........................ 329
コピーレフトライセンス........................ 13
コミュニティ........................ 20
コメント........................ 104
コルーチン........................ 364
コレスキー分解........................ 263
コンストラクタ........................ 126, 175, 296
コンソール入出力........................ 188
コンテキストマネージャ........................ 149
コンテキストマネジメント........................ 364
コンテナ型........................ 111
リテラル........................ 116, 119
コンパイル........................ 26
サーチ........................ 219
サードパーティライブラリ........................ 10, 61, 105
サーバプロセス........................ 69
再定義........................ 129
最適化........................ 59, 11, 250
サブクラス........................ 177
サブプロット........................ 279
三角関数........................ 368, 369
算術演算........................ 140
参照........................ 109, 131, 137, 233
〜の割り当て........................ 131
参照実装........................ 7
ジェネレータ........................ 158, 327
〜オブジェクト........................ 155
〜関数........................ 155
〜の委譲........................ 364
シェル........................ 19, 353
式評価........................ 139
識別子........................ 110
シーケンス........................ 111, 113
シーケンス型........................ 111, 119
事後解析デバッギング........................ 80
辞書........................ 154
辞書型........................ 111, 115, 126, 164
辞書型オブジェクトのキー........................ 126
辞書型変数........................ 294
辞書内包表記........................ 124, 126
指数関数........................ 369
指数表現........................ 119
システムテスト........................ 46
システムリソース........................ 149
自然科学........................ 15
自然近傍補間........................ 268
自然言語処理........................ 374
自然対数........................ 369
四則演算........................ 306
実行時間計測........................ 84
実行スクリプト........................ 107
実行速度........................ 6, 22, 123
実証実験結果解析........................ 15
自動変数........................ 27
集合型........................ 111, 115, 124
集合内包表記........................ 124, 125
集約........................ 291
樹木園構成計算........................ 15
順序インデックス........................ 294
条件付きブレークポイント........................ 56
小数点数........................ 119
状態量ベクトル........................ 36
常微分方程式........................ 61
情報隠ぺい........................ 181
常用対数........................ 369
除算........................ 140
処理の並列化........................ 324, 337
シリアライズ........................ 199
シリーズ........................ 291, 293
真........................ 139
信号処理........................ 11
数学関数........................ 218, 219, 240
〜の関数群........................ 384
数式/数式処理........................ 11, 19, 361
数値........................ 108
数値計算........................ 15, 19
数値演算ライブラリ........................ 16, 25
数値積分........................ 11
数値リテラル........................ 118
スーパークラス........................ 177
数理最適化........................ 15
スカラー........................ 62, 112, 222, 223
スクリプト言語........................ 8, 9
スクリプト指定でデバッガ起動........................ 82
スクリプトの構成........................ 105
スクリプトファイル........................ 79
スクレイピング........................ 205
スコープ........................ 164, 165, 166
スコープ拡張........................ 167, 168
スターインポート........................ 162, 268
スタイルガイド........................ 104
スタイルシート........................ 272
スタイルチェック........................ 44
スタック........................ 26
スタックトレース........................ 55, 80
スタックメモリ........................ 23, 26
スタティックメソッド........................ 179
ストライド........................ 243
スプライン補間........................ 257
スペース........................ 146
スライシング........................ 119, 120, 135, 233, 321
スループット........................ 344
スレッド........................ 341
図枠........................ 280
正規化........................ 310
正規分布........................ 253
整数型........................ 111, 113
整数配列インデキシング........................ 235
正定値エルミート行列........................ 263
静的型システム........................ 350
静的コード解析........................ 31, 44
生命工学........................ 15
積和演算........................ 368
絶対値........................ 302, 370
セルマジック........................ 74, 123
セルモード........................ 75, 86
線形代数........................ 74, 218, 219, 221, 251, 261, 361
〜の関数群........................ 386
線形補間........................ 257
線の太さ........................ 278

双曲線 369
送出 147
ソースコード 105
ソート 219
ソート／サーチ／カウント関連の関数群 389
属性 108, 172
属性(NumPy) 223, 229
素数 345
ソフトウェア結合テスト 46
大規模データの処理 218
大規模プログラム 9, 32
代入文 84, 126
楕円関数 260
他言語プログラムのリンク 63
多項式関連の関数群 390
多項式計算 219
多次元配列オブジェクト 218
多重継承 177
多重リスト 114, 226
タブ補完 78, 230
タプル 111, 114, 154
単体テスト 31, 46
チェックアウト 54
チェビシエフィルタ第1種 260
直列化 199
ツールキット 267
ディープラーニング 344, 374
ディストリビューションパッケージ 8, 16, 20, 374
デコレータ 156, 364
　Numbaの～ 364
テストフレームワーク 19
デストラクタ 175, 176
データ 108, 126, 172
　～可視化 373
　～入出力 219
　～の内挿 257
　～分析 15, 19
　～マイニング 373
データI/O関連の関数群 390
データフレーム 207, 290, 291, 295
手続き型プログラミング 158
デバッガ 53
　指定の箇所で～起動 83
　スクリプト指定で～起動 82
デバッグ 31, 53, 79
デリミタ 193, 208, 210
電気製品 15
天文 347
統計関数 219, 310
　～の関数群 388
統計処理 11, 218, 254, 291, 361
統計分布関数 251
凍結形 252
凍結集合型 115
等高線図 283
動的プログラミング 7, 361
透明度 278
内挿/内挿関数 257
内包表記(リスト、辞書型、集合型、ジェネレータ) 364
名前空間 161, 164
日本語 102, 110, 152, 189, 190, 195, 196, 210, 213, 274
　フォント 275
入出力 98
　速度 207
ニューラルネットワーク 344
ネスト 114
　～したリスト 121, 226
ネットワークソケット 343
倍精度浮動小数点数 27
バイト 111, 114
　～のリテラル 117
バイト配列 111, 114
バイナリ形式 199, 202
バイナリモード 192
パイプライン処理 339
配列 19, 219, 224, 329
　一時～ 368
　～演算 221
配列スカラー 222
配列生成の関数群 381
配列操作の関数群 382
ハイレベル 248
バグ 44
パスカルケース 173
パス名 189
派生クラス 177
ハッカー 361
パッケージ 32, 159
　全～のインデックス 19
バッテリー内蔵 8, 10
パネル 291, 298
非ASCII文字 110
ヒープ 26, 341
ヒープメモリ 23, 26
比較演算 309
比較演算子 140
比較用関数 240
引数 151
非数値 211
非直列化 199
ビッグデータ 288, 347, 373
ビット演算 142
　～関数 240
非同期呼び出し 345
ビュー 233, 237, 321, 329
標準ライブラリ 61, 105, 159, 326, 364, 378
ファイルオブジェクト 190
ファイル入出力 189
ファイル分割 31, 32
フィードバック制御システム 256
フィボナッチ数列 147
フィルタ 260
フォント 274
フォントキャッシュ 275
深いコピー 135, 138
複合オブジェクト 135
複数行 104
複数のコマンド 280
複素共役 370
複素数 370
複素数型 111, 113
浮動小数点型 111, 113
浮動小数点数 140
　～のNaN 293
　～用関数 240
部分データ 303
不偏推定量 310
プライベートメンバ 181
プラットフォーム 16
ブール演算 139
ブール演算子 140
ブール型 111
ブール値 139
ブール値インデキシング 235
ブレークポイント 56
フロー制御 142
ブロードキャスティング 242
グローバル変数 327
プログラム 108
プログラム最適化 31
プロセス 343
ブロックコメント 104
プロット 266, 318
プロパティ 301, 303
プロファイラ 84, 332

プロファイリング……59, 84, 86
関数レベルの〜……59
行レベルの〜……59
プロンプト……71
分割……34
機能分割……32
ファイル分割……34
分散コンピューティング……347, 361
分散処理……63
並行……338, 342
平方根……369
並列……342
並列化……63, 337
並列処理……361
ベクトル化演算……221
ベクトルデータ……312
ヘッダ行……208
別名……34, 162, 165, 190
変数……109, 126, 166
〜の再定義……129
〜の新規作成……127
ベンチマーク……22
ポインタ……360
包含判定……370
ボード線図……256
ボトルネック……324
マクロ……361
マジックコマンド……74
マッピング……115
マップオブジェクト……155
窓関数……219
マルチコア……337, 342, 367
マルチスレッド……63, 341, 345, 366
マルチパラダイム……361
マルチプロセス……343, 345
ミュータブル……111, 112
ムーアの法則……337
無限インパルス応答……260
無視する行……208
無名関数……154
命令……108
メイン実行ファイル……39, 50, 105
メインモジュール……32
メソッド……108, 172
メソッド(NumPy)……223, 229
メタデータ……220
メタプログラミング……361
メニーコア……337
メモリ……8, 15, 112, 126, 341, 343
〜アドレス……109, 112, 127, 128, 220
〜空間……127
〜サイズ……113
〜消費……222
〜利用の効率化……328
メンテナンス性……8, 9, 17
メンバ……178
モジュール……32, 105, 108, 159, 160, 166
文字列……108
〜処理……361
〜の包含判定……370
文字列型……111, 113
文字列コード……228
文字列リテラル……116
モデル化……15
有限インパルス応答……260
ユーザ定義オブジェクト……139
ユニオン……124
ユニバーサル関数……218, 240, 302, 366
予約済みの識別子……110
ライセンス……13
ライトモード……92
ライブラリ……159
〜のimport……35
ラインプロファイラ……88
ラインプロファイリング……335
ラインマジック……74
ラインモード……75, 86
ラッパー……61, 358
ラッパー関数……157, 361
ランダムサンプリング……219
ランダム数生成器の関数群……386
離散フーリエ変換……219, 250, 254
〜関連の関数群……391
リスト……111, 114, 220
ネストした〜……121, 226
リスト内包表記……123, 158, 327
リテラル……116
コンテナ型の〜……116, 119
リプル……260
流体計算……63
履歴……77
理論検証……15
理論物理学……15
リンカ……23
リンク……16, 26
累積密度関数……252
ループ……327, 354
ループ数……328
ルンゲクッタ法……37
例外……147
例外処理……363
零点-極-ゲインモデル……256
レイテンシ……325
レイリー分布……252
レインボーカラーマップ……285
レコード型配列……226
レジスタ……221
列方向優先……239
列ラベル……208, 292, 295
ロイヤリティフリー……340
ローカルスコープ……166
ローカル名前空間……164, 166
ローカル変数……27, 166, 327
ログファイル……157
ロケット……15
〜シミュレータ……30
〜諸元……35
ローパスフィルタ……260
ローレベル……9, 248
論理エラー……44
歪度……311

著者プロフィール

中久喜 健司 *Nakakuki Kenji*

東京大学工学部航空宇宙工学科および同大学院を2000年に卒業後、三菱電機(株)に入社。空力/航法/制御系設計のエンジニアとしてさまざまな業務に従事し、今に至る。GPS(米国の衛星測位システム)の利用技術などに詳しい。測位航法学会正会員。研究/開発業務でC言語、MATLAB、Perlなどのプログラミング言語を利用しているが、Pythonのエコシステムの充実に伴い、Pythonの業務への利用/活用を進めている。

装丁・本文デザイン……………… 西岡 裕二
図版…………………………………… さいとう 歩美
本文レイアウト……………………… 五野上 恵美(技術評論社)
編集アシスタント…………………… 大野 耕平(技術評論社)

科学技術計算のためのPython入門
開発基礎、必須ライブラリ、高速化

2016年10月25日　初版　第1刷発行

著者……………………………… 中久喜 健司
発行者…………………………… 片岡 巌
発行所…………………………… 株式会社技術評論社
東京都新宿区市谷左内町21-13
電話　03-3513-6150　販売促進部
　　　03-3513-6175　雑誌編集部
印刷/製本……………………… 日経印刷株式会社

ISBN 978-4-7741-8388-6 C3055
Printed in Japan